江苏省高等学校重点教材 …… 3)

激光先进制造技术

鲁金忠　崔承云　罗开玉　张朝阳　编著

机 械 工 业 出 版 社

本书为江苏省高等学校重点教材，以培养学生激光先进制造技术应用能力为导向，注重激光技术理论性与应用性，具有较高的学术参考价值和工程应用价值。

本书共7章，主要介绍了激光起源及激光先进制造技术，以及详细阐述了激光冲击强化技术、激光熔覆技术、超高速激光熔覆技术、激光焊接技术、激光复合制造技术和激光微细复合加工技术等激光先进制造技术的基本原理、基本工艺和应用实例。

本书的特点在于通过整合课内外资源，在每一章中增加了相关技术起源的介绍和扩展阅读，以有利于读者了解激光先进制造技术的历史和发展趋势，而且有助于读者在有限的课程载体以外拓宽知识面，更好地认识激光先进制造技术在工业生产和日常生活中所起的作用。

本书可作为普通高等院校机械类、近机械类相关专业的教材，也可作为激光技术研究和应用相关领域学者和技术人员的参考书。

图书在版编目（CIP）数据

激光先进制造技术/鲁金忠等编著. —北京：机械工业出版社，2023.4（2025.1重印）

江苏省高等学校重点教材

ISBN 978-7-111-72329-5

Ⅰ.①激…　Ⅱ.①鲁…　Ⅲ.①激光技术-高等学校-教材　Ⅳ.①TN24

中国国家版本馆CIP数据核字（2023）第073516号

机械工业出版社（北京市百万庄大街22号　邮政编码100037）

策划编辑：王勇哲　　责任编辑：王勇哲

责任校对：韩佳欣　李　婷　　封面设计：张　静

责任印制：常天培

固安县铭成印刷有限公司印刷

2025年1月第1版第2次印刷

184mm×260mm · 13.5印张 · 329千字

标准书号：ISBN 978-7-111-72329-5

定价：49.00元

电话服务　　网络服务

客服电话：010-88361066　　机　工　官　网：www.cmpbook.com

010-88379833　　机　工　官　博：weibo.com/cmp1952

010-68326294　　金　书　网：www.golden-book.com

封底无防伪标均为盗版　　机工教育服务网：www.cmpedu.com

序一

鲁金忠博士，现为教育部“长江学者奖励计划”特聘教授，江苏大学二级教授，长期致力于激光冲击抗疲劳制造、激光增材制造、力学效应塑性变形机理等方面的研究，取得多项创新成果，获得江苏省科学技术一等奖、中国机械工业科学技术一等奖、中国专利奖金奖等多个奖项。以鲁金忠教授领衔的江苏大学激光先进制造技术团队近十年研究成果为基础编著了教材《激光先进制造技术》，内容涵盖了激光起源、激光冲击强化、（超高速）激光熔覆、激光焊接、激光复合制造等技术，为读者提供了最新的激光先进制造技术科研动态信息和实验依据。该教材由鲁金忠、崔承云、罗开玉和张朝阳编著，以注重培养学生激光制造技术知识应用能力为导向，突出了理论性、时代性与应用性，对本科生、研究生及从事激光技术研究的科技工作人员具有较高的参考意义和应用价值。

作为江苏省高等学校重点教材，该书重点突出，图文并茂，条理清晰，环环相扣，循序渐进。该书各章前有“技术起源”“技术概述”，章后有“典型案例”“扩展阅读”，强调对基本原理和基本概念的掌握，并且在进一步强化基础理论和知识应用能力的基础上突出思政元素，厚植爱国主义情怀，培养奋斗精神，已达到增强读者综合素质的目的。我相信，该书的出版发行，对促进激光先进制造技术的推广、应用及发展，以及对提高激光先进制造技术的教学水平和培养相关技术人才，都将产生积极的促进作用。

中国工程院院士

序二

激光先进制造技术是利用激光与材料相互作用实现快速加工制造的重要制造技术，是集机械、光学、材料及计算机等众多学科的综合交叉高新技术，具有高柔性、低变形、超精密等特点。随着社会的发展和科技的进步，激光先进制造技术已成为现代制造业中重要的技术手段之一。当前，激光先进制造技术日新月异，各种新技术和新工艺层出不穷，非常有必要编写激光先进制造技术的基础理论、工作原理及典型应用等方面的著作。

《激光先进制造技术》编著者之一鲁金忠博士是教育部“长江学者奖励计划”特聘教授，在激光冲击强化、激光沉积制造等方面具有较高的造诣，在激光冲击纳米化技术、增材构件激光冲击一体化制造技术、复合能场激光加工技术等方面取得了多项原创性科研成果，多次获得江苏省科学技术奖一等奖、中国机械工业科学技术奖一等奖等奖项。该书集中展现了研究团队近几年最新的科研成果，如激光增材-激光冲击交互制造、激光-电化学微细加工、超高速激光熔覆等复合激光制造技术，可为读者提供激光先进制造技术前沿知识和研究结果。

该书具有四个显著特点：①突出与时俱进，书中包含前沿研究成果，引导读者学习和推动本学科领域的发展；②突出技术起源和基本概念，读者能尽快理解和掌握工作原理；③突出思政元素，将大国重器激光制造作为典型案例，激发读者的爱国热情；④突出扩展阅读，使读者了解每种激光先进制造技术的发展历程。这些特点有助于读者更加全面、准确地认识激光先进制造技术的过去、现在和未来。

该书作为江苏省高等学校重点教材，内容翔实、图文并茂，内容新颖、结构合理。该书反映了激光先进制造技术的新兴进展，深入浅出、层次分明，具有严谨的科学作风、前沿的研究动态和比较完整的结构体系，对激光先进制造技术研究和应用的学者、技术人员及高等院校相关专业师生都会有较高的参考价值。

中国科学院院士 贾振元

前言

激光先进制造技术是一项非常有潜力的制造技术。进入21世纪以来，激光先进制造技术发展势头迅猛，所研究的范围几乎涉及了国民经济的各个领域和工业部门。

激光先进制造技术是利用光子与材料相互作用实现加工制造的重要光加工制造技术，是光、机械、电子、材料及计算机等众多学科的综合交叉高新技术。随着工业激光技术的大力发展，激光先进制造技术在各高新技术领域的应用越来越广泛，已逐渐取代和突破某些传统加工制造技术，成为现代加工制造业应用的重要技术手段之一。

随着“十四五”规划的深入，激光先进制造技术在我国加工制造业中起着越来越重要的作用。国家自然科学基金委员会工程与材料科学部出版、发布的《机械工程学科发展战略报告（2011~2020）》将以激光先进制造技术为代表的“高能束与特种能场制造科学”列为未来机械工程学科发展的综合交叉前沿领域之一。随着这些科技政策的实施，激光先进制造技术水平得到迅猛发展，我国加工制造业的技术水平和市场竞争力也将得到显著提高，进而推动我国从制造大国向制造强国的转变。

激光先进制造技术涉及的领域比较广泛，主要包括激光冲击强化、激光熔覆、激光焊接、激光复合加工和激光微细加工等技术。本书编著者长期从事激光先进制造方面的研究，本书以编著者的科研成果为主体编著而成，是编著者及其研究集体对激光技术实际应用的实验和实践总结，具有一定的广度和深度。编著分工：鲁金忠负责第3章、第6章的编著工作；崔承云负责第1章、第4章的编著工作；罗开玉负责第2章、第5章的编著工作；张朝阳负责第7章的编著工作。卢海飞、徐祥、王长雨和徐刚等在本书编著工作中也贡献了力量，在此向他们表示衷心的感谢！

本书深入浅出地讲述了各种激光先进制造技术的原理、工艺、结构、性能及相关理论，内容丰富新颖，力求便于学习和阅读，使读者能够从中获益。本书面向激光技术研究和应用的学者、技术人员及普通高等院校相关专业师生，编著者期望本书能够为相关人员提供有建设性的指导作用并产生应用价值。

本书的显著特点在于通过整合课内外资源，在每一章中增加了相关技术起源的介绍和扩展阅读，以有利于读者了解激光先进制造技术的历史和发展趋势，而且有助于读者在有限的课程载体以外拓宽知识面，更好地认识激光先进制造技术在工业生产和日常生活中的作用。

本书共7章，重点介绍编著者近几年在常用激光先进制造技术方面的科研成果；同时，为了使本书内容能够保持系统性和完整性，还将近几年国内外公开发表的有关激光先进制造方面的成果吸纳进知识体系，为读者提供全面的科研动态和理论知识。本书第1章简要介绍了激光制造技术基础，包括激光先进制造技术的分类、新领域及特点；第2章至第7章详细阐述了激光冲击强化、激光熔覆、超高速激光熔覆、激光焊接、激光复合制造、激光微细复合加工等技术。

感谢本书所列参考文献的作者，他们的科研成果丰富了本书的内容。

本书的出版得到了机械工业出版社的大力支持，在此表示衷心的感谢。

由于编著者水平有限，书中难免存在不当和错误之处，敬请广大读者批评指正。

编著者

目录

第1章
激光起源及激光先进制造技术

【导读】 激光起源

我们生活的世界中充满了光，人类最初懂得利用的光是自然界的太阳光，而在漫长岁月中人类对光的了解、探寻、利用、驾驭也一直没有停歇。光是什么？它的特性如何？这是一个自远古时代以来就勾起人类极大兴趣的问题。

光，就其本质而言是一种电磁波，覆盖着电磁频谱一个相当宽的范围（从 X 射线到远红外），只是波长比普通无线电波更短。一般情况下，光由许多光子组成，在荧光（普通的太阳光、灯光、烛光等）中，光子与光子之间毫无关联，即频率（或波长）、相位、偏振方向和传播方向都不相同，就像一支无组织、无纪律的光子部队，各光子都是“散兵游勇”，不能做到行动一致。而在许许多多的光源之中，有一种光尤为特殊，其所有光子都是互相关联的，即它们的频率（或波长）、相位、偏振方向和传播方向都一致，就好像是一支纪律严明的光子部队，行动一致，有着极强的战斗力，这就是激光。激光是继原子能、计算机、半导体之后，人类的又一重大发明，被称为“最快的刀”“最准的尺”“最亮的光”和“奇异的激光”。

激光起源于爱因斯坦在 1917 年发布的一篇名为“辐射的量子理论”的文章，这是激光技术的重要理论基础。根据普朗克辐射定律，爱因斯坦从理论上说明了除了吸收光和自发发光，电子还可以通过刺激来发射特定波长的光，从而奠定了激光的理论基础。后来，科学家们花了 30 多年的时间才实现爱因斯坦的设想。1928 年，德国物理学家 Ladenburg 证明了激发辐射的存在；1939 年，Fabrikant 预测激发辐射可以用来放大较短可见波；直到 1947 年，美国科学家 Lamb 和 Retherford 才首次证明了该现象的存在。

1. 微波激射器的发明

20 世纪 50 年代初期，美国、欧洲及苏联的物理学家开始努力尝试将激发辐射用于实际用途，但是他们的第一个目标对象不是光而是微波激射。1953 年，哥伦比亚大学的 Townes、Gordon 及 Zeiger 发明了第一个微波激射器（又称脉泽）（Microwave Amplification by Stimulated Emission of Radiation，Maser）。该设备通过使用充满活力的氨分子流受激辐射，进而产生电磁波相干波束。同时，苏联列别捷夫物理学研究所的 Basov 和 Prokhorov 也在研究他们自己的微波激射器技术。1952 年，在俄罗斯举行的一次会议上，他们阐述了微波激射器技术原理。之后他们继续研究，并提出了重大改进，使得微波激射器技术更加实用有效。

2. 从微波激射器到激光的演变

在发明了微波激射器之后，Townes 和 Schawlow 开始在贝尔实验室对红外微波激射器进行研究，不久之后他们放弃了红外波谱而开始专注于可见光的发射，Townes 称之为光激射器。而同时哥伦比亚大学的一位研究生正在撰写一篇关于激发铊能级的博士论文。Gould 和 Townes 对辐射发射进行了讨论之后，Gould 在 1957 年记录了他对激光的想法，提出了激光的缩写并描述了它的基本要素。激光最初的中文名为“镭射”“莱塞”，是其英文名 Laser（Light Amplification by Stimulated Emission of Radiation）的音译，即指辐射的受激发射光放大。激光的英文全名已经完全表达了制造激光的主要过程，它是量子力学对原子在能级间的激发和辐射规律研究及应用的直接结果，也是现代物理学的一个重大成果。

3. 建造激光器

经过多年科学技术的发展，直到 1960 年 5 月，美国休斯研究所的 Maiman 成功研制出世界上第一台可实际应用的红宝石激光器，点亮了第一束激光，标志着激光技术的诞生。Maiman 很巧妙地利用了商业氙气闪光灯作为光源，从而研制出了首个激光束。

之后，世界各地的实验室纷纷开始仿效，有许多实验室在几个月内就建造了自己的激光器。而 Maiman 的激光器只能进行脉冲运行，并不是持续的光束。当年，贝尔实验室的 Javan、Bennett 及 Herriot 建造了第一台能够持续运行的气体激光器，使用的是氦和氖。随后 Javan 便和尼古拉·巴索夫提出了激光二极管的概念——该概念直到 1962 年才被 Hall（研发出了砷化镓激光二极管）及 Jnr（他的红色半导体激光器是当今 CD 和 DVD 播放器中所使用的激光器的鼻祖）变为现实。

自那以后，激光器发生了巨大的变化，变得更小、更强大、更精准、更节能。Maiman 将他的激光器描述为“问题的解决方案”，但是 Hughes 一直在努力地寻求实际应用。直到现在，我们也能不断发现激光器的新用途，从 CD 播放机到激光打印机，再到光速处理器等应用，激光是一种永远不会没落的技术。

1.1 激光产生的物理基础

1.1.1 涉及的物理概念

1. 原子能级

1911 年，英国科学家卢瑟福提出了原子模型，原子中间是原子核，电子围绕原子核不停地旋转，同时也不停地自转。1913 年，丹麦物理学家玻尔提出了原子只能处于由不连续能级表征的一系列状态（称为定态）上，这与宏观世界中的情况大不相同：人造卫星绕地球旋转时，可以位于任意的轨道上，即具有任意连续变化的能量；而电子在绕核运动时，却只能处于某些特定的轨道上。故而原子的内能不能连续地改变，而是一级一级分开的，这样的级就称为原子能级，用 E_0、E_1、E_2、…、E_n 表示，如图 1-1 所示。

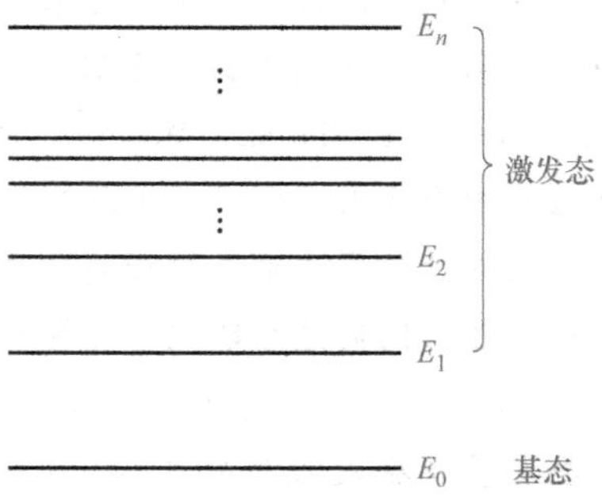

不同的原子具有不同的能级结构。一个原子中最低的能级称为基态，其余比基态能量高的能级称为高能态或激发态。

E_n ⋮ ⋮ E_2 E_1 激发态 E_0 基态

图 1-1　原子能级示意图

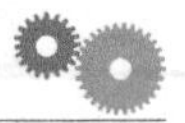

2. 原子能级跃迁

原子能量的任何变化（吸收或辐射）都只能在某两个定态之间进行，原子的这种能量变化过程称为跃迁。当原子吸收或辐射一定的能量时，电子就跃迁到另一种可能轨道绕核运动，原子就具有另一种数值的能量，像这样的电子轨道变化而能量随之变化的过程就称为原子能级跃迁。

（1）光子使原子能级跃迁的条件　具有一定能量的光子可以使处于某一定态的原子跃迁，根据玻尔的原子模型三条基本假设，可认为：原子从一个定态（初始能量数值为 E_m）跃迁到另一定态（终态能量数值为 E_n）时，原子将吸收或辐射一定频率为 ν 的光子，辐射或吸收的光子能量数值不是任意的，而是由这两个定态的能级之差决定的，即光子的频率满足

$$h\nu = E_m - E_n \tag{1-1}$$

式中，h 为普朗克常数，$h=6.63\times10^{-34}\text{J}\cdot\text{s}$；$\nu$ 为频率（Hz）。

根据量子观点，光子是一份一份的，光子的能量 $h\nu$ 也是一份一份的，每一份光子的能量均是不可分裂的整体，将光子作用到原子上能使原子跃迁，即光子使原子共振就必须使光子的能量等于发生跃迁的两个能级的能量差值。若光子的能量大于或小于这个值，则不能使原子发生共振，也就不能使原子跃迁。

（2）电子使原子能级跃迁的条件　电子使原子跃迁不是通过共振来实现的，而是通过碰撞实现的。由于电子能量不是一份一份的，当电子速度增大到一定数值时，其与原子的碰撞是非弹性的，电子与静止的原子碰撞，电子的动能可全部被原子吸收，使原子从一个较低的能级跃迁到另一个较高的能级，原子从电子中所攫取的能量只是两个能级的能量之差。因此电子具有的动能必须大于或等于原子两个能级之差。

（3）原子或分子使原子能级跃迁　当原子或分子与原子碰撞时也可以使原子发生能级跃迁。当两粒子碰撞时，如果只有粒子平移能量的交换，内部能量不变，这称为“弹性”碰撞。当两粒子碰撞时，原子或分子的内部能量有增减，这称为“非弹性”碰撞，这一类碰撞可分为两种：如果部分能量转变为内部能量，使原子被激发跃迁，就是第一种“非弹性”碰撞；如果在碰撞时原子内部能量降低，放出的部分能量转变为平移能量，那就是第二种“非弹性”碰撞。当粒子平移动能较小时，它们之间只能有“弹性”碰撞，当粒子平移动能足够大，使原子能够吸收能量从原有的低能级被激发到高能级，就能发生第一种“非弹性”碰撞。如果两粒子动能不大，就有可能发生第二种“非弹性”碰撞，使原子从高能级跃迁到低能级，相差的能量转变为粒子的动能。所以原子与原子碰撞使原子发生跃迁，必须使原子具有的动能比被激发跃迁的能级数值之差大得多才能发生跃迁。

（4）电离　电离是指将电子从基态激发到脱离原子，是一种特殊的原子能级跃迁。它属于原子能级的跃迁，只是原子从基态（$n=1$）跃迁到最高能级状态（$n=\infty$），即电子从离核最近的轨道跃迁到离核最远的轨道（脱离原子核）。电离过程所需能量称为电离能。对于光子和原子作用而使原子电离时，不再受式（1-1）的限制。因为原子一旦电离，原子结构即被破坏，因而不再遵守有关原子结构的理论。若原子吸收的能量等于电离能，则原子恰好被电离；若吸收的能量大于电离能，则原子被电离，且电离出的电子具有动能，其动能等于吸收的能量与电离能的差值；若吸收的能量小于电离能，则不会发生电离现象。

3. 自发辐射、受激辐射和受激吸收

激光产生的理论基础早在1916年就已经由爱因斯坦奠定了，他从辐射与原子相互作用的量子论观点出发，提出了光与物质有三种相互作用的基本形式——自发辐射、受激辐射和受激吸收。

（1）自发辐射　处于激发态的原子是不稳定的，常常在没有任何外界作用的情况下，会自发地通过发射光子或其他形式放出能量跃迁到低能态，如图1-2所示。

处于高能态 E_2 的原子向低能态 E_1 跃迁，根据能量守恒原理，在跃迁过程中辐射出能量为 $h\nu=E_2-E_1$ 的光子，这一过程称为自发辐射。自发辐射是一种随机的发射过程，各个原子都是自发的、独立进行的，因而各个光子的发射方向和初相位都不相同。此外，由于大量原子所处的激发态不尽相同，所以发出光子的频率也不相同。普通光源发光就属于自发辐射，所以普通光源发的光没有相干性。

自发辐射过程也可以由图1-3来解释。

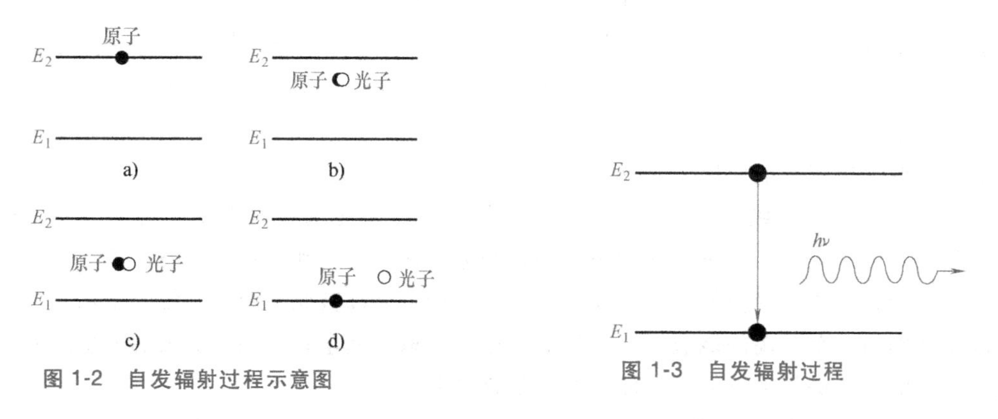

图1-2　自发辐射过程示意图

图1-3　自发辐射过程

（2）受激辐射　受激辐射的概念，是爱因斯坦在推导普朗克的黑体辐射公式时第一个提出来的。他从理论上预言了原子发生受激辐射的可能性，这是激光的理论基础。受激辐射是指处于激发态 E_2 上的原子，受外来光子的作用，当外来光子的频率正好与它的跃迁频率一致时，它就会从 E_2 能级（高能级）跃迁到 E_1 能级（低能级）。根据能量守恒原理，同时辐射出与外来光子完全相同的两个光子，并满足 $h\nu=E_2-E_1$。新发出的光子不仅频率与外来光子相同，而且发射方向、偏振态、位相和速率也都相同。于是，一个光子变成了两个光子，如图1-4所示。

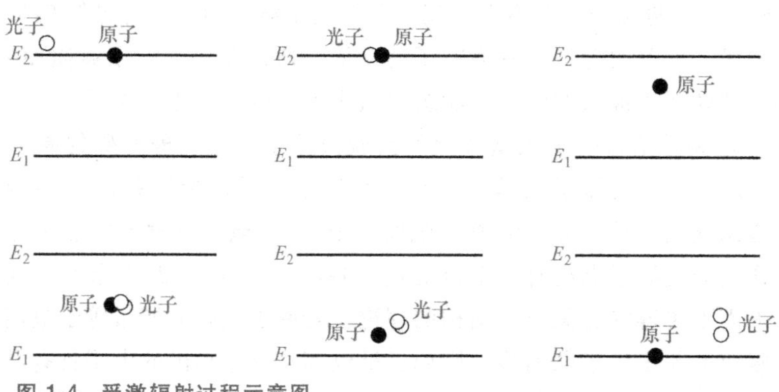

图1-4　受激辐射过程示意图

同样，受激辐射过程也可以由图 1-5 来解释。

入射一个光子引起一个激发原子受激跃迁，在跃迁过程中，辐射出两个同样的光子，这两个同样的光子又去激励其他激发原子发生受激跃迁，因而又获得四个同样的光子。如此反应下去，在很短的时间内，如果高能态的原子数足够多，就可以辐射出大量同模样、同性能的状态完全相同的光子，这个过程称为“雪崩”。“雪崩”是受激辐射光的放大过程，光的受激辐射过程就是产生激光的基本过程，如图 1-6 所示。受激辐射光是相干光，相干光有叠加效应，因此合成光的振幅加大，表现为光的高亮度性。

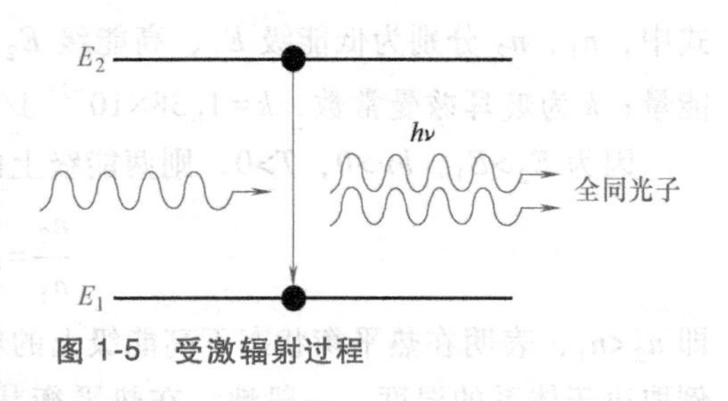

图 1-5　受激辐射过程

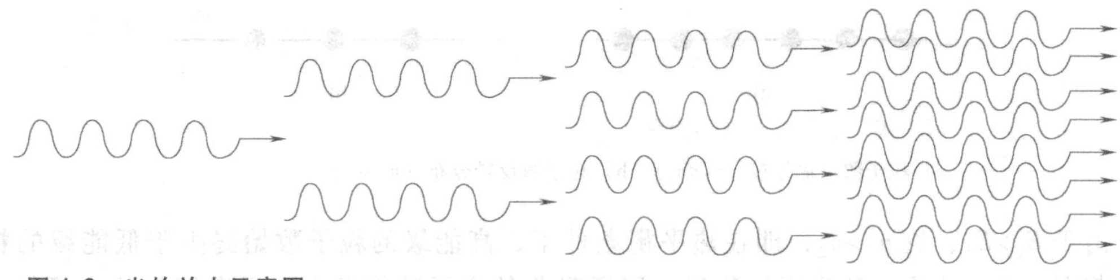
图 1-6　光的放大示意图

(3) 受激吸收　受激吸收与受激辐射的过程正好相反，是指处于低能级 E_1 上的原子受到外界的作用，如受到别的原子的撞击或者吸收一定能量的光子，也有可能跃迁到高能态 E_2，如图 1-7 所示。处于低能态的原子，吸收了一个能量恰好为 $h\nu=E_2-E_1$ 的光子，从而跃迁到能量为 E_2 的激发态，该过程称为受激吸收。这就是一般的物质对光有一定吸收的原因。

图 1-7　受激吸收过程示意图

自发辐射过程中每一个原子的跃迁是自发的、独立进行的，其过程全无外界的影响，彼此之间也没有关系，只与物质本身的性质有关，而且它们发出的光子的状态是各不相同的，这样的光相干性差，方向散乱。而受激辐射则相反，它最大的特点是由受激辐射产生的光子与引起受激辐射的原来的光子具有完全相同的状态，具有相同的频率、相同的方向，完全无法区分出两者的差异。这样，通过一次受激辐射，一个光子变为两个相同的光子。这意味着光被加强了，或者说光被放大了。而某原子自发辐射产生的光子对于其他原子来说是外来光子，会引起受激辐射与吸收，因此三个过程在大量原子组成的系统中是同时发生的。

4. 粒子数反转

(1) 粒子数反转　在一般的热平衡状态下，物质各能级的粒子数按照玻耳兹曼统计分布，即

$$\frac{n_2}{n_1}=\mathrm{e}^{\frac{-(E_2-E_1)}{kT}} \tag{1-2}$$

式中，n_1、n_2 分别为低能级 E_1、高能级 E_2 上的粒子数；E_1、E_2 分别为低能级、高能级的能量；k 为玻耳兹曼常数，$k=1.38\times10^{-23}$ J/K；T 为绝对温度（K）；e 为自然对数的底。

因为 $E_2>E_1$，$h\nu>0$，$T>0$，则两能级上的原子数之比为

$$\frac{n_2}{n_1}=\mathrm{e}^{\frac{-(E_2-E_1)}{kT}}<1 \tag{1-3}$$

即 $n_2<n_1$，表明在热平衡状态下高能级上的粒子数总是小于低能级上的粒子数，且两者的比例取决于体系的温度。一般地，在热平衡状态下，几乎所有的粒子都处于最低能态（即基态），只有少数粒子处于较高的能级状态（即激发态），所以受激吸收占主导地位。这种$n_2<n_1$ 的分布通常称为粒子数的正常分布，如图 1-8a 所示。

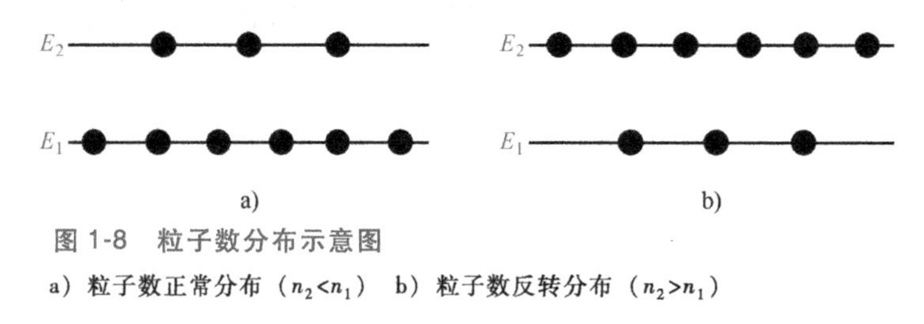

图 1-8　粒子数分布示意图

a）粒子数正常分布（$n_2<n_1$）　b）粒子数反转分布（$n_2>n_1$）

由于 $E_2>E_1$，故 $n_1>n_2$，即在热平衡条件下，高能级的粒子数始终少于低能级的粒子数。若有一束频率为 ν 的光通过物质，则所吸收的光子数将恒大于受激辐射的光子数。因此，处于热平衡条件下的物质无法实现受激辐射的放大，在这种情况下得不到激光。要实现光放大，得到激光，就必须打破原子数在热平衡下的玻耳兹曼统计分布，使高能级 E_2 上的粒子数大于低能级 E_1 上的粒子数，因为 E_2 上的粒子多，能够发生受激辐射，使光增强。为了达到这个目的，必须设法把处于基态的粒子大量激发到高能级 E_2，处于高能级 E_2 的粒子数就可以大大超过处于低能级 E_1 的粒子数，形成 $n_2>n_1$ 的分布。这种分布与粒子数的正常分布相反，常称为粒子数（原子数）反转分布，简称粒子数反转，如图 1-8b 所示。

注意：粒子数反转分布只有在非平衡状态下才能达到，实现粒子数反转分布是产生激光的必要条件。

（2）粒子数反转的实现　爱因斯坦在 1917 年提出受激辐射，激光器却在 1960 年才问世，相隔了 43 年，这是为什么？主要原因是普通光源中粒子产生受激辐射的概率极小，即在热平衡条件下粒子数大多处于最低能态。因此，从技术上实现粒子数反转是产生激光的必要条件。理论研究表明，任何工作物质，在适当的激励条件下，可在粒子体系的特定高低能级间实现粒子数反转。能够实现粒子数反转的介质称为激活介质或增益介质。

因此，要实现粒子数反转，产生激光，必须做到以下两点。

1）要求介质有适当的能级结构（内因），作为工作物质的微观原子必须要有一个原子可以停留较长时间的能级，这些能级通常称为亚稳态。在亚稳态上，原子辐射跃迁被禁止或发生这种跃迁的概率很小，所以原子停留的时间比较长，容易积聚足够多的原子，相对于低能级上的原子更易实现粒子数反转。

2）要有必要的能量输入系统使受激辐射远大于自发辐射（外因），工作物质吸收外场能量后，处于高能级的原子数要大于低能级的原子数，实现这一状态的过程称为“抽运”或“激励”过程。这种激励过程，犹如用水泵将低处的水抽运到高处一样，所以通常又把

这些提供激励的能源系统称为泵浦。产生泵浦的方法有光照（光泵）、放电（电泵）、化学反应（化学泵）等。

粒子数反转的实现过程如图 1-9 所示，提高泵浦将大量低能态 E_1 上的原子抽运到激发态 E_3 上，由于激发态 E_3 的寿命（原子停留时间）很短，因此大量原子通过自发辐射会跃迁到亚稳态 E_2 上，亚稳态 E_2 的寿命较长，自发跃迁的概率也很小，如果光抽运的强度足够大，就可以使处于 E_2 状态的原子数 n_2 超过处于 E_1 状态的原子数 n_1，并达到 $n_2>n_1$，从而在 E_1 与 E_2 能级之间实现粒子数反转。具有这样原子数分布的发光体系，在外来光子诱导下就可以产生激光。

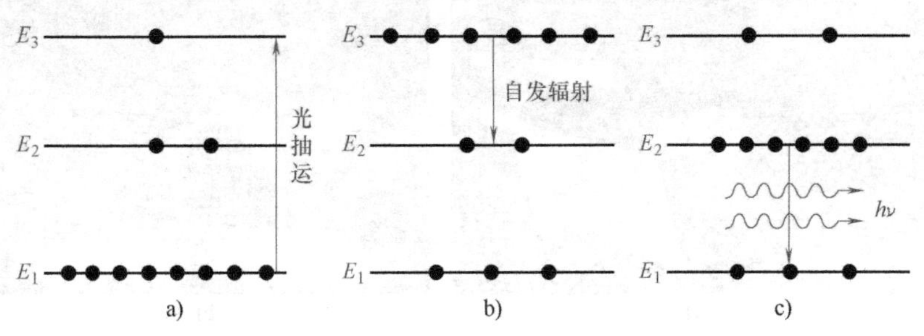

图 1-9 粒子数反转的实现过程示意图

一般情况下，对能够实现粒子数反转的能级结构也有一定要求，简单的能级结构很难实现粒子数反转，大多采用比较复杂的多能级结构。

1.1.2 产生过程

激光工作物质在泵浦的激励下被激活，即介质处于粒子数反转状态，在粒子数反转分布的两能级之间，由自发辐射过程产生很微弱的特定频率的光辐射。在自发辐射光子的感应下，在上、下两能级间产生受激辐射。这种受激辐射光子与自发辐射光子的性质（频率、相位、偏振和传播方向）完全相同，这些光辐射在介质中产生连锁反应，由于谐振腔的作用，这些光子在腔内多次往返经过介质，产生更多的同类光子。由于受激辐射的概率取决于粒子数反转密度和介质中的同类光子密度，因此就可能使同类光子的受激辐射成为介质中占绝对优势的一种辐射，从而可以从光学谐振腔的部分透射镜端输出光能，即为激光，如图 1-10 所示。

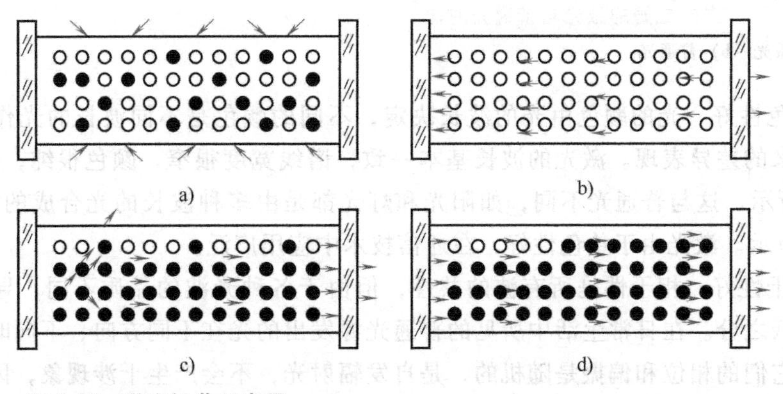

图 1-10 激光振荡示意图

1.1.3 特点

激光是强相干光源，与普通光相比具有以下四大特点。

（1）亮度高　亮度是衡量一个光源质量的重要指标，由于激光的发射能力强且能量高度集中，所以亮度很高，如图 1-11 所示。若将中等强度的激光束会聚，则可在焦点处产生几千到几万℃的高温。

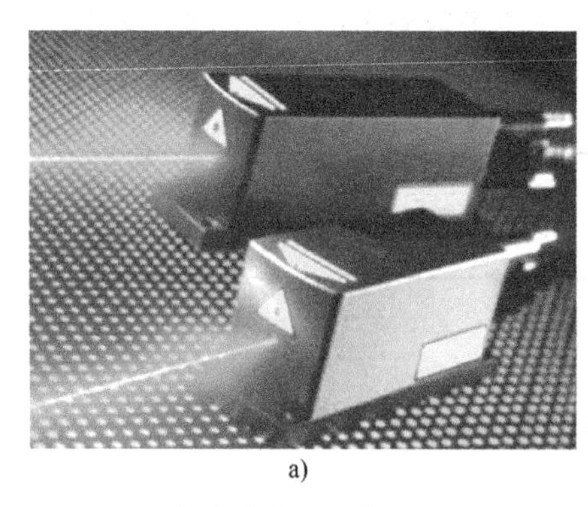

a)

b)

图 1-11　高亮度的激光束

（2）方向性好　激光的光束很狭窄，并且十分集中，在发射后其发散角非常小，所以强度很高。激光射出 20km，其光斑直径只有 20~30cm，激光射到 38 万 km 的月球上，其光斑直径还不到 2km，如图 1-12a 所示。相反，普通光分散向各个方向传播，所以强度很低，如图 1-12b 所示。

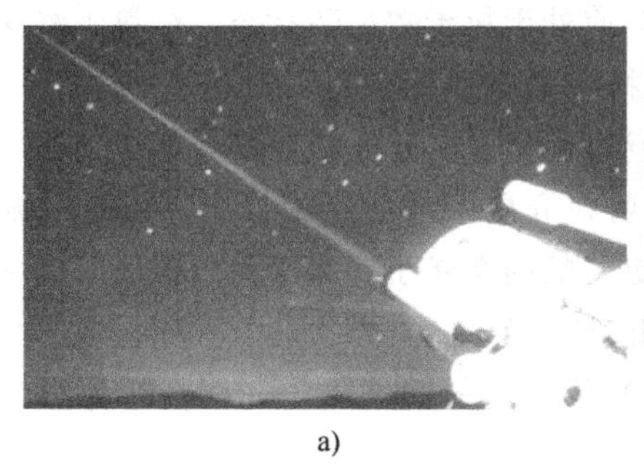

a)

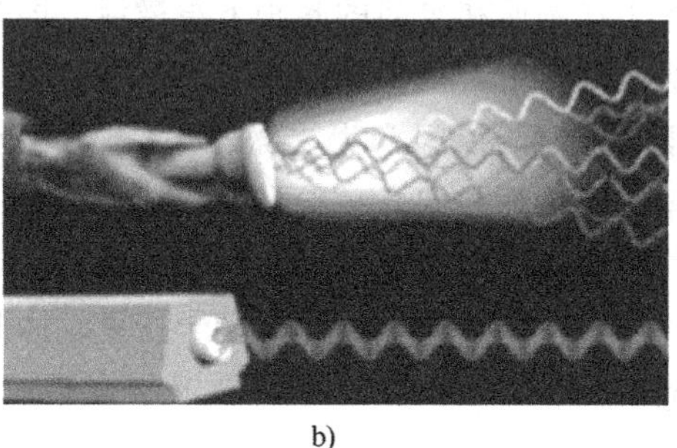

b)

图 1-12　方向性好的激光与普通光对比

a）激光　b）普通光

（3）单色性好　光的颜色由光的波长决定，不同的颜色是不同波长的光作用于人的视觉而反映出来的差异表现。激光的波长基本一致，谱线宽度很窄，颜色很纯，单色性很好，如图 1-13a 所示。这与普通光不同，如阳光和灯光都是由多种波长的光合成的，接近白光，如图 1-13b 所示。激光由于单色性好，在通信技术中应用广泛。

（4）相干性好　相干性是所有波的共性，但由于各种光波的品质不同，导致它们的相干性也有高低之分。在日常生活中所见的普通光源发出的光在不同方向、不同时间里都是杂乱无章的，它们的相位和偏振是随机的，是自发辐射光，不会产生干涉现象，因而只能用于普通照明。普通光经过透镜后也不可能会聚在一点上。而激光不同于普通光源，它是受激辐

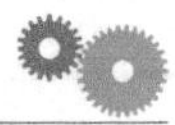

a)　　b)

图 1-13　单色性好的激光束与普通光对比

a）激光　b）普通光

射光，所有光子都有相同的相，相同的偏振，具有极强的相干性，经过叠加便产生很大的强度，称为相干光。可以用透镜将它们会聚到一点上，使能量高度集中，这就称为相干性高。普通灯光与激光的比较如图 1-14 所示。

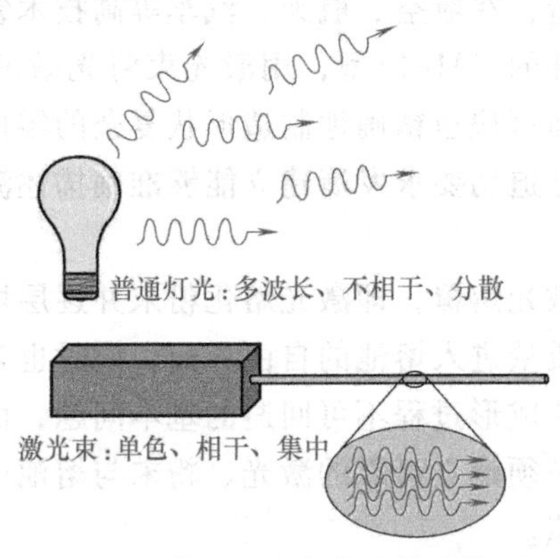

图 1-14　普通灯光与激光的比较

1.2　激光先进制造技术

1.2.1　分类

随着激光技术的发展，以“光能源”和“光工具”作为新加工手段的激光先进制造技术，在材料加工中扮演了更为重要的角色，代表了先进加工制造业的发展方向，引领加工技术进入激光先进制造的时代，极大地提升了传统加工制造业的技术水平，带来了产品设计、制造工艺和生产观念的巨大变革。

激光先进制造技术是继力加工、火焰加工和电加工等技术之后出现的一种崭新的加工技术，它可以完善周到地解决不同材料的加工、成形和精炼等技术问题。从最小结构的计算机芯片到超大型飞机和舰船，激光先进制造都将是不可或缺的重要手段。自 20 世纪 70 年代大功率激光器件诞生以来，激光焊接、激光切割、激光打孔、激光表面处理、激光快速原型制造、金属零件激光直接成形、激光刻槽、激光标记和激光掺杂等十几种应用工艺已相继形成，如图 1-15 所示。与传统的加工技术相比，激光先进制造具有高能量密度聚焦、易于操作、高柔性、高效率、高质量和节能环保等突出优点，迅速在汽车、电子、航空航天、机械、冶金、铁路和船舶等工业领域得到广泛应用，几乎涉及国民经济的所有领域，被誉为“制造系统共同的加工手段”。

目前已成熟的激光先进制造技术包括：激光快速成形技术、激光焊接技术、激光打孔技术、激光切割技术、激光打标技术、激光清洗技术、激光表面热处理技术，下面逐一进行简单介绍。

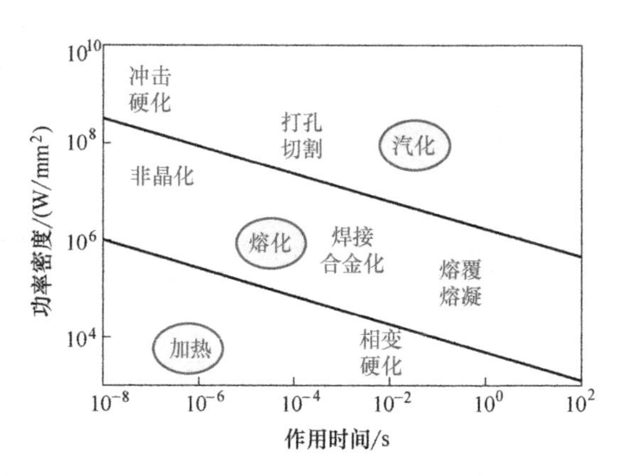

图 1-15　激光先进制造技术的参数范围

（1）激光快速成形技术　激光快速成形技术集成了激光技术、CAD/CAM 技术和材料技术的最新成果，是一项先进的制造技术，能够实现高性能复杂结构致密金属零件的快速、无模具、近终形制造，在航空、航天、汽车等高技术领域具有光明的应用前景。激光快速成形技术能够根据零件的 CAD 模型，用激光束将光敏聚合材料逐层固化，精确堆积成样件，不需要模具和刀具即可快速精确地制造形状复杂的零件。随着对激光快速成形技术研究的深入开展，工程实际已迫切要求发展建立能够准确描述激光成形过程的理论模型以准确把握其内在机理。

激光快速成形的核心是激光熔覆，即激光熔化粉末并逐层堆积的过程。在此过程中熔池自由表面是激光能量和粉末质量进入熔池的自由界面，同时也是熔覆层生长的动态边界，所以粉末与熔池交互是激光快速成形过程不可回避的基本问题，而要实现高性能复杂结构致密金属零件的整体精确制造则必须建立可靠的激光、粉末与熔池交互过程，从而在此基础之上实现激光快速成形过程的模拟。

与传统制造技术相比，激光快速成形技术具有以下特点：①原型的复制性、互换性高；②制造工艺与制造原型的几何形状无关；③加工周期短、成本低，一般制造费用降低 50%，加工周期缩短 70%以上；④高度技术集成，实现设计制造一体化。近期发展的激光快速成形技术主要包括立体光造型（SLA）技术、选择性激光烧结（SLS）技术、激光熔覆成形（LCF）技术、激光近形（LENS）技术、激光薄片叠层制造（LOM）技术、激光诱发热应力成形（LF）技术及三维印刷技术等。

（2）激光焊接技术　激光焊接是激光材料加工技术应用的重要方向之一，焊接过程属于热传导型，即激光辐射加热工件表面，表面热量通过热传导向内部扩散，通过控制激光脉冲的宽度、能量、峰功率和重复频率等参数，使工件熔化，形成特定的熔池。由于其独特的优点，已成功地应用于微、小型零件焊接中。高功率 CO_2 激光器及高功率 YAG（Yttrium Aluminum Garnet，钇铝石榴石）激光器的出现，开辟了激光焊接的新领域，获得了以小孔效应为理论基础的深熔焊接，在机械、汽车、钢铁等工业领域获得了日益广泛的应用。

与其他焊接技术相比，激光焊接具有以下主要优点。

1）激光焊接速度快、深度大、变形小。

2）能在室温或特殊的条件下进行焊接，焊接设备装置简单。例如，激光通过电磁场，光束不会偏移；激光在空气及某种气体环境中均能施焊，并能通过玻璃或对光束透明的材料进行焊接。

3）激光聚焦后，功率密度高，在高功率器件焊接时，深宽比可达5∶1，最高可达10∶1。

4）可焊接难熔材料（如钛、石英等），并能对异性材料施焊，效果良好。例如，将铜和钽两种性质截然不同的材料焊接在一起，合格率几乎可达100%。

5）也可进行微型焊接，激光束经聚焦后可获得很小的光斑，且能精密定位，可应用于大批量自动化生产的微、小型元件的组焊中。例如，集成电路引线、钟表游丝、显像管电子枪组装等，由于采用了激光焊，不仅生产率高，而且热影响区小，焊点无污染，大大提高了焊接的质量。

（3）激光打孔技术　激光打孔技术具有精度高、通用性强、效率高、成本低和综合技术经济效益显著等优点，已成为现代制造领域的关键技术之一。在激光出现之前，只能用硬度较高的物质在硬度较低的物质上打孔。这样，要在硬度最高的金刚石上打孔，就成了极其困难的事。激光打孔利用高功率密度的激光束（10^8~10^{15}W/cm^2）照射工件，当高强度的聚焦脉冲能量照射到材料时，材料表面照射区内的温度升高至接近材料的蒸发温度，此时固态金属开始发生强烈的相变，首先出现液相，继而出现气相。金属蒸气瞬间膨胀以极高的压力从液相的底部猛烈喷出，同时也携带着大部分液相一起喷出，在照射点上立即形成一个小凹坑。由于金属材料溶液和蒸气对光的吸收比固态金属要强得多，所以材料将继续被强烈地加热，加速熔化和汽化。随着激光能量的不断输入，凹坑内的汽化程度加剧，蒸气量急剧增多，气压骤然上升，在开始相变区域的中心底部形成了更强烈的喷射中心，开始时在较大的立体角范围内外喷，而后逐渐收拢，形成稍有扩散的喷射流，在工件上迅速打出一个具有一定锥度的小孔。这是由于相变来得极其迅速，横向熔融区域还来不及扩大，就已经被蒸气携带喷出，激光的光通量几乎完全用于沿轴向逐渐深入材料内部，形成孔型。但是，激光钻出的孔是圆锥形的，而不是机械钻孔的圆柱形，这给部分应用场景带来不便。

（4）激光切割技术　激光切割是应用激光聚焦后产生的高功率密度能量来实现的。在计算机的控制下，通过脉冲使激光器放电，从而输出受控的重复高频率的脉冲激光，形成一定频率、一定脉宽的光束，该脉冲激光束经过光路传导及反射并通过聚焦透镜组聚焦在加工物体的表面上，形成一个个细微的高能量密度光斑，焦斑位于待加工面附近，从而瞬间高温熔化或汽化被加工材料。每一个高能量的激光脉冲瞬间就把物体表面溅射出一个细小的孔，在计算机控制下，激光加工头与被加工材料按预先绘好的图形进行连续相对运动打点，这样就会把物体加工成想要的形状。切割时，一股与光束同轴的气流由切割头喷出，将熔化或汽化的材料由切口的底部吹出。如果吹出的气体和被切割材料产生热效反应，则此反应将提供切割所需的附加能源。另外，气流还有冷却已切割面、减少热影响区和保证聚焦镜不受污染的作用。

与传统的板材加工方法相比，激光切割具有切割质量好（切口宽度窄、热影响区小、切口光洁）、切割速度快、柔性高（可随意切割任意形状）、材料适应性好等优点。

（5）激光打标技术　激光打标是在激光焊接、激光热处理、激光切割、激光打孔等应用技术之后发展起来的一门新型加工技术，也称为激光标记、激光印标，是一种非接触、无污染、无磨损的新标记工艺，是激光加工最大的应用领域之一。近年来，随着激光器的可靠性和实用性的提高，加上计算机技术的迅速发展和光学器件的不断改进优化，激光打标技术也取得了长足的发展。

激光打标是利用高能量密度的激光对工件进行局部照射，使表层材料汽化或发生颜色变化的化学反应，从而留下永久性标记的一种打标方法。高能量的激光束聚焦在材料表面上，使材料迅速汽化，形成凹坑。随着激光束在材料表面有规律地移动，同时控制激光的开断，激光束也就在材料表面加工成一个指定的图案。激光打标可以打出各种文字、符号和图案等，字符大小可以从毫米量级到微米量级变化，这对产品的防伪具有特殊的意义。聚焦后极细的激光光束如同刀具，可将物体表面材料逐点去除，其先进性在于标记过程为非接触性加工，不产生机械挤压或机械应力，因此不会损坏被加工物品。由于激光聚焦后的尺寸很小，热影响区域小，加工精细，因此激光可以完成一些常规方法无法实现的工艺。

（6）激光清洗技术　激光清洗技术主要是由于物体表面污染物吸收激光能量后，或汽化挥发，或瞬间受热膨胀而克服表面对粒子的吸附力，使其脱离物体表面，进而达到清洗的目的，可大大减少加工器件的微粒污染，提高精密器件的成品率。主要特点包括：①它是一种“干式”清洗，不需要清洁液或其他化学溶液，且清洁度远远高于化学清洗工艺；②清除污物的范围和适用基材的范围十分广泛；③通过调控激光工艺参数，可以在不损伤基材表面的基础上，有效去除污染物，使表面复旧如新；④激光清洗可以方便地实现自动化操作；⑤激光去污设备可以长期使用，运行成本低；⑥激光清洗技术是一种“绿色”清洗工艺，消除的废料呈固体粉末状，体积小，易于存放，基本上不会对环境造成污染。

（7）激光表面热处理技术　激光表面热处理技术是利用高功率密度的激光束以非接触性的方式对金属表面强化处理的方法，借助于材料表面自身热传导冷却，形成具有一定厚度的处理层，以提高材料的耐蚀、耐磨及抗疲劳等性能，满足不同的使用场景。

根据激光与物质相互作用所产生的表面效果，可将激光表面热处理技术分成固相加热、熔化、汽化三类，如图 1-16 所示。

由图 1-16 可以看出，激光表面热处理技术还可进一步细分为相变硬化、熔凝硬化、熔覆、合金化、非晶化和冲击强化。下面对其中四种进行简要介绍。

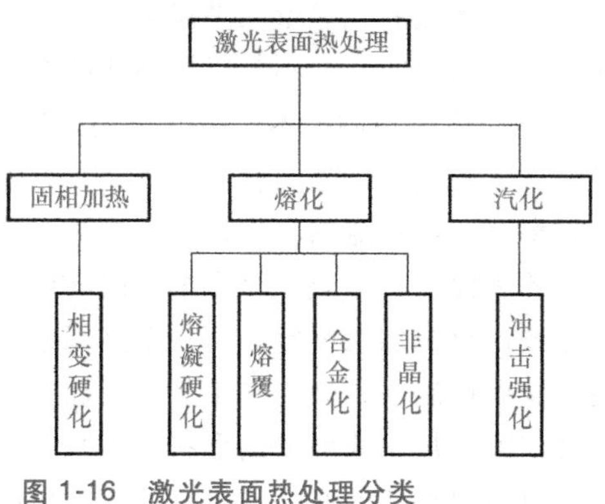

图 1-16　激光表面热处理分类

1）激光相变硬化（即激光淬火）技术是激光热处理中研究最早、最多且进展最快、应用最广的一种工艺，它利用聚焦后的激光束照射到钢铁材料表面，使其温度迅速升到相变点以上、熔点以下。当激光移开后，由于仍处于低温的内层材料的快速导热作用，使表层快速冷却到马氏体相变点以下，获得淬硬层。激光相变硬化技术适用于大多数材料和不同形状零件的不同部位，可提高零件的耐磨性和疲劳强度，国外一些工业部门已将该技术作为保证产品质量的手段。

2）激光熔覆技术是在工业中获得广泛应用的激光表面热处理技术之一，该技术利用激光高功率密度，在基材表面指定部位形成一层很薄的微熔层，同时添加特定成分的自熔合金粉，如镍基、钴基和铁基合金等，使它们以熔融状态均匀地铺展在零件表层并达到预定厚度，与微熔的基体金属材料形成良好的冶金结合，并且互相之间只有很小的稀释度，在随后的快速凝固过程中，在零件表面形成与基材完全不同的、具有预定特殊性能的功能熔覆材料层，从而完全改变材料表面性能，可以使廉价的材料表面获得极高的耐磨、耐蚀、耐高温等性能。

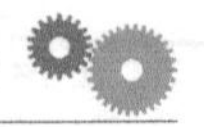

3）激光合金化技术是材料表面局部热处理的新方法，是未来应用潜力最大的表面热处理技术之一，适用于航空、航天、兵器、核工业和汽车制造业中需要改善耐磨、耐腐蚀、耐高温等性能的零件。

4）激光冲击强化技术可用来改善金属材料的力学性能，可阻止裂纹的产生和扩展，提高钢、铝、钛等合金的强度和硬度，改善其抗疲劳性能。

1.2.2 特点

由于激光具有高亮度、高方向性、高单色性和高相干性的特性，因此决定了其在特种加工领域存在以下诸多优势。

(1) 由于它是无接触加工，并且高能量激光束的能量及其移动速度均可调，因此可以实现多种加工的目的。

(2) 它可以对多种金属、非金属进行加工，特别是可以加工高硬度、高脆性及高熔点的材料。

(3) 激光加工过程中无“刀具”磨损，无“切削力”作用于工件。

(4) 激光束能量密度高，加工速度快，并且是局部加工，对非激光照射部位没有影响或影响极小。因此，其热影响区小，工件热变形小，后续加工量小。

(5) 它可以通过透明介质对密闭容器内的工件进行各种加工。

(6) 由于激光束易于导向、聚集以实现各方向变换，极易与数控系统配合和对复杂工件进行加工，因此是一种极为灵活的加工方法。

(7) 生产率高，质量可靠，经济效益好。

【扩展阅读】

“激光之父”——爱因斯坦

阿尔伯特·爱因斯坦（1879—1955），1879 年出生于德国乌尔姆市，1900 年毕业于苏黎世联邦理工学院，1905 年获苏黎世大学哲学博士学位，1999 年被美国《时代周刊》评选为“世纪伟人”，如图 1-17 所示。

图 1-17 阿尔伯特·爱因斯坦（1879—1955）

爱因斯坦以他极其深刻的洞察力在 20 世纪一系列重大物理课题上进行了开创性和奠基性的工作，辐射问题就是其中之一。他对辐射问题的许多大胆而深刻的见解，都在后来的科学技术发展中被证明是正确的。但爱因斯坦从未放弃对辐射本质更深入的探索，他曾说：只要我活着，我还要思索，光究竟是什么？为圆满解决黑体辐射理论问题，普朗克于 1900 年提出“量子”假说。爱因斯坦看出了“量子”概念的深远意义，并把它加以发展。他在 1905 年提出光量子假说，认为辐射不仅在发射和吸收过程中是以量子的形式出现的，而且辐射本身也是由光量子所组成的。到1909年，爱因斯坦对辐射的理解进一步深化。他在《论辐射问题的现状》中明确指出，普朗克定律本身隐含着这样的内容，即辐射场不仅显示出波动性，而且显示出粒子性，第一次明确提出了辐射的“波粒二象性”概念。

1911年卢瑟福提出原子结构的核模型后，1913年玻尔提出了原子结构假说，但玻尔没能解释原子从一个态如何跃迁到另一个态。爱因斯坦在玻尔获得的成就的基础上，更深入地研究了物质与辐射之间的相互作用，于1916年发表了《关于辐射的量子理论》，对能态之间的跃迁方式第一次提出了实际的认识。爱因斯坦将普朗克谐振子的古典电磁理论的已知关系式变换为未知的量子论公式，从而做出气体分子高、低两能态之间跃迁有三种基本方式的假设。一种方式是自发辐射：根据经典电磁理论，一个振荡着的普朗克谐振子自发向外辐射能量，而与外界辐射场的激发无关；对应于量子论，这就是说，处于高能态的分子会自发跃迁到低能态并发出辐射，这个过程不受外界辐射场影响。另外两种方式是受激吸收和受激辐射，统称为“受激过程”，它们是在辐射场刺激下，与辐射场交换能量的过程：根据经典理论，一个频率为ν的普朗克谐振子置于一个同样频率的电磁场中，电磁场会对这个谐振子做功而改变谐振子的能量，这个功为正或为负，取决于谐振子与场的相对位相；对应于量子论，这就是说，在适当频率的辐射量子的作用下，气体分子可以吸收这个量子从低能态跃迁到高能态，这是受激吸收过程。也可以从高能态跃迁到低能态，而发射出一个与入射量子同样频率的辐射量，这是受激辐射的过程。根据这个假说，爱因斯坦以简洁而普遍的方式推导出普朗克黑体辐射公式，并得到两个能级之间的受激辐射系数、受激吸收系数和自发辐射系数之间的关系式。

爱因斯坦还考察了气体分子与辐射场之间动量转移的问题，在受激辐射的情况下，得出分子获得的动量的方向与辐射束传播的方向相反的结论，这实际上意味着受激辐射则是个新概念，即一个处于高能态的粒子在一个频率适当的辐射量子的作用下，会跃迁到低能态，同时发射出一个频率和运动方向与入射量子全同的辐射量子。如此下去，形成雪崩式的受激辐射，而产生大量运动方向和频率全同的光子，这样就实现了光放大。而如果加上适当的谐振腔的反馈作用便形成光振荡，发射出激光，这就是激光器的工作原理。因而，爱因斯坦提出的“自发和受激辐射”理论成为现代激光系统的物理学基础。

后来的实践证明，爱因斯坦提出的激光理论具有划时代的先驱意义，功不可没。爱因斯坦被人们誉为“激光之父”，乃当之无愧、名副其实！

【参考文献】

[1] EINSTEIN A B. Zur quantentheorie der strahlung [J]. Physikalische Zeitschrift, 1917, 18: 121-128.
[2] 俞宽新. 激光原理与激光技术 [M]. 北京：北京工业大学出版社，2008.
[3] 张广. 原子能级跃迁问题的探讨 [J]. 物理教师：高中版，2000，21 (2)：27-28.
[4] 张永康. 激光加工技术 [M]. 北京：化学工业出版社，2004.
[5] 邱元武. 激光技术和应用 [M]. 上海：同济大学出版社，1997.
[6] 江海河. 激光加工技术应用的发展及展望 [J]. 光电子技术与信息，2001，14 (4)：1-12.
[7] 王家金. 激光加工技术 [M]. 北京：中国计量出版社，1992.
[8] 刘江龙，邹至荣，苏宝熔. 高能束热处理 [M]. 北京：机械工业出版社，1997.

第2章
激光冲击强化技术

【导读】 激光冲击强化技术起源

早在20世纪60年代，美国研究人员就提出了激光冲击强化的概念，但是直到70年代才开始正式研究该技术。1972年，来自美国巴特尔学院的Fairand等人尝试利用大功率、短脉冲激光诱导产生的冲击波来改变7075铝合金的显微结构，这是在激光冲击强化领域的首次应用研究，结果表明铝合金的疲劳寿命和抗应力腐蚀能力均得到了一定程度的提高，验证了该技术的可行性。1977年，BMI的Clauer等人开创性地在样品表面涂覆了一层黑色涂层材料，然后再覆盖透明约束层，以此改变冲击波的大小和持续时间，结果表明这种模式使冲击波的压力达到了GPa级，且冲击后的残余应力场和材料的疲劳寿命均得到了显著提高。这种吸收层与约束层相结合的模式也成了激光冲击强化技术的典型模式，为该技术的发展奠定了基础。1978年，该实验室的Ford与美国空军实验室联合，进行激光冲击强化改善紧固件疲劳寿命的研究，结果表明激光冲击强化可大幅度延长紧固件的疲劳寿命。但由于当时缺少满足性能要求的激光器，激光冲击强化技术并未得到实际应用。1984年，美国劳伦斯利弗莫尔国家实验室（Lawrence Livermore National Laboratory，LLNL）成功研制出世界上第一台具有板条结构的钕玻璃激光器，促进了激光冲击强化技术的发展。1995年，美国激光冲击强化公司成立，该公司致力于生产提高金属疲劳寿命的激光冲击强化系统，并成功设计和建造了世界首台激光冲击强化设备。

20世纪60年代，我国的钱临照先生就发现了激光诱导冲击波现象，提出了冲击波有可能对材料作用后使材料位错密度增加的概念。但受限于当时的实验条件和应用背景，研究初期国内研究者主要是跟随验证国外已有的结论，直到90年代我国才开始进行激光冲击强化技术的研究。1992年，南京航空学院（现南京航空航天大学）利用我国自主研制的钕玻璃激光器对7475-T761铝合金与30CrMnSiNi2A高强度合金钢进行激光冲击强化处理，结果表明经激光冲击强化处理后，合金疲劳寿命提高约80%，这是国内在激光冲击强化领域的首次研究。

那么，什么是激光冲击强化技术呢？其实，它的效果与“千锤百炼”“趁热打铁”相似，以前用锤子敲打，让金属产生塑性形变，形成强化层，通过残余应力提高金属强度；现在把锤子换成激光，利用激光产生的冲击波力效应，在金属表面产生压应力，提高金属材料的抗疲劳、耐磨损和抗腐蚀性能。与传统强化技术相比，激光冲击强化可以产生更大的压力和能量，而且可以高效利用这些能量，不仅有效降低了能耗，还加快了材料的变形速度，使其可以达到机械冲压的10000倍左右，比爆炸成形高出100倍，成为极端条件下的极端制造方法之一。所以激光冲击强化技术的强化效果十分明显，部分材料的寿命可以提高25倍以上，再加上不需要与材料直接接触，可控性更强，可以减少不必要的材料损伤。配合特殊的涂层和约束层可以保护材料不被激光灼伤，并延长冲击波的反射作用时间，进一步提高强化效果。

2.1 技术概述

激光冲击强化（Laser Shock Processing，LSP）又称为激光喷丸强化，是一种利用强短脉冲激光束与物质作用产生的强冲击波对材料表面进行改性，提高材料的抗疲劳性、磨损和腐蚀等性能的技术。当短脉冲（几十 ns）的高峰值功率密度的激光辐射金属表面时，金属表面吸收层（涂覆层）吸收激光能量发生爆炸性汽化蒸发，产生高压等离子体，该等离子体受到约束层的约束爆炸时产生高压冲击波，作用于金属表面并向内部传播，在材料表层形成密集、稳定的位错结构的同时，使材料表层产生应变硬化，残留高幅压应力，显著提高材料的抗疲劳和抗应力腐蚀等性能。

2.1.1 原理

激光冲击强化作为一种新型的表面处理工艺，是激光表面处理技术的一个重要分支，其基本原理如图 2-1 所示。为了提高材料对激光能量的吸收和保护材料表面不受激光热损伤，在激光冲击前，一般会在工件的待冲击区域涂上一层不透明的材料（称为吸收层），然后再覆盖一层透明的材料（称为约束层）。当短脉冲（几十 ns）、高功率密度（$>10^9$W/cm^2）的强激光透过透明约束层，作用于覆盖材料表面的能量吸收层时，能量吸收层充分吸收激光能量，在极短时间内汽化电离形成高温（$>10^4$K）、高压（>1GPa）的等离子体，该等离子体迅速膨胀向外喷射。由于约束层的存在，等离子体的膨胀受到约束限制，导致等离子体压力迅速升高，结果向表面施加一个冲击加载，产生向金属内部传播的强冲击波。由于这种冲击波压力高达数 GPa，远远大于材料的动态屈服强度，材料表面因而产生塑性应变，形成极其细小的位错亚结构，并使材料表层形成很大的残余压应力，从而大幅度改善材料力学性能。

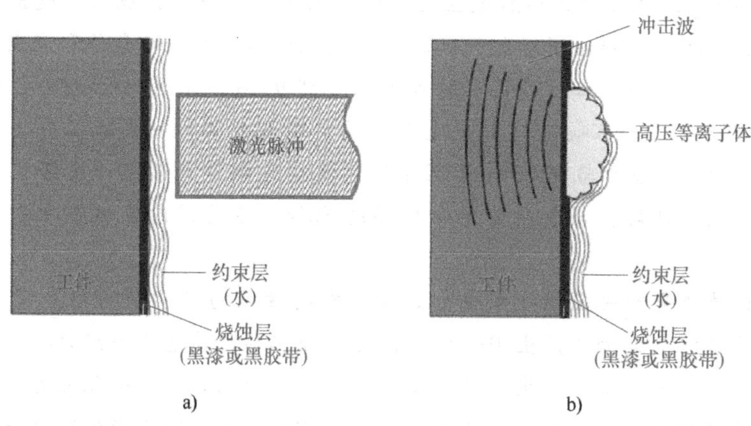

图 2-1 激光冲击强化原理图

在激光冲击强化过程中，由于能量吸收层的“牺牲”作用，加之激光冲击的时间极短，保护了工件表面不受激光热损伤，故热学效应可以忽略不计，因此将激光冲击强化工艺归为

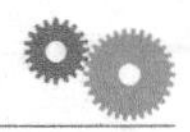

冷加工工艺，而约束层的存在大大提高了激光冲击波的压力幅值和作用时间。在激光脉冲作用期间，其强度保持恒定时，施加于金属表面的冲击波压力维持一个平稳阶段。而在激光作用后期，由于激光功率密度的减小，作用于表面的冲击波压力也随之降低，因此在激光冲击过程中，可将激光冲击产生冲击波的过程分成四个阶段：激光能量的吸收、传热、汽化和离子体爆炸。而激光诱导的冲击波压力经历了快速增强、保压和衰减三个过程。

激光冲击强化过程是一个高应变率下的动态塑性变形过程，涉及激光冲击波技术和金属对高压冲击波的动态响应。激光与物质相互作用产生冲击波主要有两种不同的机制：一种是热冲击引起的冲击波，它起源于材料表面快速吸收激光脉冲能量所造成的热膨胀和巨大的应力梯度；另一种是力冲击引起的冲击波，它起源于迅速蒸发与膨胀的高温等离子体对材料的反冲压力。

根据以上分析，可以把激光冲击强化过程分成三个阶段：①表面吸收高能激光并汽化；②等离子体形成高压冲击波加载于表面；③材料动态响应而产生残余压应力。可以看出，激光冲击强化技术的实质就是冲击波（即应力波）与材料的相互作用。

2.1.2 工艺特点

其他的激光表面强化技术，如激光熔凝、激光合金化、激光熔覆等，是直接将激光光能转化为热能，即通过“光热效应”来达到强化的目的。而激光冲击强化处理的能量源则是强激光诱导的冲击波，是一种基于“光力效应”的冷变形强化工艺，即将激光光能转化为冲击波的机械能来进行强化。

传统的表面形变强化工艺主要包括孔挤压、滚压、喷丸三种。孔挤压只适用于对一般规格的孔进行强化处理，而对于小孔、焊缝和不通孔等常见的应力集中部位则无法实施；滚压只适用于外形较简单的外表面；喷丸则由于通路和可达性方面的困难，其应用也受到很大限制。与这些工艺相比，激光冲击强化技术具有如下优点。

1）激光冲击强化能有效保护被处理试样表面。激光冲击强化以短脉冲激光作为高密度能源，激光与材料的作用时间极短（ns 级），加上能量吸收涂层的保护作用，在激光冲击强化后，试样表面不会因为热效应而发生显著的微观组织变化，避免了热效应对材料力学性能的不利影响。

2）激光冲击强化具有可叠加性。材料的多次冲击处理不仅可以提高强化效果，而且可以扩大强化区域，通过一系列的搭接冲击可以实现大面积的强化处理。另外激光冲击强化可对经过普通热处理的工件存在的“软点”进行补充强化处理，这使得激光冲击强化技术可以与其他强化技术一起配合使用。

3）激光冲击强化可获得特别高的冲击力，产生很深的强化层。激光冲击强化往往在几十 ns 的持续时间内，在试样表面形成高达 GPa 级的冲击压力，并以应力波的形式传播至相当的深度，引起塑性变形层，达到深度强化的目的。

4）激光冲击强化可在室温、空气条件下进行，工艺过程清洁、无污染，是一种绿色、环保的表面强化方法，并且处理后试样表面粗糙度值较低，特别适用于对表面质量要求较高的试样进行局部强化处理。

5）激光便于聚焦和传播，激光冲击强化加工柔性更好，在常规方法无法进入的局部表面或不规则复杂空间的强化处理方面，具有明显的优势。而且激光冲击强化的控制参数

（激光功率密度、激光光斑尺寸、激光脉冲持续时间）较少，易于精确定位和控制，便于实现自动化生产。

6）与传统机械喷丸相比，激光冲击强化获得的材料表面残余应力深度可达1mm，约为机械喷丸的2~5倍，而其加工硬化程度则明显低于机械喷丸。同时，激光冲击强化可保留较好的表面形貌，冲击后的表面不平度明显低于机械喷丸。

激光冲击强化技术最显著的三个特点：①超高压，冲击波峰压可达到数万个大气压；②超快，塑性变形时间仅仅几十ns；③超高应变率，可达到10^7s^{-1}，比机械喷丸强化高万倍。由于这些独特的优点，激光冲击强化能够解决其他技术难以解决的技术难题，且已经逐渐在工业、国防等行业实现应用。

2.2 工艺方法研究

激光冲击强化工艺方法不同于常规的激光加工工艺，它利用的是迅速蒸发和膨胀的高温等离子体对材料的反冲压力。因而，该工艺需要采用功率密度达到GW/cm^2量级的激光束，同时需要采用约束层和吸收层，工艺的实现路径较为复杂。

国内外有关激光冲击强化工艺方法的研究大多是针对单次激光冲击强化展开，单次冲击在吸收层和约束层的选取、光路系统的保护等方面易于实现。而基于小能量激光器的冲击处理工艺研究重点是针对多次连续冲击处理展开，对吸收层和约束层的选取提出了更高的要求，需要保证在连续冲击后工件表面无明显热损伤，并且冲击效果可靠。

2.2.1 激光设备与外部光路选择

1. 设备选择

激光冲击处理强化研究中，高能量钕玻璃激光器主要用于常规激光冲击强化工艺的研究，而Nd:YAG激光器和准分子激光器主要用于小能量激光冲击强化工艺研究。江苏大学研制的具有五轴联动数控工作台的高功率钕玻璃激光冲击强化系统实验装置近年来得到了广泛的应用，取得了良好的冲击效果，如图2-2所示。整个装置由高功率钕玻璃激光器系统、五轴联动数控工作台、在线测量检测和计算机数控系统、激光能源系统及激光电源系统集成。

a)

b)

图2-2 钕玻璃激光冲击强化系统实验装置（江苏大学强激光实验室）

激光器内部光路如图 2-3 所示。其中，$LD_1 \sim LD_3$ 为半导体激光器，M_1 为 90°全反射镜，M_2 为输出镜，M_3、M_4、M_6、M_7、M_8 为 45°全反射镜，M_5 为 45°半透半反射镜，PC 为 KD＊P 电光晶体，PP 为偏振镜，PI 为隔离器，$SL_1 \sim SL_6$ 为扩束镜，PA_m、$MA_{m\text{-}n}$ 为钕玻璃棒。

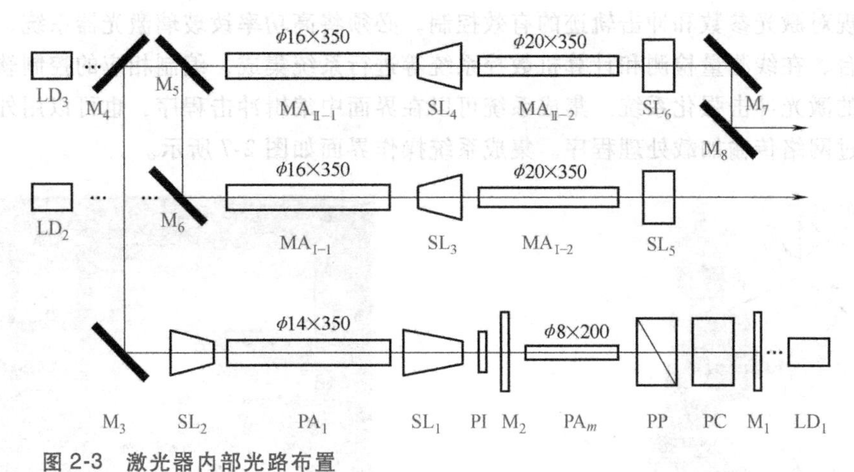

图 2-3　激光器内部光路布置

激光器激发的激光脉冲波形及光斑形状如图 2-4、图 2-5 所示。

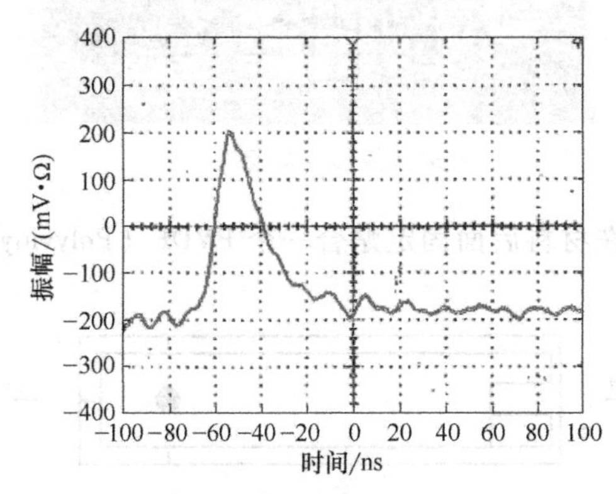

图 2-4　激光脉冲波形图

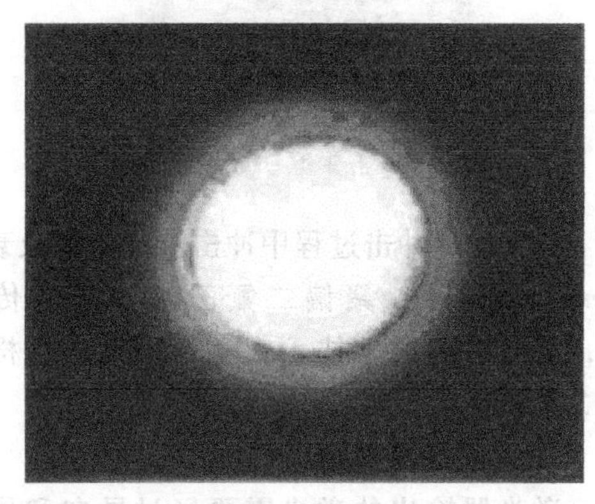

图 2-5　激光光斑形状

激光器所发出的激光脉冲波长为 1054nm，脉宽为 23ns，有效光斑直径为 2～13mm，激光器的其他性能指标包括以下八项。

1）激光峰值功率密度≥1×10^9W/cm^2。

2）输出光发散度≤1.7mrad。

3）脉冲能量≤45.9J。

4）输出不稳定性≤±10%。

5）工作重复频率 0.5Hz。

6）系统自发辐射能量≈15mJ。

7）输出激光脉冲能量起伏≤±4%，功率密度起伏≤±5%。

8）激光输出光场均匀稳定。

实验时，为了适应不同的冲击路径，保证激光冲击强化的精度，需准确定位冲击区域，必须有一个能实现多轴运动的工作台。目前普通机床的五坐标工作台都是龙门式或立柱式的，不能满足激光冲击强化运动的特殊要求，为此自行研制了五轴联动数控工作台，工作台有 5 个自由度，可沿 X、Y、Z 轴方向移动，以及绕 X、Z 轴方向转动。工作台的外形如图 2-6 所示。

为实现对激光参数和冲击轨迹的有效控制，必须将高功率钕玻璃激光器系统、五轴联动数控工作台、在线测量检测和计算机数控系统等进行系统集成，编制相应的控制软件，形成一套完整的激光冲击强化系统。集成系统可以在界面中编辑冲击程序，也可以用外部计算机编辑，通过网络传输加载处理程序。集成系统操作界面如图 2-7 所示。

图 2-6　五轴联动数控工作台

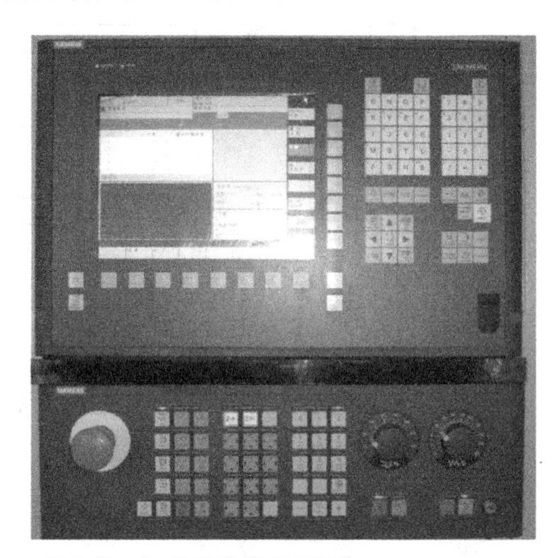

图 2-7　集成系统操作界面

为了检测冲击过程中冲击波的传播及衰减，在材料后面固定贴合一个 PVDF（Polyvinylidene Difluoride，聚偏二氟乙烯）压电传感器，其为中国科学技术大学所研制，结构如图 2-8 所示。

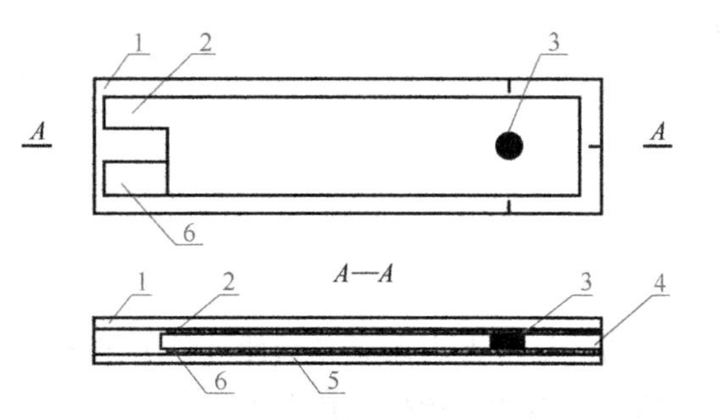

图 2-8　PVDF 压电传感器的结构示意图
1—上层聚酯膜　2—上电极　3—PVDF 元件
4—绝缘层　5—下层聚酯膜　6—下电极

2. 外部光路选择

激光器输出的激光需要经过导向和聚焦到一定尺寸后照射到被加工工件上。激光加工中常采用的外部光路一般有两种：一种为工件竖直放置，激光束在水平方向经透镜聚焦后直接照射到加工工件上，如图 2-9a 所示；另一种为工件水平放置，激光束经导向系统转换为竖直方向，经过透镜聚焦照射到加工工件上，如图 2-9b 所示。

这两种光路各有优缺点。由于激光器输出光束一般为水平方向，因而前一种光路简单，将光束直接聚焦后即可用于加工，并且可以减少加工过程中飞溅物对光路的污染；缺点是工件安装困难，垂直放置的二维平台运动稳定性较差，而且不适用于以水作为约束层的冲击处理工艺研究。后一种光路的优点是工件的安装与运动平台的设计简单，运动精度容易保证，选择水作为约束层施加较易实现；缺点是光路容易受到污染，需要采用合适的光路保护

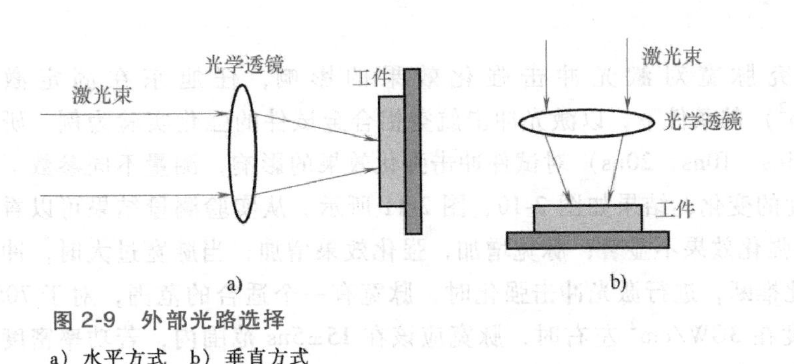

图 2-9　外部光路选择

a）水平方式　b）垂直方式

措施。

综合考虑各种因素，可以根据实际需要选择实验所需的光路。激光器输出的激光束首先通过反射镜抬升或改向，然后经过透镜照射到工件表面。透镜可沿水平或竖直方向移动，用于调节工件表面光斑直径，获得实验所需的功率密度和光斑尺寸。

2.2.2　光束参数

激光冲击强化过程中所采用的激光参数对材料表面会产生很大的影响，参数主要包括输出能量、波长、空间分布特性、时间分布特性等。激光冲击强化工艺一般要求峰值功率密度达到 GW/cm^2 量级、脉宽在 ns 量级，是目前激光加工领域中唯一采用短脉冲高功率激光的技术。若功率密度过低，则无法形成有效的冲击压力；若脉宽过长（μs 级以上），则热效应显著，工件对激光的响应主要表现为热相变、热烧蚀、熔融和汽化穿孔等现象。另外，在冲击处理工艺研究和实际应用中一般选用短波长激光，主要有 1064nm 近红外光、532nm 绿光和 355nm 紫光。

1. 激光功率密度

目前实验研究中主要使用波长为 1.06μm 的激光器，激光功率密度大于 $10^9W/cm^2$，激光脉宽为 ns 级。激光参数的选择对于激光冲击强化的效果有着直接的影响，激光平均功率密度 I、激光能量 E、脉宽 τ 与光斑直径 D 之间有以下关系

$$I=\frac{4E}{\pi\tau D^2} \tag{2-1}$$

激光功率密度大小应根据工件材料的物理、力学性能来具体选择，同时还要考虑涂层材料对冲击波压力的衰减作用。Ballard 认为所选择的激光功率密度应能使冲击波峰压的范围落在 2~2.5Ph 之间（Ph 为材料的动态屈服强度），在这个范围内可以获得理想的表面残余压应力。

2. 激光脉宽

激光冲击强化后材料的塑性变形深度、表面残余压应力均与激光脉宽有关，脉宽越小，功率密度越大。根据前面的分析，冲击强化的效果在一定的范围内随功率密度增加而提高，所以脉宽越小，冲击强化的效果也越好。而冲击波脉宽（激光脉宽的 1~3 倍）与材料的塑性变形深度呈线性关系，从塑性变形深度的角度来看，采用较大的激光脉冲宽度可获得较好的强化效果。然而过大的激光脉冲宽度极易造成金属材料表面的热损伤，降低激光冲击强化

处理的效果。

为了研究脉宽对激光冲击强化效果的影响，任旭东在固定激光功率密度（2.91GW/cm^2）的条件下，以激光冲击航空铝合金试件的强化实验为例，研究激光脉宽变化（分别取5ns、10ns、20ns）对试件冲击强化效果的影响，测量不同参数下工件表面残余压应力和硬度的变化，结果如图2-10、图2-11所示。从实验测量结果可以看出，当脉宽≤5ns时，冲击强化效果不显著；脉宽增加，强化效果增加；当脉宽过大时，冲击强化效果有所下降。据此推断，进行激光冲击强化时，脉宽有一个适合的范围，对于7050铝合金，当激光功率密度在3GW/cm^{2}左右时，脉宽应该在15±5ns范围内，若功率密度增加，则脉宽可以适当减小。

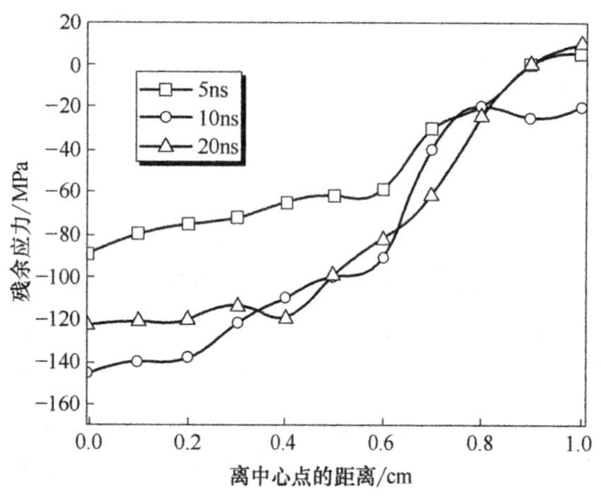

图2-10　脉宽对表面残余压应力的影响

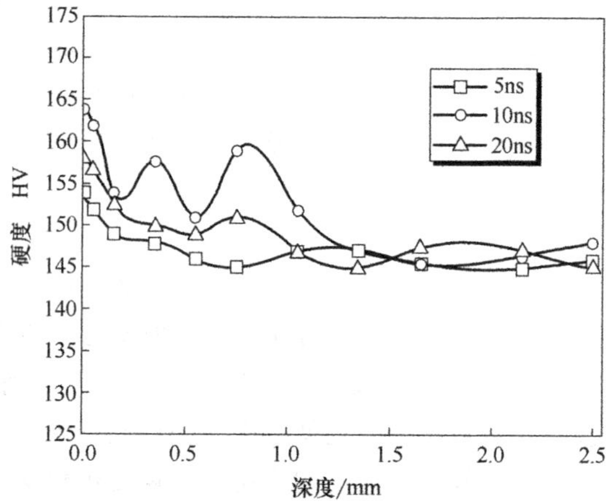

图2-11　脉宽对表面硬度的影响

3. 光束波长

不同激光器输出不同波长的准单色光，这是由于不同激光器的工作物质不同，其上下能级差（$E_2-E_1=h\nu$）不同，而光波频率与波长成反比，因此输出激光的波长不同。

不同材料对激光的吸收率与波长密切相关。对于金属，一般表面对激光的吸收随波长增加而减少。另外，激光波长与激光束的聚焦程度也有关系。聚焦后光斑一般为几十μm，将受到衍射极限的限制。由于衍射角θ正比于λ/a（λ为波长，a为衍射孔径尺寸），因此波长越短越有利于聚焦。波长对激光冲击强化过程的影响主要体现在以下三个方面。

（1）约束层中的穿透特性　水对532nm的紫外光吸收最小，因而如果以水作为约束层，则532nm的激光最不容易产生光学击穿。对于Nd:YAG激光器，标准输出为1064nm的红外光，所以在进行激光冲击强化工艺研究时，一般通过倍频获得532nm的紫外光。

（2）吸收层的吸收特性　激光的波长越长吸收越小，因而选择较短的波长有利于吸收层吸收激光能量，提高激光能量利用率。

（3）等离子体的吸收特性　根据有关等离子体形成的微观过程分析，短波长条件下逆韧致吸收将大大增加，等离子体对激光能量的吸收增强，从而有利于提高冲击压力、增强冲击处理效果。但是，考虑降低波长提高等离子体吸收特性的同时，也要考虑到约束层的光学击穿性能。较短的激光波长会降低约束介质的击穿阈值，影响激光能量的传输。Berther等人研究发现，将波长从1064nm降低到532nm，水的击穿阈值从10GW/cm^{2}降低到

$6GW/cm^2$，冲击压力的峰值从 5.5GPa 降低到 4.5GPa。

由于激光冲击强化工艺过程复杂，波长对工艺过程的影响是多方面的。因而，波长的选取需要根据具体的实验条件进行综合考虑。

2.2.3　约束层

1. 两种物理模型

在研究激光冲击强化的初始阶段，人们直接让激光辐照被处理的材料，即所谓的非约束模型，如图 2-12a 所示。结果发现这种模型所获得的冲击压力不高，而且由于激光直接与材料表面相互作用，在材料表面引起烧蚀现象，反而严重破坏了材料的性能。为了提高冲击波压力，O'keefe 等人在材料表面涂覆一层对激光透明的汽化物质，Anderholm 则把金属箔和透明固体贴在金属材料上，直至后来，A. H. Clauer 等人采用金属材料上加黑色涂层和透明约束层的冲击结构，激光冲击强化的约束模型才得以建立，如图 2-12b 所示。

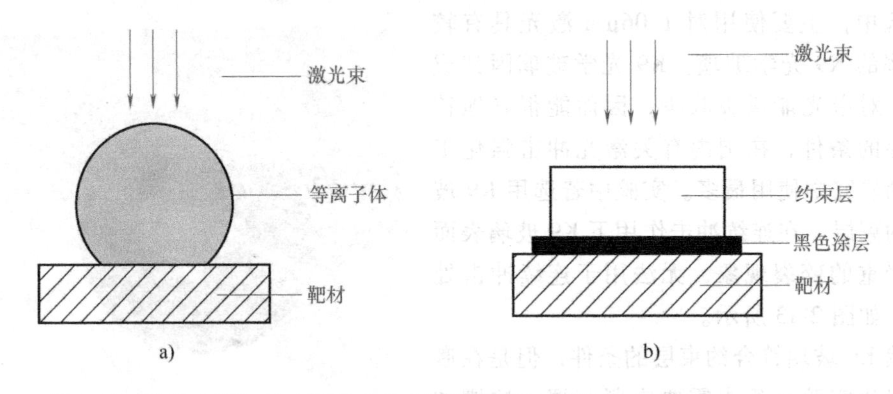

图 2-12　非约束型与约束型激光冲击强化模型示意图

a）非约束模型　b）约束模型

非约束模型的最大特点就是激光束直接辐照在金属材料表面，故也称为直接烧灼模型。在此模型下，材料受到高能激光的直接照射，其表层物质在如此高温下将发生熔化、汽化和电离等现象，最后使表面受到破坏。同时，在此情况下产生的等离子体也将因为没有受到任何约束，向四周迅速膨胀，导致作用于材料表面的冲击波压力小，作用时间短，最终造成冲击强化的力效应不明显。而约束模型对直接烧灼模型的冲击压力产生机制进行了巧妙的修正。首先，在金属材料表面覆盖一层对激光波长不透明的物质（通常为黑色涂层），然后再在其上增加对激光透明的材料，即约束层，当激光束穿过透明约束层后，激光能量被不透明的黑色涂层强烈吸收，并且仅仅很薄的一部分涂层被牺牲汽化以形成等离子体，这样激光对金属表层的热影响得到有效抑制，从而保护了被冲击工件。同时，在约束模型下，由于约束层的存在，产生的等离子体无法任意膨胀，被压缩在一狭小的空间，导致其压强进一步增大，对材料表面的作用时间也随之延长，从而增强了激光冲击强化的力效应。根据 Fabbro 的研究，在非约束模型下获得的冲击波峰压只有几 MPa，而约束模型下冲击波峰压可达到 10GPa，激光冲击波的脉宽提高了 2~3 倍。

2. 约束层的特点

为满足多次冲击处理和搭接冲击处理工艺研究的需要，约束层介质需要能够保证冲击处理过程连续进行。约束层不仅能大幅度提高激光冲击波的峰值压力，而且能延长激光冲击波压力的作用时间，提高激光冲击波作用于工件的冲量。因为在非约束模型下，等离子体自由地逆着激光束的方向膨胀；而在约束模型下，等离子体被约束在约束层和工件表面之间，使得等离子体的密度增加，温度升高加快，等离子体的逆韧致吸收效应增强，施加于工件的冲击波压力增加。所以，能够作为激光冲击约束层的材料都具有以下三个特点。

1）对某种波长的激光具有高的透光率。

2）有较高的力学强度（抗剪切、抗拉伸强度）。

3）在满足一定力学强度的要求下，约束层要有一个合适的厚度。

3. 约束层的种类

国内外学者不仅对激光冲击强化中有无约束层进行了研究，还对使用何种约束层进行了研究。目前常使用的约束层主要包括固态介质和液态介质两种。

固态介质只适用于对平面工件进行处理，主要为光学玻璃等硬介质。在一系列激光冲击强化实验中，主要使用对 1.06μm 激光具有较高透光率的 K9 光学玻璃。K9 光学玻璃因其成本较低、对激光能量吸收少，因而能很好地符合约束层的条件，在国内有关激光冲击强化工艺机理的研究中使用最多。实验中若选用 K9 玻璃作为约束层，在连续冲击作用下 K9 玻璃表面会发生严重的碎裂现象，无法用于连续冲击处理研究，如图 2-13 所示。

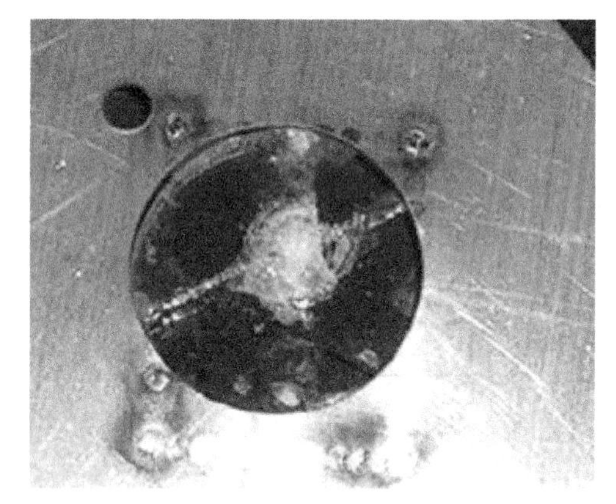

图 2-13　连续冲击强化后的 K9 玻璃

虽然 K9 玻璃符合约束层的条件，但是在激光冲击强化实验过程中需要夹紧装置，这增加了操作难度，且 K9 玻璃作为刚性材料，在激光冲击强化圆角、凹槽、内孔等部位时发挥不了作用，在激光冲击强化过程中产生飞溅也可能伤人。所以研究人员提出了柔性约束层的概念，目前柔性约束层使用最多的是水约束层。

液态水约束层相比于一些固体约束层（如 K9 玻璃、石英等）具有如下优点。

1）击穿阈值较高，可以允许更高功率密度的激光能量传输到吸收层表面，有利于增强激光诱导冲击波效应。

2）水为流体，一次冲击波作用后很快就可以获得平整的界面，能够满足多次冲击和搭接冲击处理工艺要求。

3）水对零件的表面适应性较强，可用于曲面表面强化，而固体介质难以用作曲面约束。

4）水成本低、施加方便，并容易实现操作自动化。

因而，水是一种合适的约束层，具有良好的实际应用价值。

水约束又可以分为静水约束和流水约束两种方式。实验研究发现静水在吸收层汽化过程中容易受到污染形成悬浮微颗粒，增强水对激光能量的吸收，降低水的击穿阈值，基本上无法保证连续冲击处理效果。相反，采用流动的水可以及时排出受污染的水，保持水层的清洁，降低发生介质击穿现象的可能性，保证激光能量的有效利用。因而，在连续冲击处理实验中选用流动的水作为约束层。

为了研究有无约束层和各种不同约束层对冲击强化效果的影响，任旭东用功率密度 $2.91GW/cm^2$ 的激光进行冲击，以铝箔为保护涂层，对7050铝合金工件冲击后的三种不同工件表面残余应力分布如图2-14所示。观察实验结果可以看出，两种情况（约束和无约束）下，激光冲击强化均会在工件表面形成残余压应力。分析认为残余压应力的存在，可以显著提高材料的抗疲劳性能。使用K9玻璃和水作为约束层时，表面残余压应力值明显大于无约束状态下得到的值。使用K9玻璃的效果又略好于用水作为约束层的效果。但是使用玻璃作为约束层，在工业生产中存在较多问题：①对周围工作人员产生威胁，玻璃在爆轰波的作用下，会破碎、飞溅，容易对人造成伤害；②生产中无法迅速更换玻璃约束层，势必会降低处理的效率，甚至无法满足大规模生产、处理的要求。

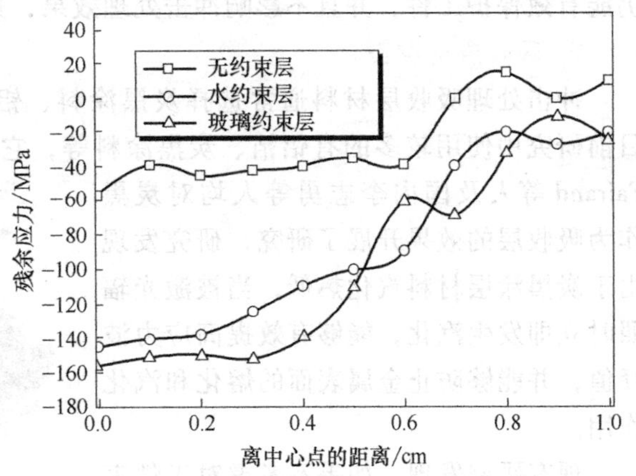

图2-14 不同约束层对冲击强化后工件表面残余应力的影响

2.2.4 吸收层

在激光冲击强化中使用吸收层是形成有效的等离子体冲击压力并避免材料表面受到热损伤的重要工艺方法。

1. 吸收层的作用

在高功率密度下，激光直接辐照工件表面，一方面会在工件表面形成熔池，严重损坏工件的表面质量，并在熔化区形成许多微裂纹，降低工件的使用性能；另一方面，表面状况对激光的吸收也有非常重要的影响。金属表面对激光有着很强的反射作用，表面粗糙度值越低反射率越大。室温下铝表面、铜表面对波长为1.06μm的激光反射率分别高达94%和99%。由此可见，如果激光直接照射在金属工件表面，将会有很大一部分能量被浪费，不能有效地提高等离子体冲击压力。

因而在激光冲击强化工艺中，吸收层的主要作用体现在以下方面。

1）保护工件表面质量。

2）吸收层表面汽化、电离，形成等离子体。

3）增强吸收，提高等离子体冲击波的峰值压力。

2. 吸收层的选择要求

吸收层的选择应该满足以下一些要求。

1）对相应波长激光的吸收率较高，易于提高冲击波峰值压力。

2）具有低热传导系数和低汽化热，增强自身吸热并减少对工件的热传导。

3）易于涂覆至工件表层，且易于去除。

4）吸收层的厚度选择也很重要。若吸收层太薄，则激光能量可透过吸收层而直接烧蚀金属工件；若吸收层太厚，则会对激光冲击波形成衰减，导致传到工件的能量损失，降低激光冲击强化效果。

吸收层材料的选择及吸收层厚度的优化一直未能取得明确的结论，并且有关吸收层选择的研究大多针对单点单次冲击实验。连续冲击处理对于吸收层的要求更高，要求多次冲击后仍能有效保护工件，并且不影响冲击处理效果，这需要根据具体的实验条件合理选用。

3. 吸收层的种类

冲击处理吸收层材料通常选择炭黑涂料、铝箔、黑色胶带三种材料，如图 2-15 所示。目前研究中使用较多的有铝箔、炭黑涂料等，它们分别为金属材料和非金属材料。美国的 Fairand 等人及国内李志勇等人均对炭黑作为吸收层的效果开展了研究，研究发现由于炭黑涂层材料汽化热低，当被激光辐照时立即发生汽化，能够有效提高应力波峰值，并能够防止金属表面的熔化和汽化作用。

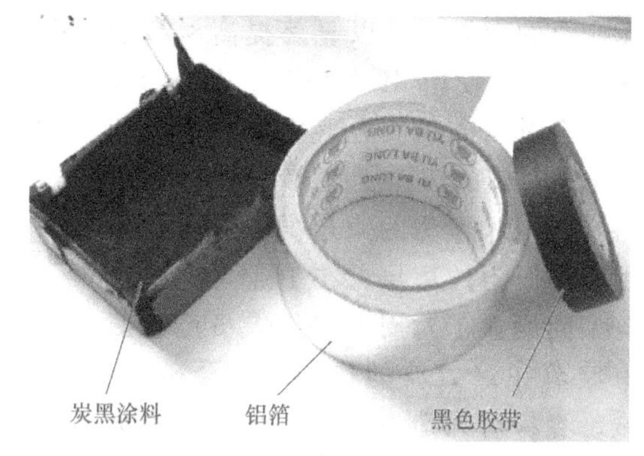

图 2-15　三种吸收层材料

现有研究发现，如果不考虑对工件表面的保护，采用 Al、Zn、Cu 等金属涂层或者其他有机物涂层可以有效提高冲击波强度。采用吸收层的工件处理后具有较高的残余应力场，而无吸收层的工件得到了拉应力。

4. 不同吸收层的使用效果

为了获得满足连续冲击处理实验要求的吸收层，胡永祥在实验中比较了不同吸收层的冲击处理效果，图 2-16 所示为施加不同吸收层后的工件表面情况。

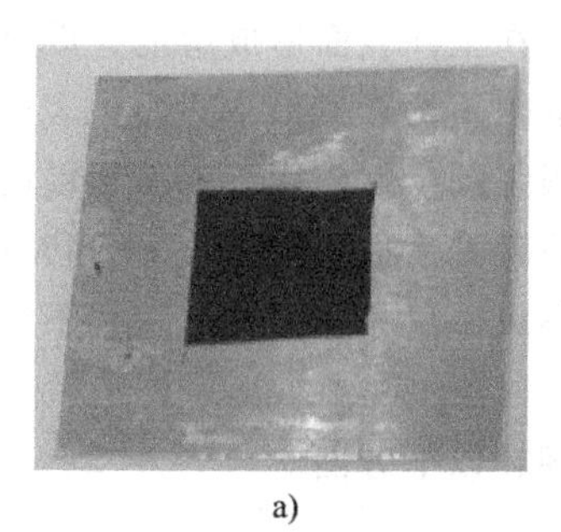
a)

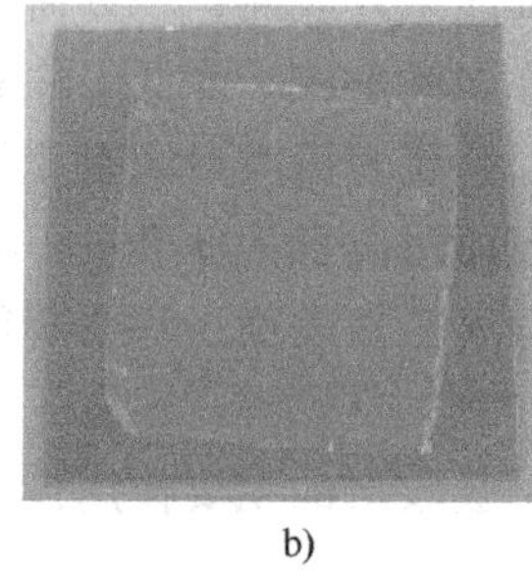
b)

c)

图 2-16　施加不同吸收层后工件的表面

a）炭黑涂料　b）铝箔　c）黑色胶带

图 2-17 所示为使用不同吸收层激光冲击强化后的 0.4mm 纯铝板工件表面。可以看出，冲击处理后，不同吸收层的工件表面均发生了明显的塑性变形。使用炭黑为吸收层的工件背部变形高度达 1.2mm，铝箔为 0.7mm，黑色胶带为 0.8mm。观察处理表面发现：光斑覆盖区域炭黑和铝箔涂层均完全汽化，并且工件表面产生明显的烧蚀现象。另外，还可以观察到在光斑覆盖周围很大一部分区域炭黑被完全汽化、铝箔则发生严重的翘曲，均无法满足连续冲击处理的研究需要。与炭黑和铝箔相比，黑色胶带没有完全被烧蚀，并且由于其良好的柔顺性，处理后仍能很好地贴在工件表面，不影响后续冲击的进行。

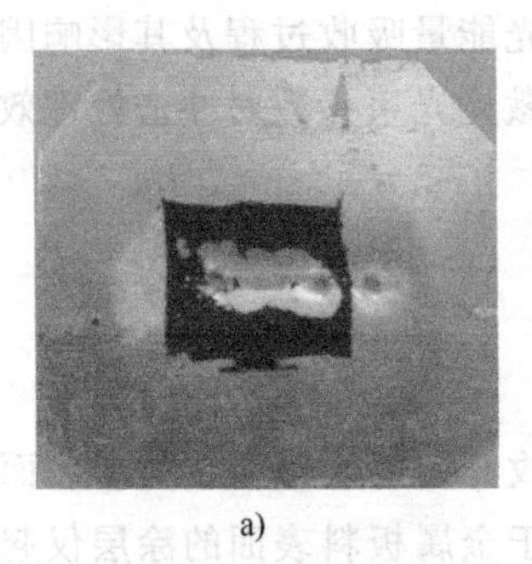

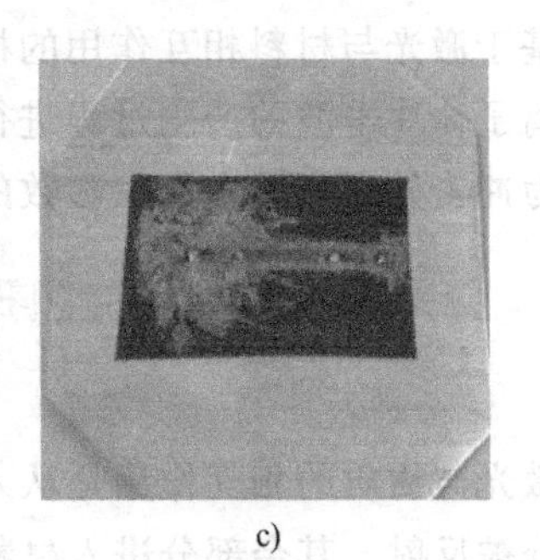

a) b) c)

图 2-17 激光冲击强化后工件表面
a）炭黑涂料 b）铝箔 c）黑色胶带

任旭东针对铝箔、黑漆和硅酸乙酯黑漆三种不同的吸收层涂层和没有涂层的工件，以水为约束层，进行激光冲击强化实验研究，测量三种不同涂层工件和无涂层工件表面残余应力分布，结果如图 2-18 所示。

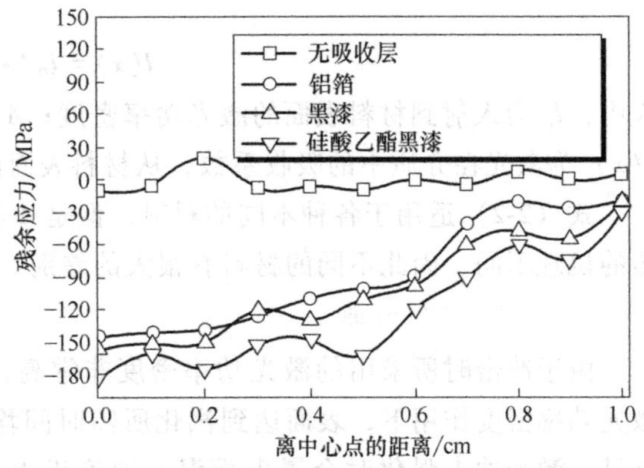

图 2-18 不同涂层激光冲击强化后工件表面残余应力分布

从实验结果看，采用铝箔、黑漆涂层和硅酸乙酯黑漆涂层都能有效提高工件表面的残余压应力，在同等激光脉冲参数下，硅酸乙酯黑漆涂层工件表面的残余压应力值最大，而铝箔工件表面的残余压应力最小，分析认为涂层的加入提高了激光的能量耦合效率，压力作用提高，使得变形量得到提高。硅酸乙酯黑漆涂层激光吸收率高，与激光能量的耦合性能较好，在冲击过程中形成的等离子能高效产生高压冲击波，故表面残余应力值最大；而铝箔虽然也能吸收激光能量产生等离子体冲击波，但其表面会对激光产生反射，影响耦合性能，冲击效果没有硅酸乙酯黑漆涂层和黑漆涂层明显。图 2-18 表明没有涂层的工件表面存在残余拉应力，一定条件下残余拉应力有利于提高稳定性，但是残余拉应力将降低材料的屈服强度、极限强度及疲劳强度等。因此，要合理选择激光的工艺参数，得到尽量大的残余压应力，改善工件的抗疲劳性能。

2.3 激光冲击应力波传播特性

激光诱导等离子体冲击波的产生过程十分复杂，涉及学科领域广泛，主要包括激光物理、原子与分析物理、等离子物理、冲击动力学和材料科学等。另外，激光冲击强化工艺过程复杂，影响因素众多，涉及激光器、工件、吸收层与约束层等多个方面，工艺方法的实现需要有效控制和避免各种因素的影响，保证可靠的冲击处理效果。虽然美国 LSPT 和 MIC 公司已经实现该工艺的工业应用，但现有研究中对工艺效果的保证措施，如吸收层、约束层的选择与施加等，一直未有明确的结论，需要根据具体情况寻找解决办法。因而，工艺方法的实现是激光冲击强化工艺研究前期中的一项十分重要的基础工作。

基于激光与材料相互作用的机理，分析材料表面对激光能量吸收过程及其影响因素，并对等离子体冲击波的产生过程进行研究。然后，定性分析激光光束参数对冲击处理效果的影响，为冲击处理实验中光束参数的选择提供指导。

2.3.1 激光诱导等离子体机理

1. 材料对激光能量的吸收

激光与物质的相互作用是从入射激光被物质反射和吸收开始的。辐照在材料表面的激光束部分被反射，其余部分进入材料内部被吸收。假设涂覆于金属板料表面的涂层仅起到提高金属表面对激光的吸收作用，将吸收涂层与金属作为一个整体，仅考虑金属板料的热物理特性。当激光能量被表面吸收后，其强度减弱，所吸收的激光功率密度在固体内部按布格-拉姆别尔定律变化，有

$$I(x) = I_0 A e^{-\int_0^{\alpha} \beta(x)\,dx} \tag{2-2}$$

式中，I_0 为入射到材料表面的激光功率密度；A 为材料的吸收能力，$A=1-R$，R 为反射率；$\beta(x)$ 为激光在介质中的吸收系数，从材料表面向内为 x 的正方向。

式（2-2）适用于各种不同的材料，但是 A 和 $\beta(x)$ 的具体数值因光的吸收及其转换为热的机理不同，因此不同的材料有很大的差别。

2. 等离子体的形成

由于冲击时所采用的激光功率密度非常高，一般在 GW/cm^2 量级，任何金属在这样高激光功率密度作用下，表面达到汽化所需时间均小于 1ns（假设没有激光能量浪费）。由此可见，激光冲击强化时金属表面温升速度极大（大于 10^{12}℃/s），因此可以忽略液相的存在。由于实验中所采用的激光功率密度非常高，吸收层吸收入射激光能量后会发生汽化，若汽化物质继续吸收激光能量，温度将会继续升高，最终导致汽化物质电离，产生一种高温高密度状态的物质——等离子体。等离子体是由数量相同的带异种电荷的粒子及部分中性粒子组成的。在电磁及其他长程力作用下，粒子的运动和行为是一个以集体效应为主的非凝聚系统。等离子体与固体、液体、气体状态属于同一层次的物质存在形式。

3. 等离子体爆炸形成激光冲击波

从开始汽化这一瞬间起，向内层热扩散不再起作用。此后，仅是表层汽化过程不断地向内层迁移。由于约束层的作用，金属蒸气被限制在工件表面，继续吸收激光辐射的能量后，发生爆炸与电离，体积急剧膨胀，形成由激光束能量支持的爆轰波（强冲击波），约束层被击穿。

激光在材料内部传播过程中，激光强度按指数规律衰减，激光入射到距离表面 X 处的光强 I 为

$$I = I_0 e^{-AX} \tag{2-3}$$

式中，I_0 为入射到材料表面的激光强度；A 为材料对激光的吸收系数。

忽略掉约束层对吸收涂层吸热的影响，并且假设从开始汽化这一瞬间起，不再向内层热扩散，仅是表层汽化过程不断地向内层迁移，即式中 $I_0 \approx I$。根据蒸发物质量的比热能应等于激光作用时间 t 内形成蒸气的比能 U，对最小功率密度提出如下关系

$$I_{\min} \approx \frac{\rho_0 U \sqrt{\alpha}}{\sqrt{t}} \tag{2-4}$$

式中，ρ_0 为吸收涂层密度（kg/m^3）；α 为吸收涂层导温系数（m^2/s）。

若 $\rho_0 = 10^4 kg/m^3$，比能 $U = 10J/kg$，$\alpha = 10^{-3} m^2/s$，则由上式可估算出该类金属物质发生蒸发所需的最小激光功率密度为 $10^6 W/cm^2$。

当激光能量密度高于 $I_{\min}$ 时，只要光子能量不足以使蒸气击穿，蒸气对激光来说就可视为一种透明物质。这时，可以认为蒸气的形成是一个绝热过程，即可忽略表面受热薄层中的运动，将表面薄层视为无限薄而类似燃烧的过程。这样，整个蒸发过程可以视为蒸发波阵面上的变化，但它仍然满足质量、动量和能量的守恒定律。当激光功率密度很高时，蒸气的形成及其被光子击穿电离形成等离子体是一个连续的过程。当激光束入射到等离子体时，将发生强烈的相互作用，等离子体将显著地吸收入射的激光，使等离子体被继续加热。当等离子体被激光加热，温度升高到足够的程度时，等离子体中将出现电子热传导性。这时，等离子中的温度、密度和等离子体速度将出现再分布，等离子体中电子和离子的平衡态将被剧烈打乱，离子温度将远低于电子温度。随着激光束不断地被等离子体吸收，等离子体的温度将继续升高。表征等离子体的参数有带电粒子数、电子浓度 n_e 和电子温度 T_e 等。电子温度是指等离子体中电子的平均动能相当于电子按能量麦克斯韦分布的某个温度。

根据现有文献的研究结果，激光冲击强化所采用的激光功率密度为 GW/cm^2 量级，脉宽为 ns 量级，工件表面产生等离子体几乎是瞬间完成的，因此反冲机制起主导作用。此时入射激光被材料蒸气吸收，产生以热传导或流体动力学机制传播的激光吸收波——激光维持的燃烧波（LSC）和爆轰波（LSD）。当表面受到较强激光功率密度照射时，材料蒸气部分电离、加热，进而依靠热传导、热辐射等输运机制，也使其前方的冷气体加热和电离，形成燃烧波，如图 2-19a 所示。这时仍有部分激光透过等离子体区入射到工件表面，增强激光与材料蒸气的热耦合，随着等离子体向前离去，其耦合受到削弱，逐渐形成对工件的屏蔽。随着激光功率密度增大，燃烧波吸收区运动加快，吸收增强，直至与前方冲击波会合，形成爆轰波，如图 2-19b 所示。这时辐射的激光能量直接被激波波前所吸收，激光所提供的能量相当于一般爆轰波中的化学反应所提供的能量。因此，爆轰波在沿着光束的方向被维持住，继续吸收激光能量后，发生爆炸与电离，形成由激光束能量维持的爆轰波，其体积急剧膨胀，压力增大。

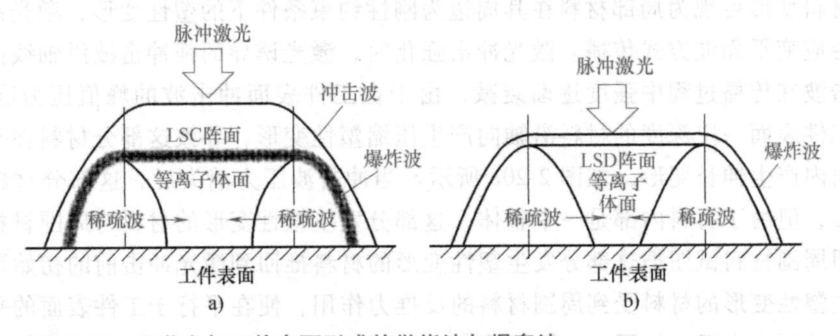

图 2-19　强激光与工件表面形成的燃烧波与爆轰波

a）激光维持的燃烧波（LSC）　b）激光维持的爆轰波（LSD）

在较强短脉冲激光作用下，常常发现辐照仅几十 ns 后即有激光吸收区形成，显然这时材料汽化尚未发生，此吸收区是环境气体发生光学击穿或电离形成的，通常对应于爆轰波的形成。材料蒸气完全成为等离子体后，激光与物质相互作用反映在激光与等离子体中静电波及离子声波的各种耦合散射现象。温度还不十分高的等离子体对激光部分透明，通过自调整体机制维持近乎不变的光学厚度；温度很高的等离子体对激光又变成透明，入射激光直接作用于发生共振吸收等反常机制的临界密度面，形成以极高速度和压力向工件内部传播的激光支持的爆轰波，这是激光等离子体冲击波产生的根源。激光功率密度越大、脉冲能量越高，所形成的爆轰波越强。

综上所述，激光诱导等离子体冲击波产生主要经过以下四个阶段：①低温传热；②熔融汽化；③等离子体形成；④等离子体爆炸。

2.3.2 金属表层应力波传播特性

激光冲击强化作用下，材料的动态响应是复杂的应力波传播与相互作用的过程。该过程中瞬态弹塑性加载与弹塑性卸载共存，同时还伴随着复杂的应变率效应和边界效应。固体中的应力波通常分为纵波和横波两大类。如果扰动传播方向与介质质点运动方向平行，则称为纵波；如果方向垂直，则称为横波。纵波又包括加载波和卸载波。加载波的特点是扰动引起的介质质点相对运动方向与波的传播方向一致，而卸载波波后介质质点的相对运动方向与波的传播方向相反。此外还有介质质点纵向运动和横向运动结合起来的应力波，如弹性介质表面波。

1. 一维应变平面波

一维应变平面波理论的研究对象为半无限空间受到均匀分布的法向冲击载荷的响应，需要满足下列条件

$$u_x = u_y = 0 \tag{2-5}$$

$$\varepsilon_x = \frac{\partial u_x}{\partial x} = 0, \varepsilon_y = \frac{\partial u_y}{\partial y} = 0 \tag{2-6}$$

$$v_x = \frac{\partial u_x}{\partial t} = 0, v_y = \frac{\partial u_y}{\partial t} = 0 \tag{2-7}$$

式中，ε 为应变；v 为粒子速度；u 为位移。材料只有纵向应变 ε_z 的扰动传播，称为一维应变平面波。

在激光冲击强化过程中，由于激光光斑尺寸有限，而一般工件体积较大，因此，激光冲击引起的材料变形可视为局部材料在其周边为刚性约束条件下的塑性变形，激光冲击应力波近似按一维应变平面波方式传播。激光冲击强化时，激光诱导的强冲击波沿轴线向材料内部传播，冲击波在传播过程中强度逐渐衰减，由于在工件表面冲击波的峰值压力高达 GPa 量级，可使工件表面一定深度的材料沿轴向产生压缩塑性变形，导致这部分材料在平行于材料表面的平面内产生伸长变形，如图 2-20a 所示。当冲击波压力消失后，这部分材料保留一定的塑性变形，但由于材料内部是一个整体，这部分发生塑性变形的材料与周围材料保持几何相容性，即周围材料试图把这部分发生塑性变形的材料推回到激光冲击前的初始形状，因此这部分发生塑性变形的材料受到周围材料的反推力作用，便在平行于工件表面的平面内产生沿半径方向的压应力场，如图 2-20b 所示。

用于描述一维应变平面波状态参量特征的控制方程包括运动学条件（连续方程或质量

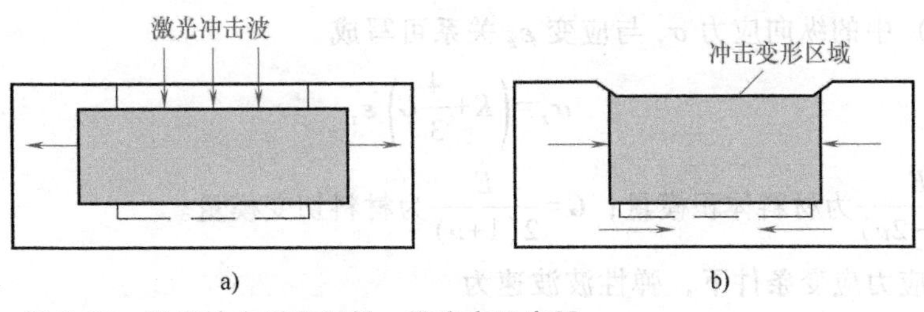

图 2-20 激光冲击诱导材料一维应变示意图

a）激光冲击强化中 b）激光冲击强化后

守恒方程)、动力学条件（运动方程或动量守恒方程）及材料本构关系（物性方程），它们在拉格朗日坐标下可分别表示为

$$\frac{\partial v_z}{\partial z}=\frac{\partial \varepsilon_z}{\partial t} \tag{2-8}$$

$$\rho\frac{\partial v_z}{\partial t}=\frac{\partial \sigma_z}{\partial z} \tag{2-9}$$

$$\sigma_z=\sigma_z(\varepsilon) \tag{2-10}$$

式中，σ 为应力；v 为粒子速度；ε 为应变；ρ 为物体密度。

代入 $v=\frac{\partial u}{\partial t}$，可得一个二阶偏微分方程即波动方程

$$\frac{\partial^2 u}{\partial t^2}-C^2\frac{\partial^2 u}{\partial x^2}=0 \tag{2-11}$$

式中，C 为拉格朗日坐标下的应力波传播速度，有

$$C=\sqrt{\frac{\mathrm{d}\sigma}{\rho\mathrm{d}\varepsilon}} \tag{2-12}$$

2. 弹性波

一维应变平面波问题中介质处于三维应力、一维应变状态。对于各向同性材料，弹性阶段应力应变关系遵从广义胡克定律中的应力应变关系

$$\begin{cases}\sigma_x=\dfrac{E}{(1+\nu)(1-2\nu)}[(1-\nu)\varepsilon_x+\nu(\varepsilon_y+\varepsilon_z)]\\ \sigma_y=\dfrac{E}{(1+\nu)(1-2\nu)}[(1-\nu)\varepsilon_y+\nu(\varepsilon_z+\varepsilon_x)]\\ \sigma_z=\dfrac{E}{(1+\nu)(1-2\nu)}[(1-\nu)\varepsilon_z+\nu(\varepsilon_x+\varepsilon_y)]\end{cases} \tag{2-13}$$

式中，E 为材料弹性模量；ν 为材料泊松比。

对于一维应变，$\varepsilon_x=0$，$\varepsilon_y=0$，所以

$$\begin{cases}\sigma_z=\dfrac{(1-\nu)E}{(1+\nu)(1-2\nu)}\varepsilon_z\\ \sigma_x=\sigma_y=\dfrac{\nu E}{(1+\nu)(1-2\nu)}\varepsilon_z\\ \dfrac{\mathrm{d}\sigma_z}{\mathrm{d}\varepsilon_z}=\dfrac{(1-\nu)E}{(1+\nu)(1-2\nu)}\end{cases} \tag{2-14}$$

式（2-14）中的纵向应力 σ_z 与应变 ε_z 关系可写成

$$\sigma_z=\left(K+\frac{4}{3}G\right)\varepsilon_z \tag{2-15}$$

式中，$K=\dfrac{E}{3(1-2\nu)}$为材料体积模量；$G=\dfrac{E}{2(1+\nu)}$为材料切变模量。

可得一维应力应变条件下，弹性波波速为

$$C_e=\sqrt{\frac{d\sigma_z}{\rho d\varepsilon_z}}=\sqrt{\frac{K+\frac{4}{3}G}{\rho}} \tag{2-16}$$

可得一维应变下侧向应力 σ_x、σ_y 与纵向应力 σ_z 之间的关系

$$\sigma_x=\sigma_y=\frac{\nu}{1-\nu}\sigma_z \tag{2-17}$$

式中，$\dfrac{\nu}{1-\nu}$为小于 1 的正值。

在激光诱导等离子体冲击压力作用下，材料将处于三向应力状态，这是激光冲击强化在材料表面形成侧向残余压应力场的理论基础。

3. 塑性波

当冲击压力幅值较大，使材料产生屈服时，将会在材料内部产生塑性变形，形成塑性波。在复杂应力问题中，判别材料是否达到屈服状态，经常采用 Mises 屈服准则或者 Tresca 屈服准则。按照 Mises 屈服准则，则有

$$(\sigma_x-\sigma_y)^2+(\sigma_y-\sigma_z)^2+(\sigma_z+\sigma_x)^2=2\sigma_s^2 \tag{2-18}$$

按照 Tresca 屈服准则，则有

$$\max\left\{\frac{|\sigma_x-\sigma_y|}{2},\frac{|\sigma_y-\sigma_z|}{2},\frac{|\sigma_z-\sigma_x|}{2}\right\}=\frac{\sigma_s}{2} \tag{2-19}$$

式中，σ_s 为屈服应力。

代入式（2-17），得

$$\sigma_z=\pm\frac{1-\nu}{1-2\nu}\sigma_s \tag{2-20}$$

$$\sigma_z-\sigma_x=\pm\sigma_s \tag{2-21}$$

式（2-20）、式（2-21）给出了一维应变问题中材料屈服时的应力值，以及材料屈服时纵向应力和侧向应力应满足的条件。

由于一维应变问题中介质处于三向应力状态，塑性阶段的应力、应变关系比较复杂，下面借助最简单的理想弹塑性模型来讨论应力波传播引起的材料内部加卸载过程，完全忽略硬化效应。当加载达到初始屈服极限后，塑性变形开始出现在材料表面，材料的屈服应力恒定。

在一维应变问题理想弹塑性模型中，按照 Mises 屈服准则或 Tresca 屈服准则，塑性应力之间都应该满足 $\sigma_z-\sigma_x=\pm\sigma_s$。将应力写成静水压力 p_z 和应力偏量 S_z 部分。静水压力 p_z 与体应变成正比，比例系数为体积模量，这部分应力只引起体积变化，不产生塑性变形。在一维应变条件下，$\varepsilon_x=0$，$\varepsilon_y=0$，静水压力 p_z 可以表示为

$$p_z=-K\varepsilon_z \tag{2-22}$$

因为应力偏量 S_z 引起形状畸变，是产生塑性变形的原因，而在一维应变条件下侧向应力处于均匀状态 $\sigma_x=\sigma_y$，应力偏量 S_z 可以表示为

$$S_z=\sigma_z+p_z=\frac{2}{3}(\sigma_z-\sigma_x) \tag{2-23}$$

若进入塑性阶段，对于理想弹塑性模型，其应力之间应该满足 $\sigma_z-\sigma_x=\pm\sigma_s$，因此偏应力可以表示为

$$S_z=\pm\frac{2}{3}\sigma_s \tag{2-24}$$

将式（2-22）~式（2-24）叠加，可获得一维应变平面波问题在理想弹塑性模型条件下塑性阶段的应力应变关系

$$\sigma_z=-p_z+S_z=K\varepsilon_z\pm\frac{2}{3}\sigma_s \tag{2-25}$$

由式（2-25）可知，一维应变问题中，理想弹塑性模型的塑性应力、应变曲线是斜率为 K、截距为 $\pm\frac{2}{3}\sigma_s$ 的两条直线，相应的一维应变塑性波波速为

$$C_p=\sqrt{\frac{1}{\rho}\frac{d\sigma_x}{d\varepsilon_x}}=\sqrt{\frac{K}{\rho}} \tag{2-26}$$

可知 $C_p<C_e$，故冲击作用下产生的塑性波波速将小于弹性波波速。

2.3.3 金属材料应变速率响应

激光冲击强化是一个高应变率下的动态塑性变形过程，涉及激光冲击波技术和金属对高压冲击波的动态响应。因此，在分析金属材料与激光相互作用的基础上，除了要理解激光冲击波的形成机理，还要清楚激光冲击波的传播特性及在冲击波作用下材料的动态响应。

1. 材料在激光脉冲辐照下的力学响应

当激光束辐照材料时，由于等离子体爆炸，表层材料将受到力的冲击作用，由表及里的物质质点的运动及状态参量变化在材料中形成向纵深发展、传播的应力波。依据载荷强度和材料本构特征的不同，材料有不同的力学响应而处于不同的状态，主要包括弹性、弹-塑性、塑-弹性、塑-弹-塑性、弹-塑-蠕变性等。在高速碰撞及爆炸冲击等强动载荷问题中，比较细致的研究有时要涉及应变率效应，这时材料呈现出黏性，因此，除了弹塑性体、流体等状态外，材料将可能处于黏弹性、黏塑性、黏弹-塑性、弹-黏性等状态。

材料对激光辐照的响应大致可分为流体力学响应、有限塑性响应、弹性响应三种类型。在很强冲击载荷下（几十 GPa 以上），应力将使材料压缩 10%~30%，甚至更多，这时强度效应可以忽略，本构关系可用状态方程 $p=p(v,E)$ 描述，这是流体力学响应；当冲击载荷超出材料的屈服强度不多或为同数量级时，材料的可压缩性和塑性或强度效应都是重要的，材料处于弹塑性流体力学区，当材料进入塑性区后，可能出现大的变形和材料的破坏等；一旦应力状态处在屈服应力以下时，所有控制方程变为线性的，广义胡克定律开始适用，这就是线性弹性区。本实验研究的是有限塑性情况。

2. 激光脉冲辐照下材料的应变速率效应

利用激光引起的冲击波对材料冲击加载是研究高应变率载荷下材料动态响应的主要途径。

从材料的变形机理考虑，除了理想弹性变形可看作瞬态响应外，各种类型的非弹性变形及断裂都是以有限速率进行的非瞬态响应，因此，材料的力学性能及响应本质上是与应变率相关的。这是塑性变形的一个重要性质，反映材料超过弹性极限之后显示出来的对应变率的敏感性，其表现包括：①材料准静态应力加卸载迟滞回路的存在；②低应变率下的蠕变；③应力松弛现象；④应力波传递中的吸收和弥散；⑤随着应变率的提高，材料的屈服滞后；⑥强度极限提高的强化现象和延伸率降低的脆化现象；⑦断裂滞后等。总之，材料在冲击载荷作用下，尤其是高应变率下，所表现出来的许多力学性能明显不同于准静态，应变率的影响也是动态应力-应变关系和准静态应力-应变关系的主要区别之一。材料在冲击载荷作用下力学响应不同于准静态的原因可归结为在冲击时材料质点的惯性效应作用，以及体现材料本身在高应变率下动态力学性能的本构关系对应变率具有相关性。

在不同的应变率下，固体材料的力学性能及响应特征往往是不相同的。表 2-1 给出了不同加载条件下材料力学特征的定性描述。

表 2-1　不同加载条件下材料力学特征的定性描述

特征时间/s	10^{6}	10^{4}	10^{2}	10^{0}	10^{-2}	10^{-4}	10^{-6}	10^{-8}	10^{-10}
应变率/s^{-1}	10^{-8}	10^{-6}	10^{-4}	10^{-2}	10^{0}	10^{2}	10^{4}	10^{6}	10^{8}
载荷状态	蠕变		准静态		中等应变率	冲击	高速冲击		

从表 2-1 中可以看出应变率与冲击加载的特征时间 t_0 满足近似关系

$$应变率=\frac{10^{-2}}{t_0} \tag{2-27}$$

数值计算表明，式（2-27）也适用于脉冲激光辐照的情况，激光辐照的特征时间（脉宽）为 10^4 量级，则应变率为 10^7 量级。应变率对材料力学性能的影响比较复杂，不同材料之间也差异悬殊。具体表现在以下几个方面：①对每一种应变率都存在一条与之相应且互不相同的应力-应变曲线，但应变率对应力-应变关系的影响只有在应变率相差几个量级时才变得较为显著；②应力与应变率的关系依赖于应变和温度；③应变率增加时，应力-应变曲线提高；④大多数金属和合金，应变率增加时，屈服强度增加；⑤材料在强动载荷下出现的断裂是一个微孔洞、微裂纹的活化的复杂细观速率相关过程，不同应变率不仅影响材料的断裂强度，也影响断裂过程和断裂模式。

2.4 铝合金激光冲击强化

2.4.1 表面形貌

激光冲击强化实验采取两路光线会聚在铝合金工件表面，激光脉冲能量为 25 J，光斑直径为 5 mm，对激光冲击强化 2A02（曾用牌号为 LY2）铝合金工件表面凹坑的轮廓及表面粗糙度进行测量。单次激光冲击强化 2A02 铝合金工件获得的凹坑三维形貌和凹坑 x 向、y 向的截面形貌及表面质量如图 2-21、图 2-22 所示，在 x、y 方向上的最大深度分别是 19.94μm 和 20.02μm。在未处理区域表面和处理后凹坑区域的底部表面所测量到的表面质量分别如

图 2-22a 和图 2-22b 所示。与未处理区域 1.0μm 左右的表面质量比较，激光冲击强化后的凹坑底部表面质量明显变好。

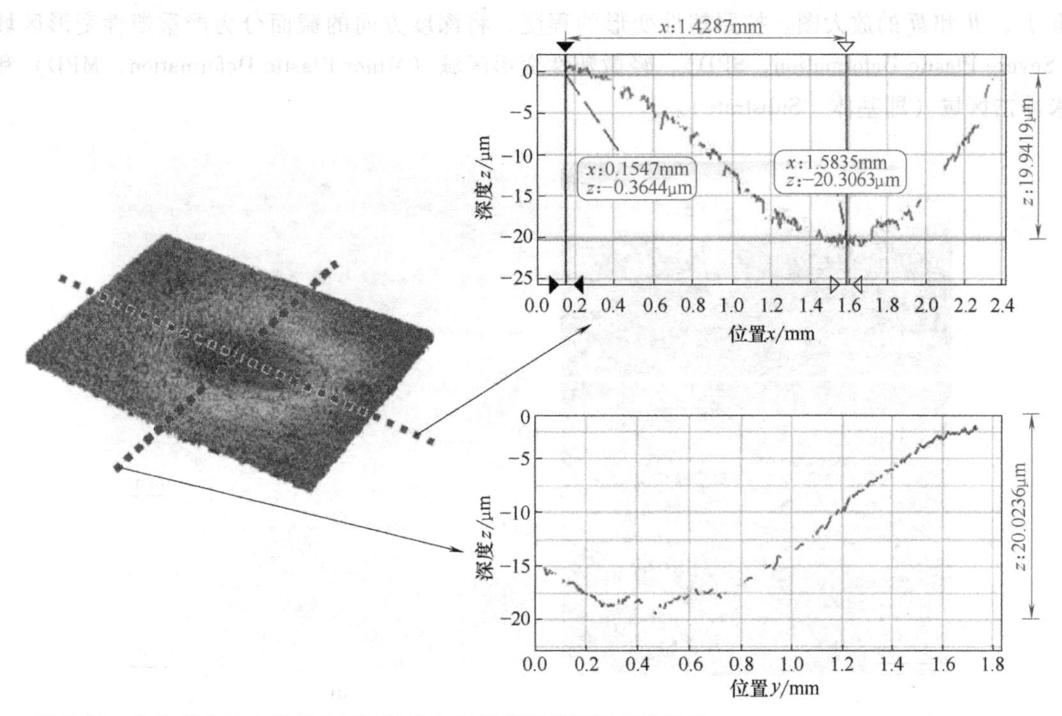

图 2-21 单次激光冲击强化 2A02 铝合金工件获得的凹坑三维形貌

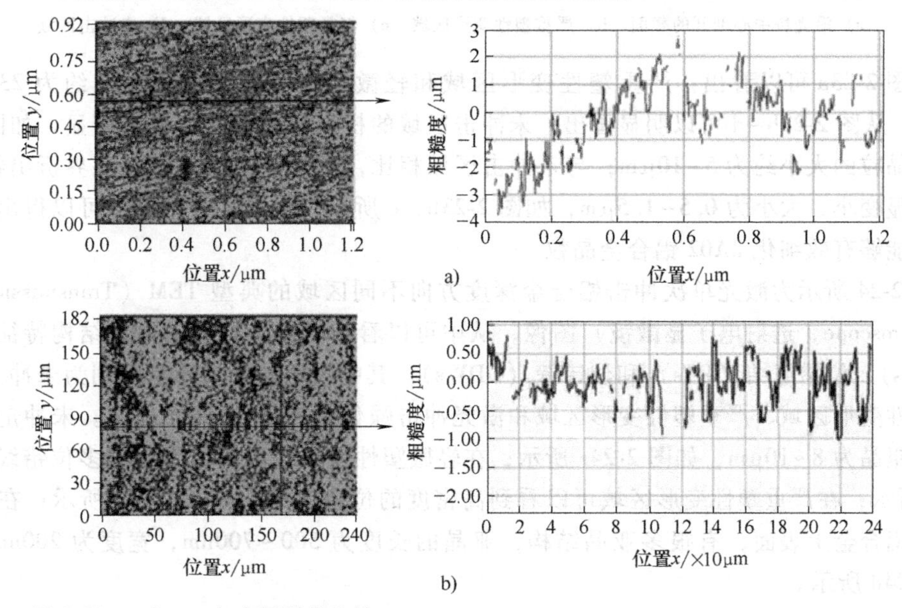

图 2-22 x 向、y 向表面质量比较

a）2A02 铝合金基体 b）激光冲击强化试样

2.4.2 微观结构

图 2-23 所示为激光单次冲击铝合金沿深度方向不同区域的 SEM（Scanning Electron

Microscope，扫描电子显微镜）图像（腐蚀液 H_2O 190ml、HNO_3 5ml、HF 2ml、HCl 3ml，10 分钟腐蚀）。图 2-23a 所示为沿光斑中心剖开的截面图，图 2-23b～d 所示分别为图 2-23a 方框 *Ⅰ*、*Ⅱ* 和 *Ⅲ* 的放大图。按照塑性变形的程度，将深度方向的截面分为严重塑性变形区域（Severe Plastic Deformation，SPD）、轻微塑性变形区域（Minor Plastic Deformation，MPD）和未冲击区域（即基体，Substrate）。

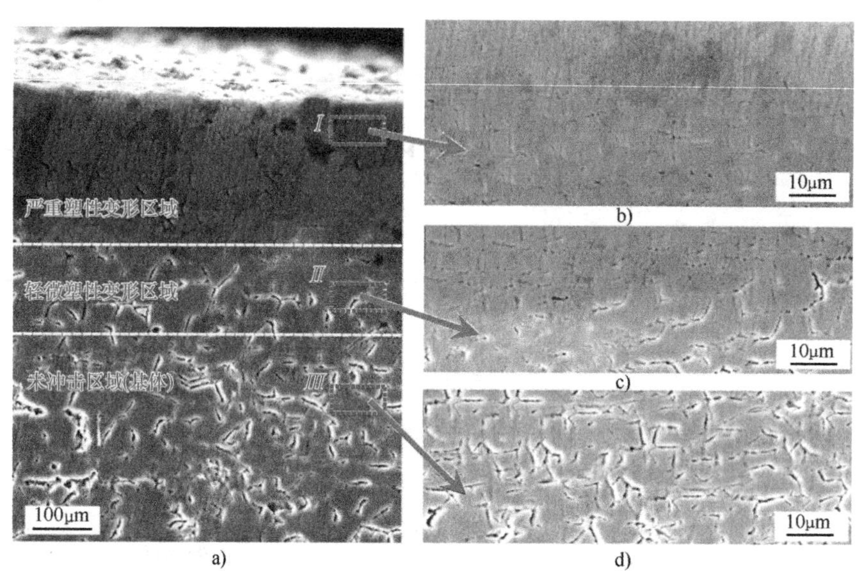

图 2-23 激光单次冲击铝合金腐蚀后深度方向不同区域的 SEM 形貌

a）沿光斑中心剖开的截面 b）严重塑性变形区域 c）轻微塑性变形区域 d）未冲击区域

从图 2-23a 可以看出：严重塑性变形区域和轻微塑性变形区域的深度约为 230μm 和 120μm。从图 2-23b～d 可以明显看出：未冲击区域的析出物粗且多，晶界明显，如图 2-23d 所示，晶粒的大小约为 5～10μm；与未冲击区域相比，激光冲击强化区域晶界析出物较少，晶粒明显变小，大小为 0.5～1.5μm，如图 2-23b、c 所示。根据实验结果，可以得出激光冲击强化能够有效细化 2A02 铝合金晶粒。

图 2-24 所示为激光单次冲击铝合金深度方向不同区域的典型 TEM（Transmission Electron Microscope，透射电子显微镜）图像，从中可以看到铝合金典型的微观结构特征：位错线（DLs）、位错缠结（DTs）和位错壁（DDWs）。其中图 2-24a～d 所示分别为未冲击区域、轻微塑性变形区域、严重塑性变形区域和激光冲击强化上表面的 TEM 图像。未冲击区域的铝合金粗晶为 8～10μm，如图 2-24a 所示；在轻微塑性变形区域可以发现很多位错线，如图 2-24b 所示；在严重塑性变形区域可以看到高密度的位错缠结，如图 2-24c 所示；在激光冲击强化铝合金上表面，有很多亚晶结构，亚晶的长度为 500～700nm，宽度为 200nm 左右，如图 2-24d 所示。

多次激光冲击强化以后，从工件表面到基体的应变率和应变从最大值降到零，不同深度处结构演变过程可以通过微观结构特征来呈现。为了系统地了解经多次激光冲击强化处理后工件硬化层上微观结构的演化过程，采用 SEM 观察塑性变形层不同区域的深度，采用 OM（Optical Microscope，光学显微镜）观察不同区域的晶粒形状和大小的变化。为了方便实验，将 3 次激光冲击强化处理的工件横截面作为多次激光冲击强化铝合金的研究对象。

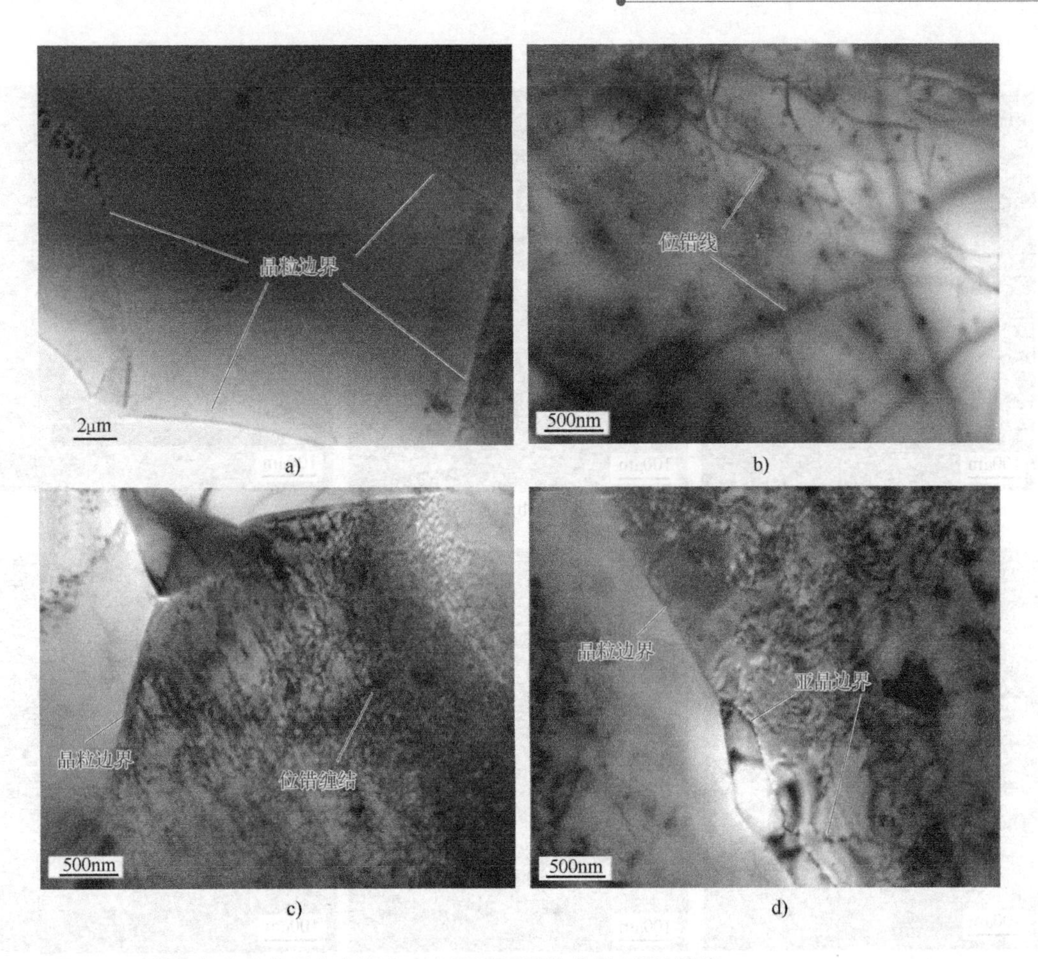

图 2-24 激光单次冲击铝合金深度方向不同区域的典型 TEM 图像

a）未冲击区域 b）轻微塑性变形区域 c）严重塑性变形区域 d）激光冲击强化上表面

图 2-25 所示为室温中浸泡在凯勒（Keller）试剂中激光冲击和未冲击的工件横截面的 SEM 图像。图 2-25a 所示为未激光冲击强化的横截面的 SEM 图像，图 2-25b～f 所示分别为激光冲击强化 1～5 次后的横截面的 SEM 图像。显然，在多次激光冲击强化后，工件表面塑性变形层的厚度是一致的，但是不同冲击次数下塑性变形层的微观结构形貌不同于相应基体的微观形貌。从表 2-2 中可得经激光冲击强化 1～5 次后，塑性变形层的深度分别为 372μm、467μm、506μm、522μm、529μm，严重塑性变形层的深度分别为 239μm、361μm、448μm、494μm 和 511μm，然而轻微塑性变形层的深度分别为 133μm、106μm、58μm、28μm 和 18μm。

表 2-2 不同激光冲击次数下塑性变形不同区域的深度变化

区域	深度/μm				
	1 次冲击	2 次冲击	3 次冲击	4 次冲击	5 次冲击
塑性变形层	372	467	506	522	529
严重塑性变形层	239	361	448	494	511
轻微塑性变形层	133	106	58	28	18

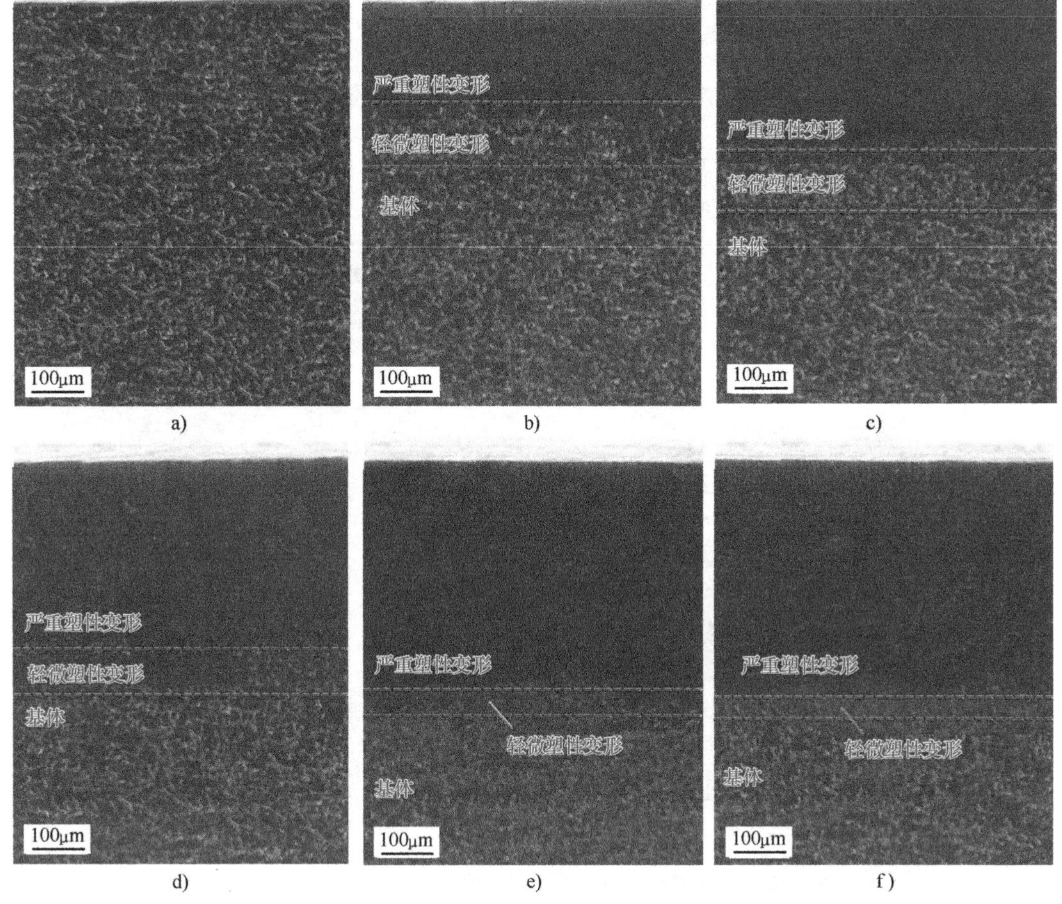

图 2-25　室温中浸泡在 Keller 试剂中激光冲击强化前后试样横截面的 SEM 图像

a）未冲击　b）冲击 1 次　c）冲击 2 次　d）冲击 3 次　e）冲击 4 次　f）冲击 5 次

从表 2-2 可以看出激光冲击 1 次后严重塑性变形层和塑性变形层深度增加明显。在第 2 次冲击与第 3 次冲击之间、第 3 次冲击与第 4 次冲击之间，严重塑性变形层和塑性变形层的增长率很小。但在第 4 次冲击与第 5 次冲击之间，冲击深度值几乎没有改变。从图 2-26 可以看出，塑性变形层中影响深度的增长率随冲击次数的增加而减少，当冲击次数从 4 变到 5 时，塑性变形的深度几乎没有改变。

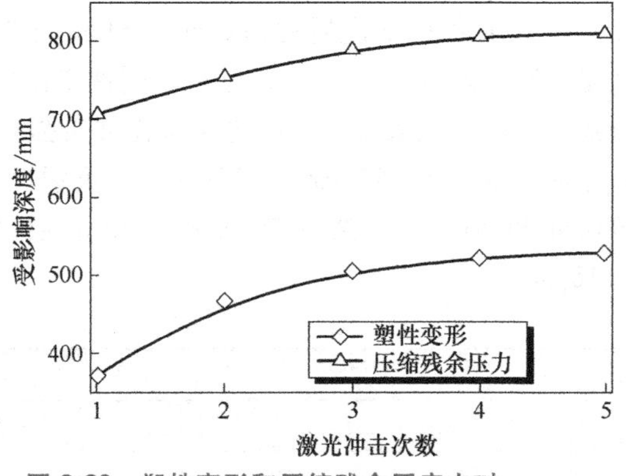

图 2-26　塑性变形和压缩残余压应力对深度的影响

图 2-27a～c 所示分别为基体、轻微塑性变形区和严重塑性变形区横截面的 OM 形貌图。由图 2-27 可以看到严重塑性变形层的平均晶粒尺寸大约是 3～5μm，然而基体的晶粒尺寸大于 10μm，严重塑性变形层的晶粒尺寸远远小于基体的晶粒尺寸。另外，其晶粒分布也比基体更加均匀。

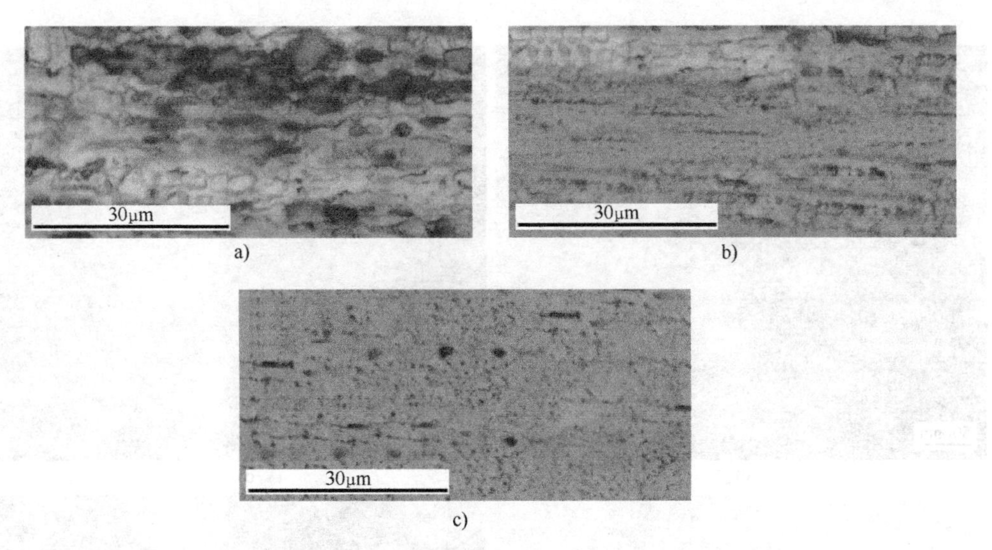

图 2-27 室温下 3 次激光冲击强化工件横截面的 OM 形貌图
a）基体 b）轻微塑性变形区 c）严重塑性变形区

图 2-28 所示为 3 次激光冲击强化后严重塑性变形层、轻微塑性变形区和基体的 TEM 图像，从中可以看到三种典型的微观结构特征——位错线、位错缠结和位错壁。图 2-28a、b 所示为与顶层表面距离为 480μm 的基体晶粒图像，可以看到原始晶粒尺寸大约是 10~12μm。图 2-28c 所示为与顶层表面距离为 380μm 的轻微塑性变形层的 TEM 图像，从中可以看到在轻微塑性变形层中有许多位错线。图 2-28d、e 所示分别为与顶层表面距离为 200μm 和 100μm 时严重塑性变形层的 TEM 图像：在一些晶粒中位错分布不均匀，在一些区域中位错密度很高，如图 2-28d 所示；同时，位错缠结形成了位错壁，如图 2-28e 所示。图 2-28f 所示为上表面 TEM 图像，可清楚地看到原始粗晶被分割成许多尺寸为 3~5μm 的亚晶粒或细化的晶粒。图 2-28g、h 所示分别为图 2-28f 所示椭圆区域 *Ⅰ* 和 *Ⅱ* 的放大图像，可以看到在亚晶粒内存在许多位错线，这些位错线缠结形成位错缠结和位错壁，从图 2-28h 可以看出这最终导致了亚晶边界的形成（图 2-28g）。此外，从图 2-28f 所示的椭圆区域 *Ⅲ* 可以看出晶粒尺寸大约为 100~200nm。

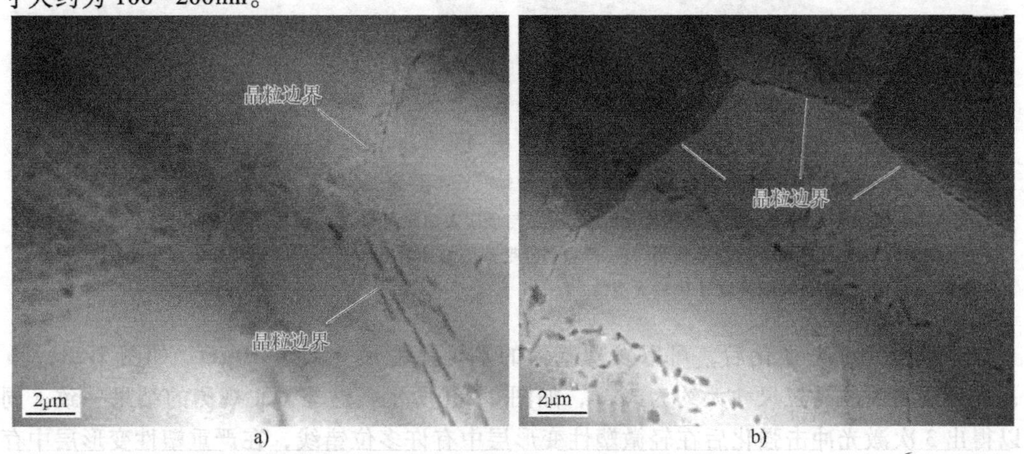

图 2-28 3 次激光冲击强化铝合金后不同深度处的 TEM 图像
a）与顶层表面距离为 480μm 的基体（一） b）与顶层表面距离为 480μm 的基体（二）

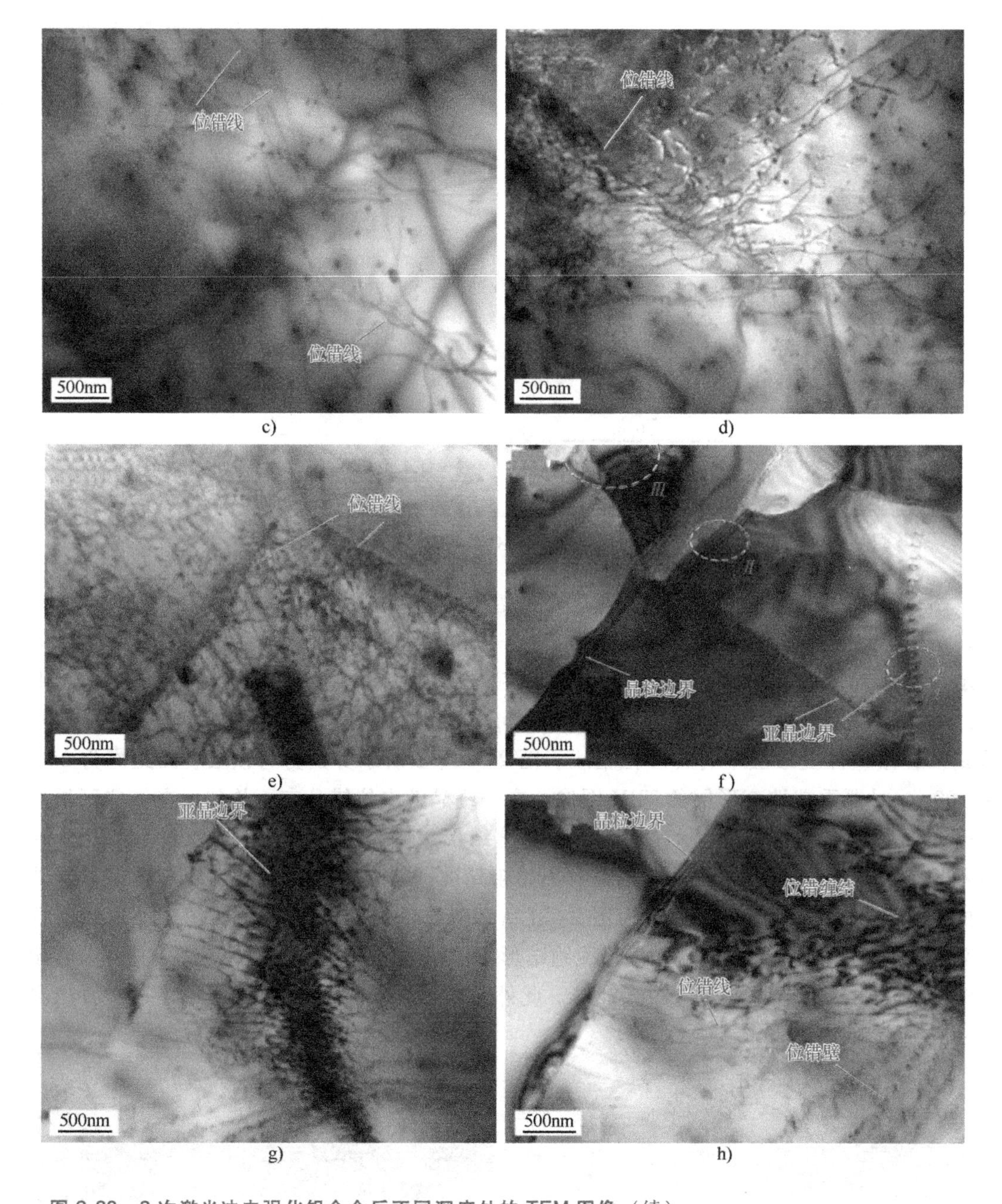

c)　　d)

e)　　f)

g)　　h)

图 2-28　3 次激光冲击强化铝合金后不同深度处的 TEM 图像（续）

c）与顶层表面距离为 380μm 的轻微塑性变形层　d）与顶层表面距离为 200μm 的严重塑性变形层　e）与顶层表面距离为 100μm 的严重塑性变形层　f）严重塑性变形层的冲击上表面　g）图 2-28f 中椭圆区域 *Ⅰ* 的放大图像　h）图 2-28f 中椭圆区域 *Ⅱ* 的放大图像

在 3 次激光冲击强化后，可以发现基体的平均晶粒尺寸大于 10μm，如图 2-28a、b 所示；在顶层表面的晶粒尺寸大约为 3μm，如图 2-28f 所示，这与 OM 观测的结果一致。同时可以得出 3 次激光冲击强化后在轻微塑性变形层中有许多位错线，在严重塑性变形层中存在许多位错壁和位错缠结，表明随着与顶层表面距离的减小，位错结构发生明显变化。

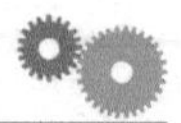

在塑性变形层的不同区域，应变和应变率不同，观察到的位错形态的微观结构特征也不一样，晶粒细化的基本过程可分为：①原始粗晶内位错线的形成；②位错线的堆积导致位错壁和位错缠结的形成；③位错壁和位错缠结细分粗晶成亚晶粒；④在外来载荷的作用下亚晶粒动态再结晶演变成大角晶界，新晶粒形成。晶粒细化机制示意图如图2-29所示。

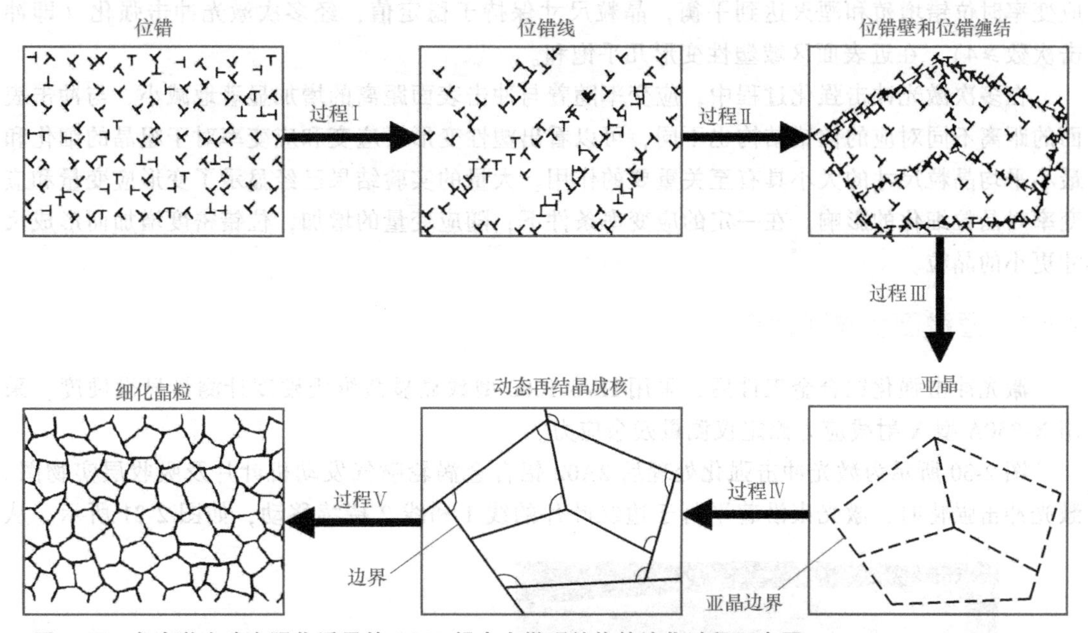

图2-29　多次激光冲击强化诱导的2A02铝合金微观结构的演化过程示意图

在第1次激光冲击强化过程中，位错行为导致了原始粗晶内位错线的形成（见图2-29过程Ⅰ），位错线堆积有利于原始晶粒中位错缠结和位错壁的形成（见图2-29过程Ⅱ）。随着应变进一步增加，起初被位错缠结和位错壁分离的单独的位错胞逐渐细分原始晶粒（见图2-29过程Ⅲ），在图2-28f中也可以看到。当变形应变量达到一定程度时，即位错壁和位错缠结的位错密度达到一定值时，这些位错开始湮灭和重排，形成小角度晶界，将原始粗晶细分成不同的亚晶，很显然亚晶的形成降低了晶粒内晶格位错密度（见图2-29过程Ⅳ）。考虑到铝合金的高层错能和位错滑移，动态再结晶过程很可能发生在这个阶段（见图2-29过程Ⅴ），即动态再结晶过程导致了晶界取向差进一步增大，最后导致了晶界特性逐渐改变直到大角晶界的形成。当冲击表面层在激光冲击超高应变率下发生变形时，相邻晶粒间晶体学取向逐渐变为随机，大角度取向差晶界形成，由图2-28e中可看到激光冲击强化上表面的亚晶尺寸为100~200nm，最终随着亚晶界的发展转变为等轴细化晶粒。

在多次激光冲击强化过程中，第2次激光冲击可能导致相同晶粒内沿深度方向滑移系统的改变，因此晶粒被位错缠结和位错壁有效地分开，即在第2次冲击后在细化的晶粒内，又有新的位错结构出现，如位错线、位错缠结和位错壁等。多次激光冲击强化后，应变和应变率进一步增加，在细化的晶粒内位错缠结和位错壁继续形成，细化的晶粒依然按照上述的晶粒细化机制继续被细分（见图2-28a~f）。随着应变的增加，分裂过程大规模发生。当位错增殖和湮灭的速率达到动态平衡时，随应变量继续增加，晶粒尺寸不再减小并保持不变。

众所周知，在给定应变水平时，位错密度随应变速率的增加而增加。在某一应变率时，应变的增加会产生更高的位错密度，最终形成细化晶粒，但多次激光冲击强化后，晶粒尺寸不再无限减小。晶粒尺寸获得稳定的原因可能是新的位错缠结和位错壁不再在细化晶粒内产生。从图 2-26 中可以得出随着冲击次数的增加，严重塑性变形层和塑性变形层深度的增长率减小，当冲击次数从 4 到 5，塑性变形层的深度却几乎不变。这些现象可归结于在特定的应变率时位错增殖和湮灭达到平衡，晶粒尺寸保持于稳定值，经多次激光冲击强化（即冲击次数≥4），在近表面区域塑性变形几乎饱和。

在多次激光冲击强化过程中，应变率随着与冲击表面距离的增加显著地减小，与冲击表面的距离不同对应的位错结构也不同，可以看出塑性变形时应变和应变率对于粗晶的细化和最小平均晶粒尺寸的大小具有至关重要的作用。大量的实验结果已经显示了变形应变量和应变率对晶粒细化的影响。在一定的应变率条件下，随应变量的增加，位错密度增加而形成尺寸更小的晶粒。

2.4.3 显微硬度与残余应力

激光冲击强化铝合金工件后，采用 HVS-1000 型数显显微维氏硬度计测量显微硬度，采用 X-350A 型 X 射线应力测定仪测量残余应力。

图 2-30 所示为激光冲击强化处理后 2A02 铝合金涡轮喷气发动机叶片及吸收层实物图。激光冲击强化时，激光束沿着平行于边缘叶片的线 1 和线 2 持续移动，如图 2-31 所示。从

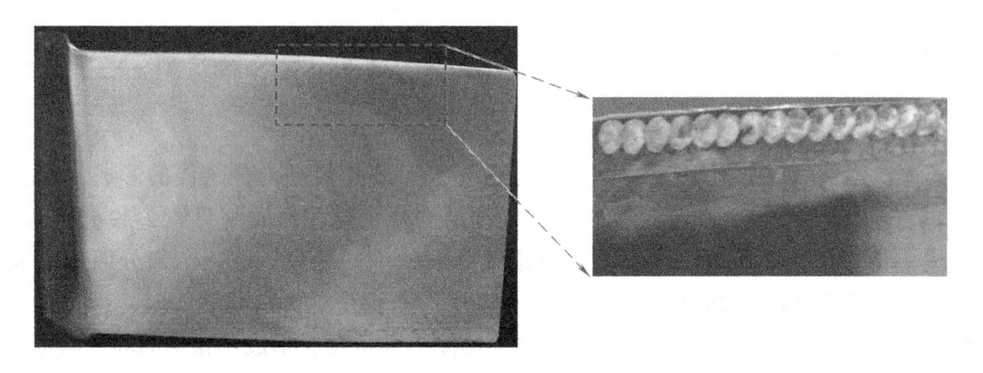

图 2-30　激光冲击强化处理后 2A02 铝合金涡轮喷气发动机叶片实物图

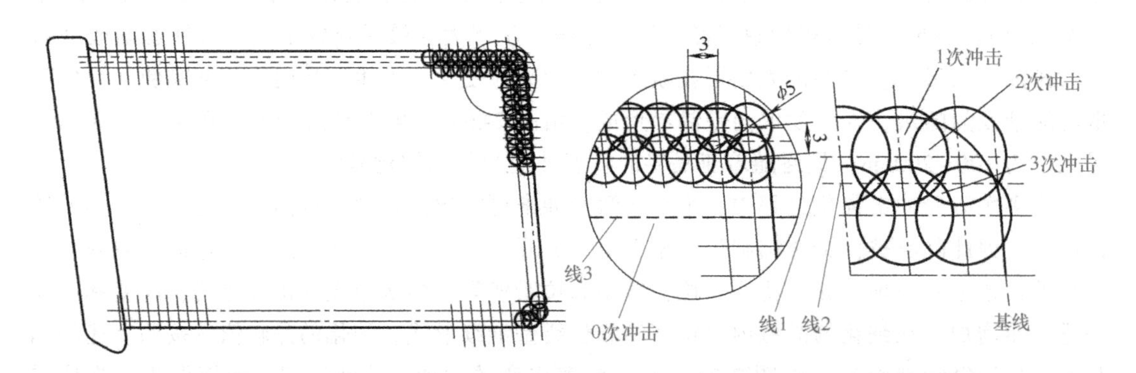

图 2-31　激光冲击强化处理后的 2A02 铝合金涡轮喷气发动机叶片示意图

线 1 和线 2 到叶片边缘的距离分别保持在 2.5mm 和 5.5mm，线 1 上的激光光斑与线 2 上的激光光斑之间的距离为 3.0mm。沿线 1 和线 2 激光冲击强化时，激光光斑的搭接率为 50%，与叶片形状相应的凹模放置在叶片后方防止冲击时叶片变形。

图 2-32a 所示为沿线 1~3 冲击后叶片表面的显微硬度分布图，在线 1 处的平均显微硬度为 155HV0.2，在线 3 处平均显微硬度为 160HV0.2。在线 1 处，显微硬度的最大、最小值分别在 2 次冲击和 1 次冲击的区域。类似地，在线 2 处显微硬度的最大、最小值分别在 3 次冲击和 2 次冲击的区域。在 1 次和 3 次冲击区域沿深度方向显微硬度分布如图 2-32b 所示。从以上研究可以推断：当与表面的距离高于 2.0mm 时，深度方向显微硬度对激光冲击强化的次数几乎不敏感，但是当与表面的距离小于 2.0mm 时，激光冲击强化次数对显微硬度有重要的影响，即随激光冲击次数的增加，显微硬度逐渐增加。通常，激光冲击强化会在工件表面产生塑性形变层，其深度是由激光冲击工艺参数决定的。在塑性变形区域，由于激光冲击强化作用后位错的增加，显微硬度增加。

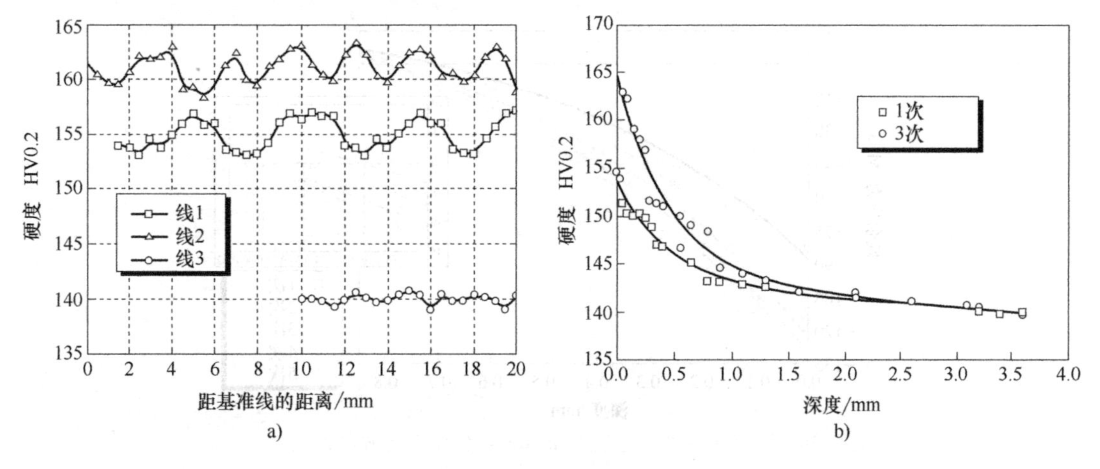

图 2-32 激光沿线 1~3 冲击后叶片表面的显微硬度分布图

a) 显微微观硬度 b) 深度方向显微硬度

图 2-33a 所示为激光沿线 1~3 冲击后叶片表面的残余应力分布图，可以看到未处理的工

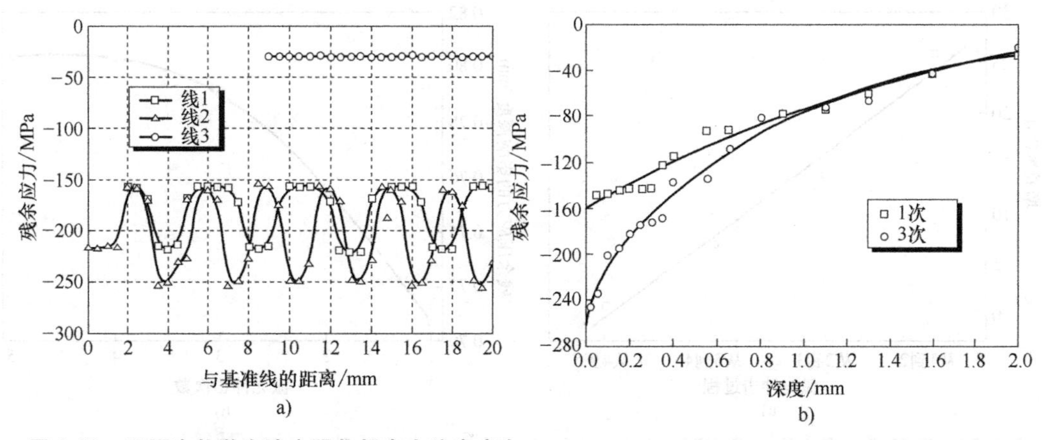

图 2-33 不同次数激光冲击强化铝合金残余应力

a) 表面 b) 深度方向

件表面为零应力状态，表明初始应力对冲击波的冲击影响可以忽略。在激光3次冲击的区域（见图2-33b），最大残余应力在-250MPa左右。在激光2次冲击的区域，最大残余应力在-220MPa左右。在激光1次冲击后的区域，残余压应力仅有-150MPa。由此可见，当激光冲击强化次数从1增加到2时，残余应力增加了46.67%；当冲击次数从2增加到3时，残余应力增加了13.64%。

图2-34所示为激光冲击残余应力的深度随激光冲击次数的关系曲线。激光1次和2次冲击强化的残余压应力最大值分别为-81MPa和-102MPa，相应的残余压应力深度分别为0.707mm和0.756mm。对工件表面进行激光3次冲击，则工件表面残余压应力和深度明显地增至-116MPa和0.79mm。在4次激光冲击后，表面残余压应力的峰值增至-123MPa，其深度也相应地达到0.80mm。可以看出从1次到2次、再到3次，其表面残余应力的增长率分别为25.93%和13.73%，此外当激光冲击强化从3次到4次时表面残余应力的增长率为6.89%，但在冲击4和5次以后，表面残余压应力大约保持在-123MPa。

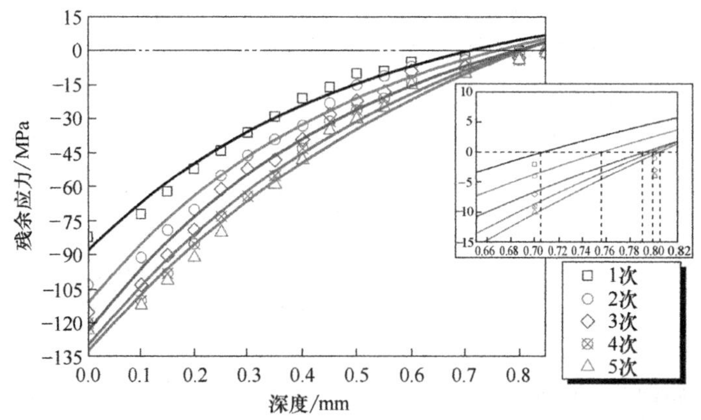

图2-34 激光多次冲击强化后2A02铝合金深度方向残余应力及深度与冲击次数的关系

从图2-35a中可以发现表面残余压应力的增长率随冲击次数的增加几乎成线性减小，但是当冲击次数超过4次时表面残余压应力的增长达到饱和状态。从图2-35b中可以发现残余

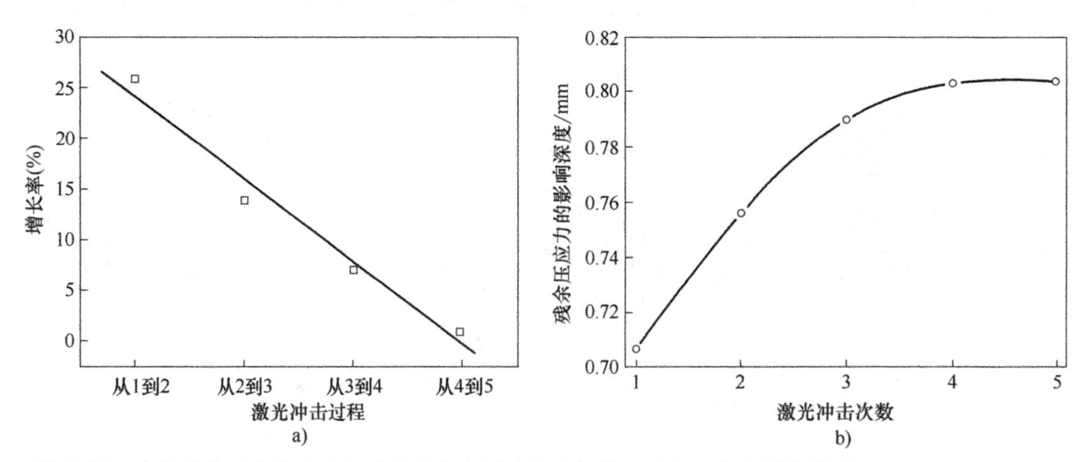

图2-35 表层残余应力增长率和残余压应力影响深度与激光冲击次数之间的关系
a）表层残余应力增长率 b）残余压应力影响深度与激光冲击次数之间的关系

压应力的影响深度随冲击次数的增加逐渐增加，当冲击次数超过4次时，残余应力的影响深度保持不变。出现这种现象的原因可能是随着激光冲击次数的增加，残余应力的影响深度几乎没有变化，因为近表面区域的塑性变形达到饱和。

2.4.4 拉伸性能

1. 应力-应变曲线

室温下，采用MTS-810材料试验系统，对不同应变速率下激光冲击前后2A02铝合金拉伸试样进行测试，并研究不同应变速率下激光冲击2A02铝合金应力-应变的变化规律。

图2-36a所示为2A02铝合金激光冲击前不同应变速率下应力-应变曲线，图2-36b所示为图2-36a中虚线框部分放大图。图2-37a所示为不同应变速率下激光冲击后铝合金的应力-应变曲线，图2-37b所示为图2-37a中虚线框部分放大图。从图2-36和图2-37可以看出，在较宽的应变速率范围$10^{-5}\sim10^{-1}s^{-1}$内激光冲击后铝合金的抗拉强度有明显的变化。但是当工程应变小于2.5%时，应力与应变约为线性关系，应变速率几乎对应力-应变曲线没有影响，并且随着应变速率的增加，应力-应变近似直线的斜率基本没有变化。

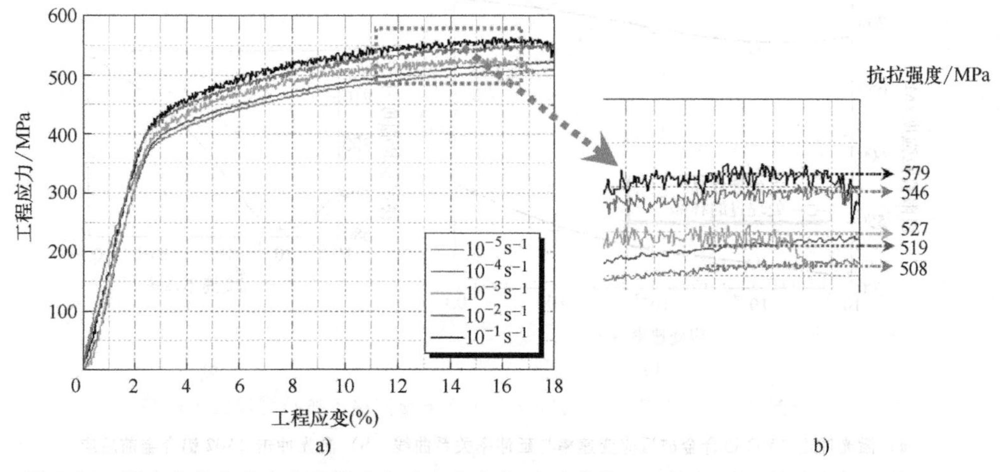

图2-36 铝合金激光冲击前不同应变速率下应力-应变曲线

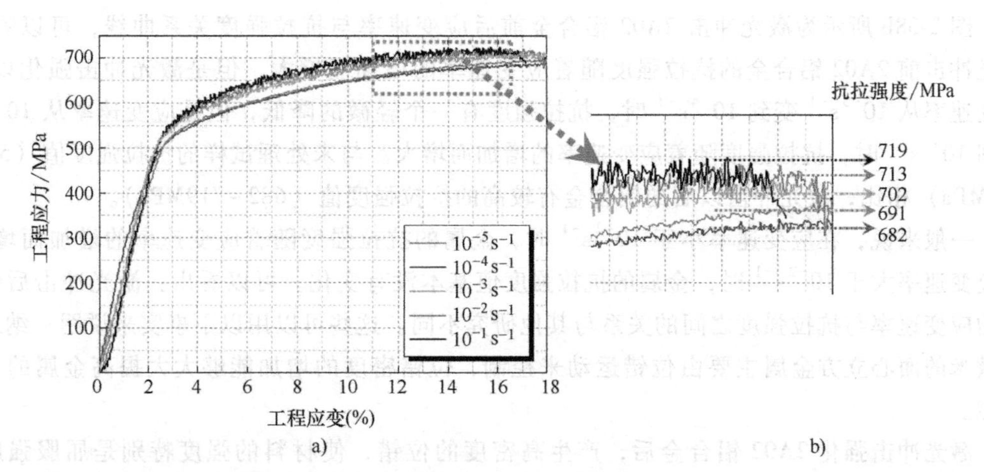

图2-37 激光冲击后铝合金不同应变速率下应力-应变曲线

图 2-38a 所示为激光冲击 2A02 铝合金前后应变速率与延伸率关系曲线。从图中可以看出激光冲击前 2A02 铝合金的延伸率为 16.5%~19.1%，而冲击后 2A02 铝合金表现出较高的延伸率，达到 17%~20.2%，并且随着应变速率的增加，激光冲击前后的 2A02 铝合金试样的延伸率都逐渐减小。

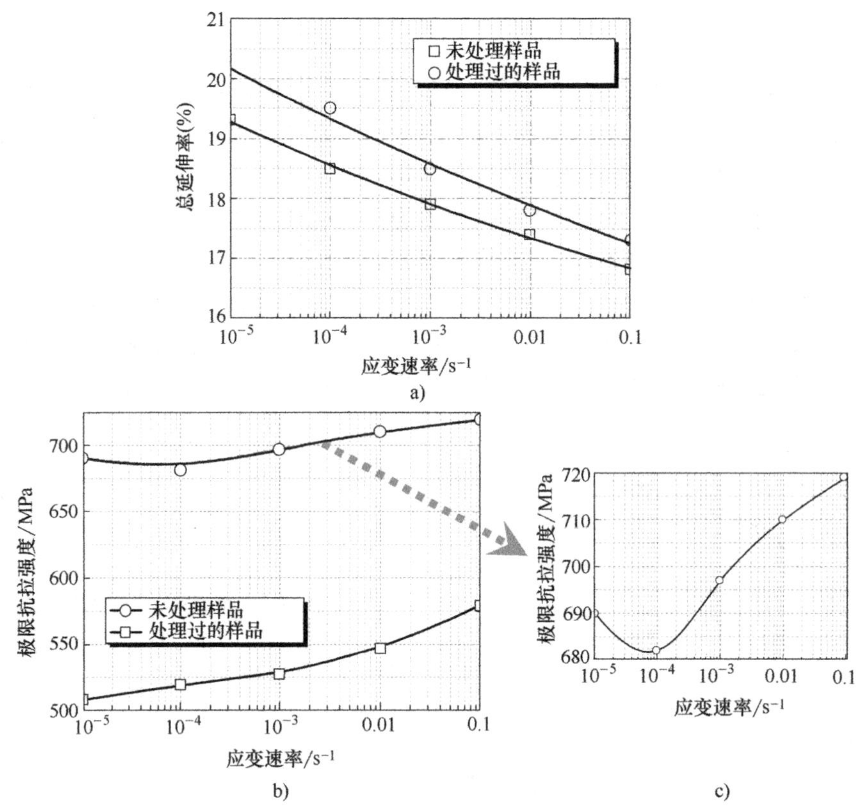

图 2-38 激光冲击 2A02 铝合金前后应变速率与延伸率、抗拉强度关系曲线

a）激光冲击 2A02 铝合金前后应变速率与延伸率关系曲线 b）激光冲击 2A02 铝合金前后应变速率与抗拉强度关系曲线

图 2-38b 所示为激光冲击 2A02 铝合金前后应变速率与抗拉强度关系曲线，可以看出，激光冲击前 2A02 铝合金的抗拉强度随着应变速率的增加而增大，但是激光冲击强化以后，应变速率从 $10^{-5}s^{-1}$ 变到 $10^{-4}s^{-1}$ 时，抗拉强度有一个轻微的降低，但是应变速率从 $10^{-4}s^{-1}$ 变到 $10^{-1}s^{-1}$ 时，抗拉强度随着应变速率的增加而增大。与未处理试样的抗拉强度值（508~579MPa）相比，激光冲击以后的铝合金有较高的抗拉强度值（682~719MPa）。

一般来说，在应变速率小于 $10^{-2}s^{-1}$ 时，金属的抗拉强度随着应变速率的增加而增加；当应变速率大于 $10^{-2}s^{-1}$ 时，金属的抗拉强度值基本没有变化。可以看出：激光冲击后铝合金的应变速率与抗拉强度之间的关系与其他研究不同。这些可以用以下事实来说明：纳米和亚微米的面心立方金属主要由位错运动来控制，位错密度的增加能够大大提高金属的力学性能。

激光冲击强化 2A02 铝合金后，产生高密度的位错，使材料的强度特别是屈服强度提高。晶粒细化后，使晶粒尺寸和晶粒间的间距明显减小，相应的晶界面积增加；而且，在结晶完成后的过程中，基体内的位错在位错畸变能的作用下发生滑移和攀移异号位错相抵消，同号位错则经攀移排列成垂直于滑移晶面的小角度晶界——亚晶界，这样亚晶界面积也随之相应增加。根据霍尔-佩奇（Hall-Petch）关系式，晶界、亚晶界和细颗粒/Al 相界的增加无疑会使材料的强度有一定的提高。从图 2-38b 中可以看到抗拉强度先有一个轻微的降低随后明显增大，可能是激光冲击铝合金细化晶粒后产生的性能反映。

2. 断口形貌

金属材料的断口形貌表征了材料不同断裂过程的各个阶段，反映了加载方式与材料局部断裂强度之间的相互作用。研究材料的断口可以了解激光作用后材料表面与基体的形貌改变，并分析材料的断裂机理及其影响因素，也可间接反映组织对其性能的影响。图 2-39 所示为不同应变速率下激光冲击后 2A02 铝合金试样的断口形貌及相应的处理图像，可以看出激光冲击后不同应变速率的断口都是典型的韧性断裂特征——韧窝断口，与普通粗晶相比，韧窝断口是通过微裂纹萌生、长大、联合贯通断裂而形成的。

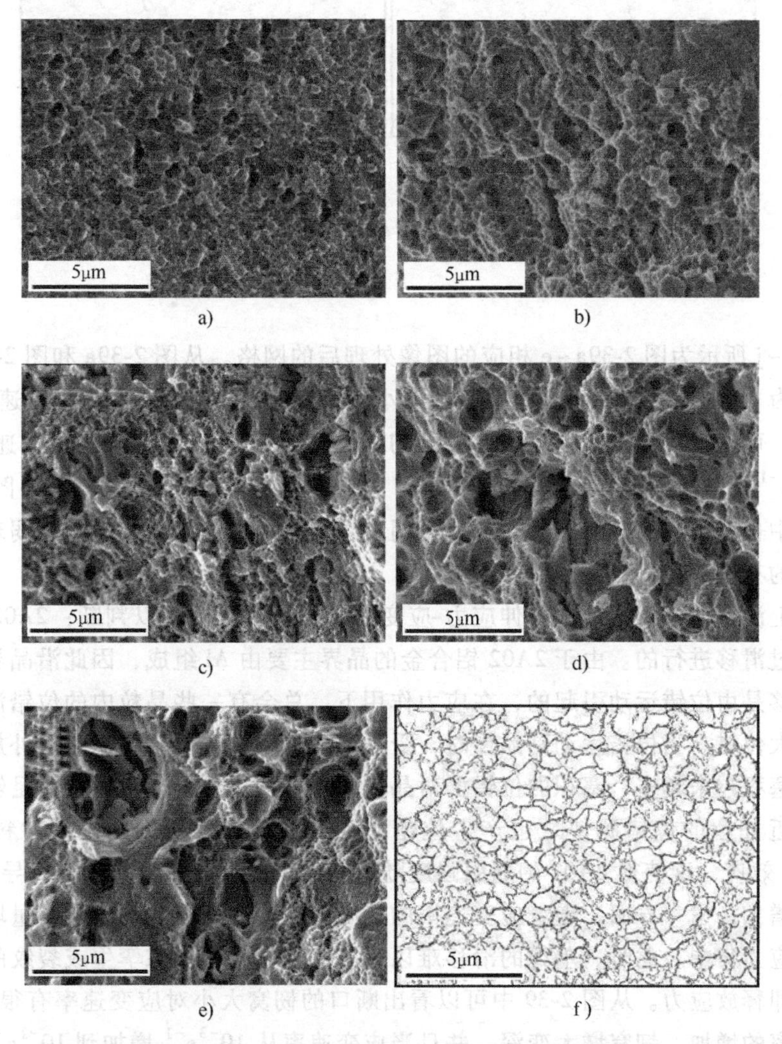

图 2-39　不同应变速率下激光冲击后 2A02 铝合金试样的断口形貌及相应的处理图像

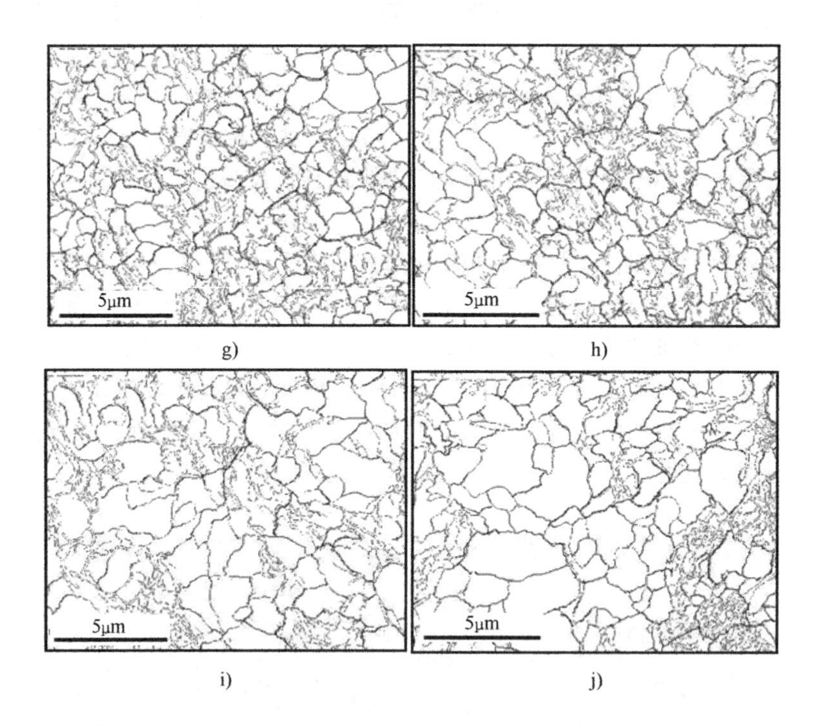

图 2-39　不同应变速率下激光冲击后 2A02 铝合金试样的断口形貌及相应的处理图像（续）

图 2-39f~j 所示为图 2-39a~e 相应的图像处理后的网格。从图 2-39a 和图 2-39f 可以看出在应变速率为 $10^{-5}s^{-1}$ 时，断口上有很多浅而小的韧窝。图 2-39b 所示为应变速率 $10^{-4}s^{-1}$ 时断口的韧窝，可以看出韧窝对称分布，并且韧窝的直径为 0.5~1μm。当应变速率从 $10^{-3}s^{-1}$ 增加到 $10^{-1}s^{-1}$ 时，韧窝开始变大变深，也可以看到一些明显的撕裂棱，如图 2-39b~e 所示。在韧窝中也发现了明显的夹杂颗粒，说明夹杂颗粒的存在是组织中的薄弱环节，是裂纹形核和扩展的有效途径。

根据以上激光冲击铝合金的拉伸应力-应变曲线及断口形貌可以判断：2A02 铝合金的塑性变形是通过滑移进行的。由于 2A02 铝合金的晶界主要由 Al 组成，因此沿晶界滑移的可能性很小。滑移是由位错运动引起的，在应力作用下，总会有一些晶粒内的位错源被激发启动起来，产生大位错。当位错运动到晶界时，受晶界的阻碍产生位错塞积，随外加应力的不断增加，位错塞积越来越多，塞积的位错群对晶界产生一种应力，当这种应力足够大时，便可激发启动邻近晶位的位错源使之也产生位错运动，位错密度急剧提高，材料产生明显的“加工硬化”效应，这使得 2A02 的屈服强度随应变速率的上升而急剧增加，导致 2A02 的抗拉强度随之增加。另一方面，随着应变速率的提高，堆积在晶界上的位错数量增加，引起晶界附近大的应力集中。此时，单纯的滑移难以释放应力，必须依靠孪生或裂纹的萌生和扩展来协调形变即释放应力。从图 2-39 中可以看出断口的韧窝大小对应变速率有很强的敏感性：随着应变速率的增加，韧窝增大变深，并且当应变速率从 $10^{-3}s^{-1}$ 增加到 $10^{-1}s^{-1}$，断口上出现韧窝联合的特征。

2.5　奥氏体不锈钢激光冲击强化

2.5.1　表面形貌

激光冲击强化试验工艺参数为：激光单脉冲能量 7.5J，光斑直径为 4mm。在 AISI304（为美国牌号，我国统一数字代号为 S30408，牌号为 06Cr19Ni10，曾用牌号为 0Cr18Ni9）不锈钢试样表面覆盖一层厚度为 100μm 的 3M 铝箔胶带作为吸收层，用厚度为 1.5mm 均匀流动水膜作为约束层，试样装夹于数控工作台。为保证冲击区 100%覆盖率，设置数控工作台步距为 2.5mm，试样搭接方式如图 2-40 所示，搭接率为 0.375，冲击轨迹如图 2-40 中沿圆心轨迹的箭头所示，分别对试样的原表面和抛光表面实施单次搭接的大面积激光冲击强化。

激光冲击强化后，不锈钢试样的冲击区表现为目测可见的几何不平整表面，出现明显的峰谷现象，相比于未冲击区的目测平整表面变化明显。为了从多种尺度分析这种变化，表面结构特征的测量试验以接触式测量和光学测量两种方式进行，前者对应大评定长度的离散测量，后者对应小区域面积的形貌测量。接触式测量在 TR300 触针式粗糙度形状测量仪上进行。对应评定粗糙度轮廓的算术平均偏差 *Ra*，设置取样长度 *lr* 依次为 0.25mm、0.80mm；对应评定波纹度轮廓的算术平均偏差 *Wa*，设置取样长度 *lw* 为 2.50mm；设置评定长度 *ln* = 5*lr*(*lw*)。激光冲击区表面轮廓的测量方案如图 2-41 所示，在顺搭接方向，即 0°或 90°方向，和 45°方向各测量 6 个数据，对于 ϕ4mm 圆形光斑，设置测量间距约 3.25mm，保证搭接区微观几何特征的完整测量。测量未冲击区，应使测量方向基本垂直于表面纹理方向，若纹理目测不可见，如磨削表面等，可任取测量方向。测量数据是不锈钢试样原表面和磨光表面的轮廓算术平均偏差 *Ra* 和 *Wa*，单位 μm，测量值列于表 2-3 和表 2-4 中。

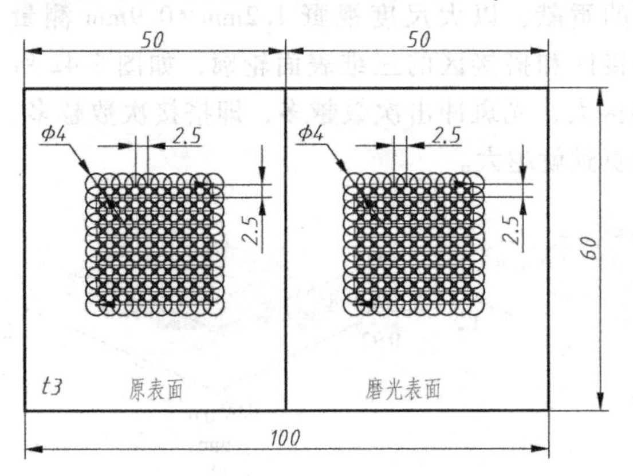

图 2-40　激光冲击强化不锈钢试样搭接方式

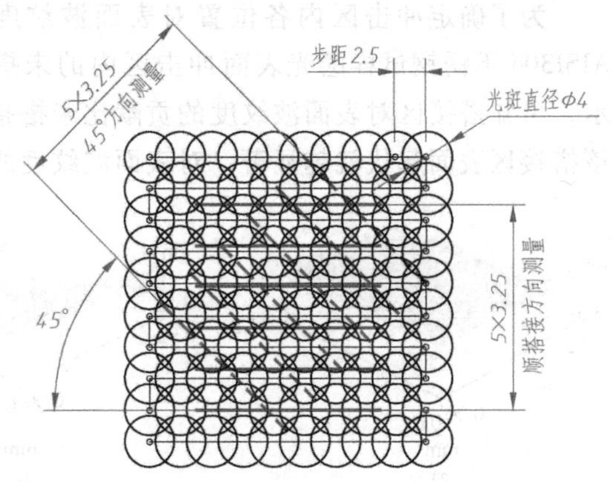

图 2-41　激光冲击区表面轮廓的测量方案

表 2-3　AISI304 不锈钢试样原表面 *Ra* 和 *Wa* 测量值　（单位：μm）

Ra(*lr*=0.25mm)			*Ra*(*lr*=0.80mm)			*Wa*(*lw*=2.50mm)		
未冲击区	0°	45°	未冲击区	0°	45°	未冲击区	0°	45°
0.48	0.48	0.44	0.42	0.54	0.62	0.40	0.70	1.12
0.42	0.52	0.48	0.44	0.52	0.52	0.34	0.58	1.02

（续）

Ra(*lr*=0.25mm)			*Ra*(*lr*=0.80mm)			*Wa*(*lw*=2.50mm)		
未冲击区	0°	45°	未冲击区	0°	45°	未冲击区	0°	45°
0.48	0.50	0.40	0.40	0.48	0.64	0.36	0.64	1.22
0.46	0.54	0.48	0.38	0.58	0.54	0.40	0.74	1.14
0.44	0.42	0.44	0.44	0.52	0.58	0.38	0.70	1.32
0.48	0.44	0.54	0.44	0.64	0.52	0.42	0.72	1.34

表 2-4　AISI304 不锈钢试样磨光表面 *Ra* 和 *Wa* 测量值　（单位：μm）

Ra(*lr*=0.25mm)			*Ra*(*lr*=0.80mm)			*Wa*(*lw*=2.50mm)		
未冲击区	0°	45°	未冲击区	0°	45°	未冲击区	0°	45°
0.36	0.36	0.36	0.40	0.64	0.52	0.28	0.50	1.10
0.32	0.34	0.32	0.34	0.66	0.62	0.32	0.52	1.16
0.40	0.28	0.40	0.38	0.54	0.56	0.32	0.46	1.40
0.36	0.32	0.44	0.30	0.52	0.76	0.28	0.50	1.20
0.36	0.34	0.38	0.34	0.48	0.62	0.30	0.56	1.38
0.38	0.36	0.42	0.36	0.54	0.70	0.30	0.52	1.18

根据 *Wa* 值可知，激光冲击前 AISI304 不锈钢试样的原表面平整且均匀性好，但激光冲击后，表面波纹度明显增大且分布不均匀，表面变得不平整。磨光表面冲击前后的表面波纹度也有同样的变化，说明激光冲击强化增大了 AISI304 不锈钢试样的表面波纹度。

为了确定冲击区内各位置对表面波纹度的贡献，以大尺度视野 1.2mm×0.9mm 测量 AISI304 不锈钢试样磨光表面冲击区内的未搭接区和搭接区的三维表面轮廓，如图 2-42 所示，可知搭接区对表面波纹度的贡献比未搭接区大，光斑冲击次数越多，即搭接次数越多，该搭接区表面起伏就越显著，对表面波纹度的贡献就越大。

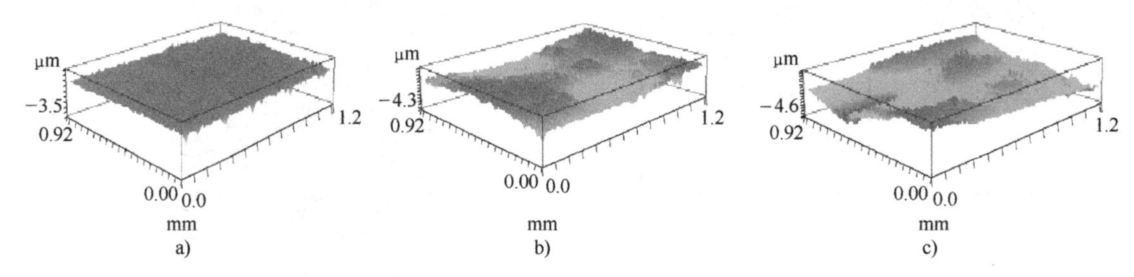

图 2-42　AISI304 不锈钢试样磨光表面冲击区的三维表面轮廓

a）冲击 1 次的未搭接区，轮廓高度为 0.26μm　b）冲击 3 次的搭接区，轮廓高度为 2.40μm

c）冲击 4 次的搭接区，轮廓高度为 4.03μm

由以上分析可知，激光冲击强化明显改变了 AISI304 不锈钢的表面波纹度；若初始表面平整，激光冲击强化会显著增大表面波纹度，且表面波纹度特征的分布均匀性也显著变差。

表面粗糙度对应表面轮廓中的短波成分，反映小微观尺度的表面结构特征，一般认为，表面轮廓上相邻峰、谷间距小于1mm的几何特征属于表面粗糙度，这一尺度称为粗糙度尺度。

光学测量也证实了上述分析。图2-43是AISI304不锈钢试样表面小微观尺度三维形貌（0. 12mm×0. 09mm），原表面的 *Ra* 值由冲击前的303. 76nm变为冲击后的272. 17nm，减小约10. 4%。但磨光表面的 *Ra* 值由冲击前的244. 11nm变为冲击后的255. 77nm，略微增大约4. 8%。这说明，激光冲击强化对AISI304不锈钢试样表面粗糙度的影响很小（变化率极小）且具有随机性，相对于表面波纹度的变化可忽略不计。

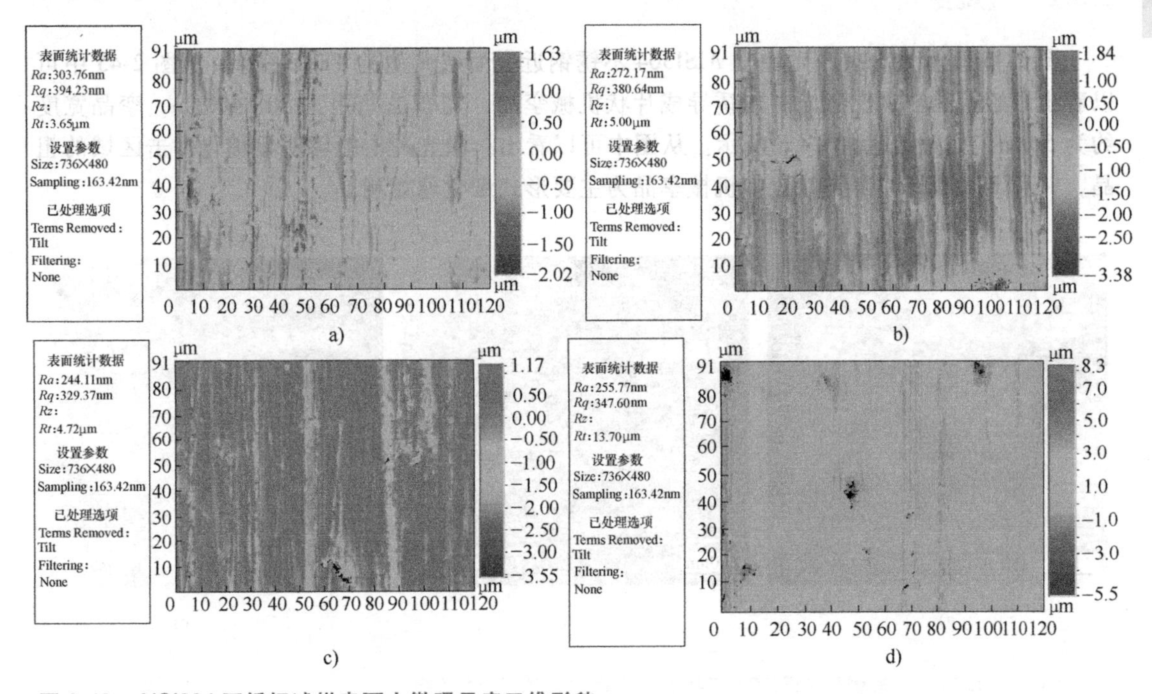

图2-43　AISI304不锈钢试样表面小微观尺度三维形貌

a）原表面未冲击区　b）原表面冲击区　c）磨光表面未冲击区　d）磨光表面冲击区

激光冲击强化对小微观尺度几何特征的继承特性，使得从几何形状的角度测量激光冲击的边界效应变得可能，如图2-44所示。单光斑冲击时，冲击区的边界会突起（突起部分的

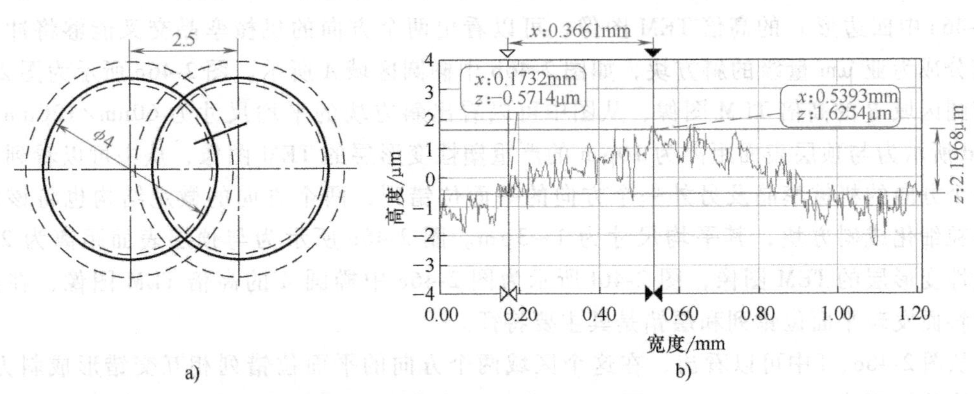

图2-44　激光冲击边界效应的几何测量

a）两光斑搭接（虚线环表示边界效应）　b）边界效应的轮廓曲线

结构和残余应力都有变化），再冲击一次并使光斑与前一光斑相搭接，在搭接区，突起的边界被保留，且突起两侧基本持平，如图 2-44a 所示，图中虚线环即为边界效应轮廓示意图。用 WKYO-NT1100 光学轮廓仪测量粗短线划线位置的边界效应轮廓，得到轮廓高度（2.1968μm）和轮廓半宽（0.3661mm），如图 2-44b 所示，可知，对应本节设置的工艺参数和 AISI304 不锈钢材料，激光冲击边界效应的轮廓宽度约为 0.73mm，轮廓高度约为 2.20μm。

2.5.2 微观结构

图 2-45 所示为 1 次激光冲击 AISI304 不锈钢近表面层典型的 TEM 图像。从图 2-45 中可以看出原始粗晶被 1 次激光冲击诱导成片状机械孪晶，其孪晶间距为 40～400nm，孪晶宽度约为 50nm，如椭圆区域 *A*～*F* 所示。从图中可以看出：激光冲击能够明显细化冲击区域的粗晶，并且 1 次激光冲击是以片状机械孪晶为主要形式细化原始粗晶。

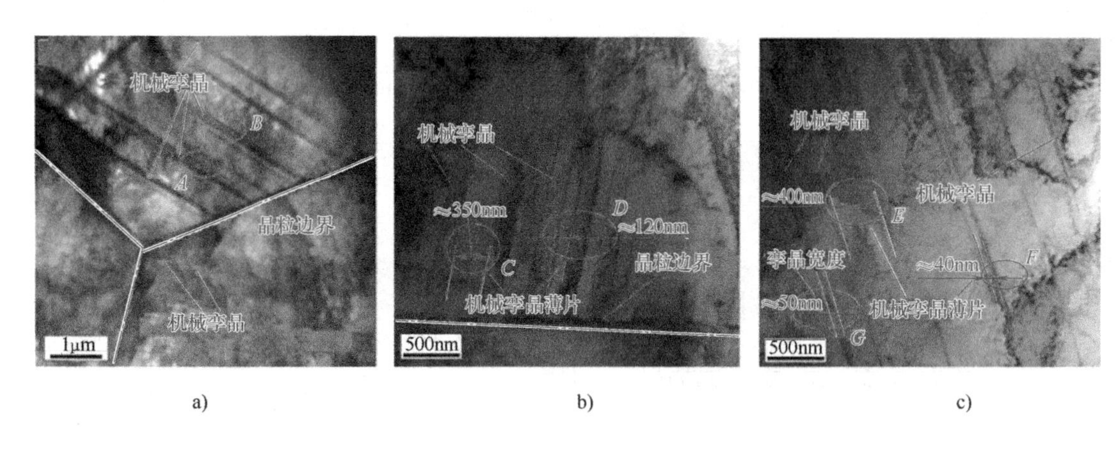

图 2-45　1 次激光冲击强化 AISI304 不锈钢近表面典型的 TEM 图像

图 2-46 所示为 2 次激光冲击强化 AISI304 不锈钢后不同层的典型 TEM 图像，在不同区域有不同的微观形貌特征——机械孪晶（MT）、平面位错列（PDA）、层错（SF）、位错线（DLs）和位错缠结（DTs）。图 2-46a～c 所示为表层的 TEM 图像。图 2-46b 所示为图 2-46a 中四边形 *C* 的高倍 TEM 图像，可以看出两个方向的机械孪晶交叉能够将冲击表层细分成为亚 μm 量级的斜方块，如图 2-46b 中椭圆区域 *A* 所示。图 2-46c 所示为图 2-46b 中椭圆区域 *B* 的高倍 TEM 图像，从图中可以看出斜方块的平均尺寸为 60nm×120nm。图 2-46d 所示为与顶层表面距离为 10μm 的严重塑性变形层的 TEM 图像，从中可以看到许多某一个方向的机械孪晶及另外一个方向的平面位错列，两个方向的微观结构也将该深度的晶粒细化成斜方块，其平均尺寸为 1～3μm。图 2-46e 所示为与顶层表面距离为 25μm 的塑性变形层的 TEM 图像，图 2-46f 所示为图 2-46e 中椭圆 *A* 的高倍 TEM 图像，在晶粒的滑移面发现平面位错列和层错是其主要特征。

从图 2-46e、f 中可以看出，在这个区域两个方向的平面位错列相互交错形成斜方块，斜方块的间距为 600～1000nm。图 2-46g 所示为与顶层表面距离为 30μm 的塑性变形层的 TEM 图像，在图 2-46g 中可以发现两个方向的层错结构和多个方向的位错结构。

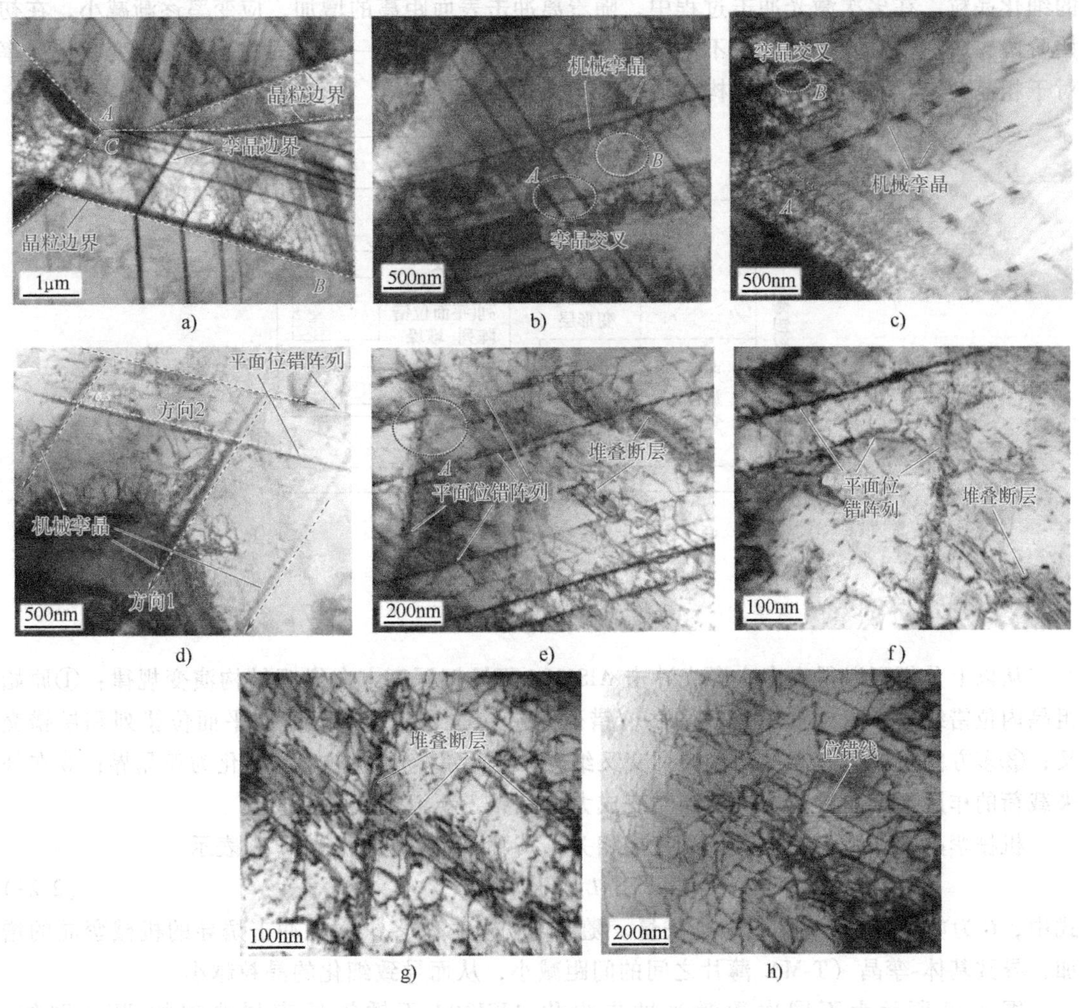

图 2-46 2 次激光冲击强化 AISI304 不锈钢后不同层典型的 TEM 图像

a）上表面层 b）图 2-46a 中四边形 *C* 的高倍放大图 c）图 2-46b 中椭圆 *B* 的高倍放大图 d）与冲击上表面距离为 10μm 的严重塑性变形区域 e）为冲击上表面距离为 25μm 的轻微塑性变形区域 f）图 2-46e 中椭圆 *A* 的高倍放大图 g）为冲击上表面距离为 30μm 的轻微塑性变形区域 h）基体

由以上可以得出，在 2 次激光冲击 AISI304 不锈钢塑性变形区域可以观察到典型微观结构（机械孪晶、平面位错列和层错等）交叉细分原始粗晶，并且从表层到基体微观组织结构不同。结合每一个阶段的 TEM 图像，可以分析出激光冲击 AISI304 不锈钢深度方向结构演变过程和规律，如图 2-47 所示。在多次激光冲击过程中，AISI304 不锈钢基体的位错活动，即位错线的堆积导致多方向层错和平面位错列的形成，如图 2-46e～g 所示。随着与冲击表面距离的减小，冲击导致的应变率和应变逐渐增大，大量多方向的层错和平面位错列交错导致原始粗晶的多方向细分成斜方形、三角形及其他的形状，如图 2-46e、图 2-46f 所示。在激光冲击的表层，随着冲击导致的应变率和应变逐渐增大，激光冲击的力效应使得 AISI304 不锈钢表面多方向机械孪晶交叉细分原始粗晶，如图 2-46a～d 所示。在激光冲击的上表面，冲击导致的应变率和应变最大，这些细分结构导致了亚晶界的形成，最终形成了等轴的细化晶粒。在多次激光冲击过程中，随着离冲击表面距离的增加，应变率逐渐减小，在初始阶段，应变率急剧下降。在不同的深度，其微观结构也不一样。因此，超高应变和应变率对于粗晶的细化和不同微观结构特征具有至关重要的作用。

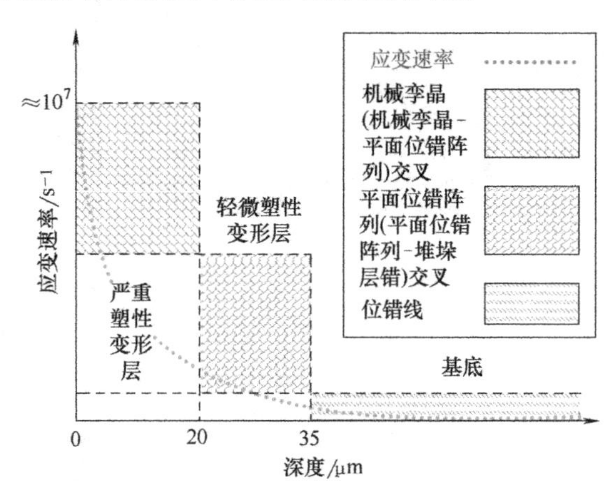

图 2-47　多次激光冲击 AISI304 不锈钢深度方向微观结构的变化

从以上分析可以得出多次激光冲击 AISI304 不锈钢深度方向微观结构演变规律：①原始粗晶内位错线的形成导致多方向平面位错列和层错的形成；②多方向平面位错列和层错交叉；③多方向机械孪晶和平面位错列交叉细化原始粗晶；④机械孪晶转化为亚晶界；⑤在外来载荷的作用下亚晶粒动态再结晶演变成大角晶界，新细化晶粒形成。

机械孪晶的间距与晶粒大小 L 直接相关，其可以通过剪切应力 τ 来表示

$$L=10Gb/\tau \tag{2-28}$$

式中，G 为剪切模量；b 为伯格斯矢量。随着剪切应力及多次激光冲击诱导的机械孪晶的增加，导致基体-孪晶（T-M）薄片之间的间距减小，从而导致细化的晶粒越小。

图 2-48 所示为不同次数激光冲击强化 AISI304 不锈钢后表层典型的 TEM 图像。图 2-48a、b 所示为单次激光冲击不锈钢上表面的典型微观结构，图 2-48b 所示为图 2-48a 中椭圆 A 的高倍 TEM 图像，从中可以看到原始的粗晶被宽度为 10~30nm 机械孪晶细分成 40~700nm T-M 薄片。图 2-48c 所示为 2 次激光冲击不锈钢上表面的典型微观结构，两个方向机械孪晶交叉细分原始粗晶是 2 次激光冲击不锈钢的主要微观结构特征。其具体细化过程详见上节中的试验结果和分析。图 2-48d~f 所示为 3 次激光冲击不锈钢上表面的典型微观结构，图 2-48f 所示为图 2-48e 中椭圆 A 的高倍 TEM 图像，可以看到在 3 次激光冲击后，不锈钢上表面出现了三个方向的机械孪晶，在 2 次激光冲击不锈钢形成斜方形的网格结构后，第 3 次激光冲击诱导了第三个方向的机械孪晶的生成，从而将斜方格网格进一步细化成为三角形的网格，其细化网格的宽度和长度变为 100~200nm，如图 2-48f 所示。

与高层错能面心立方金属（以 2A02 铝合金为例）的位错活动细分原始粗晶不同，机械孪晶在激光冲击奥氏体不锈钢细化晶粒过程中占主要作用。图 2-49 所示为多次激光冲击强化 AISI304 不锈钢微观结构的演化过程示意图，可以结合多次激光冲击 AISI304 不锈钢微观结构演变分析冲击次数对 AISI304 不锈钢晶粒细化的微观机制和强化机理。

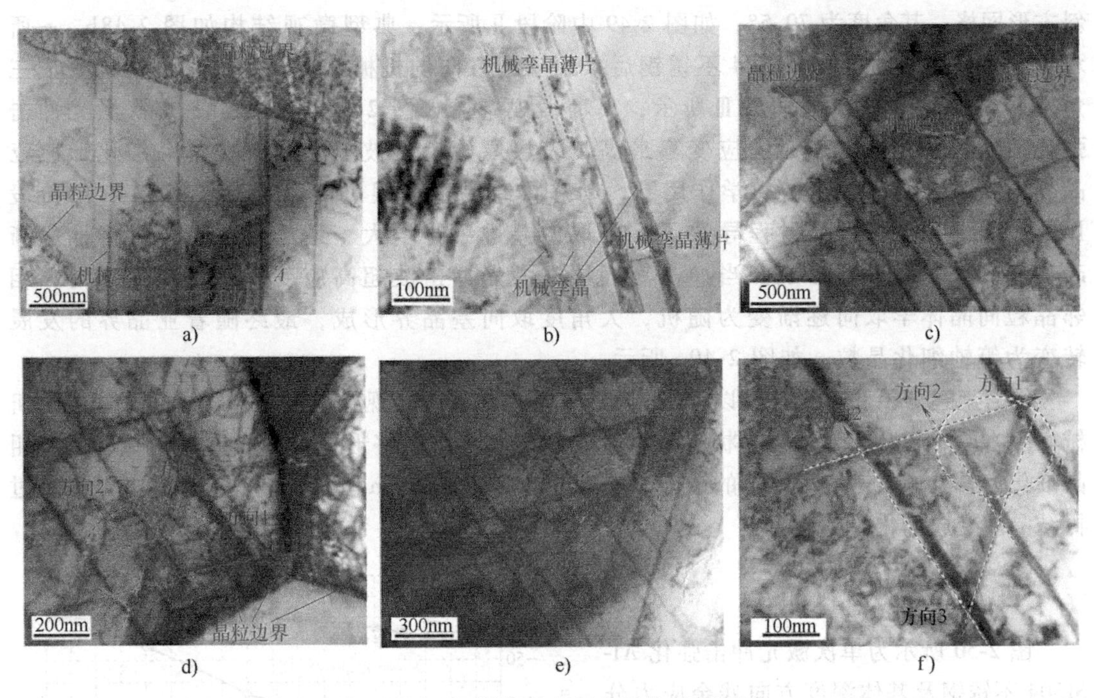

图 2-48　不同次数激光冲击强化 AISI304 不锈钢后表层典型的 TEM 图像

a）单次激光冲击　b）图 2-48a 中椭圆 *A* 的高倍放大图　c）2 次激光冲击

d）3 次激光冲击（一）　e）3 次激光冲击（二）　f）图 2-48e 中椭圆 *A* 的高倍放大图

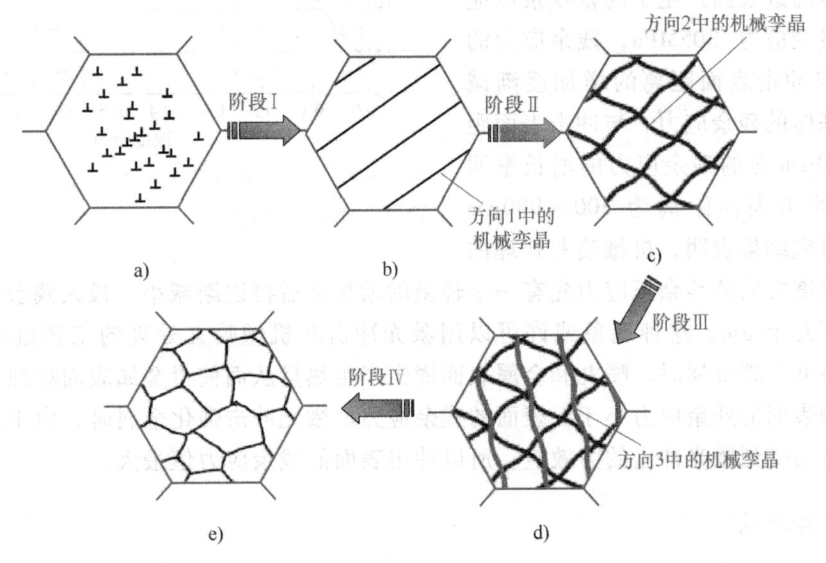

图 2-49　多次激光冲击强化 AISI304 不锈钢微观结构的演化过程示意图

a）激光冲击前的晶粒　b）第 1 次激光冲击的晶粒　c）第 2 次激光冲击的晶粒

d）第 3 次激光冲击的晶粒　e）细化晶粒

第 1 次激光冲击 AISI304 不锈钢后，机械孪晶将不锈钢上表面粗晶细分成间距为几十 nm 到上百 nm 的 T-M 薄片，如图 2-49 中阶段Ⅰ所示，典型微观结构如图 2-48a、b 所示；第 2 次激光冲击 AISI304 不锈钢后，两个方向机械孪晶交叉将不锈钢上表面的 T-M 薄片细分成斜方形网格，其角度为70.5°，如图2-49中阶段Ⅱ所示，典型微观结构如图2-48b、c所示；第3次激光冲击AISI304不锈钢后，第三个方向的机械孪晶将斜方形网格细分成三角形网格，如图2-49中阶段Ⅲ所示，典型微观结构如图2-48d、f所示。多次激光冲击强化后，不锈钢冲击表面的应变率最高，表层原始粗晶被多方向机械孪晶细化形成亚晶界，最后在激光冲击的力学作用下，动态再结晶过程很可能发生，如图2-49中阶段Ⅳ所示。即动态再结晶过程导致了晶界取向差进一步增大，最后导致了晶界特性逐渐改变直到大角晶界的形成。当冲击表面层在激光冲击波超高应变率下发生变形时，相邻晶粒间晶体学取向逐渐变为随机，大角度取向差晶界形成，最终随着亚晶界的发展转变为等轴细化晶粒，如图2-49e所示。

综合上述分析和讨论，可以得出AISI304不锈钢表面微观形貌演变规律：①高密度的机械孪晶将原始粗晶细分为层片状T-M薄片；②多次冲击能够形成不同方向的机械孪晶将粗晶细化为斜方形、三角形形状的结构，最小可以观察到亚μm量级；③具有取向差结构经过再结晶演变成细化的晶粒。

2.5.3 残余应力

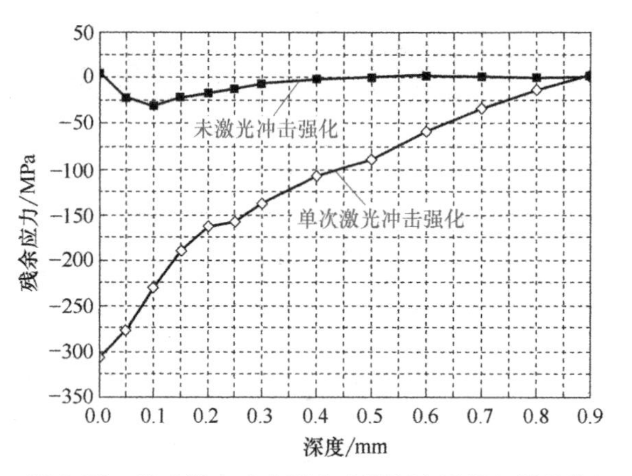

图2-50 单次激光冲击强化AISI304不锈钢及基体深度方向残余应力分布

图2-50所示为单次激光冲击强化AISI304不锈钢及基体深度方向残余应力分布。从图中可以看出，不锈钢基体的残余应力基本处于零应力状态，单次激光冲击后，在试样的近表面产生了高幅残余压应力，最大残余应力-305MPa，残余应力的数值随着与冲击表面距离的增加逐渐减小，直到基体的残余应力。与冲击表面距离为0~200μm时的残余应力的增长率明显大于与冲击表面距离为300~900μm时。文献研究结果表明，机械喷丸处理的金属试样深度方向的残余压应力先有一个轻微的增加然后再逐渐减小，最大残余压应力位于处理表面下几十μm。这种现象或许可以用激光冲击和机械喷丸处理的工艺过程来进行解释：机械喷丸处理金属时，喷丸和金属表面撞击产生热量从而使得金属表面烧蚀，热效应使得金属处理表面的残余应力小于亚表面的残余应力。激光冲击强化金属时，由于吸收层的存在，金属表层受到激光冲击的力效应，所以冲击表面的残余应力值最大。

2.5.4 拉伸性能

1. 应力-应变曲线

图2-51所示为AISI304不锈钢未激光冲击、单面1次激光冲击、单面2次激光冲击和双面1次激光冲击后拉伸试样的应力-应变曲线。从图中可以看出：所有试样在阶段Ⅰ区域对应弹性变形阶段，阶段Ⅱ区域对应塑性形变强化阶段，阶段Ⅲ区域对应颈缩阶段。所有试样在较小的应变范围内达到屈服，然后进入塑性变形阶段，在塑性变形阶段，应力随应变的增大而增大。与未激光冲击试样相比，激光冲击处理的三种试样较晚时间达到屈服，而且几乎

在相同应变下。四种不同试样的应力-应变曲线在阶段Ⅰ基本重合，直线斜率基本相同，说明在激光冲击以后不锈钢试样的弹性模量基本不变。在阶段Ⅱ塑性形变强化阶段，三种激光冲击试样的变形抗力基本相当，均明显大于未受到激光冲击试样。

从图 2-51 中可以看出未冲击试样的抗拉强度为 667MPa，单面 1 次冲击、单面 2 次冲击和双面 1 次冲击试样的抗拉强度分别为 680MPa、683MPa 和 685MPa，均大于未冲击试样。单面激光冲击时，1 次冲击试样的抗拉强度大于未冲击试样，且试样抗拉强度增大幅度较大；2 次冲击试样的抗拉强度大于 1 次冲击试样，但是增大幅度较小，第 2 次冲击后的强度值较首次冲击后强度值增大幅度较小。双面 1 次冲击试样的抗拉强度大于单面 2 次冲击，双面 1 次冲击后的强度值较单面 2 次冲击后强度值增大幅度较小。

图 2-52 所示为 AISI304 不锈钢经过 1 次激光冲击后试样表面的 TEM 图像及相应衍射图像。从图中可以看出，激光冲击后，在试样表面形成了大量不同程度的等轴状微晶结构，组织均匀一致，原始组织的形貌不复存在。图左上角所示为微纳米晶区相应的选区电子衍射图像，该图像由许多不同半径的同心圆环组成，说明选区内为典型的大角度晶界晶粒的多晶衍射环，是由大量取向杂乱无章的细小晶体颗粒组成的，是典型的纳米结构。因此可以得出：激光冲击强化将 AISI304 奥氏体不锈钢表层纳米化。晶粒细化可显著提高多晶材料的强度，强化机制遵循霍尔-佩奇关系；而且，孪晶界也可以像晶界一样作为位错运动的有效障碍，从而提高材料的强度，孪晶界阻碍位错运动强化材料的机制同样遵循霍尔-佩奇关系。因此，激光冲击后不锈钢抗拉强度的提高主要是激光冲击奥氏体不锈钢表层纳米化的结果，在拉伸变形过程中，激光冲击产生的孪晶界阻塞位错运动，从而提高了不锈钢的抗拉强度。虽然激光冲击奥氏体不锈钢影响层深度可达 1mm 以上，但是 2 次冲击时，不锈钢较明显晶粒细化层的深度只有 30μm 左右，因此抗拉强度提高的幅度不大。1 次激光冲击晶粒细化层深度及晶粒细化程度均小于 2 次激光冲击，故 2 次激光冲击后试样的抗拉强度明显大于 1 次激光冲击试样的抗拉强度。

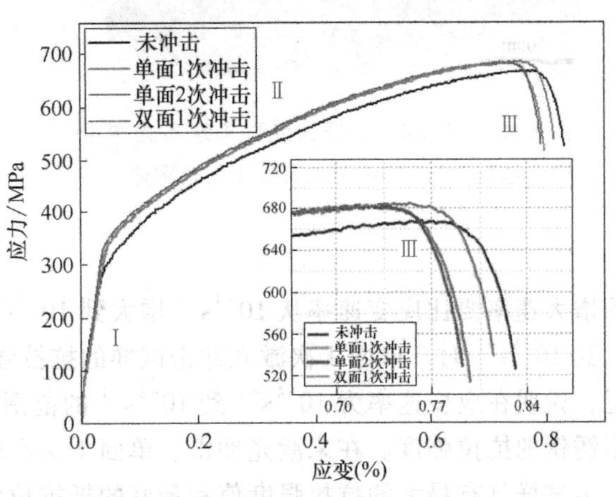

图 2-51　未激光冲击和 3 种不同激光冲击后拉伸试样的应力-应变曲线

2. 抗拉强度和流动应力

通过拉伸试验通常可以得到试样的抗拉强度，图 2-53 所示为未激光冲击、单面 1 次和单面 2 次激光冲击 AISI304 不锈钢拉伸试样在应变速率从 $10^{-4}s^{-1}$ 变到 $10^{-1}s^{-1}$ 时的抗拉强度。

从图 2-53 可以看出：三种试样的抗拉强度随着应变速率的增大而增大；与未激光冲击试样相比，经单面 1 次激光冲击试样的抗拉强度值要更大，经单面 2 次激光冲击试样的抗拉强度最大；在未激光冲击、单面 1 次和单面 2 次激光冲击的试样中，单面 2 次激光冲击试样的抗拉强度值增大得最多；当应变速率从 $10^{-3}s^{-1}$ 增大到 $10^{-1}s^{-1}$ 时，三种试样抗拉强度值

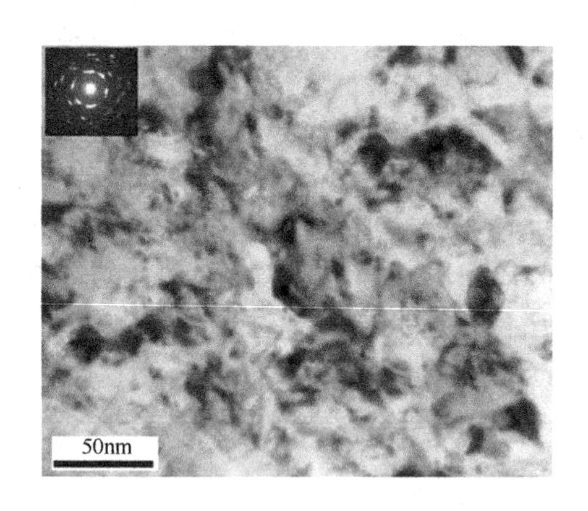

图 2-52　AISI304 不锈钢经过 1 次激光冲击后试样表面的 TEM 图像及相应衍射图像

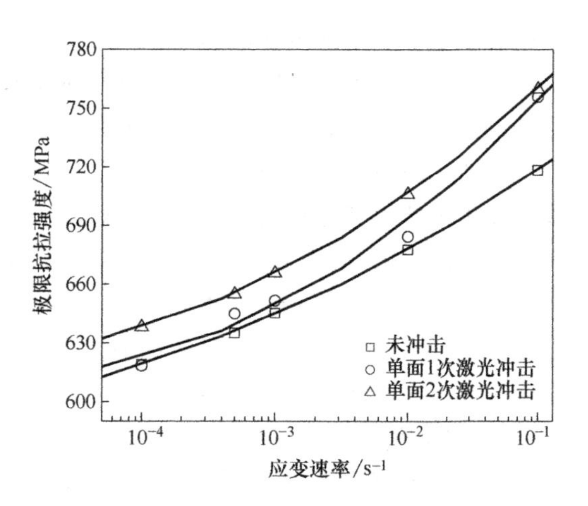

图 2-53　应变速率从 $10^{-4}s^{-1}$ 变到 $10^{-1}s^{-1}$ 时未激光冲击、单面 1 次激光冲击和单面 2 次激光冲击试样的抗拉强度

的增大速率要比应变速率从 $10^{-4}s^{-1}$ 增大到 $10^{-3}s^{-1}$ 时的大。另外，当应变速率从 $10^{-4}s^{-1}$ 增大到 $10^{-3}s^{-1}$ 时，单面 1 次激光冲击试样的抗拉强度值与未激光冲击试样的抗拉强度值很接近，说明在应变速率为 $10^{-4}s^{-1}$ 到 $10^{-3}s^{-1}$ 的范围内，单次激光冲击不能够明显提高 AISI304 不锈钢的抗拉强度。在未激光冲击、单面 1 次和单面 2 次激光冲击的试样中，单面 2 次激光冲击试样具有最大的抗拉强度值和最好的抵抗拉伸断裂的性能。

金属材料的抗拉强度是指材料在拉断前承受的最大拉应力值，是金属材料一项非常重要的性能指标。从以上的试验数据可以看出，应变速率和激光冲击次数对 AISI304 不锈钢的抗拉强度具有很重要的影响：一方面，AISI304 不锈钢的抗拉强度随着应变速率的增大而增大；另一方面，激光冲击可以提高 AISI304 不锈钢的抗拉强度，并且 AISI304 不锈钢的抗拉强度随着激光冲击次数的增加而增大。

图 2-54 所示为未激光冲击、单面 1 次和单面 2 次激光冲击 AISI304 不锈钢拉伸试样在应变速率从 $10^{-4}s^{-1}$ 变到 $10^{-1}s^{-1}$ 时真应变为 0.15 的流动应力，三种试样的流动应力均随着应变速率的增加而增大。从图中可以看出，经过激光冲击试样的流动应力明显高于未激光冲击的试样，激光冲击的次数对于 AISI304 不锈钢试样的流动应力影响显著。可以看出，在同一应变速率下，经过 2 次激光冲击试样的流动应力要明显高于 1 次激光冲击。因此，AISI304 不锈钢的流动应力随着激光冲击次数的增多而增大，流动应力是金属材料随应变变化的屈服强度，可以定义为在某一应变下材料需要维持持续应变所需

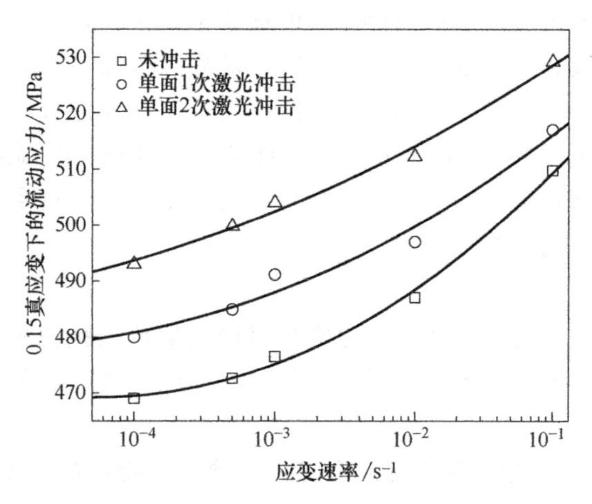

图 2-54　应变速率从 $10^{-4}s^{-1}$ 变化到 $10^{-1}s^{-1}$ 时未激光冲击、单面 1 次激光冲击和单面 2 次激光冲击试样的流动应力

要的应力。

在拉伸过程中，应变速率对金属材料的抗拉强度和流动应力会产生显著影响。当应变速率处于≤$10^{-2}s^{-1}$范围内时，μm级金属材料的抗拉强度随着应变速率的增加而显著增大。流动应力受到诸如晶体结构及晶粒尺寸等材料属性的影响。多次激光冲击可以使AISI304不锈钢形成多方向机械孪晶交叉，从而可以显著细化AISI304不锈钢的晶粒。材料表层的晶粒尺寸是影响AISI304不锈钢拉伸性能和抗疲劳性能最重要的因素，晶粒细化可以显著改善金属材料的宏观力学性能。

3. 断口形貌

认识金属材料在较大应变速率范围内的失效机制不仅可以更好地进行构件设计，还可以通过设定适当的应变速率来增强金属材料的性能。金属材料的断裂过程包括三个阶段——微孔洞的形成、长大及合并。在这三个阶段中，当材料中的析出颗粒与基质之间出现颗粒裂纹或者界面破坏，就会发生微孔洞的合并。本节通过准静态拉伸试验，研究了未激光冲击、单面1次及单面2次激光冲击AISI304不锈钢试样的断口表面形貌，如图2-55~图2-57所示。

图2-55所示为未激光冲击不锈钢拉伸试样在$10^{-4}s^{-1}$、$10^{-3}s^{-1}$、$10^{-2}s^{-1}$及$10^{-1}s^{-1}$四种应变速率下拉伸断裂后典型的SEM断口表面形貌。从图2-55a、b可以看出，当应变速率为$10^{-4}s^{-1}$和$10^{-3}s^{-1}$时，断口有一些微孔洞和大量直径较大且深度较深的韧窝，可以发现，试样的断口表面存在微孔洞合并及韧窝合并，这些直径大而且深的韧窝是在材料塑性变形中拉长了的韧窝，直径从500nm到2μm不等；同时还可以看出，当应变速率为$10^{-4}s^{-1}$时，断口表面存在一些撕裂棱和掺杂颗粒。当应变速率为$10^{-2}s^{-1}$时，断口存在大量尺寸较小的韧窝

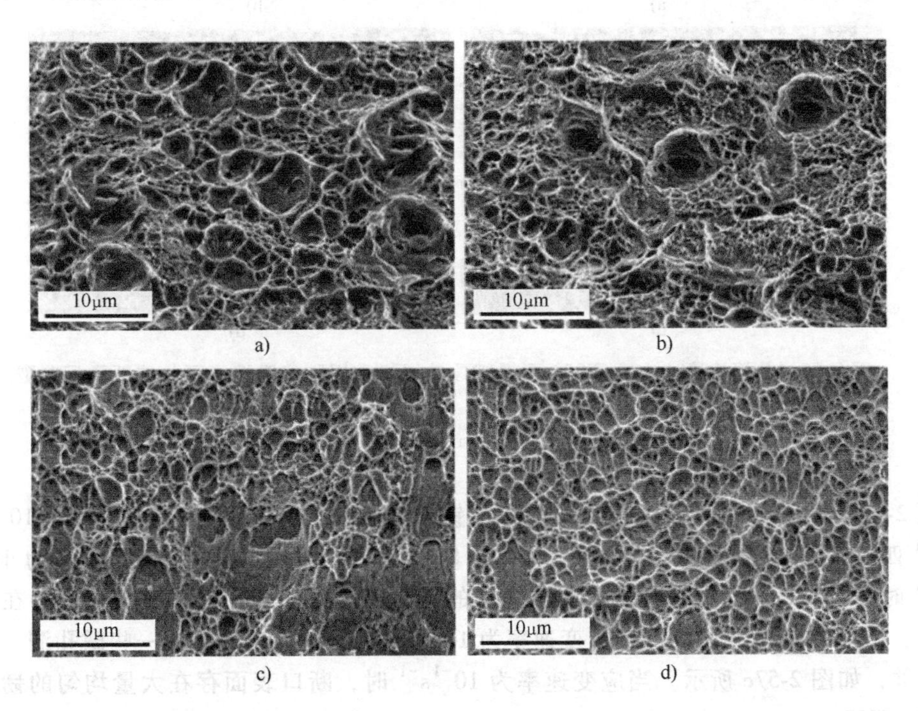

a) b) c) d)

图2-55 未激光冲击AISI304不锈钢拉伸试样在四种应变速率下拉伸断裂后典型的SEM断口表面形貌

a) $10^{-4}s^{-1}$ b) $10^{-3}s^{-1}$ c) $10^{-2}s^{-1}$ d) $10^{-1}s^{-1}$

并且发现了一些韧窝合并的现象，如图 2-55c 所示，这些韧窝的平均尺寸大约为 1μm。还应注意到断口表面存在由两个或更多更大直径韧窝合并而形成的韧窝，直径可达几十 μm，而且韧窝合并现象是断口表面最普遍的特征。当应变速率为 $10^{-1}s^{-1}$ 时，断口表面存在大量均匀的韧窝，还存在少数由一些韧窝形成的韧窝合并，如图 2-55d 所示。

图 2-56 所示为单面 1 次冲击不锈钢拉伸试样在 $10^{-4}s^{-1}$、$10^{-3}s^{-1}$、$10^{-2}s^{-1}$ 及 $10^{-1}s^{-1}$ 四种应变速率下拉伸断裂后典型的 SEM 断口表面形貌。当应变速率为 $10^{-4}s^{-1}$、$10^{-3}s^{-1}$ 时，断口表面有一些微孔洞和大量的韧窝，如图 2-56a、b 所示，这些韧窝基本都是拉长的韧窝并且直径从 0.5μm 到 2μm 不等。从图 2-56a 可以看出应变速率为 $10^{-4}s^{-1}$ 时试样断口表面存在一些直径较大和深度较深的韧窝，而从图 2-56b 可以看出应变速率为 $10^{-3}s^{-1}$ 时断口表面零散存在直径较大和深度较深的韧窝。当应变速率为 $10^{-2}s^{-1}$ 时，断口存在一些微空洞及韧窝合并，如图 2-56c 所示。当应变速率为 $10^{-1}s^{-1}$ 时，断口表面存在大量均匀的韧窝，韧窝直径小于 1μm，如图 2-56d 所示。

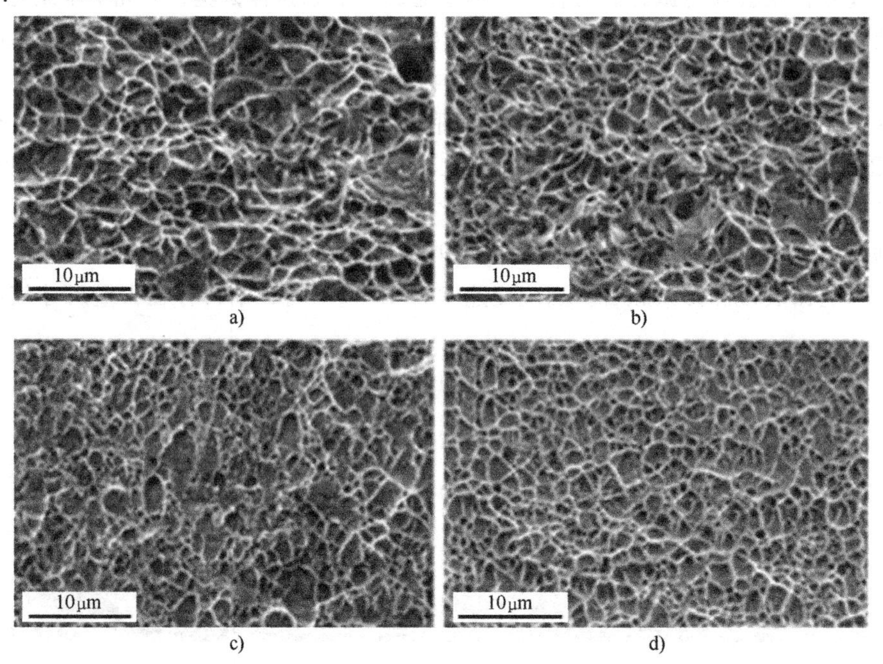

图 2-56 单面 1 次冲击 AISI304 不锈钢拉伸试样在四种应变速率下拉伸断裂后典型的 SEM 断口表面形貌

a) $10^{-4}s^{-1}$ b) $10^{-3}s^{-1}$ c) $10^{-2}s^{-1}$ d) $10^{-1}s^{-1}$

图 2-57 所示为单面 2 次冲击 AISI304 不锈钢拉伸试样在 $10^{-4}s^{-1}$、$10^{-3}s^{-1}$、$10^{-2}s^{-1}$ 及 $10^{-1}s^{-1}$ 四种应变速率下拉伸断裂后典型的 SEM 断口表面形貌。当应变速率为 $10^{-4}s^{-1}$、$10^{-3}s^{-1}$ 时，断口表面存在一些微孔洞和大量的韧窝，然而并未在断口表面发现存在微空洞的合并，如图 2-57a、b 所示。当应变速率为 $10^{-2}s^{-1}$ 时，断口表面存在一些微孔洞、韧窝及韧窝合并，如图 2-57c 所示。当应变速率为 $10^{-1}s^{-1}$ 时，断口表面存在大量均匀的韧窝，如图 2-57d 所示。

微孔洞的合并及韧窝的合并一般起始于在集中力作用下产生较大局部塑性变形的地方。随着应变的增大，微空洞的合并及韧窝都会断裂。从图 2-55、图 2-56 及图 2-57 中可以看出，

在较低的应变速率下，未激光冲击、单面 1 次和单面 2 次激光冲击试样的断口表面存在许多的微孔洞和韧窝，三种试样断口表面均普遍存在韧窝合并，而在较高的应变速率下，三种试样的断口表面均存在大量韧窝。当应变速率从 $10^{-4}s^{-1}$ 增加到 $10^{-1}s^{-1}$ 时，三种试样断口表面微孔洞合并及韧窝合并随着应变速率的增大而减少至消失。当应变速率从 $10^{-4}s^{-1}$ 逐渐增加到 $10^{-1}s^{-1}$ 时，三种试样断口表面的韧窝随应变速率的增加变得越来越均匀。

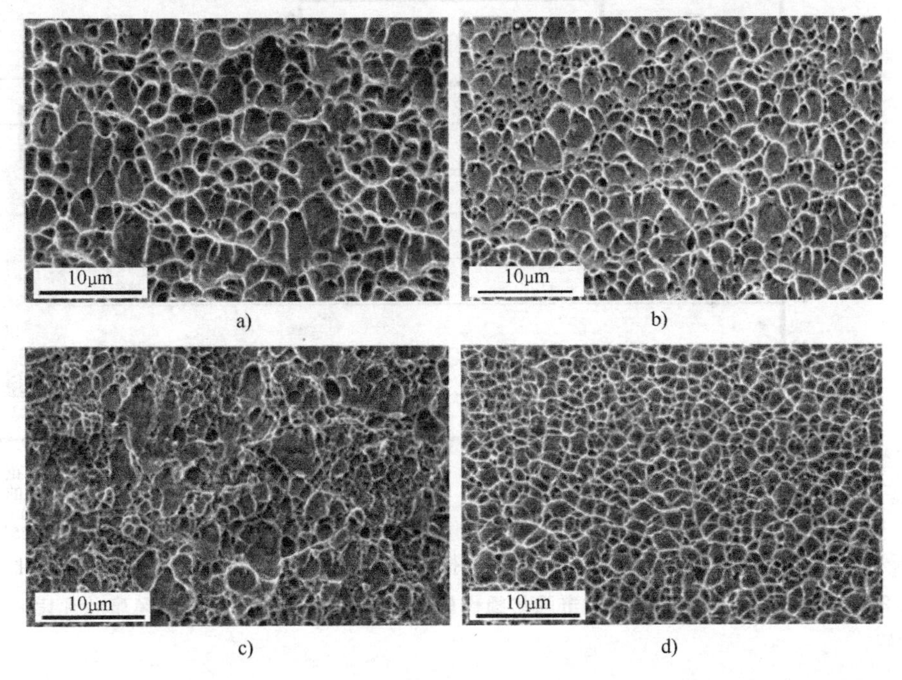

图 2-57　单面 2 次冲击 AISI304 不锈钢拉伸试样在四种应变速率下拉伸断裂后典型的 SEM 断口表面形貌

a) $10^{-4}s^{-1}$　b) $10^{-3}s^{-1}$　c) $10^{-2}s^{-1}$　d) $10^{-1}s^{-1}$

2.6　典型案例

美国通用电气公司一直致力于激光冲击强化技术和冲击装备的研究，1997 年使用激光冲击强化技术处理 B-1B 型远程战略轰炸机机中 F101-GE-102 发动机的一级风扇叶片，提高了一级风扇叶片的抗外来损伤能力，如图 2-58 所示。美国采用机械喷丸处理和激光冲击强

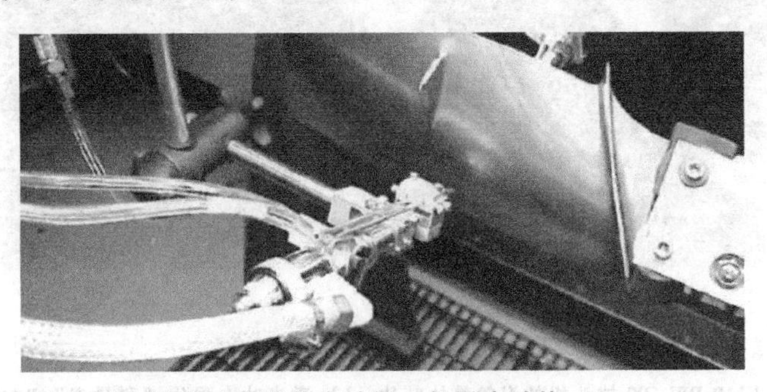

图 2-58　激光冲击强化发动机一级风扇叶片

化损伤的 F101-GE-102 发动机一级风扇叶片，研究结果表明机械喷丸处理后的损伤叶片疲劳寿命只有新叶片的 50%～60%左右，激光冲击强化后的损伤叶片疲劳寿命则是新叶片疲劳寿命的 90%～135%，如图 2-59 所示。据估计，激光冲击强化技术仅用于军用战斗机叶片处理，美国就可节约成本逾 10 亿美元。

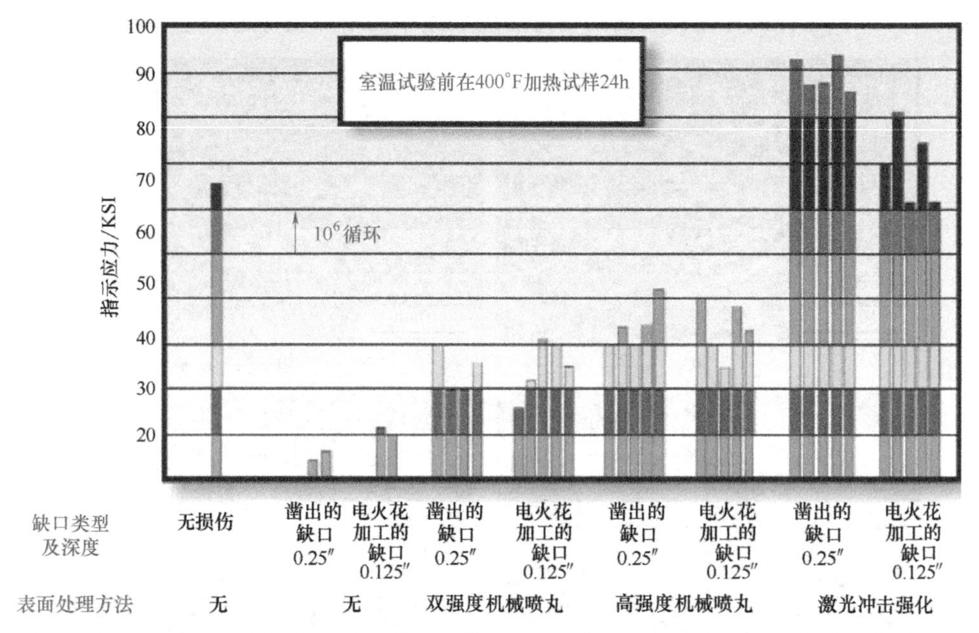

图 2-59　机械喷丸处理和激光冲击强化损伤的 F101-GE-102 发动机一级风扇叶片疲劳寿命比较

从 2002 年开始，美国金属改性公司将激光冲击强化技术用于高价值喷气发动机叶片生产线，改善其疲劳寿命，每月可节约飞机保养费、零件更换费达几百万美元。2003 年美国激光冲击强化公司委托 ManTech 公司成功开发了用于 F119-PW-100 发动机整体叶盘激光冲击强化的机器人技术的激光处理单元，降低了 50%～75%运行成本，如图 2-60a 所示。激光冲击强化还应用到“科曼奇”RAH-66 武装直升机传动齿轮的强化处理，大大提高了传动抗

a)　　b)

图 2-60　激光冲击强化实例

a）激光冲击强化 F119-PW-100 战斗机的涡轮整体叶片　b）激光冲击强化“科曼奇”RAH-66 直升机传动齿轮

应力腐蚀能力，如图 2-60b 所示。

2008 年以来美国金属改性公司开始将激光冲击强化技术用于飞机机翼蒙皮的成形强化，图 2-61 所示为金属改性公司 2008 年采用激光冲击波冲击成形的 8×3 英尺的波音 747-8 型飞机机翼蒙皮，不仅实现精确成形，而且利用激光冲击强化实现了该部件的抗疲劳延寿。

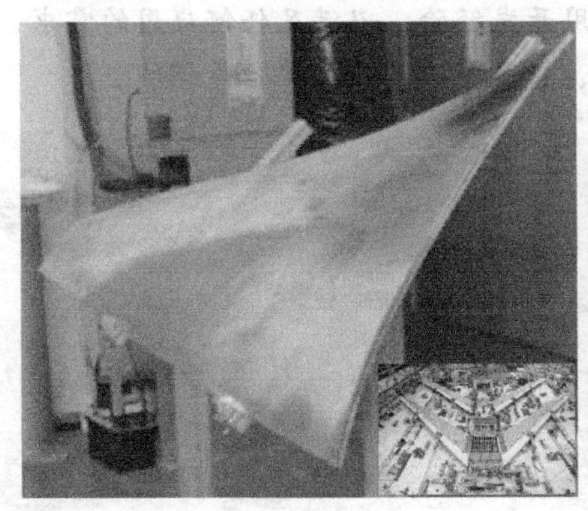

图 2-61 美国金属改性公司大面积复杂形状激光冲击成形零件

激光冲击强化不仅用于航空航天高附加值的整体叶盘和涡轮叶片的强化处理，而且还拓展到民用领域的汽轮机叶片处理。2007 年美国金属改性公司开始采用激光冲击强化技术处理汽轮机涡轮叶片，主要用来提高汽轮机叶片的疲劳寿命、接触疲劳、微动疲劳和抗水滴侵蚀等性能，图 2-62 所示为待处理的汽轮机涡轮叶片。

图 2-62 美国金属改性公司开始使用激光冲击强化汽轮机涡轮叶片

进入 21 世纪后，我国激光冲击强化的工业应用也拓展到飞机整体叶片、涡轮叶片等航空关键件的制造和再制造，如飞机压缩机叶片的激光冲击强化，由于保密的原因，对外报道较少。

【扩展阅读】

全球激光冲击强化技术、服务和设备的领导者——美国激光冲击强化公司

美国激光冲击强化（LSP Technologies，LSPT）公司成立于 1995 年，总部位于美国俄亥俄州的都柏林市，董事长兼首席执行官为 Jeff Dulaney 博士（图 2-63）。该公司致力于生产

提高金属疲劳寿命的激光冲击强化系统，并将激光冲击强化技术商业化。LSPT 公司设计和建造了世界上第一个激光冲击强化设备，并且是世界上唯一一家销售、安装综合激光冲击强化系统并将其与客户现有设施结合的公司。LSPT 公司工程师在巴特尔纪念研究所开创了激光冲击强化技术，并率先采用激光冲击强化工艺帮助美国空军解决了 B-1 轰炸机钛合金风扇叶片的关键疲劳问题。该公司拥有超过 150 年的应用开发经验，以满足任何应用的需求，应用涉及航空航天、汽车制造、发电设备、重型设备、模具制造和航海装备等领域。

在过去的二十余年里，LSPT 公司一直为各行各业提供激光冲击强化设备、作业车间服务和生产加工，客户包括主要的国际航空航天和发电公司、高性能赛车公司、工具和模具制造商等，深受业界青睐。LSPT 公司拥有超过 60 项基于激光材料加工的创新专利，公司专家在世界各地的同行评审期刊上发表了大量权威文章。公司的生产设施采用了 AS9100 和 ISO9001 标准，以提供最高质量的服务和设备。

图 2-63　LSP Technologies 公司董事长兼首席执行官 Jeff Dulaney 博士

LSPT 公司的销售额从 2015 年的 398 万美元增长到 2018 年的 1100 万美元，增长了 176%，在 2019 年美国增长最快的 5000 家私营企业榜单上排名第 2278 位。在此期间，公司的员工人数从不到 25 人增长到了 60 人，公司增加了超过 27 名工程和技术支持员工，规模扩大了一倍，新员工包括光学、机械和材料科学工程师，以及在核能和化石能源发电、重型设备和航空技术方面有经验的产品设计和技术项目经理。LSPT 公司首席运营官 Eric Collet 说：“我们面临着新项目的挑战，需要更大的空间来容纳公司的大型设备和更多的员工。”Collet 表示，公司搬迁的新址规模将至少是目前的两倍。新客户增长、新便携式激光喷丸解决方案的实现，以及在中国、欧洲成功推广新设备都促进了 LSPT 公司员工的增长。LSPT 公司迅速成长，与美国、中国和德国引进激光冲击强化系统密不可分。

近几年，LSPT 公司为法国欧洲飞机制造及研发公司（Airbus）研发了一款便携式激光冲击强化系统，Airbus 将其命名为 LEOPARD™ 冲击强化系统，该系统将通过抑制由循环振动应力引起的裂纹萌生和扩展来延长金属疲劳寿命，并满足便携性、光纤激光束传输、自动化控制和定制工具的要求。LSPT 公司董事长兼首席执行官 Jeff Dulaney 博士大力肯定了激光冲击强化技术在先进制造业和设备维护操作中的应用潜力，并称：“此次合作促成了有史以来第一个便携激光喷丸系统的诞生，这个系统将提升飞机结构的安全性和金属耐用性。”LSPT 公司与航空航天业的国际先驱 Airbus 的跨界合作引人瞩目，使更多人看见了激光冲击强化技术的魅力，推动了激光冲击强化技术在航空业的应用。

世界先进的激光冲击强化设备制造商——西安天瑞达光电技术股份有限公司

西安天瑞达光电技术股份有限公司成立于 2007 年，秉承“创新　发展”理念，融合国内科研技术精英，聚焦航空航天、轨道交通等重点装备制造领域关键部件的激光冲击强化

设备研发与应用，是目前中国专业从事激光冲击强化成套设备研制、生产、销售及加工服务的高新技术企业。其生产的具有自主知识产权的典型产品——YS120-R200A 型激光冲击强化成套设备如图 2-64 所示。

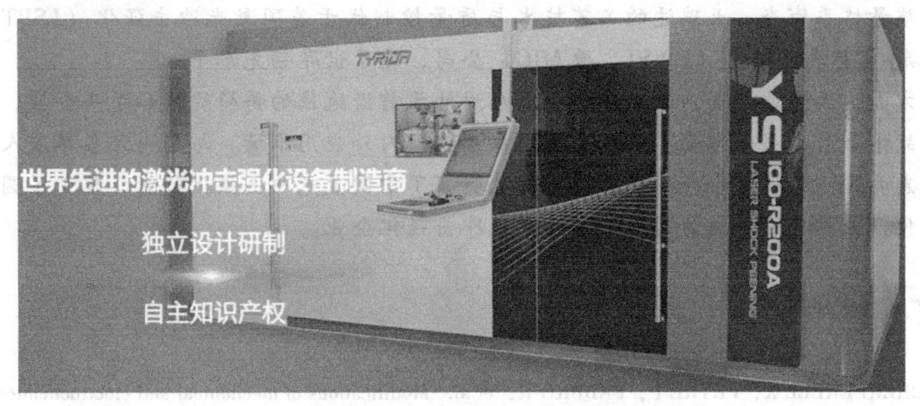

图 2-64　西安天瑞达 YS120-R200A 型激光冲击强化成套设备

西安天瑞达光电技术股份有限公司致力于激光冲击强化技术的产业化应用和解决中高端装备制造业关键零部件疲劳断裂的瓶颈问题。自成立伊始，天瑞达就与中国人民解放军空军工程大学共同研制“激光冲击强化成套设备及关键技术”，并于 2008 年建成中国首条具有自主知识产权的激光冲击强化示范生产线，使中国成为世界上第二个实现该项技术工业化应用的国家。新华社等国内媒体和美、英、俄等各国媒体相继对此报道，给予高度评价。2010 年，天瑞达自主完成第二代激光冲击强化设备的研制并建成上线。2012 年，中国某型航空发动机 U 型导管焊缝区激光冲击强化正式批量生产，装机使用，首次实现了激光冲击强化技术在航空发动机部件的规模化应用，是国内激光冲击强化技术工业化应用的第一个成功案例。2016 年，天瑞达牵头承担中国科技部国家重点研发计划“激光强化技术在航空航天和轨道交通领域的工业示范应用”项目，与中国航空综合技术研究所合作编制激光冲击强化行业标准《航空发动机叶片激光冲击强化工艺标准》。2019 年，参与承担国家国防科工局国防基础科研计划“典型连接件激光冲击强化抗疲劳工艺与装备”项目，次年在国家标准化管理委员会备案并发布企业标准《激光冲击强化　技术要求》。目前，天瑞达可为装备制造行业、空军修理企业、高校科研单位等用户提供工厂环境下的高性能固定式激光冲击强化设备，设备能够用于航空产业整体叶盘/叶片、燃气轮机叶片、金属焊缝等关键部件/部位加工，提高构件的高周疲劳寿命、抗 FOD（Foreign Object Debris，外来物碎片）损伤能力、抗微动磨损能力。

天瑞达在不断追求卓越的过程中从未止步。2014 年，天瑞达走出国门，与美国通用电气公司合作，开展重型燃气轮机叶片激光冲击强化加工试验认证工作，仅一年就通过了美国通用电气公司重型燃气轮叶片激光冲击强化首件鉴定，成为其全球唯一一家境外激光冲击强化直接供应商。2017 年，在新加坡成立控股子公司（天瑞达国际），开展国际业务合作，该子公司于 2018 年起担任新加坡先进再制造技术中心（ARTC）一级会员，与英国罗罗(Rolls-Royce，罗尔斯-罗伊斯)、德国西门子（Siemens)、瑞典斯凯孚（SKF)、德国德马吉(DMG）等国际顶级企业，共同担任董事单位，是该国际顶级技术研发平台众多企业中唯一具有中国背景的企业。同年，天瑞达激光冲击强化设备在新加坡 ARTC 向全球公开展示，打破国外垄断，引起广泛关注，改变了国际激光冲击强化产业格局。2018 年和 2019 年，天瑞达分别与英国罗罗公司和俄罗斯联合航空发动机集团（UEC）开展技术合作，并在 2020 年签订保密协议深入开展激光冲击强化技术合作。经美国通用电气公司和英国罗罗公司的技术测试和质量体系审查，天瑞达的工艺技术与质量控制优于美国激光冲击强化（LSPT）公司和柯蒂斯-莱特表面技术（CWST，原 MIC）公司，处于世界领先水平。

一方面，天瑞达与国内激光强化研发应用处于前沿地位的科研院校和龙头企业，进行产学研用战略合作；另一方面，天瑞达也积极开拓国内外应用市场，与国内外各界友人携手合作，互惠共赢。经过十余年的发展，天瑞达引领了中国激光冲击强化行业，改变了国际激光冲击强化产业格局，已成为国际知名的激光冲击强化企业。

【参考文献】

[1] SCHERPEREEL X, PEYRE P, FABBRO R, et al. Modifications of mechanical and electrochemical properties of stainless steels surfaces by laser shock processing [J]. Proceeding of SPIE-The International Society for Optical Engineering, 1997, 3097: 546-557.

[2] KING A, STEUWER A, WOODWARD C, et al. Effects of fatigue and fretting on residual stresses introduced by laser shock peening [J]. Materials Science and Engineering A, 2006, 435-436: 12-18.

[3] CHEN H L, HACKEL L A. Laser peening-a processing tool to strengthen metals or alloys [J]. Other Information Pbd Sep, 2003.

[4] 于水生. AZ31B 镁合金中强激光诱发冲击波的实验研究及数值模拟 [D]. 镇江：江苏大学，2010.

[5] 孙承纬. 激光辐照效应 [M]. 北京：国防工业出版社，2002.

[6] 任旭东. 基于激光冲击机理的裂纹面闭合与疲劳性能改善特性研究 [J]. 机械工程学报，2012 (18)：129.

[7] ANDERHOLM N C. Laser-generated stress waves [J]. Applied Physics Letter, 1970, 16 (3): 113-115.

[8] O'KEEFE J D, SKEEN C H. Laser-induced stress-wave and impulse augmentation [J]. Applied Physics Letter, 1972, 21 (10): 464-466.

[9] CLAUER A H, FAIRAND B P. Interaction of laser-induced stress waves with metals [C]. Applications of Lasers in Materials Processing. NTRS, 1979.

[10] H. H. 雷卡林，A. A. 乌格洛夫，A. H. 科科拉. 材料的激光加工 [M]. 王绍水，译. 北京：科学出版社，1982.

第3章

激光熔覆技术

【导读】 激光熔覆技术起源

激光熔覆技术是20世纪70年代随着大功率激光器的发展而兴起的一种新的表面改性技术，涉及光、机、电、计算机、材料、物理、化学等多门学科的高新技术。1974年底，美国ACVOEVERETTRESLABINC公司的Gnanamuthu提出了世界上第一个激光熔覆专利US3952180A，由此拉开了激光熔覆技术基础研究工作的序幕。但由于受到激光器技术的制约，在相当长的一段时间内，激光熔覆技术的产业化发展较为缓慢。进入21世纪后，随着大功率激光器技术的成熟，激光熔覆技术的产业化才相应得到了快速发展。

在20世纪70年代后期，有两个因素促进了激光熔覆技术的发展：一是美国和欧洲共同体国家出于对战略资源的担忧；二是对半导体激光退火的广泛研究。进入20世纪80年代，激光熔覆技术的研究主要集中在熔覆特性、不同材料与基体组合的激光熔覆工艺及参数、激光熔覆层的微观组织结构和金相分析、熔覆层的性能、缺陷及应用等方面，逐渐发展成为表面工程、摩擦学、应用激光等领域的前沿性课题。该技术可以在低成本钢板上制成高性能表面，代替大量的高级合金，以节约贵重、稀有的金属材料，提高材料的综合性能，降低能源消耗，适用于局部易磨损、剥蚀、氧化及腐蚀等零部件，受到了国内外的普遍重视。20世纪90年代以后，研究主要集中在激光熔覆基础理论和模型，激光熔覆专用材料研制，激光熔覆过程裂纹形成与消除机制，激光熔覆过程关键因素的检测与控制，激光熔覆高性能送粉器和喷嘴，用激光熔覆制备新材料，以及基于激光熔覆的快速成形与制造技术等。

我国激光熔覆技术的研究开始于20世纪90年代初期，从90年代中后期开始至今，我国激光熔覆技术的研究取得显著的进展和成绩，研究范围广泛，目前仍有大幅增长的趋势。2004年，香港理工大学的T. M. Yue和K. J. Huang等人研究了在激光熔覆过程中添加某种金属元素，对特定合金组织形成的影响规律；2006年，北京航空航天大学王华明教授研究了扫描速度对熔覆层硬度和厚度的影响，大连理工大学高亚丽和王存山等人研究了无定型组织Mg表面熔覆不同金属材料涂层的显微硬度、耐磨性和耐腐性；2007年，台湾大学K. A. Chiang和Y. C. Chen等人利用激光熔覆技术制备金属基复合涂层以提高材料的力学性能。

进入21世纪后，随着大功率激光器技术的成熟，激光熔覆技术的产业化得到了快速发展，开辟了激光熔覆新局面。日本、美国企业将激光熔覆再制造技术商业化，批量修复了军用飞机发动机的磨损失效零件，节约经费并提高了修复效率。德国发展了超高速激光熔覆技术，可在短时间内完成大面积涂层的快速制备，熔覆层厚度在0.1~0.25mm范围可调，生产速度比传统激光熔覆提高100~250倍，可取代电镀、热喷涂、堆焊等传统技术。

3.1 技术概述

激光熔覆是以激光作为热源，在工件表面熔合一层金属或合金粉末，使之形成与基体性能完全不同的表面熔覆层，达到表面改性，提高工件表面耐蚀、耐磨等各种性能的要求，从而延长工件使用寿命。

3.1.1 原理

激光熔覆是指以不同的填料方式在基体表面涂覆所选择的涂层材料，利用高能密度激光束辐照使之与基材表面薄层同时快速熔化，并快速凝固后形成稀释度极低并与基体材料成冶金结合的表面涂层，从而改善基体材料表面的耐磨、耐蚀、耐热、抗氧化等特性的工艺方法，达到表面改性或修复的目的。此方法既满足了对材料表面特定性能的要求，又节约了大量的贵重金属材料。

激光熔覆的填料方式主要分为预置法和同步法两种，如图 3-1 所示。预置法是指将待熔覆的合金/粉末以一定方法预先涂覆在材料表面，然后采用激光束在涂覆层表面扫描，使整个涂覆层及一部分基材熔化，激光束离开后熔化的金属快速凝固而在基材表面形成冶金结合的合金熔覆层。同步法是指采用专门的送料系统在激光熔覆过程中将合金/粉末直接送进激光作用区，在激光的作用下基材和合金/粉末同时熔化，然后冷却结晶形成合金或粉末熔覆层。同步法的优点是工艺过程简单，合金材料利用率高，可控性好，甚至可以直接成形复杂三维形状的部件，容易实现自动化，在国内外实际生产中采用较多，是熔覆技术的首选方法。同步法按供材料的不同可分为同步送粉法、同步丝材法和同步板材法等。

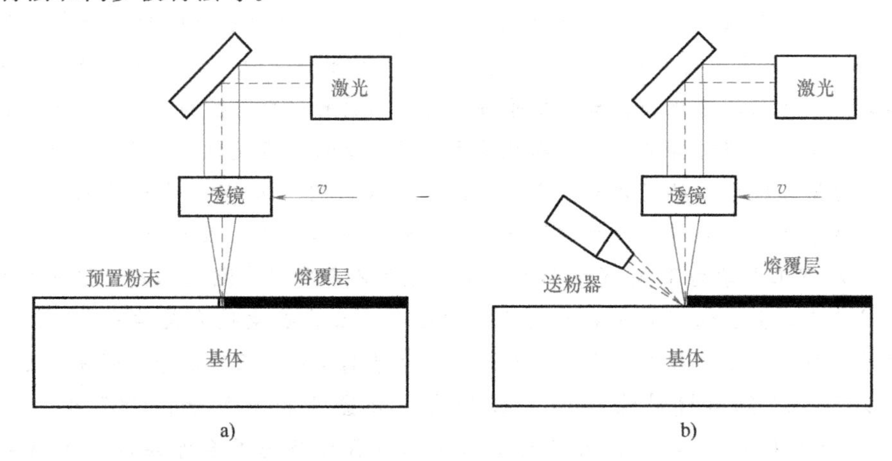

图 3-1　激光熔覆填料方式示意图

a）预置法　b）同步法

相比于传统的金属表面改性技术，激光熔覆技术具有以下优点。

1）熔覆层在快速冷却和凝固的条件下，一般具有非平衡的组织结构。

2）熔覆层的稀释率低，一般在 5%~10%之间，热影响区小，工件变形小。

3）熔覆层的粉末材料选择丰富，其内部的组织结构和性能方便调控。

4）加工精度高，熔覆过程一般无接触，较常采用自动化设备来实现小区域甚至微区域的精密加工。

3.1.2 材料与方法

1. 材料

现有激光熔覆除聚焦于研究其工艺性因素之外，还聚焦于熔覆材料的成分设计。目前，激光熔覆所用的合金粉末体系多样且复杂，其功能基本涵盖了耐磨损、高硬度、抗腐蚀氧化等应用领域。熔覆材料的体系主要包括自熔性合金材料及金属基复合合金材料，已经被普遍应用于冶金、机械、航空航天、汽车制造等行业。

（1）自熔性合金粉末 自熔性合金粉末是指在粉末中加入 Si 和 B 等合金元素的粉末，在快速凝固过程中，Si、B 等元素首先与粉末和基体表面的氧化物进行反应生成相应的硅氧化物和硼化物以提供较强的脱氧和造渣能力。一般包括 Ni 基合金粉末、Co 基合金粉末、Fe 基合金粉末。Ni 基合金粉末在要求耐高温、耐磨、耐热性能的场景中有较多的应用与研究。Ni 元素本身在降低熔覆层内的热膨胀系数上有重要作用，其熔覆层成形质量一般较好。Li 等人在 HT200 灰铸铁表面制备了 Ni 基熔覆层，确定了空隙的产生机理和消除过程，研究了截面的微观组织演变，研究发现多层熔覆区域的显微硬度可以达到 600HV，相比基体有明显的提高。Arias-González 等人制备了 NiCrBSi 熔覆层，研究发现熔覆层主要化学成分为 Ni、Cr、Fe、B、Si 和 C，熔覆层内主要物相为基于 Ni 和 Fe 的 FCC（Face Center Cubic，面心立方晶格）奥氏体，并且熔覆层比基体具有更高的硬度。Co 基合金粉末主要应用于石化、电力、冶金等工业领域的耐磨、耐蚀、耐高温场合。激光熔覆中 Co 与 Cr 可以生成较稳定的固溶体，并且 Co 基合金内其他合金元素形成的碳、硼化物可以弥散分布在 Co-Cr 固溶体上，因此 Co 基合金熔覆层一般具有较高的硬度。Ya 等人利用专门为提高耐高温耐磨损而开发的 T-400Co 基合金粉末制备了相关的熔覆层，发现其硬度最高可达 900HV，并且内部存在 FCC、BCC（Body Center Cubic，体心立方晶格）结构及 Laves 相（$Co_{3.6}Mo_2Si_{0.4}$），为熔覆层具有良好的性能奠定了基础。但同时也发现，Co 基合金的裂纹敏感性较高，由于高硬度物相的存在造成了其韧性较低的特性。此外，Fe 基合金在激光熔覆中具有最广泛的应用及研究。主要原因在于其综合性能良好，能够以相对低廉的价格获得表面硬度、致密性、结合强度高的耐磨耐蚀熔覆层。Jin 等人制备了大面积 FeNiCoAlCu 合金熔覆层，发现熔覆层主要由 FCC 和 BCC 相的固溶体组成，具有典型的均匀枝晶微观结构，枝晶内部和晶间共晶组织分别为富铁 BCC 固溶体和富铜 FCC 固溶体，熔覆层在室温、200℃、400℃、600℃和 800℃都具有良好耐磨性能。李林起等人制备了 Fe 基熔覆层，其组织均匀且无明显缺陷，研究表明此熔覆层内枝晶的初生相为马氏体相，枝晶间为残余奥氏体相。熔覆层内弥散分布着各金属元素的碳化物，以上特性使熔覆层的硬度最高可达 775HV，同时具有良好的力学性能。Wang 等人采用工业 FeCoCrMoCBY 合金在低碳钢表面通过激光熔覆制备 Fe 基熔覆层，所有熔覆层都表现出低腐蚀电流密度、无源电流密度和宽无源区域的特性，这意味着所有熔覆层均具备了相对优异的耐腐蚀性。

（2）金属基复合合金材料　金属基复合合金材料是以金属或合金为基体材料并向内加入不同添加相制备而成的复合材料。一般采用的基体材料有 Ni 基、Co 基、Fe 基，采用的添加相有高熔点硬质陶瓷粉末，常见的如碳化物（WC、SiC、TiC 等）、氧化物（Al_2O_3、ZrO_3 等）和硼化物（TiB_2、BN 等），以及其他化合物。Meng 等人在 45 钢基板上激光熔覆制备了 Ni35+WC、Ni35+WC+OSP 的单层和梯度复合熔覆层，研究发现熔覆层内出现了较高含量的 WC、$CrFeC_{0.45}$、Cr_4Ni_5W 和 $AlNi_3$ 等硬质相，最大显微硬度达到 1118HV0.5，达到基材的 5.8 倍。Song 等人利用添加了 WC 颗粒的 AISI316L（为美国牌号，我国统一数字代号为 S31603，牌号为 022Cr17Ni12Mo2，曾用牌号为 00Cr17Ni14Mo2）不锈钢复合粉末修复 AISI304 不锈钢基体，研究发现熔覆层内部微观结构主要为过饱和奥氏体枝晶和均匀的枝晶间网状碳化物。随着 WC 含量的提升，其内部的组织得到了细化，表面硬度逐渐提升，最高可达 550HV，磨损量显著降低且表面磨损机制从以黏着磨损为主转变为以磨粒磨损为主。Li 等人在中碳钢表面制备了添加 La_2O_3 的 Ni 基复合熔覆层，结果表明复合熔覆层内部具有精细的枝状微观结构，添加了 0.6%（质量分数）La_2O_3 的复合熔覆层具有更低的腐蚀电流密度，说明 La_2O_3 的添加有效改善了熔覆层的耐腐蚀性能。Zhang 等人研究了 VC、TiC、WC 与 AISI420（为美国牌号，我国统一数字代号为 S42020，牌号为 20Cr13，曾用牌号为 2Cr13）不锈钢粉末的复合激光熔覆层，420-VC 熔覆层中的相由 α′-Fe、γ-Fe、初生和析出的 VC、M_7C_3 及 $M_{23}C_6$（M 为 Fe、Cr 和 V）等组成。420-TiC 熔覆层主要包含 α′-Fe、γ-Fe、TiC、M_7C_3 和 $M_{23}C_6$（M 为 Fe、Cr 和 Ti）等。除了 α′-Fe、γ-Fe、初生 WC、M_7C_3 的相外，在 WC 增强熔覆层中也形成了新的相，如 W_2C、M_6C（M 为 Fe、W 和 Cr），和 $M_{23}C_6$（M 为 Fe、Cr 和 Ti）等。结果表明，添加了 VC 和 TiC 均可以明显改善抗冲击腐蚀性能，添加了 WC 的熔覆层可以改善除冲击角度 90°之外的抗冲击腐蚀性能。除此之外，也有向金属基合金粉末内添加不同成分的合金粉末来达到成分控制的目的，从而提高熔覆层质量及性能。Wang 等人以 Mo-Fe 合金作为添加相，用于调控 Fe-431 合金熔覆层的 Mo 元素含量。研究表明，随着 Mo 元素含量的增加，复合熔覆层内马氏体的量逐渐减少而铁素体的量逐渐增加；含有 Mo 元素的复合熔覆层微观结构相比于无 Mo 元素的复合熔覆层出现了明显的组织细化，而且当 Mo 元素含量为 4%时，复合熔覆层具有最佳的耐腐蚀性能。因为复合合金粉末的成分可以为满足高硬度、耐磨、耐蚀、耐高温等特定性能而进行成分设计，所以已经展现出独特的工业应用价值。

2. 激光熔覆设备

实验采用的激光熔覆系统由南京中科煜宸激光技术有限公司搭建，其主要包括光纤激光器、KUKA 六轴联动机器人，以及南京中科煜宸激光技术有限公司生产的激光头、送粉系统和送气系统，如图 3-2 所示。激光熔覆实验所用的加工平台如图 3-3 所示，由 KUKA 六轴联动机器人、激光加工头共同构成。激光加工头由固定装置连接在机器人的机械臂末端，其移动轨迹依靠机械臂控制系统编程完成。激光加工头上装备有四路分粉器和保护气送气装置，可以达到惰性气体保护下均匀送粉效果以提高熔覆层的成形质量。粉末到达加工头的四路分粉器由惰性气体瓶提供的气流带动，可以为激光熔覆的过程提供保护熔池和传输粉末的作用。

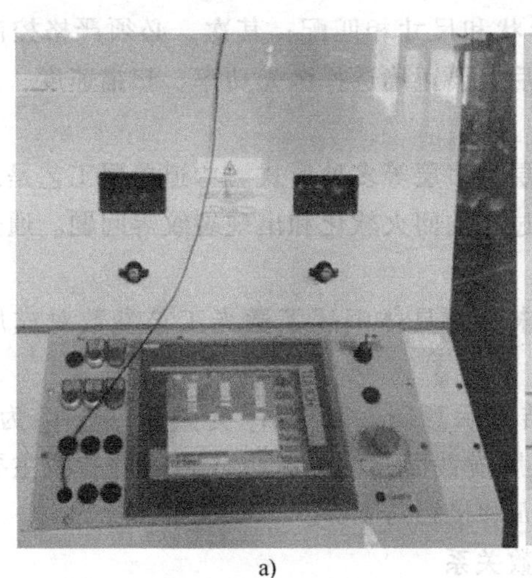

a)

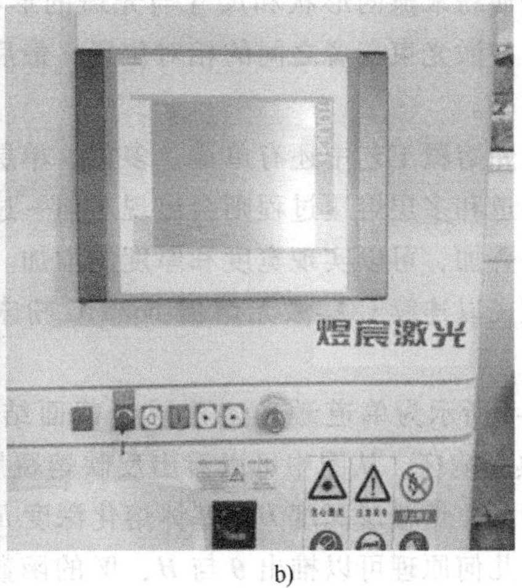

b)

图 3-2 激光熔覆系统

a）操作平台 b）光纤激光器

a)

b)

图 3-3 激光熔覆加工平台

a）机器人加工平台 b）激光加工头

3.2 工艺方法研究

激光熔覆过程中，为了获得成分与熔覆材料相近的高合金层，在选择激光功率和激光束对基材表面作用时间等工艺参数时，必须尽可能地限制基材的熔化，在基材表面生成包覆层。因为激光熔覆是一个复杂的物理、化学和冶金过程，也是一种对裂纹特别敏感的工艺过程，其裂纹现象和行为涉及激光熔覆的每一个因素，包括基材、合金粉末、预置方式、预涂厚度、送粉速率、激光功率、扫描速率和光斑尺寸等多种因素各自和相互影响。实践证明：合理选材及最佳工艺参数配合是保证熔覆层质量的重要因素。

在同步送粉激光熔覆过程中，为了保证熔覆质量，首先应该保证激光光斑内的功率分布均匀，且使粉末流的形状和尺寸与光斑的形状和尺寸相匹配；其次，必须严格控制粉末束流、基材与激光束三者之间的相对位置；最后，要正确选择激光功率、扫描速度、光斑面积和送粉速率。

在激光熔覆工艺中还有单道、多道、单层、多层等多种形式。单道单层工艺是最基本的工艺，多道和多层熔覆过程则会出现对前一过程的回火软化和出现裂纹等问题。通过多道搭接和多层叠加，可以实现宽度和厚度的增加。

王耀民以连续 CO_2 激光熔覆 Ni/TiC 粉末为例具体阐述了激光工艺参数对成形质量的影响。

图 3-4 所示为单道激光熔覆层横截面结构示意图，其中 A_1 为熔覆层，A_2 为稀释区，HAZ 为热影响区。从图中可以看出反映熔覆层横截面几何形状尺寸特征的参数主要包括熔覆层宽度 W、熔覆层高度 H、基体熔化深度 h 和接触角 θ 等。

利用几何原理可以推出 θ 与 H、W 的函数关系式为

$$\sin\theta=\left(\frac{H}{W}\right)\left[\left(\frac{H}{W}\right)^2+0.25\right] \tag{3-1}$$

因此，工艺参数对截面形状和尺寸特点的影响可以采用 W、H 和形状系数 η（$\eta=W/H$）三个形状参数随工艺参数的变化来描述。

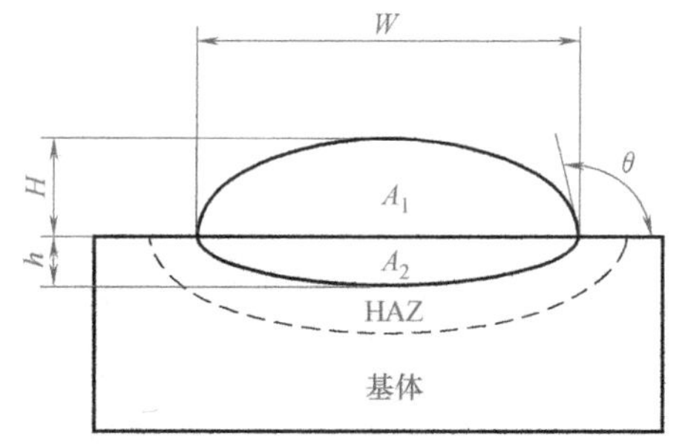

图 3-4 单道激光熔覆层横截面结构

3.2.1 单道单层成形质量

单道单层激光熔覆的好坏直接影响成形质量的优劣，因此开展激光功率 P、扫描速度 V、送粉速率 R_p 和载气量 R_g 对单道单层激光熔覆宏观尺寸影响的研究至关重要。

1. 激光功率

图 3-5a～d 所示为 $V=200$mm/min、$D=3.5\times3.5$mm^2（光斑大小）、$R_g=200$L/h 和 $R_p=5$g/min 时，不同激光功率下单道熔覆层的截面形貌。从图中可以看出在其他参数不变的条

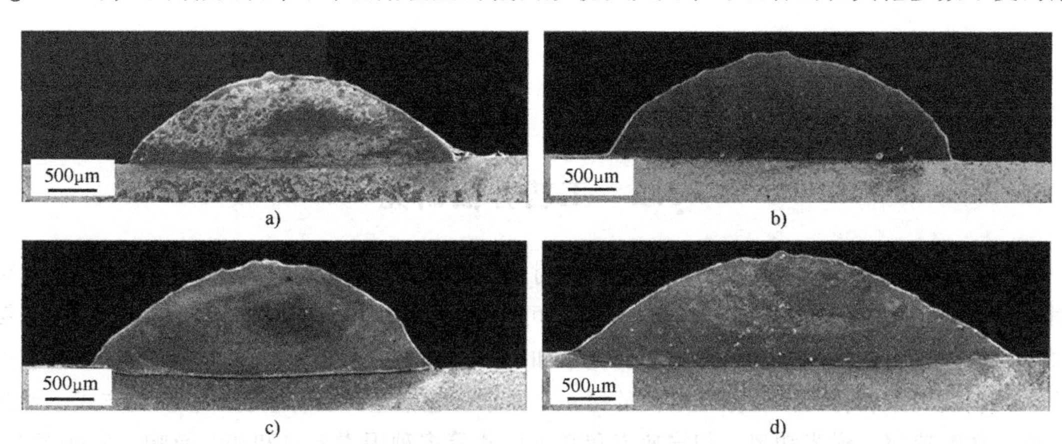

图 3-5 不同激光功率下单道熔覆层的截面形貌

a）1300W b）1600W c）1900W d）2200W

件下，随着功率的增加，熔覆层宽度明显增加。这是由于功率增加，能量输入增加，熔池宽化，熔体在基体表面的铺展面积增加造成的。当功率从 1300W 增加到 1900W 时，传入基体的能量继续增加，基体熔化量增加，熔池变宽，出现了 W 增大的趋势。熔池的变宽势必会提高粉末的有效利用率。粉末有效利用率的提高与熔池变宽对 H 的影响作用是相反的，此范围的功率，使粉末有效利用率提高因素优于熔池变宽因素对 H 的影响，故出现 H 增大的现象。η 减小，是由于熔覆层宽度增长幅度小于熔覆层高度的增长幅度（见图 3-5a~c）。这与邓琦林等研究的 Ni 基高温合金零件成形结果是一致的。

当功率在 1900~2200W 范围时，H 减小，这是由于此时的激光能量输入过大，使粉末烧损和飞溅现象变得十分严重，造成粉末有效利用率降低，虽然熔池在高激光能量作用下会继续增大，但有限的熔体在表面张力和重力的作用下不足以完全铺展到熔池的边缘。

2. 扫描速度

图 3-6a~d 所示为 $P=2200W$、$D=3.5\times3.5mm^2$、$R_g=200L/h$ 和 $R_p=5g/min$ 时，不同扫描速度下单道熔覆层的截面形貌。从图中可以看出在其他工艺参数不变的条件下，扫描速度增加，熔覆层高度降低。这是由于扫描速度的增加，粉末有效利用率降低和单位时间内输入基体激光能量降低造成的。熔覆层高度和宽度的减小是由于扫描速度的增加，单位时间内输入基体的激光能量减少，粉末有效利用率降低造成的。

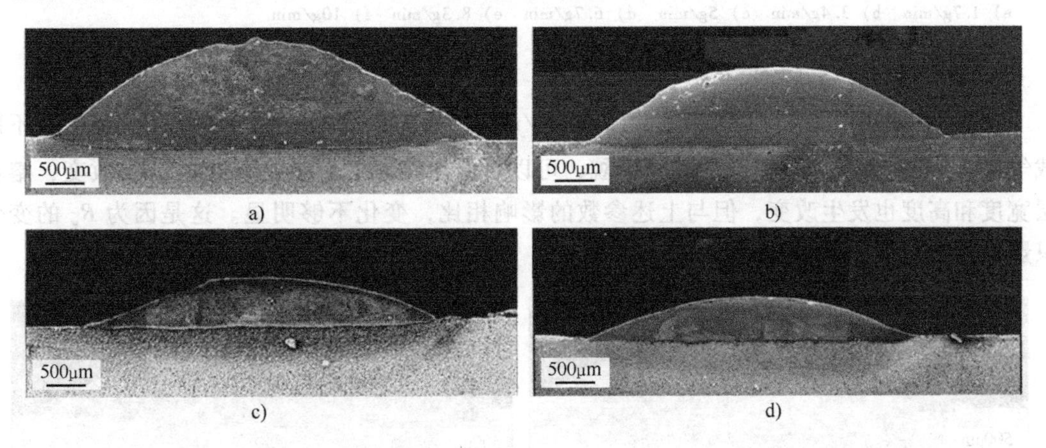

图 3-6　不同扫描速度下单道熔覆层的截面形貌

a）200mm/min　b）250mm/min　c）300mm/min　d）350mm/min

3. 送粉速率

图 3-7a~f 所示为 $P=2200W$、$V=200mm/min$、$D=3.5\times3.5mm^2$ 和 $R_g=200L/h$ 时，不同送粉速率 R_p 下单道激光熔覆层的截面形貌。从图 3-7a 中可以看到熔覆层的边缘有凹陷处，熔覆层宽度小于熔池宽度，这是由于在 R_p 过低时，更多的激光能量作用于基体，造成熔池过度变宽和变深，而进入熔池的粉末量却不足以完全填充，这与功率在 3100W 时对熔覆层宽度的影响机制是一致的。在 R_p 为 8.3g/min 和 10g/min 时，熔覆层截面形貌表现出一定的不规则性（见图 3-7e、f 左下角），这是由于 R_p 的增加，粉流汇聚点增大，输入基体的激光能量降低，熔池宽度相对减小，熔体与基体的润湿变差造成的。

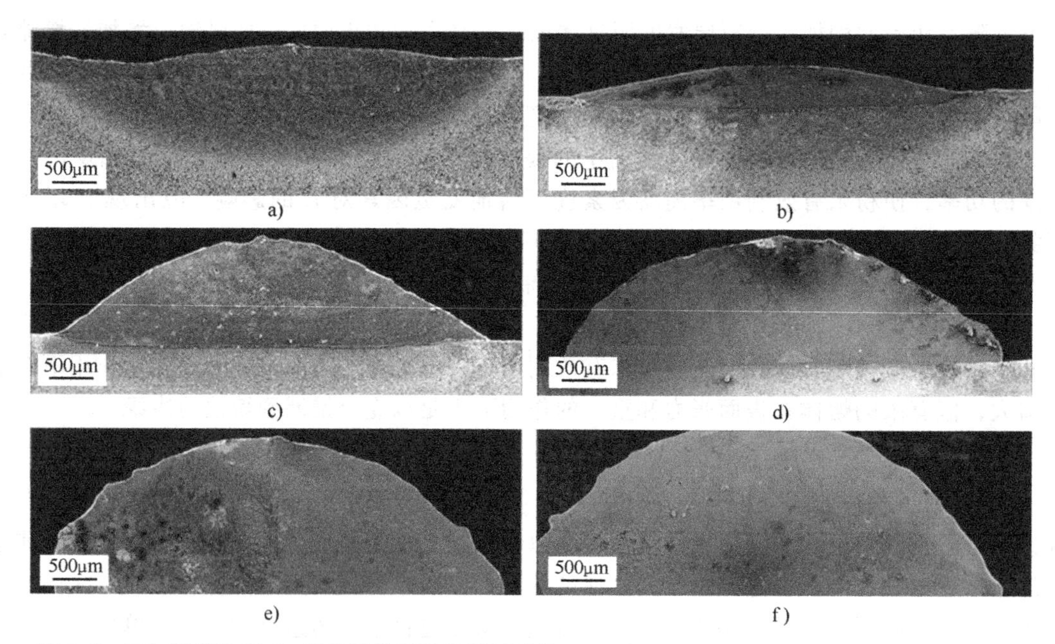

图 3-7 不同送粉速率 R_p 下单道熔覆层的截面形貌

a) 1.7g/min b) 3.4g/min c) 5g/min d) 6.7g/min e) 8.3g/min f) 10g/min

4. 载气量

图 3-8a～d 所示为 $P=2200\text{W}$、$V=200\text{mm/min}$、$D=3.5\times3.5\text{mm}^2$ 和 $R_p=5\text{g/min}$ 时，不同载气量 R_g 下单道激光熔覆层的截面形貌，可以看出在其他工艺参数不变时，R_g 改变，熔覆层宽度和高度也发生改变，但与上述参数的影响相比，变化不够明显。这是因为 R_g 的变化只影响送粉速度，而基本不影响 R_p。

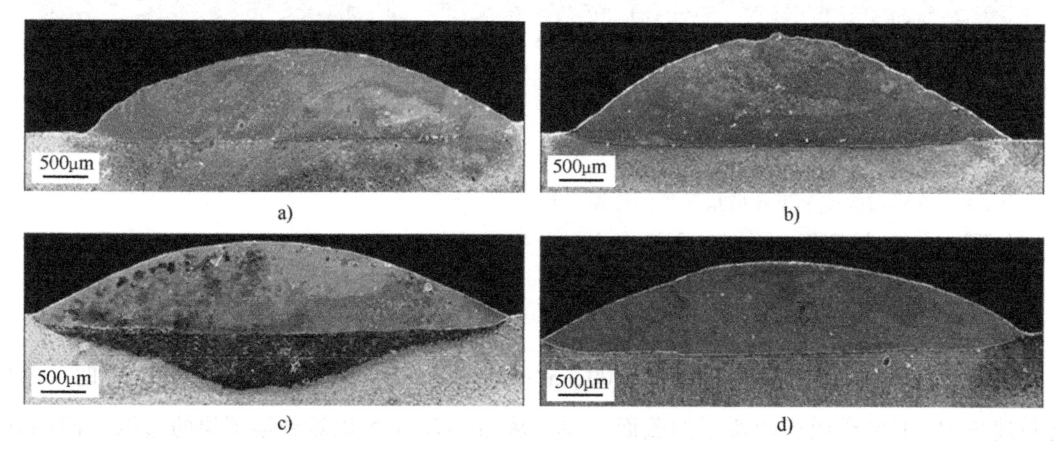

图 3-8 不同载气量 R_g 下单道激光熔覆层的截面形貌

a) 100L/h b) 200L/h c) 300L/h d) 400L/h

由上述实验可以看出，不同工艺参数下熔覆层横截面形貌尺寸参数虽呈现出差别，但均为凸起状，这种凸起状与激光熔池中熔体的对流运动有关。在激光熔覆过程中，其过程的驱动力主要来自金属熔池中的温度梯度和浓度梯度的综合作用。作用在金属熔池内流体单元上的力主要包括体积力和表面力，体积力主要由熔池内的温度差和浓度差所引起的浮力引发，而表面力则主要由熔池表面的温度差和浓度差所引起的表面张力引发。在激光熔覆过程中，假设激光束以匀速运动，选取激光束斑中心为坐标系的原点，熔池深度方向为 y 轴，激光束运动方向为 z 轴。在此给定系统中，表面张力 σ 受熔池表面温度变化及熔池浓度变化的影响，即

$$\sigma=\sigma_0+\frac{\partial\sigma}{\partial T}\Delta T+\frac{\partial\sigma}{\partial C}\Delta C \tag{3-2}$$

而

$$\Delta\sigma=\sigma-\sigma_0, r=\sqrt{x^2+z^2} \tag{3-3}$$

所以

$$\frac{\Delta\sigma}{\Delta r}=\frac{\partial\sigma}{\partial T}\cdot\frac{\mathrm{d}T}{\mathrm{d}r}+\frac{\partial\sigma}{\partial C}\cdot\frac{\mathrm{d}C}{\mathrm{d}r} \tag{3-4}$$

式中，σ_0 为材料在熔点处的表面张力（N）；r 为熔池半径（mm）；$\partial\sigma/\partial T$ 为表面张力温度系数；$\partial\sigma/\partial C$ 为表面张力浓度系数；ΔT 为温度差；ΔC 为浓度差。

由式（3-4）可知，当激光熔池表面存在温度梯度 $\mathrm{d}T/\mathrm{d}r$ 或溶质浓度梯度 $\mathrm{d}C/\mathrm{d}r$ 时，势必产生表面张力梯度 $\Delta\sigma/\Delta r$，由此引起熔体的对流驱动力 F_σ。F_σ 可用式（3-5）表示

$$F_\sigma=\left(\frac{\partial\sigma}{\partial T}\Delta T+\frac{\partial\sigma}{\partial C}\Delta C\right)\cdot\delta(y)\cdot H(d-r) \tag{3-5}$$

$$\delta(y)=\begin{cases}1, y=0\\0, y\neq 0\end{cases} \tag{3-6}$$

$$H(d-r)=\begin{cases}1, r\leqslant d/2\\0, r>d/2\end{cases} \tag{3-7}$$

式中，$\delta(y)$ 为狄拉克（Dirac）函数；$H(d-r)$ 为赫维赛德（Heaviside）函数；d 为熔池的直径。

式（3-6）和式（3-7）的狄拉克函数和赫维赛德函数表明：表面张力驱动力仅存在于熔池的表面，是一个表面力。在激光熔覆过程中，熔池表面中心区域的熔体温度最高，而离熔池中心越远，其表面温度越低。因此，在激光熔池的表面存在表面张力梯度。正是这种表面张力梯度构成了金属熔体流动的主要驱动力。

在重力场作用下，当激光熔池内存在温度差和浓度差时，将由浮力作用引起熔体流动。浮力所引起的驱动力 F_b 可由式（3-8）确定

$$F_b=-(\rho\cdot\beta_T\cdot\Delta T+\rho\cdot\beta_C\cdot\Delta C)\cdot g \tag{3-8}$$

式中，ρ 为熔体密度；g 为重力加速度；β_T 为与温度有关的热膨胀系数；β_C 为与浓度有关的热膨胀系数。

对于 β_T 和 β_C，有

$$\beta_T=-\frac{1}{\rho}\cdot\frac{\partial\rho}{\partial T} \tag{3-9}$$

$$\beta_C=-\frac{1}{\rho}\cdot\frac{\partial\rho}{\partial C} \tag{3-10}$$

F_b 为一种体积力，它存在于熔池的内部。由于在熔池的深度方向上存在上高下低的温

度分布特征，其密度的分布则是上小下大。显然这是一种热力学稳定状态，不可能引起自然对流。但在熔池的水平方向上存在温度梯度将导致熔池中心区域熔体向上运动，边缘区域熔体向下运动，这就构成了一种自然对流。自然对流运动使熔池下部区域的熔体向上部区域流动。由于体积力与熔池某一水平方向上的局部温差成正比，因而在熔池下部的水平温差相对较小的情况下，其流动状况较差；而在熔池的上部水平温差较大，则其流动较强烈。

综上所述，在激光作用下，激光熔池内熔体对流驱动力主要源于两种不同的机制：一种是表面张力梯度引起的强制对流机制；另一种是熔池水平温差梯度决定的浮力引起的自然对流。前者只作用于熔池的表层，而后者作用于熔池的内部。当不考虑润湿性对熔池表面的作用时，两种力作用产生的熔体流动路径的方向在宏观上基本一致。根据对称性，如果仅考虑熔池右半侧区域，则此时强制对流和自然对流在熔池的右侧耦合成一个宏观的沿顺时针方向流动的主循环对流回路，而在熔池左侧为逆时针方向流动，如图 3-9a 所示。这种对流运动的结果是熔池形状呈平面状。当考虑润湿性作用时，熔池表面张力将反向，熔体流动方向相异，如图 3-9b 所示，这种对流结果最终导致熔覆层形貌呈现凸起状。

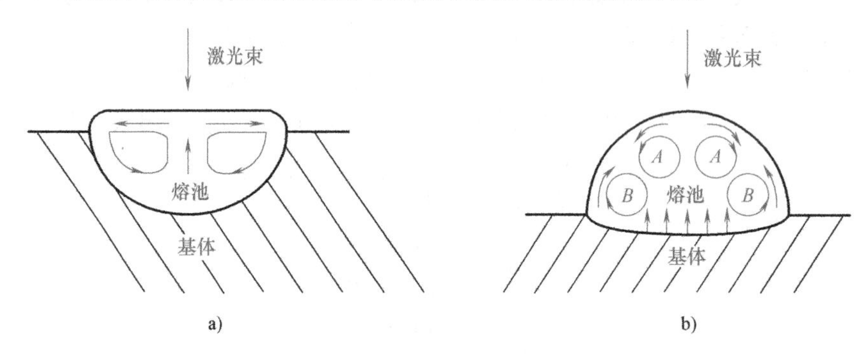

图 3-9 不同截面形貌的熔池内熔体的流动特征

a）平面 b）凸面

3.2.2 多道单层成形质量

多道单层激光熔覆是通过单道单层激光熔覆搭接而来的，它的工艺参数除了单道单层激光熔覆的工艺影响因素外，最为主要的工艺因素是各单道熔覆层间的搭接率 R_o。R_o 可以用图 3-10 所示的 D_o/W 表示，即 R_o 等于相邻熔覆道间的搭接宽度 D_o 与单道熔覆层宽度 W 之比。

R_o 为 DLF 技术的一个重要参数，其大小将直接影响成形表面的平整度，也是实现大面积激光熔覆及成形的关键工艺。图 3-11a～c 所示分别为 R_o 偏小、适中和偏大时对截面形貌影响的示意图。从图 3-11a 中可以看出 R_o 偏小相邻熔覆道之间会出现明显的凹陷区，但两个熔覆道高度是一致的。从图 3-11c 中可以看出 R_o 偏大会出现搭接区的凸出，且两熔覆道高度不同。如果在偏大和偏小的 R_o 下继续熔覆成形，则会将缺陷遗传造成缺陷的进一步增大，最终

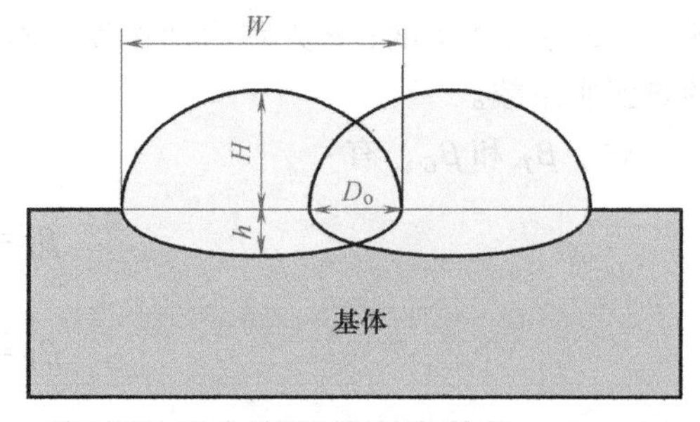

图 3-10 激光熔覆层搭接示意图

导致成形的失败。从图 3-11b 中可以看出当 R_o 选择合适时，会有较好的熔覆效果。

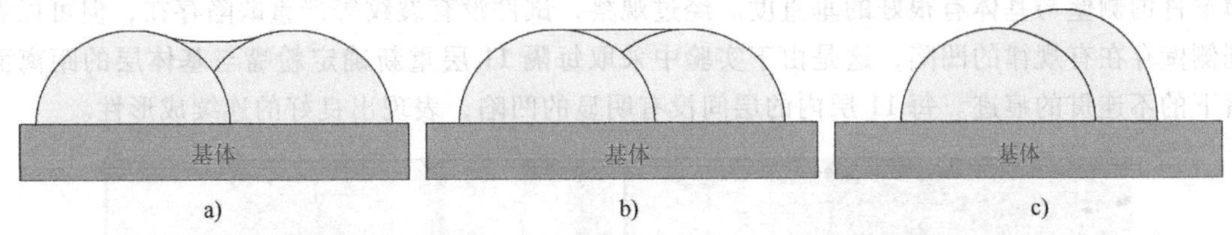

图 3-11 搭接率 R_o 对熔覆层截面形貌影响示意图

a) R_o 偏小 b) R_o 适中 c) R_o 偏大

图 3-12a～c 所示为 $P=2200$W，$V=200$mm/min，$D=3.5\times3.5$mm^2，$R_p=5$g/min 和 $R_g=200$L/h 时，R_o 分别为 10%、35%和 50%的熔覆层表面形貌。从图 3-12a 中可以看出当 R_o 为 10%时，两熔覆道间凹陷，根据图 3-11 可知这是由于 R_o 偏小造成的。从图 3-12b 中可以看到当 R_o 为 35%时，两熔覆道间较为平整，说明此时搭接区域的粉末可以较好地填充两熔覆道间隙，故此时的 R_o 是较好的。从图 3-12c 中可以看到后一道熔覆层明显高于前一道，这说明 R_o 偏大。

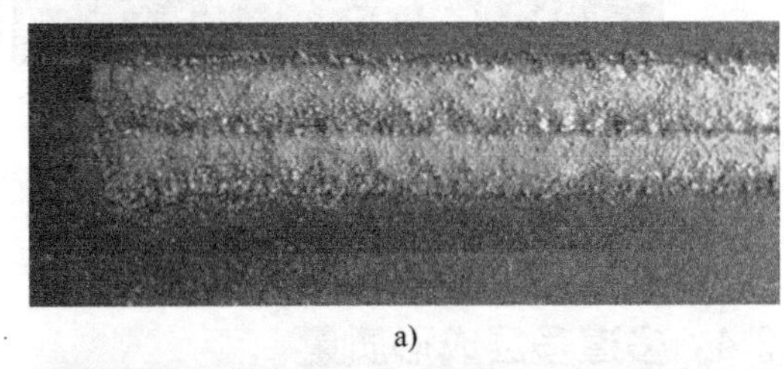

a)

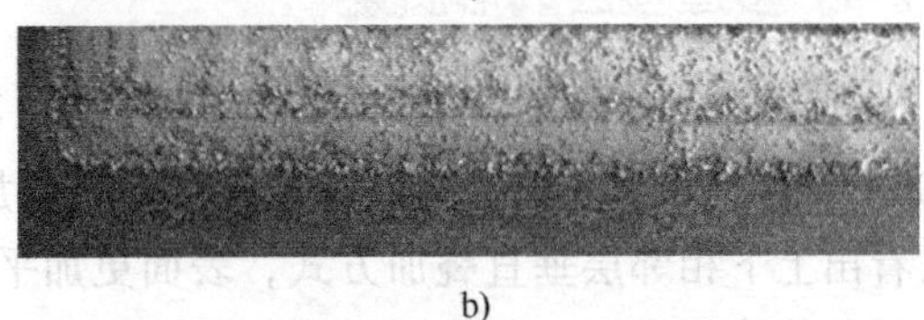

b)

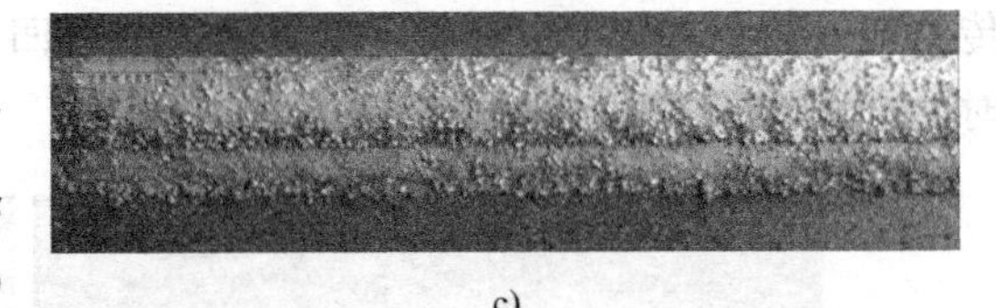

c)

图 3-12 不同搭接率的熔覆层表面形貌

a) 10% b) 35% c) 50%

3.2.3 单道多层成形质量

单道多层工艺是目前制备薄壁件的主要方法。单道多层工艺除了单道单层工艺影响因素外，还有 z 轴增量 Δz。选取良好的 Δz 可以保证薄壁件成形顺利实现。单道多层与单道单层的最大区别在于除第一层外，其余各层均是熔覆于圆弧表面，这也是单道多层激光熔覆的特点。

图 3-13a 所示为 $P=2200$W，$V=300$mm/min，$R_p=5$g/min 和 $R_g=200$L/h 时，不同 Δz 的 11 层梯形沉积结构表面形貌。从图 3-13b 中可以看到沉积材料高度呈梯度上升，最终实现 11 层成形。

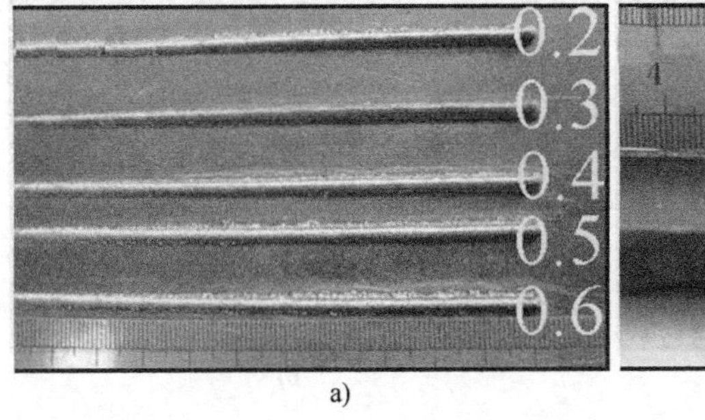

a)

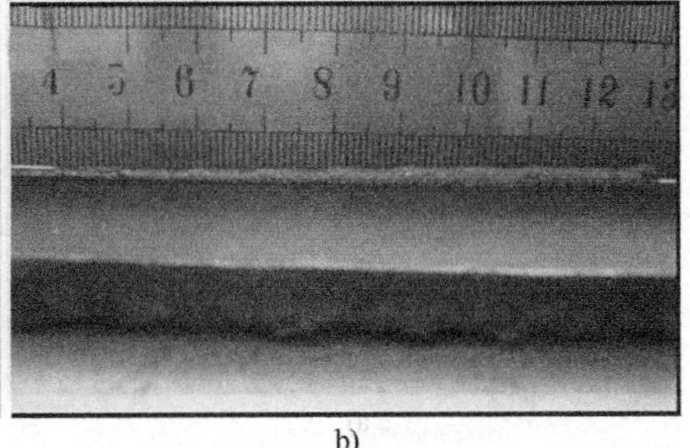

b)

图 3-13 单道多层结构表面形貌

a) 不同 Δz 熔覆层 b) 阶梯熔覆层宏观形貌

图 3-14 所示为选取 Δz 小于第一层高度条件下制备的 88 层薄壁材料。可以清晰地看到薄壁件的侧壁与基体有很好的垂直度。经过观察，试件没有裂纹等严重缺陷存在，但可以看到侧壁存在有规律的凹陷，这是由于实验中采取每隔 11 层重新确定粉嘴与基体层的距离而留下的不连贯的痕迹。每 11 层内的层间没有明显的凹陷，表现出良好的连续成形性。

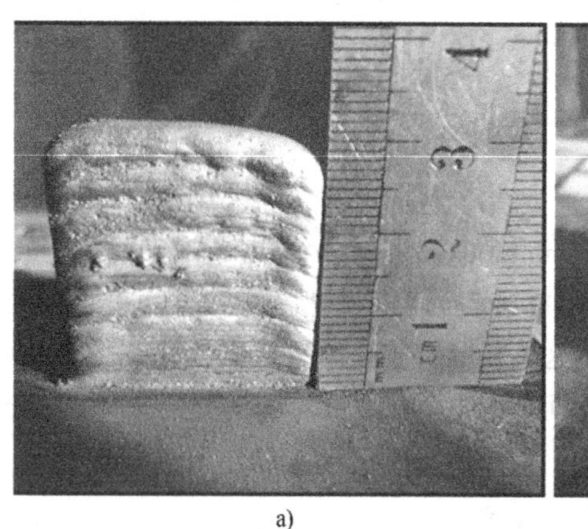

a)

b)

图 3-14　88 层薄壁材料

a）主视图　b）左视图

3.2.4　多道多层成形质量

图 3-15a、b 所示分别为 $P=2200\text{W}$、$V=300\text{mm/min}$、$\Delta z=0.3\text{mm}$、$R_p=5\text{g/min}$ 和 $R_g=200\text{L/h}$ 时，分别采取上下相邻熔覆层垂直叠加和平行叠加得到的成形块体的表面形貌。可以看出上下相邻层垂直叠加方式，表面更加平整一些，这是由于当扫描方向垂直时，搭接处的凹凸缺陷可在下一层熔覆时得到弥补而不会遗传；而扫描方向平行时，搭接处的缺陷会遗传给下一层，缺陷不断累积，最终表面变得凹凸不平，质量较差。因此，在制备成形块体时，应尽量选择垂直的叠加方式。

a)

b)

图 3-15　上下相邻熔覆层不同叠加方式的成形块体表面形貌

a）垂直叠加　b）平行叠加

3.3　微观结构及性能

激光熔覆作为一种有效的表面改性技术，它能使金属表面快速加热熔化并快速凝固，激光熔覆层的微观结构是决定材料使用寿命的关键因素。因此，研究熔覆层的凝固特征、组织形成规律至关重要。

3.3.1　铁基涂层

1. 微观结构

H13（统一数字代号为 T23353，牌号为 4Cr5MoSiV1）模具钢表面激光熔覆 Fe 基合金（Fe104），其横截面微观组织的光学显微镜图像如图 3-16 所示。从图 3-16a 的整体图像中可以看出，熔覆层的组织相对比较复杂，形态各异，整体上呈现出随着离基体距离的变化而表现出特定组织形态的特点。图 3-16b 所示为熔覆层结合区金相组织，可以看出从熔池内液体合金金属开始凝固时，首先因为截面的过冷度 G 很大，凝固速度 R 较慢，故而 G/R 的比值很大，所以晶体的形核速度大于生长速度，造成了此处液体以基体截面为形核核心，以平面晶的形态生长。随着液-固界面的变化，液相中的温度梯度降低，凝固速度增加，使得 G/R 值降低，从而出现了典型的柱状晶体，其一般沿着底面向上即冷却的方向生长。从图 3-16c 中可以看出，熔覆层中部的 G/R 值会继续降低，晶粒生长形态表现为大量的短小柱状枝晶

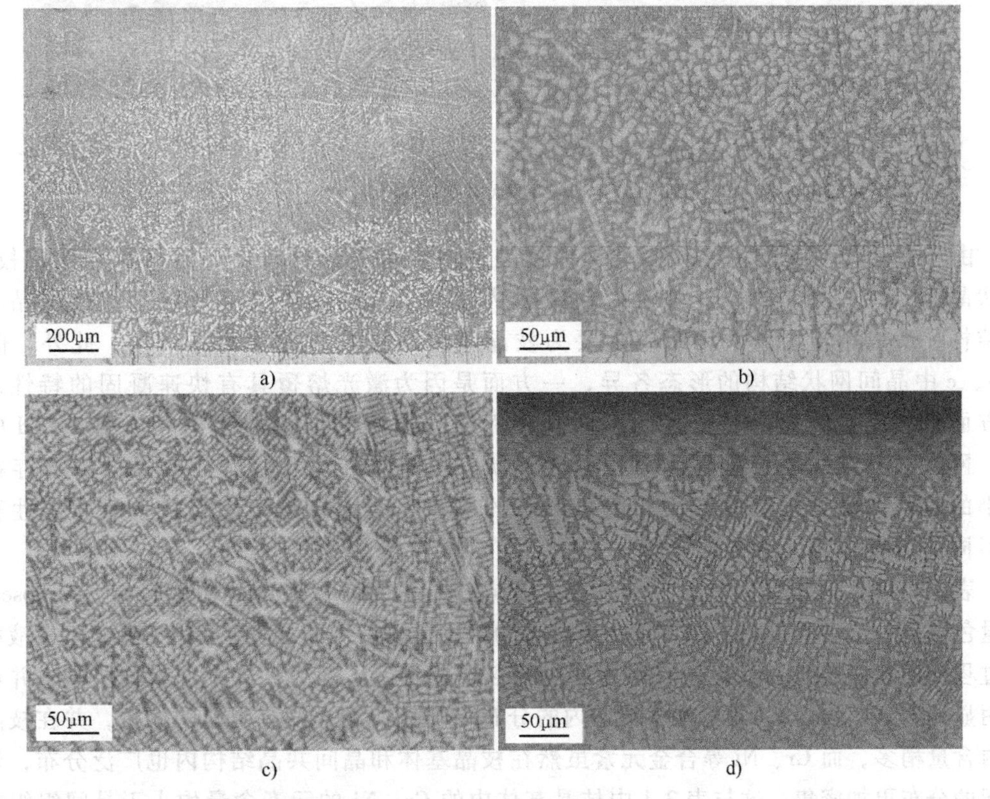

图 3-16　Fe104 熔覆层横截面微观组织的光学显微镜图

a）整体组织　b）结合区　c）中部区域　d）顶部区域

和胞状晶，获得了相对致密的显微组织。如图 3-16d 所示，熔覆层的上部除了部分沿着冷却方向的带状柱状晶外，更多的是组织细小的等轴晶和胞状晶，为熔覆层奠定了优异的力学性能。

图 3-17 所示为 Fe104 熔覆层横截面的 SEM 图像。

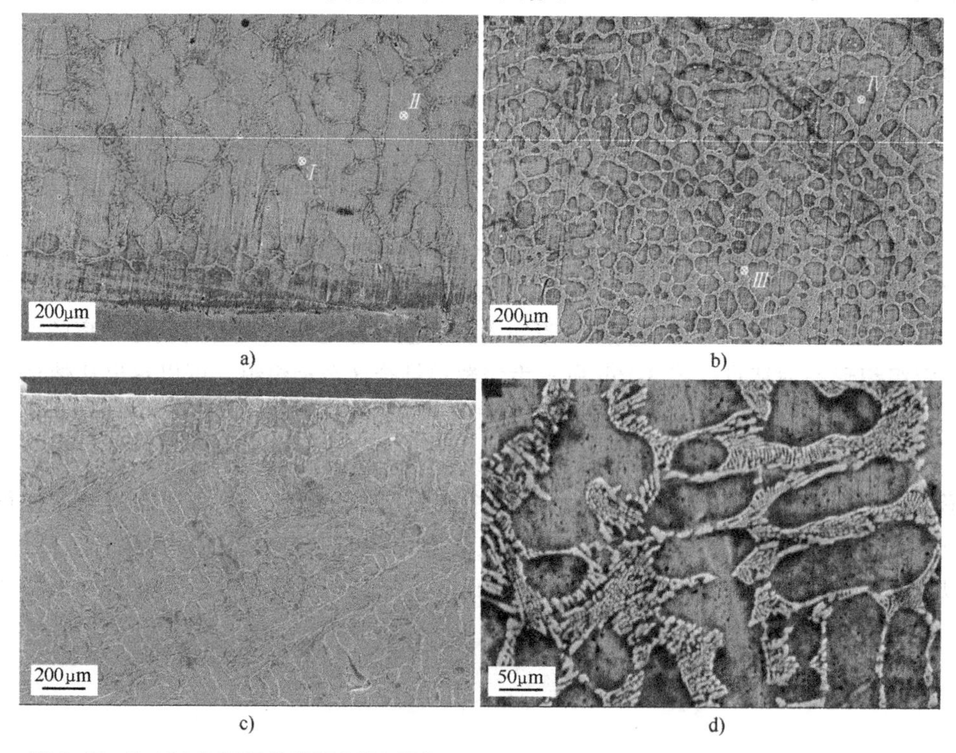

图 3-17　Fe104 熔覆层横截面 SEM 图像

a）结合处　b）中部　c）上部　d）中部区域放大图像

由于在激光熔覆的液相凝固过程中枝晶基体会首先形核析出，逐渐长大形成枝晶、柱状晶等，然后晶间的合金溶液冷却凝固从而发生共晶反应最终形成了密集的晶间网状结构，所以熔覆层内微观组织主要为枝晶基体和枝晶间网状共晶结构。此外，图 3-17b、c 中晶间网状结构的形态各异，一方面是因为激光熔覆具有快速凝固的特性，另一方面是枝晶会因为内部产生的不同物相而变现出不同形态的结构。从图 3-17d 中可知，网状共晶结构本身呈现出面积较大片状、长条状和块状，然而共晶的内部存在着微小的粒状、整齐排列的条状和较小形态的块状化合物，此类化合物一般为塑性和韧性不同的各种金属元素的碳化物。

表 3-1 列出了图 3-17 中 *Ⅰ*、*Ⅱ*、*Ⅲ*、*Ⅳ* 点进行的 EDS（Energy Dispersive Spectroscopy，能量色散谱）点分析结果。由于 Fe104 合金粉末中的 Si、B 等元素主要用于激光熔覆液相凝固过程中的造渣功能，因此 Si 在熔覆层内的含量较少，且 B 元素在中部熔覆层内也并没有被明显检测到。然而 Fe 元素在熔覆层内的分布均匀且广泛，没有明显的偏析，并在枝晶基体内含量稍多，而 Cr、Ni 等合金元素虽然在枝晶基体和晶间共晶结构内也广泛分布，但在晶间的分布更加密集。这与表 3-1 中枝晶基体内的 Cr、Ni 的元素含量均小于晶间组织的结果相符合。

表 3-1 Fe104 熔覆层横截面 EDS 点分析

点	质量分数(%)					
	Cr	C	Mo	Si	Ni	Fe
Ⅰ	20.55	9.06	1.67	1.60	1.45	65.67
Ⅱ	13.15	6.07	0.89	1.37	1.09	77.43
Ⅲ	19.14	2.91	1.97	0.68	3.10	72.2
Ⅳ	14.28	5.32	0.97	0.79	1.22	77.42

为了进一步探究 Fe104 熔覆层的微观组织，对其顶部区域的微观组织进行 TEM 观察。如图 3-18a 所示，Fe104 熔覆层内可以清晰地看到枝晶基体和黑色的合金碳化物。如图 3-18b、c 所示，熔覆层内的枝晶晶界清晰可见，碳化物的内部可以分辨出不同形态的合金元素的物相，晶粒的排列齐整，呈纤维状。

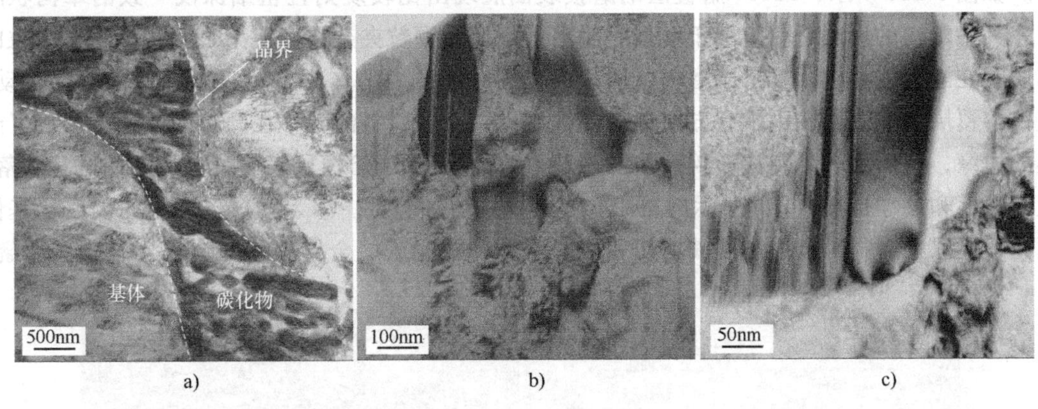

图 3-18 Fe104 熔覆层的 TEM 图像

a）枝晶基体和碳化物 b）图 3-18a 的放大图像 c）图 3-18b 的放大图像

2. 摩擦磨损性能

图 3-19 所示为 H13 模具钢基体和 Fe104 熔覆层随时间变化的摩擦系数曲线。由图可知，H13 模具钢基体和 Fe104 熔覆层在摩擦磨损实验时的平均摩擦系数分别为 0.351 和 0.329。H13 钢基体在磨损时只需经过 10min 就能趋于稳定，然而 Fe104 熔覆层在 40min 时平均摩擦系数才稳定在 0.340 左右。熔覆层中的硬质相会在磨损过程中出现脱落而降低对磨环与 Fe104 熔覆层之间的黏着，所以出现了 Fe104 熔覆层的摩擦系数曲线与 H13 模具钢的摩擦系数曲线全程无重叠且始终小于后者的现象，表明 Fe104 熔覆层的表面在相同时间内与对磨环产生的接触相对更少，从而减少表面的磨损，说明 Fe104 熔覆层耐磨性

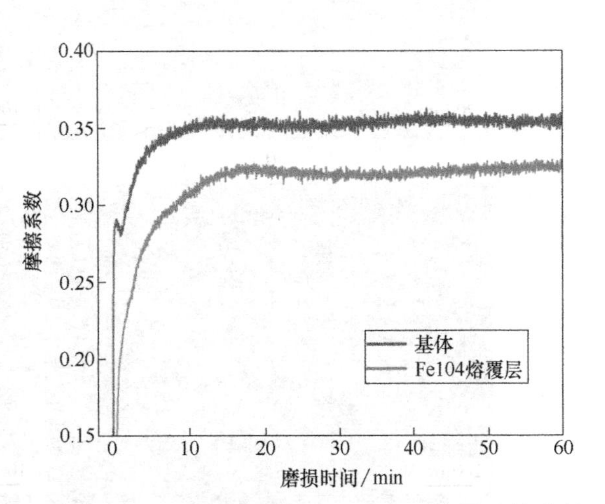

图 3-19 H13 模具钢基体和 Fe104 熔覆层的摩擦系数

能优于 H13 模具钢基体。

图 3-20 所示为 H13 模具钢基体和 Fe104 熔覆层在相同实验条件下表面磨损的形貌。如图 3-20a 所示，基体的表面形貌表现出较深较宽且剧烈的塑性变形，出现了鱼鳞状的撕裂形貌，同时伴随着如图 3-20b 所示的剥落坑和磨屑。导致这种现象的主要原因：首先是因为基体的硬度小于对磨环 GCr15 的硬度，随着磨损时表面温度的升高，表面材料进一步软化，使得接触点的金属相互黏着的程度加深。所以黏着处在纯剪切应力的作用下会进入黏着—剪切—再黏着—再剪切的循环，长此以往其表面的错位滑移和塑性变形变得比较严重。其次，磨损时基体表面在交变接触应力的作用下，分离出了碎片及碎粒，此时的应力大于材料的疲劳强度，从而导致了材料表面疲劳裂纹的萌生。疲劳裂纹快速扩展并与邻近的裂纹相互交汇会使得磨屑呈层片状的形式从磨损表面脱落，发生比较严重的剥落磨损，磨损表面形成了如图 3-20b 所示的剥落坑。因此基体的磨损机制主要为黏着磨损，并伴随一定程度的剥落磨损。如图 3-20c 所示，Fe104 熔覆层的磨损表面展现出比较规则且粗细深浅一致的犁沟状磨痕。其中犁沟的形成是因为由于磨损时脱落的硬质相颗粒夹杂在摩擦副之间，充当了磨粒的作用并在滑动剪切作用下挤压磨损金属表面，同时在压力的作用下对表层金属做剪切运动，使得熔覆层表面金属发生了有方向性的塑性流动，金属材料的转移在磨粒的路径上形成了凸起的边缘，从而出现了犁沟形貌。如图 3-20d 所示，Fe104 熔覆层表面只有局部的坑状剥落，且其深度和尺寸比图 3-20b 所示的更小，整体磨损更加轻微。因为熔覆层表面的硬度比基体更高，所以在磨损时金属表面被剪切和对磨环黏着拔起表层金属的情况会得到较大的缓解。

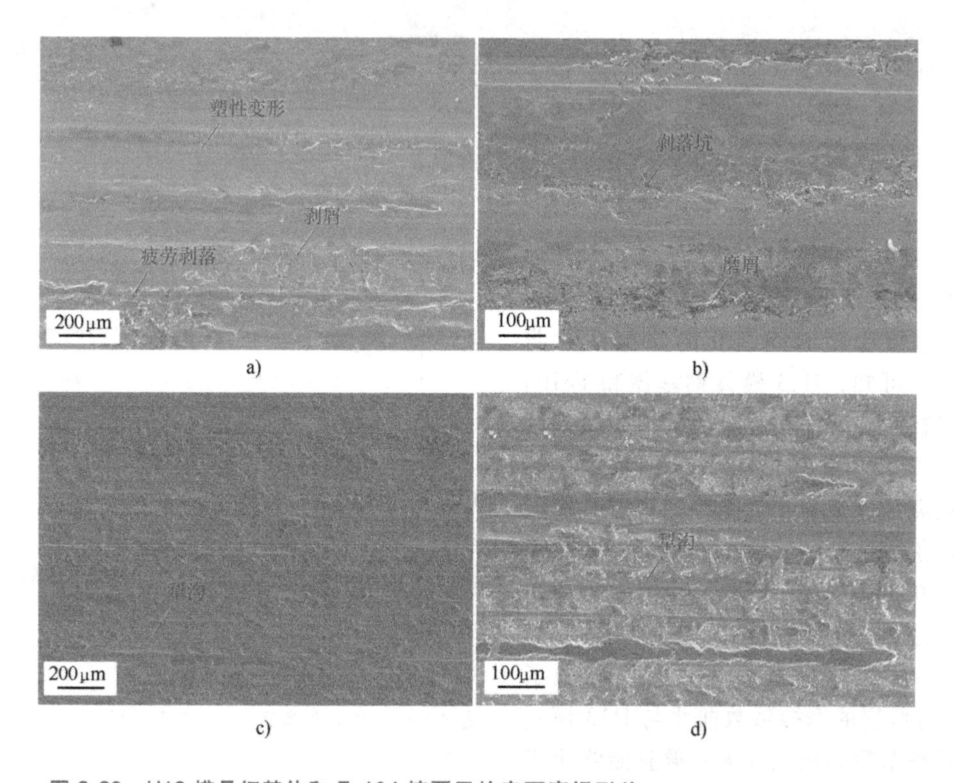

图 3-20 H13 模具钢基体和 Fe104 熔覆层的表面磨损形貌

a）基体（一） b）基体（二） c）Fe104 熔覆层（一） d）Fe104 熔覆层（二）

同时由于磨损过程中硬质相的脱落一定程度上也可以起到对摩擦副的润滑作用从而减轻磨损。当磨损到一定深度时，Fe104 熔覆层内的硬质相作为熔覆层内的第二相，也可以起到承受载荷和保护待磨损金属的作用，从而出现了如图 3-20c、d 所示较多的部分轻磨损表面。此时 Fe104 熔覆层表面的磨损机制主要是磨粒磨损，并伴随有一定程度的剥落磨损。

3.3.2 镍基涂层

1. 微观结构

Ni 基熔覆层（Ni25）的整体形貌如图 3-21a 所示，在 Ni25 熔覆层与基体的界面上可以观察到一个清晰的“白亮带”，表明结合处发生了良好的冶金结合。图 3-21a 中区域 *I* ~ *III* 对应的局部放大图如图 3-21b ~ d 所示。从图 3-21b 中可以看出，Ni25 熔覆层的近表面出现了大量的柱状枝晶，这些结构的平均尺寸为 12 ~ 18μm，相邻结构的间距约为 5 ~ 10μm。如图 3-21a 所示，这些柱状树突与胞状树突耦合排列在表层，深度约为 0. 2μm。在 Ni25 熔覆层的中间区域还发现了几个长针状柱状枝晶，长度在 200 ~ 300μm，这与典型的快速凝固特征一致。

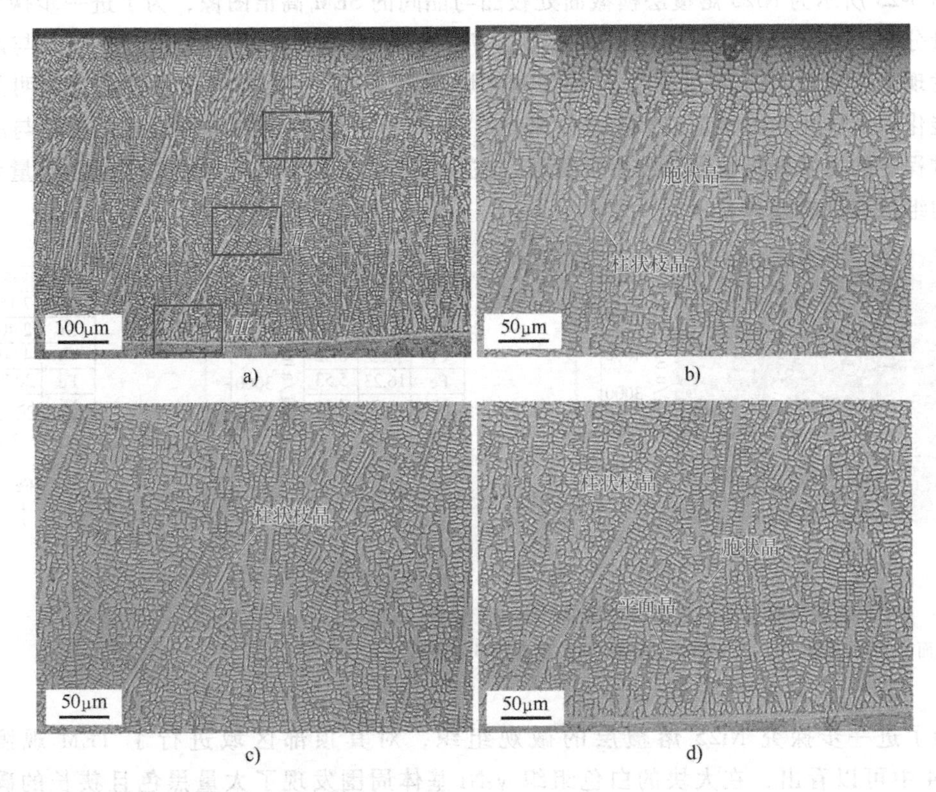

图 3-21 Ni25 熔覆层的金相组织

a）横截面全貌 b）图 3-21a 中区域 *I* 的放大图像 c）图 3-21a 中区域 *II* 的放大图像

d）图 3-21a 中区域 *III* 的放大图像

图 3-22 所示为 Ni25 熔覆层的截面 SEM 图像，顶部区域主要由胞状晶及柱状晶组成，而中部区域与顶部区域没有明显的区别。从图 3-22c 中可以观察到，枝晶结构和晶间结构共同

组成了 Ni25 熔覆层的微观组织结构。其中，较为平滑的枝晶结构作为基体，大多数碳化物及硅化物存在于晶间结构中，作为增强相来强化整体性能。

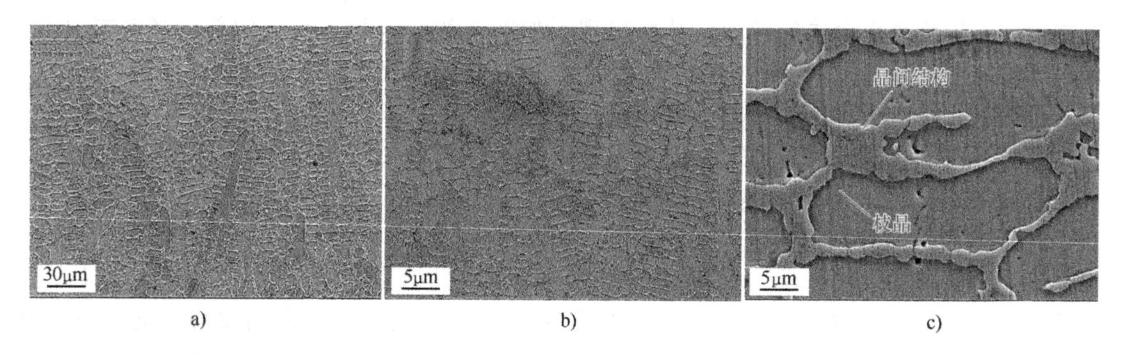

图 3-22 Ni25 熔覆层的截面 SEM 图像

a）上部 b）中部 c）中部区域放大图像

图 3-23 所示为 Ni25 熔覆层横截面处枝晶与晶间的 SEM 高倍图像，为了进一步探究其元素含量分布，对其不同区域进行了 EDS 点分析。从图 3-23b、c 可以看出，在枝晶与晶间区域都发现了含量较高的 Ni 元素，而在晶间区域 Si 元素及 Fe 元素的含量较高，说明晶间区域的碳化物及硅化物的含量较多。总体来说，由于 Ni 元素的导热系数较高，枝晶与晶间在凝固过程中的元素偏析情况并没有很明显，这也缩小了枝晶与晶间区域由于元素含量差异而造成的组织和性能差异。

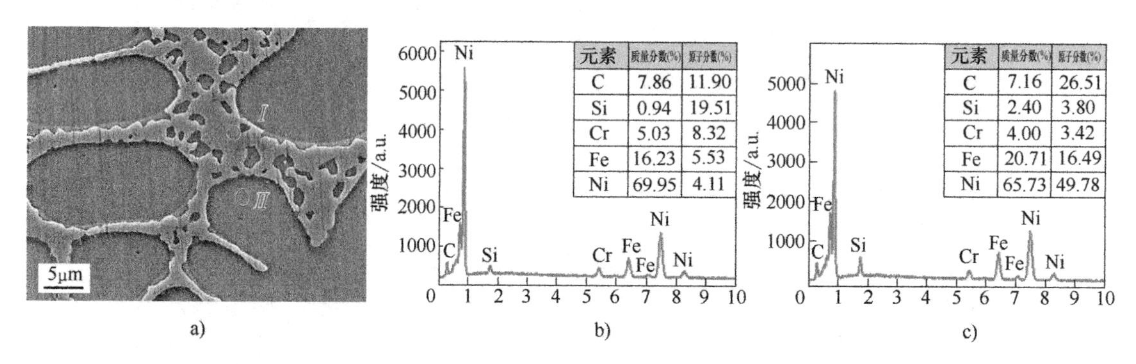

元素	质量分数(%)	原子分数(%)
C	7.86	11.90
Si	0.94	19.51
Cr	5.03	8.32
Fe	16.23	5.53
Ni	69.95	4.11

元素	质量分数(%)	原子分数(%)
C	7.16	26.51
Si	2.40	3.80
Cr	4.00	3.42
Fe	20.71	16.49
Ni	65.73	49.78

图 3-23 Ni25 熔覆层横截面处枝晶与晶间的 EDS 点分析

a）横截面的 SEM 图像 b）点 *I* EDS 点分析 c）点 *Ⅱ* EDS 点分析

为了进一步探究 Ni25 熔覆层的微观组织，对其顶部区域进行了 TEM 观测。从图 3-24 中可以看出，在大块的白色组织 γ-Ni 基体周围发现了大量黑色且狭长的碳化物结构。

2. 摩擦磨损性能

图 3-25 所示为 H13 模具钢基体和 Ni25 熔覆层随时间变化的摩擦系数曲线。由图 3-25 可知，H13 模具钢基体和 Ni25 熔覆层在摩擦磨损实验时的平均摩擦系数分别为 0.351 和 0.325。由于 Ni25 熔覆层的微观组织主要由奥氏体组成，在摩擦磨损的过程中会提供一定程度的润滑作用，来减少磨环对熔覆层表面的破坏程度。

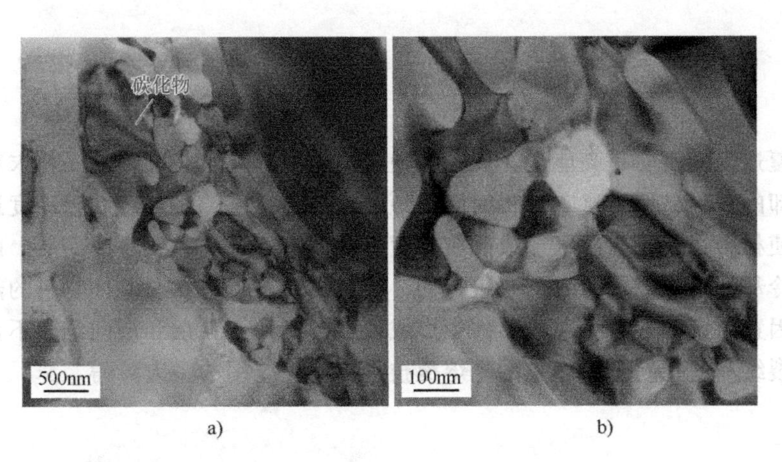

a)　　b)

图 3-24 Ni25 熔覆层的 TEM 图像

a）枝晶基体和碳化物　b）图 3-24a 的放大图像

H13 模具钢基体和 Ni25 熔覆层表面磨损形貌如图 3-26 所示。在磨损过程中，从图 3-26a 中可以观察到明显的塑性变形和大量的疲劳剥落，显示出严重的黏结磨损和撕裂。而 Ni25 熔覆层磨损表面仍以大规模的剥落和分层为主，如图 3-26b 所示。由于 Ni25 熔覆层中含有大量的 Ni 元素，导致最终形成以奥氏体为主的组织结构，较低的硬度及强度在摩擦磨损的过程中抵抗磨环的压应力时会发生黏结和变形，最终导致了大面积的疲劳剥落。

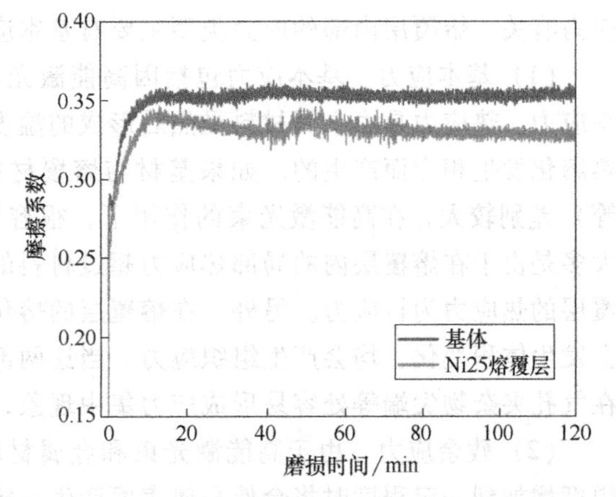

图 3-25 H13 模具钢基体与 Ni25 熔覆层的摩擦系数

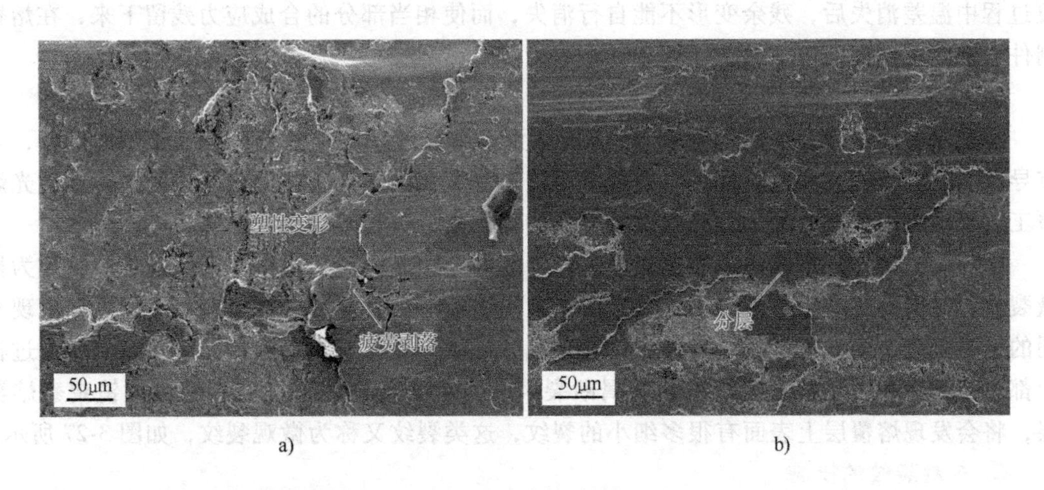

a)　　b)

图 3-26 H13 模具钢基体和 Ni25 熔覆层的表面磨损形貌

a）H13 模具钢基体　b）Ni25 熔覆层

3.4 冶金缺陷

激光熔覆过程的实质是高能激光束辐照使金属粉末和基材相互作用，粉末和基材快速熔化、快速冷却的过程，因为这一过程时间很短，远离平衡态，过热度和过冷度远大于常规热处理，可以使材料在激光辐照区形成晶粒高度细化的组织结构和较小的变形。由于材料的熔化、凝固和冷却都是在极短的时间内进行的，因此，受熔覆材料与基体材料的热物性差异及成形工艺等因素的影响，容易在成形件中形成裂纹、气孔、夹杂和层间结合不良等缺陷。目前熔覆层的裂纹和气孔问题仍然是激光熔覆技术工业化应用的一大障碍。

3.4.1 裂纹

1. 产生原因

激光熔覆层裂纹产生的原因有很多，但主要还是与激光熔覆处理后材料内部存在较大的应力有关。熔覆层内部的应力类型主要有基本应力和残余应力两种。

（1）基本应力　基本应力包括因高能激光束对金属材料的热作用而产生的热应力和组织应力。热应力是由金属材料受热后形成的温度梯度产生的，而组织应力是由于金属材料受热熔化发生相变而产生的。如果基材与熔覆材料两者的热物理参数（如膨胀系数、热导率等）差别较大，在高能激光束的作用下，很容易导致热应力的产生。激光熔覆层中的裂纹大多是由于在熔覆层内的局部热应力超过材料的屈服强度极限产生的。通常情况下，激光熔覆层的热应力为拉应力。另外，在熔覆层的熔化和凝固过程中，交界面处基材的固态相变等会发生体积变化，均会产生组织应力。当这两部分应力综合作用结果表现为拉应力状态时，在气孔夹杂物尖端等处容易形成应力集中现象，从而导致裂纹的产生。

（2）残余应力　由于高能激光束和金属材料相互作用时存在力作用，当力作用的应力幅度增加到一定程度时将会使金属表面产生一定的塑性变形；另外，若热应力和组织应力的叠加产生的瞬时应力值超过金属材料当时的屈服强度，也会在作用区城产生塑性变形。当熔覆过程中温差消失后，残余变形不能自行消失，而使相当部分的合成应力残留下来，在熔覆制件内部构成平衡的应力系统，即为残余应力。

2. 裂纹形貌

苏联著名热处理裂纹问题专家 Ma 等人认为，只有在最大拉应力存在或作用的部位，才有导致裂纹的可能性和危险性，目前这一说法得到了我国热处理界的广泛认同。对于激光熔覆工艺来说，熔覆层的最大拉应力及其存在的部位是分析熔覆层裂纹的出发点。

因为熔池很小，形成的裂纹也很小，需要借助金相显微镜来观察，因此这类裂纹称为显微裂纹。显微裂纹产生并沿晶界扩展，由于激光熔覆层温度梯度分布复杂，不同区域出现不同的结晶方向，因此显微裂纹的分布比较杂乱，无规律可循。大多数情况下在激光熔覆过程中都可听到显微裂纹形成的清脆的金属断裂声，当激光熔覆结束之后借助显微镜观察熔覆层，将会发现熔覆层上表面有很多细小的裂纹，这类裂纹又称为微观裂纹，如图 3-27 所示。

3. 控制裂纹的措施

（1）根据材料特性控制裂纹的产生

1）熔覆层与基材热膨胀系数及热容匹配原则。激光熔覆层产生裂纹的一个重要原因是

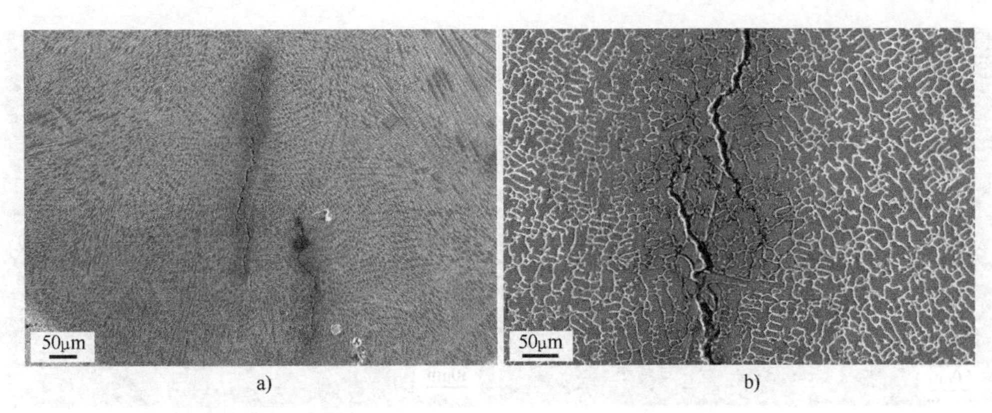

图 3-27　激光熔覆层的裂纹形貌

a）微观裂纹　b）图 3-27a 的放大图像

熔覆合金和基材热膨胀系数的差异，因此减小熔覆层和基体材料热膨胀系数的差异有助于控制裂纹的产生。此外，如果基体材料热容较大，则熔覆过程中储存的热量就多，使得温度梯度大，容易形成宏观裂纹。

2）在基体上添加涂层以提高基体对熔覆层的润湿性。在基体与熔覆层中间添加的过渡层要与基体热物理参数匹配较好且抗裂性强，从而降低熔覆层与基体交界面裂纹产生的概率，并能提高熔覆层和基体的结合强度。由于熔覆层材料与基体材料的不同，熔覆层与基体的交界面是宏观裂纹形成的源头，在基体上添加涂层，会提高熔覆层材料和基体的润湿性，防止在加热或冷却过程中交界面处液-液或液-固面之间产生气孔（气孔缺陷是容易形成应力集中的点）。因此，通过添加涂层的方法，能够降低裂纹率。

3）在熔覆材料中添加合金元素以提高熔覆层组织强韧性。在熔覆层中添加一种或几种合金元素，在满足其性能要求的基础上增加韧性相，提高熔覆组织的强度，是控制裂纹产生及扩展的一种有效方法。刘其斌等人采取激光熔覆方法修复航空发动机叶片铸造缺陷时发现：当添加质量分数为 1.5%的 Y_2O_3 时，可在铸造 Ni 基高温合金叶片上获得无裂纹的修复涂层；当 Y_2O_3 质量分数高于或低于 1.5%时，熔覆层内部或熔覆层表面将产生裂纹。另外，在熔覆层组织中加入适量的稀土元素及其氧化物也可以优化组织，提高性能。

（2）利用熔覆层应力的作用特点改进熔覆工艺　熔覆层裂纹是热应力和组织应力共同作用的结果，但是两者引起的是性质不同的应力场，即拉应力场和压应力场。拉应力场与压应力场的存在位置相同，作用方向却相反，即分别作用于熔覆层中心处和表面的最大拉应力因受到相反应力的抵消作用而降低甚至完全消失，并因此决定了合成基本应力控制裂纹的特性。所以，在制订熔覆工艺时，若能正确利用基本应力在合成时产生的降低拉应力的特性，即可达到控制开裂的目的。

3.4.2　气孔

气孔也是激光熔覆层经常出现的缺陷，如图 3-28 所示。

1. 气孔产生原因

液态金属中存在过饱和的气体是形成气孔的重要物质条件。如果涂层粉末在激光熔覆之前氧化受潮，或有的元素在高温下发生氧化反应，那么在熔覆过程中就会产生气体。由于激

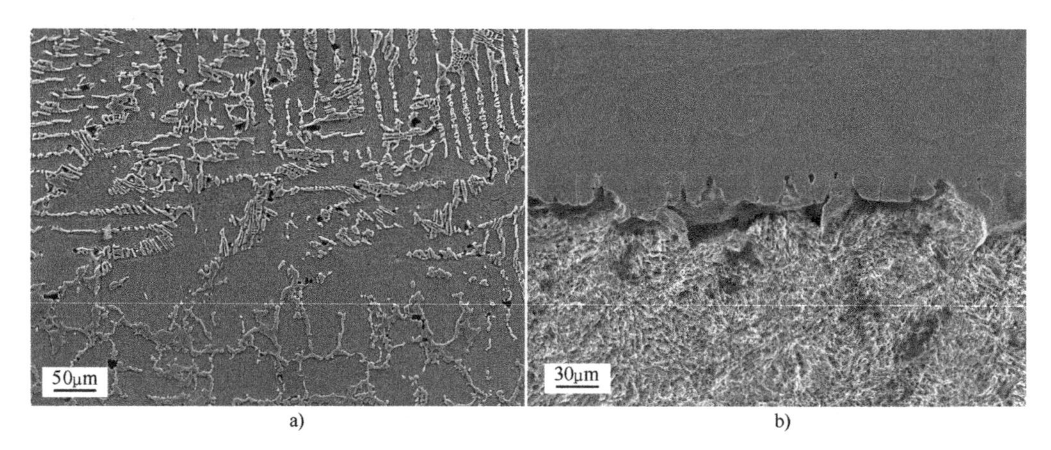

图 3-28　激光熔覆层中的气孔图像
a）熔覆层中部区域　b）熔覆层底部区域

光处理是一个快速熔化和凝固过程，熔池中产生的气体如果来不及排出，就会在涂层中形成气孔。另外，气孔也有可能因涂层的凝固收缩而产生，常隐含于激光扫描带搭接处的根部。

2. 消除或避免气孔产生的措施

虽然气孔难以完全避免，但可以采取一些措施加以控制。常用的方法包括：严格防止合金粉末储运中的氧化，在使用前烘干去湿，激光熔覆时要采取防氧化的保护措施（如在涂层粉末中加入防氧化物质及选择不易氧化的金属粉末与陶瓷粉末配制涂层材料），以及根据实验选择合理的激光熔覆工艺参数等。研究表明，激光熔覆的涂层在大气中存在许多微孔洞，而这类缺陷在真空中则明显减少。一般是由于熔液中的碳和氧反应或者金属氧化物被碳还原形成反应气孔，有时也存在固体物质的挥发和湿气蒸发等非反应性的气孔。气孔的存在容易导致裂纹的产生并扩展，因此控制熔覆层内的气孔是防止熔覆层裂纹的重要措施之一。

一般从以下两个方面考虑控制气孔的产生。

1）采取防范措施限制气体来源，如采用惰性气体保护熔池等。

2）调整工艺参数，减缓熔池冷却结晶速度从而有利于气体的逸出。

3.5 典型案例

常见的 H13 模具钢挤压凸模和凹模，在汽车零部件的热锻及冷锻中都有广泛的应用。模具表面在一定周期的服役后会出现不同程度的磨损，如图 3-29a 所示，通过激光熔覆在其受损表面熔覆了 Fe104 涂层，其侧面及端面分别如图 3-29b 和 c 所示。

采用 YQZ34-400 挤压成型设备，在 850℃ 温度、380MPa 压强下进行热疲劳实验，如图 3-30 所示，每 1000 次热疲劳循环记录一次裂纹密度。在模具的工作过程中，热和压力主要集中在模具的端面。对于崭新的模具，1000 次热疲劳循环时裂纹密度约为 2.7%，5000 次热疲劳循环后裂纹密度约为 7.1%。而对于修复后的 Fe104 熔覆层，在经过 1000 次循环后，裂纹密度为 1.8%。随着循环次数的增加，在 5000 次循环时分别增加到 5%，如图 3-30 所示。在循环次数为 5000 次之后，H13 模具钢与 Fe104 熔覆层端面图像如图 3-31 所示，Fe104 熔覆层的裂纹密度明显低于模具钢的裂纹密度，表现出更好的热疲劳寿命。

图 3-29 模具钢修复前后的实物图

a）修复前的受损模具 b）激光熔覆后模具的侧面 c）激光熔覆后模具的端面

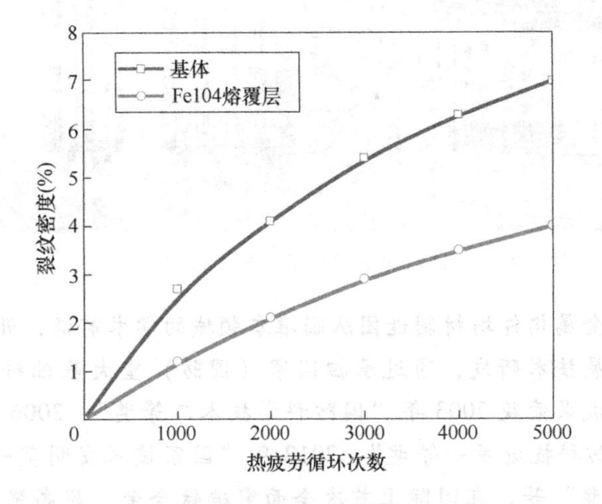

图 3-30 表面裂纹密度与热疲劳循环次数的关系

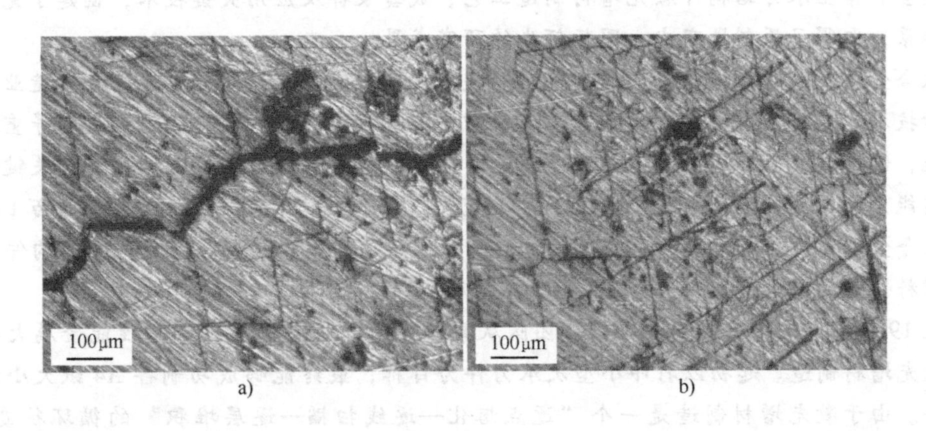

图 3-31 在 5000 次挤压时冲头端面裂纹

a）H13 模具钢 b）Fe104 熔覆层

【扩展阅读】

大型金属构件增材制造团队——北京航空航天大学王华明院士团队

大型金属构件增材制造团队（大型金属构件增材制造国家工程实验室见图3-32）致力于钛合金、合金钢、高温合金、高强铝和难熔高活性金属等大型复杂关键构件的增材制造工艺开发、工程成套装备研发、专用高性能材料设计制备、技术标准及产业化应用关键技术研究。团队多年致力于跨越式提升我国大型客机、大型运输机、高推重比/大涵道比航空发动机、重型燃气轮机、百万千瓦大型核电机组和百万千瓦超临界汽轮发电机组等航空、航天、电力、石化、冶金、船舶、兵器和海洋工程等重大装备制造能力、核心竞争力和自主创新能力，目前已能够为国家重大战略任务、重点工程提供高性能材料与先进制造提供技术支持。

图3-32　大型金属构件增材制造国家工程实验室

王华明院士大型金属构件增材制造团队瞄准本领域的学术前沿，开展关键基础研究，围绕国家重大需求，开展技术研发，通过承担国家（国防）重大基础科研项目，形成特色鲜明的研究方向。研究成果荣获2003年“国防科学技术二等奖”、2006年“国防科学技术一等奖”、2009年“国防科技进步一等奖”、2012年“国家技术发明奖一等奖”及2015年教育部“自然科学一等奖”等。在国际上首次全面突破钛合金、超高强度钢等高性能难加工金属大型整体主承力结构件激光增材制造工艺、成套装备及应用关键技术，创建了完整技术标准体系，取得了原创性突出、国际领先的研究成果。

钛合金等高性能大型关键金属构件制造技术，是航空航天等高端重大装备制造业的基础和核心技术。采用传统铸锻技术制造，不仅需要配套齐全的材料冶金和铸锻成形等重工业基础设施，制造周期长、成本高，而且受铸锭冶金和锻造成形的原理性制约，大型关键金属构件制造能力和材料性能水平几乎逼近了“天花板”。例如采用当今世界最大的8万t锻造机锻造钛合金零件，其最大尺寸也不超过5m^2。如何突破高性能复杂合金大型关键构件几何尺寸和材料性能的“天花板”，是公认的世界性难题。

从1998年以来，王华明院士带领团队从事钛合金、超高强度钢等高性能金属大型关键构件激光增材制造。起初以打印小型次承力件为目标，最终能够成功制备A4纸大小的次承力构件。由于激光增材制造是一个“逐点熔化—逐线扫描—逐层堆积”的循环往复过程，该过程的非平衡物理冶金和热物理变化十分复杂，同时发生着“激光/金属（粉末、固体基材、熔池液体金属等）交互作用”、移动熔池的“激光超常冶金”、移动熔池在超高温度梯度和强约束条件下的“快速凝固”及逐层堆积三维构件“内部质量演化”、复杂约束长期循环条件下“热应力演化”。在国际上，热应力控制、变形开裂预防、构件内部质量和力学性能控制及大型工程化装备是国际公认制约增材制造技术发展的四大瓶颈问题。但为了满足国家重大装备的研发需求，在该领域抢夺国际领先地位，团队面对这样的世界级挑战并未退缩，最终实现了主承力构件激光增材制造技术的突破。同时建立了成套系列装备和国内首套大型关键金属构件激光增材制造标准规范体系，推广了增材制造在重大装备制造业领域的成果应用和转化（见图 3-33）。

图 3-33　激光增材制造飞机机身整体加强框

作为团队带头人，王华明院士说：选择研究方向，既要“先进”，要瞄准和洞悉世界科技发展方向；更要“有用”，要服务国家重大需求，做出实际贡献。20 多年来，王华明院士多次承担国家重大项目和攻关任务，每一次攻关的成果都应用于国家重大装备的研制生产，现实的紧迫需求让团队一次次实现技术突破，走出了一条产学研结合的自主创新之路。“我们的自主创新道路，最大优势就是我国社会主义制度能够集中力量办大事。这是我们成就事业的重要法宝。”王华明院士深有感触。

如今，高性能大型关键金属构件激光增材制造技术成果在我国重大装备上的工程应用已呈遍地开花之势。王华明团队在不断创新突破的路上已经走了很远，但他对团队的要求一直没变：“永远瞄准国家重大需求和科技发展方向，产学研紧密结合，做出实实在在的有用成果。”

【参考文献】

[1] LI Y, DONG S, YAN S, et al. Elimination of voids by laser remelting during laser cladding Ni based alloy on gray cast iron [J]. Optics & Laser Technology, 2019, 112: 30-38.

[2] F. AriasGonzález, J. Del Val, R. Comesaña, et al. Fiber laser cladding of nickel-based alloy on cast iron [J]. Applied Surface Science, 2016, 374 (Jun. 30): 197-205.

[3] WEI Y, PATHIRAJ B, DAVID M, et al. Cladding of tribaloy T400 on steel substrates using a high power Nd: YAG laser [J]. Surface&Coatings Technology, 2018, 350: 323-333.

[4] BAREKAT M, RAZAVI R S, GHASEMI A. Nd: YAG laser cladding of Co-Cr-Mo alloy on γ-TiAl substrate [J]. Optics & Laser Technology, 2016, 80: 145-152.

[5] JIN G, GAI Z, GUAN Y, et al. High temperature wear performance of laser-cladded FeNiCoAlCu high-en-

tropy alloy coating [J]. Applied Surface Science, 2018, 445: 113-122.

[6] 李林起，姚成武，黄坚，等. 激光熔覆高硬度铁基涂层枝晶间残余奥氏体相特征 [J]. 中国激光，2017，44 (3)：130-136.

[7] WANG S L, ZHANG Z Y, GONG Y B, et al. Microstructures and corrosion resistance of Fe-based amorphous/nanocrystalline coating fabricated by laser cladding [J]. Journal of Alloys and Compounds, 2017, 728: 1116-1123.

[8] 杨立军，代文豪，党新安. 硼硅共渗增强激光重熔 Ni 基 WC 喷焊层耐磨性的研究 [J]. 稀有金属材料与工程，2018，47 (1)：351-356.

[9] 李娟，王善林，龚玉兵. 激光熔覆 FeSiB 非晶涂层工艺及组织 [J]. 中国激光，2016，43 (1)：71-77.

[10] 刘洪喜，唐淑君，蔡川雄，等. 模具钢表面激光原位制备 Ni 基合金复合涂层的微结构与性能 [J]. 中国激光，2013，40 (6)：156-161.

[11] 贺星，孔德军，宋仁国. 扫描速度对激光熔覆 Al-Ni-TiC-CeO_2 复合涂层组织与性能的影响 [J]. 表面技术，2019，48 (3)：155-162.

[12] 李福泉，冯鑫友，陈彦宾. WC 含量对 WC/Ni60A 激光熔覆层微观组织的影响 [J]. 中国激光，2016，43 (4)：111-117

[13] 庄乔乔，张培磊，李明川，等. 铜合金表面激光熔覆 Ni-Ti-Si 涂层微观组织及耐磨性能 [J]. 中国激光，2017，44 (11)：51-57

[14] 宣天鹏. 材料表面功能镀覆层及其应用 [M]. 北京：机械工业出版社，2008.

[15] 刘洪喜，董涛，张晓伟，等. 激光熔覆制备 WC/Co50/Al 硬质合金涂层刀具的微观结构及切削性能 [J]. 中国激光，2017，44 (8)：98-106

[16] 王耀民. CO_2 激光熔覆直接制造 Ni/TiC 梯度功能材料研究 [D]. 长春：吉林大学，2008.

第4章
超高速激光熔覆技术

【导读】 超高速激光熔覆技术起源

大型工程关键构件的防腐耐磨一直是工业中无法忽视的关键问题，其中镀硬铬是被广泛采用的防腐耐磨涂层技术之一，其制备过程是将工件浸泡在铬酸溶液中，通过电化学方式进行涂层沉积。但是制备的硬铬涂层通常伴随有微裂纹，以及涂层与基体结合力差的问题，导致其在服役过程中出现开裂和剥落现象。此外，由于电镀巨大的耗电量，其利润空间被一再压缩，并且电镀过程中产生的废气与富含 Cr^{6+} 的废液还会对环境造成严重污染，受到欧盟、美国及中国等工业部门的严格限制。激光沉积制造目前被认为是一种高质量的绿色表面涂层制造技术，随着激光和光学系统功能的逐渐强大及宽光束粉末进料喷嘴的开发，使得激光沉积的效率得以提高。但是受到尺寸精度不足及返工耗时等缺点的制约，尽管提高了沉积速率，但是在工业涂层中的产业化应用却不尽如人意。此外，激光器价格昂贵，致使激光沉积技术成本过高。针对这一难题，德国弗劳恩霍夫激光技术研究所（Fraunhofer ILT）和亚琛工业大学（RWTH Aachen University）的研究者在 2017 年开发出一种超高速激光熔覆技术(EHLA)，为激光高效高质的绿色生产制造提供新的途径。

超高速激光熔覆技术解决了激光沉积、焊接工艺和常规激光熔覆的弊端，将熔覆速率从 0.2~2m/min 提高到 20~200m/min，提高 100 倍左右。此外，超高速激光熔覆技术制备的涂层更平滑，平均表面粗糙度值仅为常规激光熔覆涂层的十分之一。超高速激光熔覆过程中激光焦点处于熔池上方，粉末先于基体吸收激光能量熔化形成金属液滴落入熔池，因此基材表面仅形成微小的熔池（5~10μm），这保证了受热影响的区域相较于传统激光熔覆缩小至 1%。应用超高速激光熔覆技术制备的涂层具有很好的冶金结合特征，能够替代镀硬铬工艺，在大型工程构件表面涂层制备领域发挥重要作用。

4.1 技术概述

4.1.1 原理

激光熔覆技术作为一种先进热加工技术，通过同轴送粉或者预置送粉的方式在基体表面添加熔覆材料，利用高密度激光束使熔覆材料与基体表面同时熔化，形成与基体呈现高强度冶金结合的涂层。随着激光技术在工业领域的应用逐渐成熟，激光熔覆技术已应用于材料表面强化，如燃气及叶片、轧辊、齿轮的表面涂层制备等，以及材料表面修复，如转子、模具等。激光熔覆获得的涂层组织致密、晶粒细小，而且工艺简单、能耗低，易于实现自动化。

与电镀等技术相比，激光熔覆技术噪声小，对环境污染小，加工过程更绿色环保。但是，目前的激光熔覆速率一般小于2m/min，效率低于10~50cm²/min，涂层厚度一般超过500μm，开裂敏感性大，从而限制了其应用与发展。因此，提高激光能量利用率、降低涂层厚度和提升熔覆速率，仍是激光熔覆技术中亟待解决的重大技术难题。

鉴于以上问题，德国弗劳恩霍夫激光技术研究所和亚琛工业大学联合进行研发，提出了超高速激光熔覆技术，解决了涂层加工效率低的瓶颈问题，为激光熔覆技术大规模应用提供了可能。超高速激光熔覆是基于激光热源的一种表面制造技术，其特殊的熔凝形式有别于传统激光熔覆技术。一方面，超高速激光熔覆提高了激光能量密度。传统激光熔覆光斑直径约为2~4mm，而超高速激光熔覆光斑直径小于1mm，在相同激光能量输入条件下，小光斑区域内激光功率密度更高。传统激光熔覆的激光功率密度约为70~150W/cm²，而超高速激光熔覆的激光功率密度最高可达3000W/cm²。另一方面，在传统激光熔覆过程中，未熔化的粉末被直接送入熔池与基体在激光束的作用下同时熔化，如图4-1a所示。而超高速激光熔覆调整了激光、粉末和熔池的汇聚位置，使粉体汇聚处高于熔池上表面，汇聚的粉末受激光辐照熔化后再进入熔池，如图4-1b所示。通过对熔覆头的精巧设计，调整激光焦平面与粉末焦平面的相对位置，以实现激光与粉末的最佳耦合，使得在能量输入一定的情况下，大部分的激光能量作用于粉末而不是基体上面，基体表面仅吸收少部分的激光能量形成微熔池。当粉末颗粒受热达到熔点，将以液态的方式注入基体表面的熔池，并快速凝固得到与基体具有良好冶金结合的薄涂层，使得熔覆层的表面粗糙度值较低且稀释率较小。图4-2所示为超高速激光熔覆时的粉末流状态及加工过程，独特的激光-粉体匹配设计使超高速激光熔覆粉末利用率达到90%以上。传统激光熔覆过程中，为使固态金属粉末充分熔化，需要较大的激光能量以保证熔池有较长的存续时间。这导致加工时的熔覆速率仅为0.5~2m/min，致使加工效率无法提高，而超高速激光熔覆技术的熔覆速率可达到30m/min以上，大大提高了加工效率。此外，传统激光熔覆对激光能量的利用率仅为60%~70%，其中熔化粉末的能量仅占总能量的20%~30%，并且较大的热输入量易形成较大的热影响区。在超高速激光熔覆过程中，金属粉末在熔池上方受激光辐照熔化，在重力和保护气流的作用下进入熔池，熔池不必再提供热量将其熔化，缩短了熔池的存续时间。通过基体的高速运动与激光束运动的配

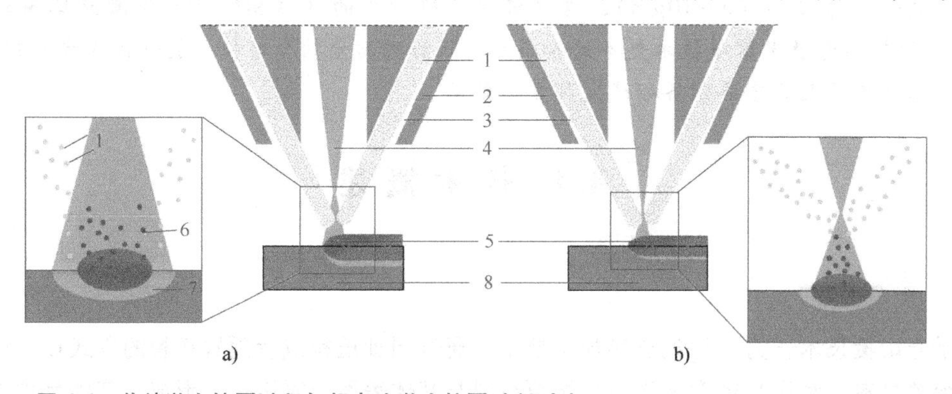

图4-1 传统激光熔覆过程与超高速激光熔覆过程对比

a）传统激光熔覆 b）超高速激光熔覆

1—金属粉末 2—加工头 3—保护气 4—激光束 5—熔池 6—熔化的金属粉末 7—热影响区 8—基体

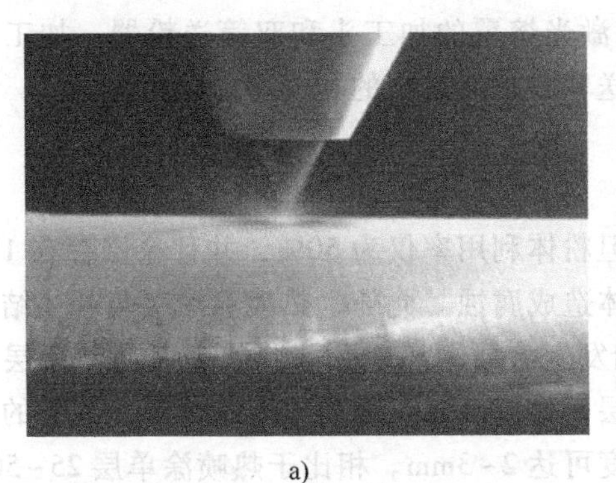

a)　　b)

图 4-2　超高速激光熔覆时的粉末流状态及加工过程

a）粉末流状态　b）超高速激光熔覆状态

合，熔覆速率可达 25~200m/min，突破了传统熔覆的效率瓶颈，因此超高速激光熔覆可挑战制备对基体热影响小、结合强度高而厚度小于 100μm、稀释率小于 5%的均匀薄涂层，作为优质高效的绿色表面处理技术，应用前景广阔。此外，超高速激光熔覆高效的激光利用率可以降低熔覆过程对激光总能的需求，使 1000~2000W 功率输入即可达到传统激光熔覆 3000~4000W 的效率。这有利于降低激光熔覆的设备成本。

4.1.2　材料与方法

超高速激光熔覆加工对象多为轴类和盘类等回转体零部件，可采用的涂层材料种类繁多，包括铁基粉末、镍基粉末和钴基粉末，以及混合陶瓷粉末等均可作为超高速激光熔覆的涂层材料。超高速激光熔覆加工系统如图 4-3a 所示，其涂层制备过程如图 4-3b 所示。由图 4-3 可知，其运动机构主要由夹持工件的旋转机构和固定激光熔覆头的 *XYZ* 三维数控系统两部分组成。车床夹持工件旋转达到设定转速后，机械臂带动熔覆头沿工件轴向移动进行涂层

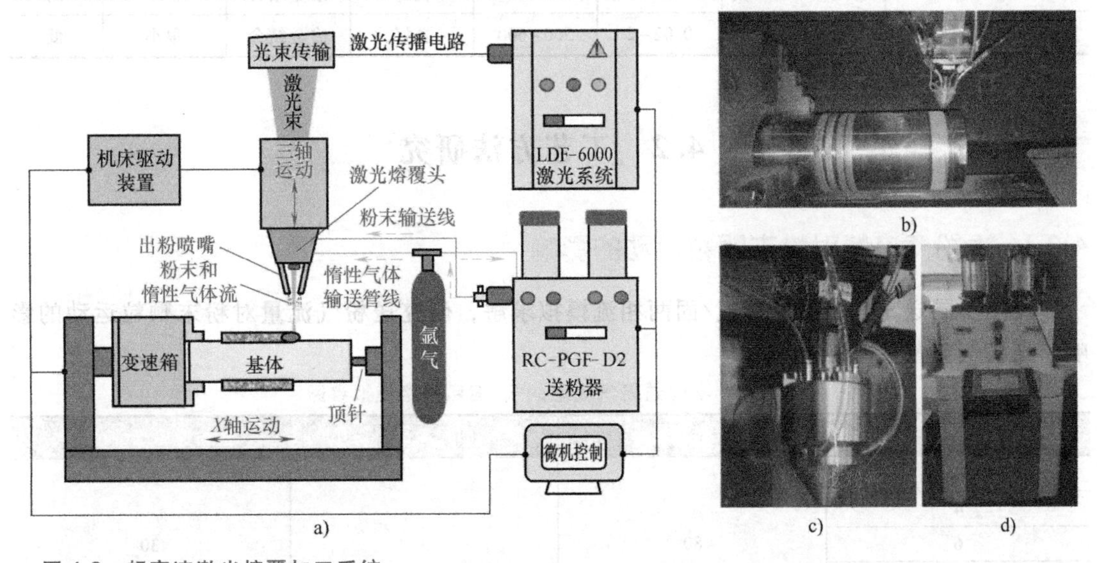

图 4-3　超高速激光熔覆加工系统

a）系统示意图　b）涂层制备过程　c）超高速激光熔覆头　d）超高速激光熔覆送粉器

的高速熔覆。图 4-3c 和 d 所示分别为超高速激光熔覆的加工头和双筒送粉器。加工头和双筒送粉器配合能够在加工过程中均匀稳定地送粉，提高粉末的利用率。

4.1.3 技术优势

热喷涂技术虽然拥有较高的沉积速率，但粉体利用率仅为 50%，并且涂层存在 1%~2% 的孔隙率，腐蚀介质可以通过这些孔隙对基体造成腐蚀。此外，热喷涂涂层与基体结合强度一般低于 150MPa，在重载服役条件下有可能发生涂层剥离现象。其他表面功能涂层制造技术如堆焊技术可制备高质量无缺陷的金属涂层，如钨极氩弧焊和等离子喷焊，制备的涂层与基体为冶金结合，结合强度高，单层沉积厚度可达 2~3mm。相比于热喷涂单层 25~50μm 和传统激光熔覆单层 0.5~1mm 的制造厚度，堆焊技术沉积效率也很可观。但是，堆焊技术的高沉积效率伴随着很高的能量输入，会诱发基体材料的组织性能转变和热损伤。超高速激光熔覆可选用的涂层种类繁多，制备的涂层组织致密、无气孔，与基体以冶金结合方式相结合，结合强度高。

超高速激光熔覆技术与部分表面涂层技术特性对比见表 4-1。超高速激光熔覆涂层很好地弥补了厚度在 50~500μm 的涂层难以制备的问题，并且制备的涂层表面光滑致密，表面粗糙度值仅为传统激光熔覆涂层的 10%，后续仅需经过抛光加工即可达到所需要的工程应用的精度要求。

表 4-1 不同表面涂层技术特性对比

涂层制备技术	使用材料	涂层厚度/mm	涂层硬度 HV	耐磨性	结合方式	基材受热	生产成本
超音速喷涂	合金粉(WC-Cr)	0.1~0.4	>1000	良好	机械结合	较小	中
等离子喷涂	合金粉(Cr-Fe)	0.3~0.4	300	良好	机械结合	大	中
电镀硬铬	铬	<0.1	>700	较差	物理结合	无	低
传统激光熔覆	合金粉(Cr-Fe)	0.5~2	500~600	良好	冶金结合	较小	高
超高速激光熔覆	合金粉(Cr-Fe)	0.02~2	500~600	良好	冶金结合	很小	低

4.2 工艺方法研究

4.2.1 送粉气流量对粉末颗粒运动的影响

使用不同送粉气流量进行气/固两相流模拟求解，研究送粉气流量对粉末颗粒运动的影响，送粉气流量参数见表 4-2。

表 4-2 不同送粉气流量的气/固两相流模拟参数

送粉气(Ar)流量/(L/min)	粉末粒径/μm	保护气(N_2)流量/(L/min)	送粉速率/(g/min)
3	80	3	30
4			
6			
8			
10			

图 4-4 所示为不同送粉气流量的粉末颗粒运动轨迹图。由图 4-4 可知，在粉末颗粒运动过程中不同送粉气流量下的最大粉末流速从 1. 81m/s 提高到 2. 67m/s，最大流速随送粉气流量的增大而提高。此外，当粉末流速在 2. 26m/s 时，粉末汇聚点处的飞溅现象相对严重；而当粉末流速在 2. 06m/s 时，粉末汇聚点处的飞溅现象最轻微。

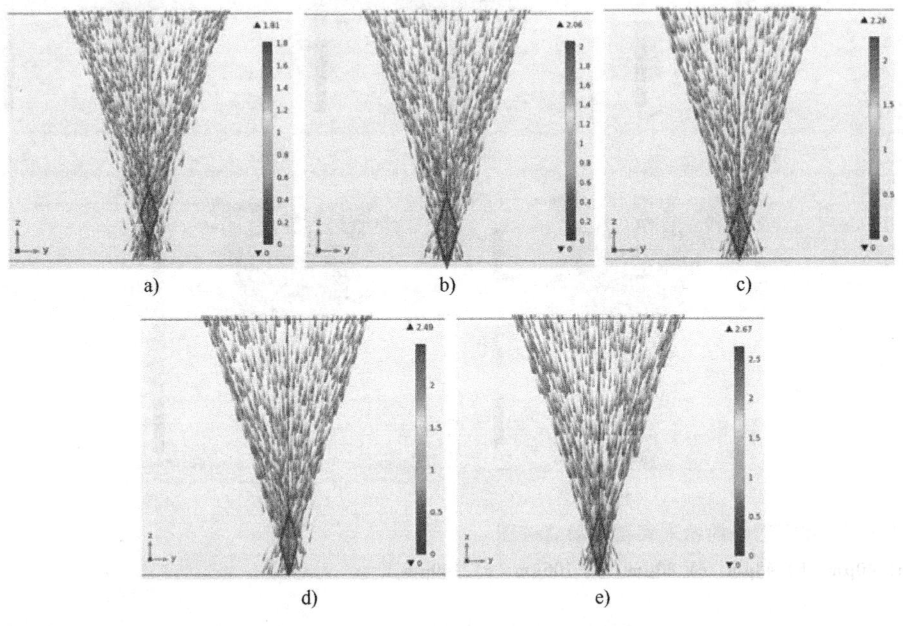

图 4-4 不同送粉气流量的粉末颗粒运动轨迹图

a) 3L/min b) 4L/min c) 6L/min d) 8L/min e) 10L/min

4.2.2 粉末粒径对粉末颗粒运动的影响

使用不同的粉末粒径进行气/固两相流模拟求解，研究粉末颗粒粒径对粉末流的影响，粒径参数见表 4-3。

表 4-3 不同粉末粒径的气/固两相流模拟参数

粉末粒径/μm	目数	送粉气(Ar)流量/(L/min)	保护气(N_2)流量/(L/min)	送粉速率/(g/min)
140	100	6	3	30
106	140			
80	180			
48	300			
40	350			

由图 4-5 可知，粉末颗粒从送粉头入口进入到从喷嘴喷出一直在加速，喷出后的粉末颗粒在重力和保护气的作用下，运行轨迹发生局部改变但总体向下。随着粉末粒径从 40μm 增大到 140μm，粉末颗粒到达基体平面的速度从 2. 4m/s 降低到 1. 63m/s。粉末粒径越大，在同一水平高度的颗粒运动速度越均匀，同时受到保护气垂直向下的作用影响越小，使粉末流远离基体平面垂直向上汇聚。从图 4-5 可以看出，随着粒径的增大，粉末流的汇聚点不断向上偏移。

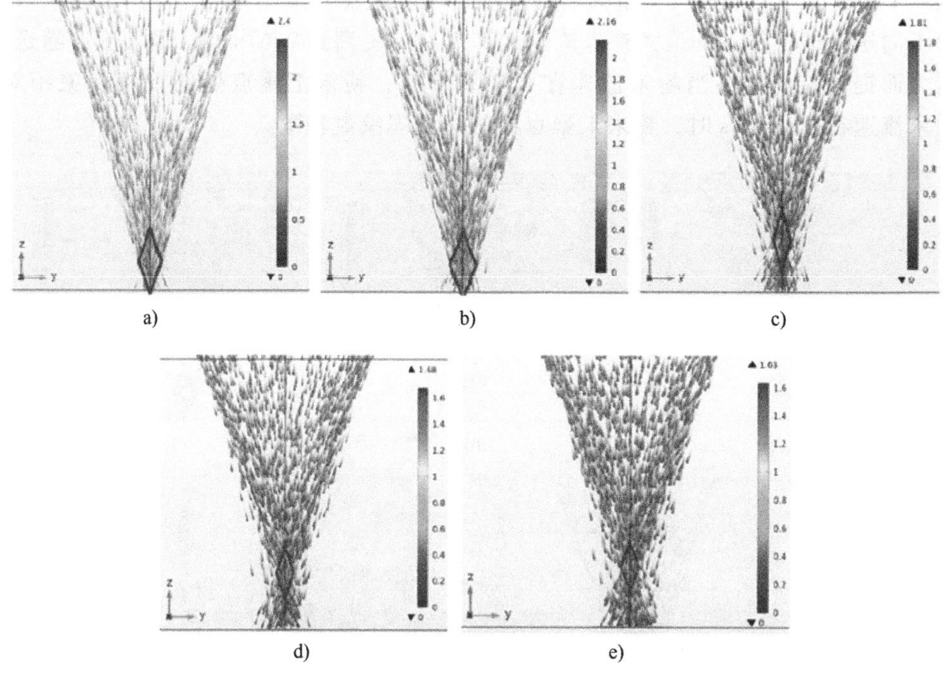

图 4-5 不同粒径的粉末颗粒运动轨迹图

a）40μm b）48μm c）80μm d）106μm e）140μm

4.2.3 粉末粒径对瞬态温度场的影响

图 4-6 所示为 $t=0.02$s 时超高速激光熔覆瞬态温度场和熔池（激光光斑半径为 1mm，激光功率为 2000W，熔覆速率为 266mm/s，送粉速率为 20g/min）。由图 4-6a 可知，熔覆层整体呈正态（高斯）分布。随时间叠加后形成高斯圆面拖长后的形状，最前端为接近半圆形的正态曲线叠加形成的突起，同时与基体之间形成了平滑过渡带。激光能量输入从熔覆层表面向基体和熔覆层的移动前端传递，最高温度位于激光光斑瞬时移动的中心点位置，可达 3100K。由于激光光斑相对基体平面的移动速度达到 266mm/s，基体与熔覆层在快速形成熔池后又由于超高的熔覆速率，在激光移动过后熔池受到的激光能量瞬时缺失，从而使熔池及周边位置上的温度快速下降接近周围环境温度而迅速冷却凝固。图 4-6b 所示为熔覆层中心沿熔覆层方向的纵剖面侧视图，温度分布从熔覆层移动前端向后向下由高到低扩散，激光热源所在的熔覆层移动前端加热处温度梯度比后端要密集。由于熔覆材料与基体材料的热通量和导热系数不同，基体温度要明显低于熔覆层温度，整体温度分布呈向熔覆层后端拖拽的椭圆形。在图 4-6c 所示的俯视图中可以看出受到激光辐照的区域近似圆形，随着温度梯度变化，整个温度分布近似熔覆层移动前端半轴短后端半轴长的双椭圆形。图 4-6d 所示为超高速激光熔覆数值模拟过程中的熔池和黏稠过渡区，右侧数轴表示液相体积分数，其为 0 时全部为固相，为 1 时全部为液相，在 0~1 之间时为固液混合的黏稠过渡区。结合图 4-6b、c 可知，熔池与黏稠过渡区的大小与熔覆层温度分布关系密切。由图 4-6 可见，熔覆过程中熔池上表面呈平滑的液滴状，下表面由于熔覆层与基体材料的物性参数差异导致固体和液体界面处的黏稠过渡区极小。熔覆层前端呈凸出的圆弧状，在熔池过渡到熔覆层与基体界面处时，

熔覆层与温度较低的基体接触面增大使热交换的速度增加，熔覆层与基体界面处温度迅速下降达到熔覆材料的固相点导致熔池迅速凝固。而在熔池的后端黏稠过渡区明显拖长，是由于熔覆材料固相和液相的温度分布区间较大导致的。

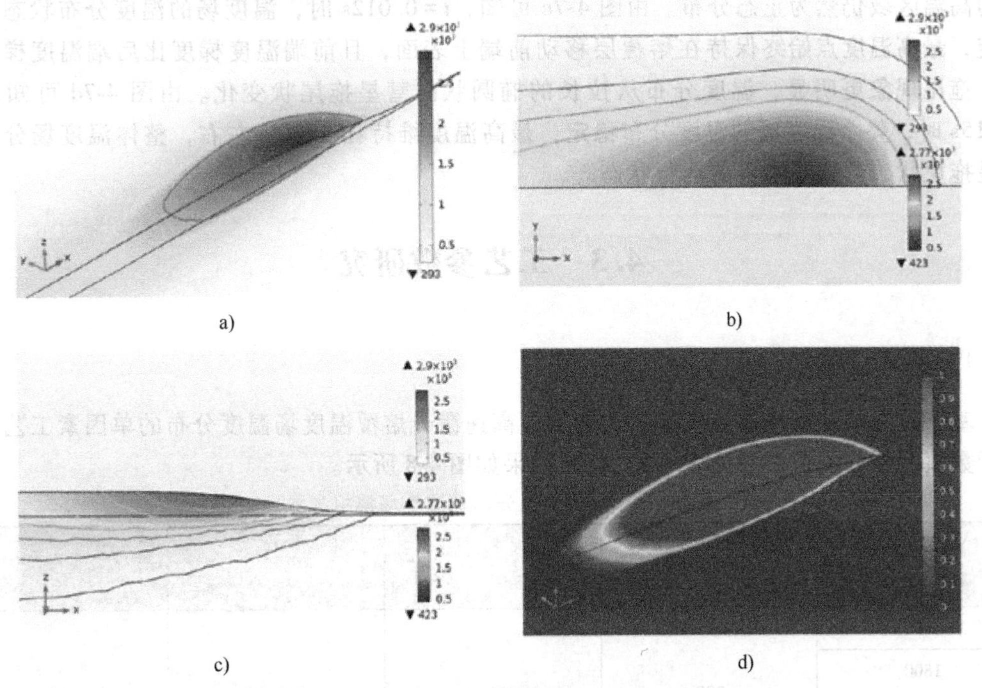

图 4-6　t=0.02s 时超高速激光熔覆瞬态温度场温度分布和熔池形貌

a）热源处温度场立体图　b）温度场俯视图　c）温度场侧视图　d）熔池立体图

采用相同的工艺参数，得到不同时刻的超高速激光熔覆温度场，如图 4-7 所示。由

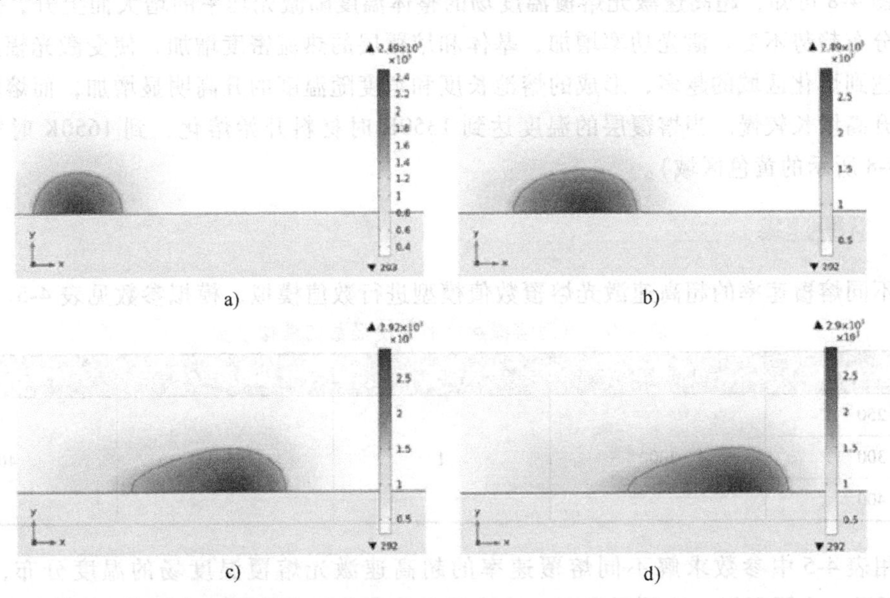

图 4-7　不同时刻的超高速激光熔覆温度场

a）t=0.003s　b）t=0.007s　c）t=0.012s　d）t=0.015s

图 4-7a 可知，t=0.003s 时，温度场分布与激光束能量分布基本相同，即正态分布，最高温度可达 2490K。由图 4-7b 可知，当 t=0.007s 时，随着熔覆时间的增加与激光热源向前移动，熔覆层温度逐渐升高，温度场逐渐出现拖尾现象，形状呈拉长的椭圆形，而靠近热源位置的高温区域仍然为正态分布。由图 4-7c 可知，t=0.012s 时，温度场的温度分布状态基本稳定，最高温度点始终保持在熔覆层移动前端上表面，且前端温度梯度比后端温度梯度密集，拖尾现象更明显，温度分布从拉长的椭圆状向彗星拖尾状变化。由图 4-7d 可知，t=0.015s 时，整个温度场的温度分布稳定，最高温度维持在 2900K 左右，整体温度场分布呈彗星拖尾状，形成了稳定的运行状态。

4.3 工艺参数研究

4.3.1 激光功率

基于建立的温度场数值模型，对影响超高速激光熔覆温度场温度分布的单因素工艺参数进行数值模拟，模拟参数见表 4-4，模拟结果如图 4-8 所示。

表 4-4 超高速激光熔覆温度场模拟参数

激光功率/W	熔覆速率/(mm/s)	光斑直径/mm	初始温度/K	送粉速率/(g/min)
1500	300	1	295.15	20
1800				
2000				
2500				

由图 4-8 可知，超高速激光熔覆温度场的整体温度随激光功率的增大而上升，但是整体的温度分布趋势不变。激光功率增加，基体和熔覆层的热流密度增加，使受激光辐照区域内的材料达到熔化区域的越多，形成的熔池长度和宽度随温度的升高明显增加，而熔池的深度随温度升高增长较慢。当熔覆层的温度达到 1350K 时材料开始熔化，到 1650K 时完全熔化(如图 4-8 所示的黄色区域)。

4.3.2 熔覆速率

对不同熔覆速率的超高速激光熔覆数值模型进行数值模拟，模拟参数见表 4-5。

表 4-5 不同熔覆速率的温度场数值模拟参数

熔覆速率/(mm/s)	激光功率/W	光斑直径/mm	初始温度/K	送粉速率/(g/min)
250	2000	1	295.15	40
300				
400				

使用表 4-5 中参数求解不同熔覆速率的超高速激光熔覆温度场的温度分布，结果如图 4-9 所示。由图可知，熔覆层高度、熔池深度和宽度随着熔覆速率的增加而逐渐减小，温度分布趋势随着熔覆速率的增加变得密集。其中，熔覆层高度变化趋势较为明显。在超高速

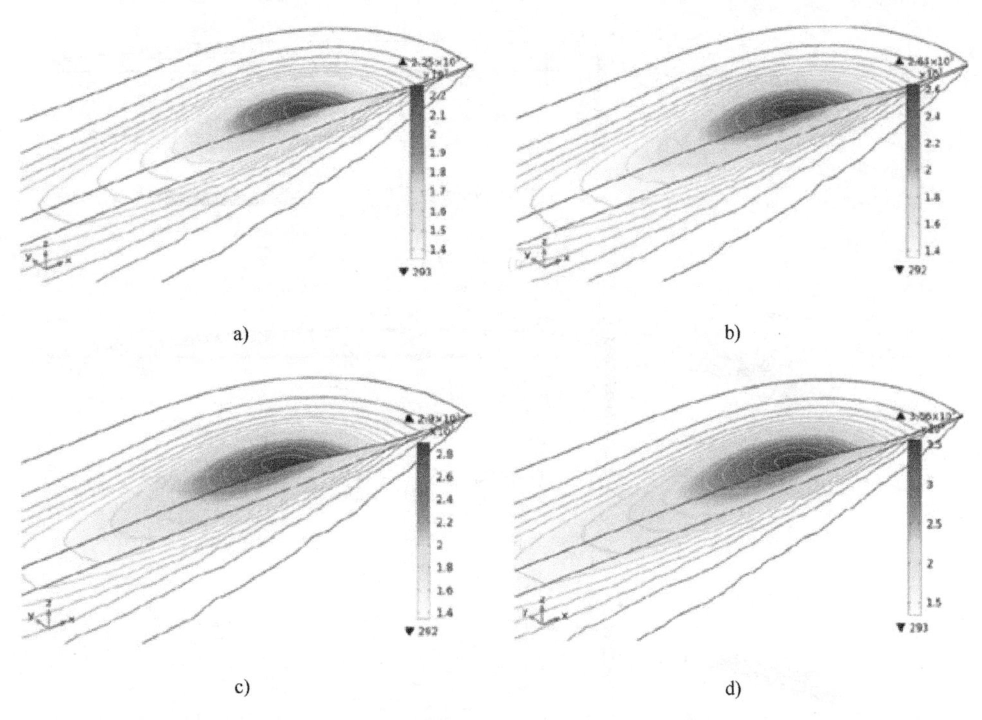

图 4-8　不同激光功率的超高速激光熔覆温度场

a）1500W　b）1800W　c）2000W　d）2500W

激光熔覆过程中，随着熔覆速率（包括基体的移动速度与激光扫描速度）的增加，单位时间内相同数量的粉末颗粒被激光加热熔化后在基体上形成熔覆涂层的长度增加而高度降低。同理，单位时间内激光向基体和熔覆涂层输入的能量一定，而单位时间内辐照总面积增加则单位面积内吸收的能量减少，使形成的熔池深度和宽度都减小。由于粉末颗粒对激光束的遮蔽作用不会随着熔覆速率的变化而发生改变，单位时间内粉末颗粒吸收的能量不会发生改变，因此熔池的范围逐渐向熔覆层表面集中，降低了熔覆层与基体的冶金结合强度，熔池内最高温度随熔覆速率的增加而降低，且变化幅度较大（熔覆速率从 250mm/s 升高到 400mm/s，最高温度从 2900K 降低到 2270K）。

4.3.3　送粉速率

在超高速激光熔覆中，送粉速率对熔覆层的形貌影响较大，间接影响了温度场的温度分布。对不同送粉速率的超高速激光熔覆数值模型进行数值模拟，模拟参数见表 4-6。

表 4-6　不同超高速激光熔覆送粉速率的温度场数值模拟参数

送粉速率/(g/min)	激光功率/W	光斑直径/mm	初始温度/K	熔覆速率/(mm/s)
20	2000	1	295.15	300
30				
40				

超高速激光熔覆数值模拟求解得到的温度场温度分布，结果如图 4-10 所示。图 4-10 所示为 $t=0.01$s 时刻的温度分布结果，绿色曲线表示熔覆材料的液相温度 1650K 的等温线，

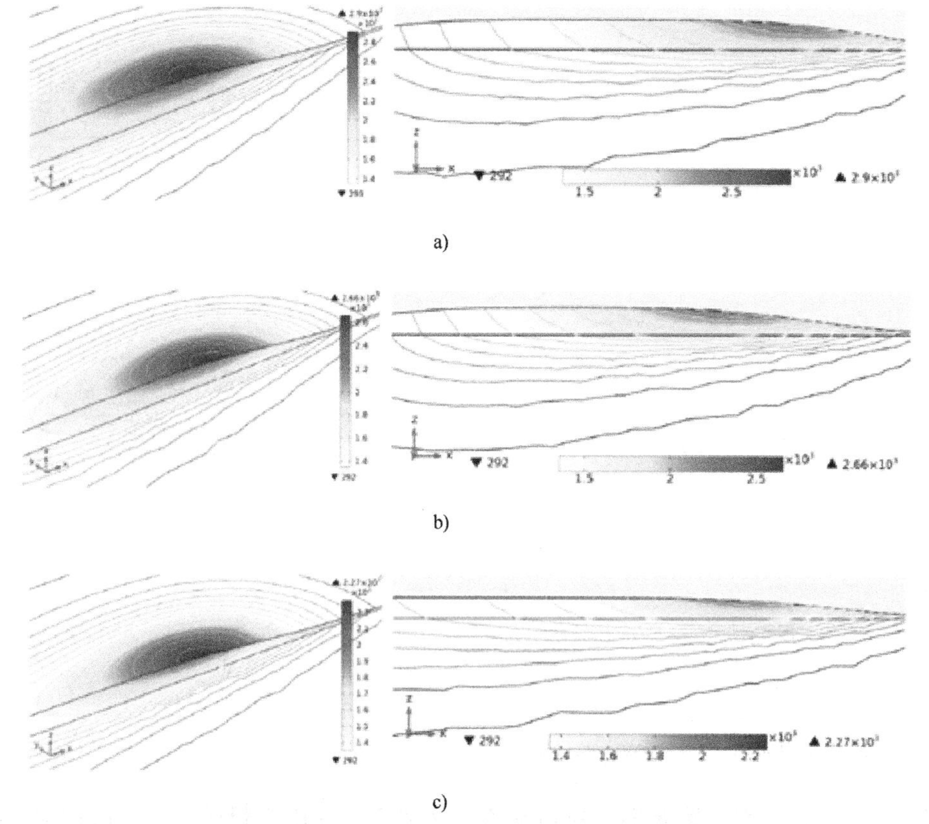

图 4-9　不同熔覆速率的超高速激光熔覆温度场

a）250mm/s　b）300mm/s　c）400mm/s

送粉速率由 20g/min 增大到 40g/min 时，熔池最高温度由 2650K 升高到 3170K。由图可知，送粉速率对熔池和熔覆涂层形貌影响主要体现在熔覆层高度和熔池深度。在超高速激光熔覆过程中，激光焦点作用在基体上方，送粉速率增加使熔覆层厚度增加，距离激光光源与激光焦点越近，单位时间内受到激光辐照所吸收的能量越密集，熔池内的最高温度也随送粉速率提高而上升。送粉速率除了对熔覆层高度和熔池内最高温度有影响，对熔池的深度与宽度也有影响。随着送粉速率增加，熔覆层与基体受到的激光能量密度也增加，更多的熔覆材料和基体材料达到熔点，从而扩大了熔池面积。但是，超高速激光熔覆的熔覆速率快，减少了部分基体受到激光能量的热影响，使超高速激光熔覆的稀释率维持在熔覆层与基体界面以下。稀释率会直接影响熔覆层与基体的综合性能，稀释率过小会影响熔覆层与基体的结合强度；而稀释率过大则会使基体材料成分熔化过多，导致稀释熔覆层基体材料成分，影响熔覆涂层的综合性能。稀释率是指激光熔覆熔覆层横截面积中，熔覆层材料熔入的基体面积与熔覆层横截面积之比（通常取百分数）。对稀释率的另一种解释：指激光熔覆层横截面的高度，熔覆层材料熔入基体的深度与熔覆层横截面的整体高度之比。在 0.012s 整个能量循环达到平稳后，熔池体积基本固定。但激光功率大小对熔覆层和基体的穿透效果不明显，稀释率基本保持在基体-熔覆层界面以下 30~50μm 处，随着激光功率的增大而略微增加，这符合超高速激光熔覆涂层稀释率低的特征。

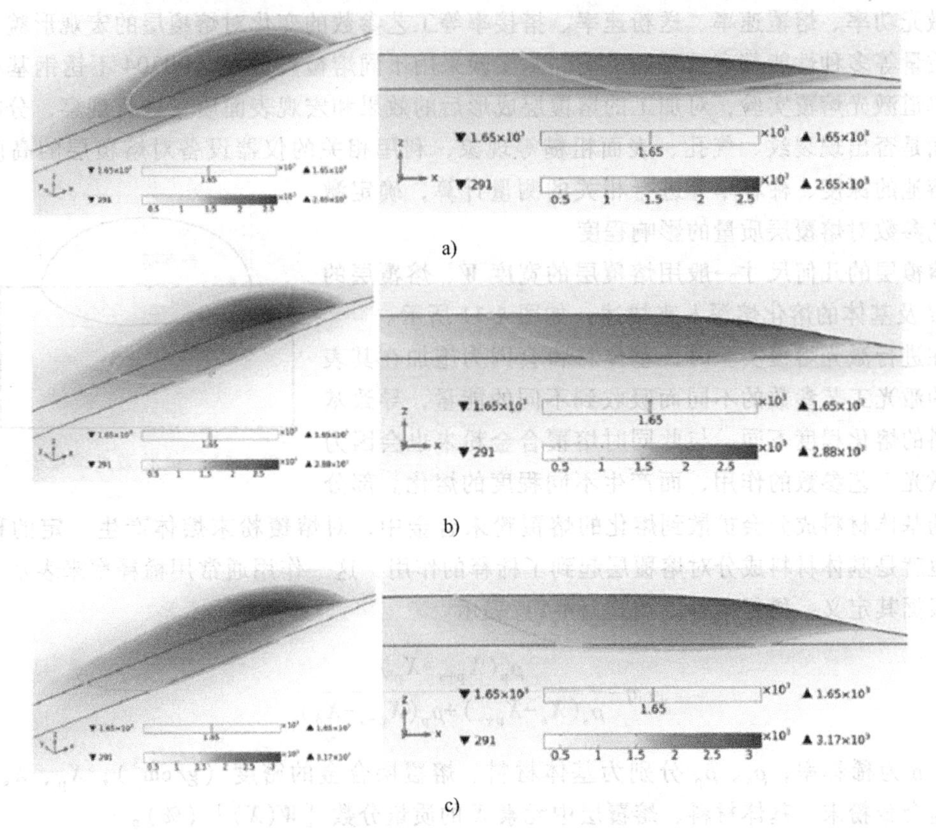

图 4-10 不同送粉速率的超高速激光熔覆温度场
a）20g/min b）30g/min c）40g/min

4.4 表面形貌特征

4.4.1 单道熔覆层

不同于传统激光熔覆，在超高速激光熔覆过程中，大部分激光能量作用于粉末，粉末束流与激光束交互耦合，粉末粒子在飞行过程中受热熔化，以液态形式进入熔池。粉末及基体熔化状态会影响熔覆层表面质量。采用粒度为 25~53μm 的铁基合金粉末，在精磨的基体表面进行超高速激光熔覆实验，以确定不同参数对熔覆层表面形貌的影响，工艺参数见表 4-7。

表 4-7 单道超高速激光熔覆工艺参数

编号	激光功率/W	熔覆速率/(m/min)	送粉速率/(g/min)
1	3000	40	30
2	4000		
3	5000		
4	6000		
5	4500	20	
6	4500	40	
7	4500	60	
8	4500	80	

激光功率、熔覆速率、送粉速率、搭接率等工艺参数的变化对熔覆层的宏观形貌、成形后的质量等多种性能都有重要的影响。本实验采用不同熔覆参数在AISI304不锈钢基材表面进行单道激光熔覆实验，对加工的熔覆层成形后的效果和宏观表面质量进行观察，分析熔覆层表面是否出现裂纹、气孔、表面粗糙等现象，利用相关的仪器设备对熔覆层的高度和宽度、熔池的深度、稀释率等进行相关的测量计算，确定激光工艺参数对熔覆层质量的影响程度。

熔覆层的几何尺寸一般用熔覆层的宽度 W、熔覆层的高度 H 及基体的熔化熔深 h 来描述，如图4-11所示。

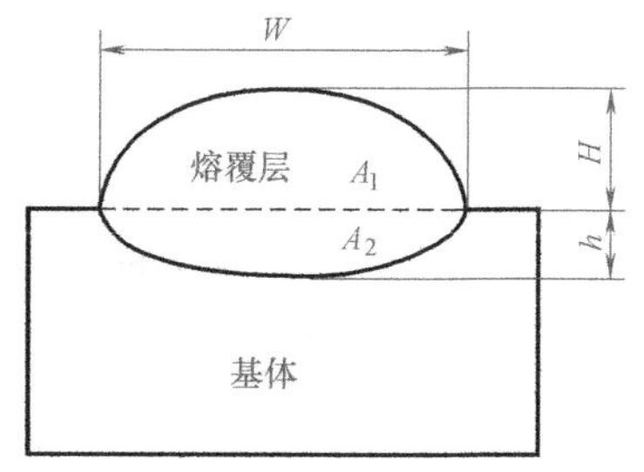

图4-11　单道激光熔覆层示意图

在进行激光熔覆实验时，基体材料会因为施加在其表面上的激光工艺参数的不同而吸收到不同的能量，导致基体材料的熔化程度不同，与此同时熔覆合金粉末也会因为不同激光工艺参数的作用，而产生不同程度的熔化。部分熔化的基体材料成分会扩散到熔化的熔覆粉末合金中，对熔覆粉末熔体产生一定的稀释作用，也就是基体材料成分对熔覆层起到了稀释的作用，这一作用通常用稀释率来表示。

根据其定义，稀释率可以用式（4-1）表示

$$\eta=\frac{\rho_{\mathrm{p}}(X_{\mathrm{p+s}}-X_{\mathrm{p}})}{\rho_{\mathrm{s}}(X_{\mathrm{s}}-X_{\mathrm{p+s}})+\rho_{\mathrm{p}}(X_{\mathrm{p+s}}-X_{\mathrm{p}})} \tag{4-1}$$

式中，η 为稀释率；ρ_{s}、ρ_{p} 分别为基体材料、熔覆层合金的密度（$\mathrm{g/cm^3}$）；X_{p}、X_{s}、$X_{\mathrm{p+s}}$ 分别是合金粉末、基体材料、熔覆层中元素 X 的质量分数［$W(X)$］（%）。

在实际工作中，由于此测试过程非常复杂，对仪器设备要求较高，通常采用式（4-2）、式（4-3）表示

$$\eta=\frac{A_2}{A_1+A_2} \tag{4-2}$$

式中，A_1、A_2 分别为熔覆区截面面积、基体熔化区截面面积。通过测量熔覆层各部分横截面来计算稀释率的大小。

$$\eta=\frac{h}{H+h} \tag{4-3}$$

式（4-3）中 H、h 分别代表熔覆层的高度、基体的熔化深度。式（4-3）是根据面积 A 与高度 H、深度 h 由一定的对应关系简化而成的。由式（4-2）计算出来的 η 与由式（4-3）计算出来的 η 的误差在5%之内。

稀释现象是基体材料和熔覆粉末金属达到冶金结合的基础。稀释率在一定的范围内时，可以对激光熔覆产生的应力起到较好的缓解作用，还可以降低出现裂纹的倾向。稀释率过大，基体材料表面熔化量增加，熔覆层中基体材料成分多而熔覆粉末成分少；稀释率过小，熔覆层与基体没有形成良好的冶金结合，增大了熔覆层的开裂倾向，甚至导致熔覆层的脱落。通常情况下，稀释率在适当的范围内时，η 越高，熔覆层与基体结合强度越高，得到的熔覆层性能越好。

1. 激光功率

激光熔覆过程中，激光功率不同，基体和熔覆合金粉末接收到的能量不同，制备的熔覆

层就会产生差异。本节中将其他变量包括熔覆速率、送粉速率、搭接率等参数设置为恒定值，考察激光功率对熔覆层宏观形貌的影响。

图 4-12 所示为不同激光功率下的超高速激光熔覆层宏观形貌。可以看出，当激光功率为 3000W 时，基体表面呈"瘤状"形貌，在低功率下，仅有少量粉末颗粒熔化，形成液滴颗粒散落在基体表面；当激光功率达到 4000W 时，随着温度的提升，更多的粉末颗粒熔化并积聚在基体表面上，在表面张力作用下流动，此时激光熔覆层表面不平整，沿激光束扫描方向上呈现出中间高、两边低的形貌，此时的熔覆层坡度较陡，熔覆层宽度得以提升，且熔覆层表面存在较多半熔颗粒；当激光功率为 5000W 时，熔覆层表面上中间高、两边低的形貌得到明显改善，且熔覆层厚度及宽度得到提升。超高速激光熔覆中使用的激光器光斑为圆形，在这个区域内热流密度近似为正态分布，且其中大部分能量用于熔化合金粉末，少量能量用于熔化基体，还有一部分通过基体材料的导热作用而散失。

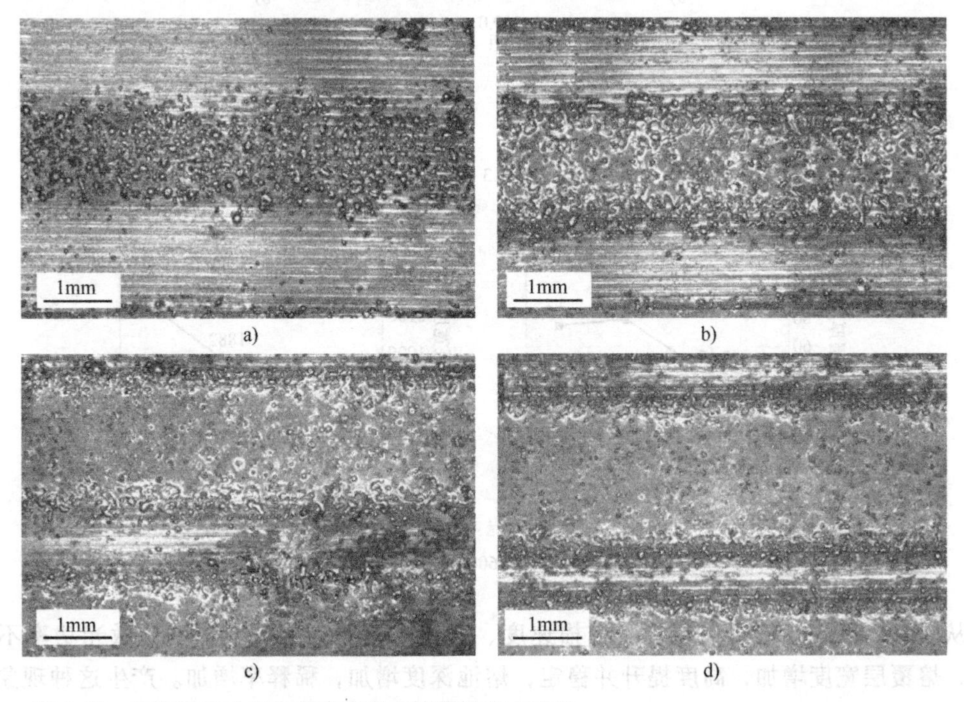

图 4-12 不同激光功率下超高速激光熔覆层宏观形貌

a）3000W b）4000W c）5000W d）6000W

激光功率较低时，仅有圆形光斑中心的能量足以使合金粉末和基体熔化并得到充分的冶金结合，这使得熔化的合金粉末颗粒和基体有限，圆形光斑中间部分的能量比较高，用于熔化的合金粉末颗粒就比较多，呈现出了中间高、两侧低的形貌；随着激光功率的增加，产生的热量增多，光斑中高能量的区域增大，熔化的合金粉末和基体增多，呈现出熔覆层坡度较缓的状态。当激光功率为 5000W 和 6000W 时，激光束产生的热量增多，输入到铁基熔覆合金粉末和基体上的能量增多，基体和铁基熔覆合金粉末熔化的数量增多而使得熔池中液态金属的数量增多，在表面张力梯度的作用下液态金属的流动性增大，凝固后，熔覆层表面光滑、连续、均匀。可以看到，6000W 时熔覆层的宽度比 5000W 时熔覆层的宽度大。由图 4-12 还可以看出，功率为 5000W 和 6000W 时，熔覆层表面存在的球状颗粒数量减少，球状颗粒的减少与激光能量密度的提升和熔覆过程中熔池内熔体的表面张力有关。在激光束的辐照作用下，熔池内温度分布不均匀，导致熔体表面张力的大小不等，温度较高的地方熔体表面张力小，温度较低的地方熔体表面张力大，熔体在表面张力差的作用下从低表面张力区流向高表面张力区，使得熔体液面产生了高度差，在重力作用下，熔液回流，形成对流，并且激光能量密度的提高使得熔池温度提升，冷却凝固时间变长，随着熔池流动和凝固过程的进行，半熔球状颗粒得到充分熔解。激光功率的变化对熔覆层表面形貌的影响如图 4-13 所示。

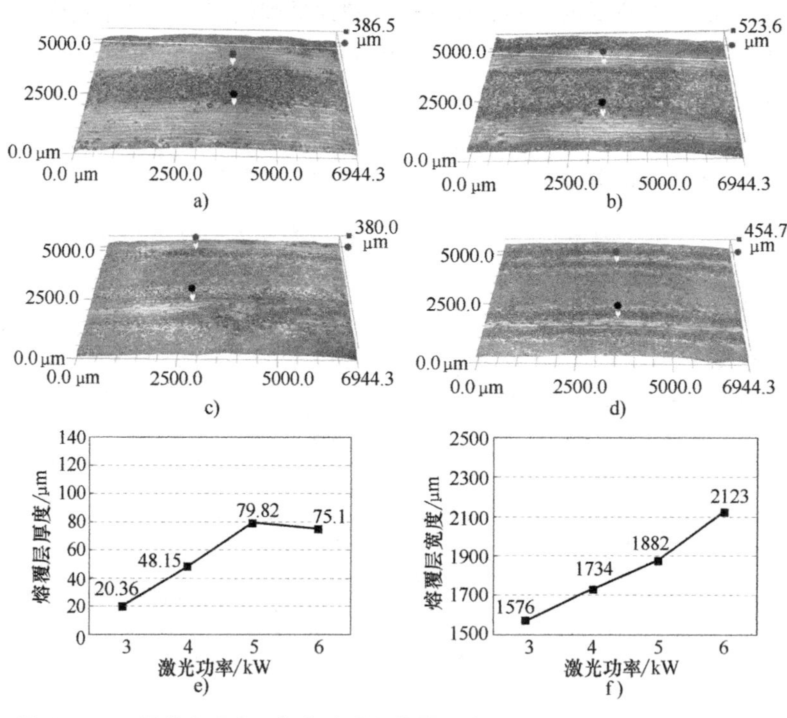

图 4-13　不同激光功率下超高速激光熔覆层表面形貌

a）3000W　b）4000W　c）5000W　d）6000W　e）熔覆层厚度　f）熔覆层宽度

从表 4-7 和图 4-13 可以看出，扫描速度、送粉速率等参数固定不变，激光功率不断增大时，熔覆层宽度增加，高度提升并稳定，熔池深度增加，稀释率增加。产生这种现象的原因是当激光功率增大时，加热的温度升高，温度范围变宽，基体表面上的铁基合金粉末被更强的激光束辐照到，粉末吸收较多的热量而产生更多的熔化，熔池中的表面张力梯度增加，使得熔池的流动性增强，在宽度方向上热量通过热传导产生更多的传递，熔池的面积增大，熔覆层的宽度增加。激光功率增大，基体吸收的能量增加，熔池的深度变大。激光熔覆过程中粉末输送量一定，熔池的宽度和深度增加，导致熔覆层的高度降低。由此可以看出，激光功率由小变大的过程中，熔覆层的宽度逐渐增加，熔池的深度逐渐增大，熔覆层表面成形性更好。但是由于熔池中对流作用的加强，基体材料熔化部分增大，导致稀释率增大，对熔覆涂层的性能会产生一定的影响。可以看出，激光功率为 4000～6000W 时，熔覆层的成形性良好。

2. 熔覆速率

激光熔覆过程中，熔覆速率的大小直接影响激光束与基体和合金粉末的接触时间。在相同激光功率（4500W）、送粉速率（30g/min）条件下，实验采用4种熔覆速率进行实验，分别为20m/min、40m/min、60m/min、80m/min。

图4-14所示为不同熔覆速率下超高速激光熔覆层的宏观形貌。图4-14a、b所示的熔覆层两侧存在少量飞溅液滴颗粒，整体平整，熔覆层表面没有出现裂纹等缺陷，但伴随着熔覆速率的提高，熔道表面出现半熔颗粒，熔道宽度变窄；图4-14c所示的熔覆层表面明显不平整，中间隆起，两侧存在大量未熔粉末颗粒杂质，并且在图4-14d所示熔覆层两侧的颗粒状熔渣颗粒较大。当熔覆速率为20m/min时，熔覆宽度较大，表面光洁且厚度均匀。表面光洁是因为熔覆速率低，激光束对AISI304不锈钢基体和铁基熔覆粉末合金的作用时间长，熔池受到激光束的辐照时间比较长，在这个过程中，表面张力梯度、温度梯度和对流强度逐渐减弱，熔覆层熔化充分，得到了较好的表面质量；当熔覆速率逐渐增大时，单位时间内作用在相同长度上的粉末量减少，且粉末熔化后形成的液滴喷溅到基体上，形成熔池，然而熔池在冷却前未能及时均匀流动，形成的熔覆层高度降低、宽度减小且呈现出极度不均匀的形状。当熔覆速率为60m/min时，可以看出熔覆层的高度与宽度明显较小，表面粗糙。

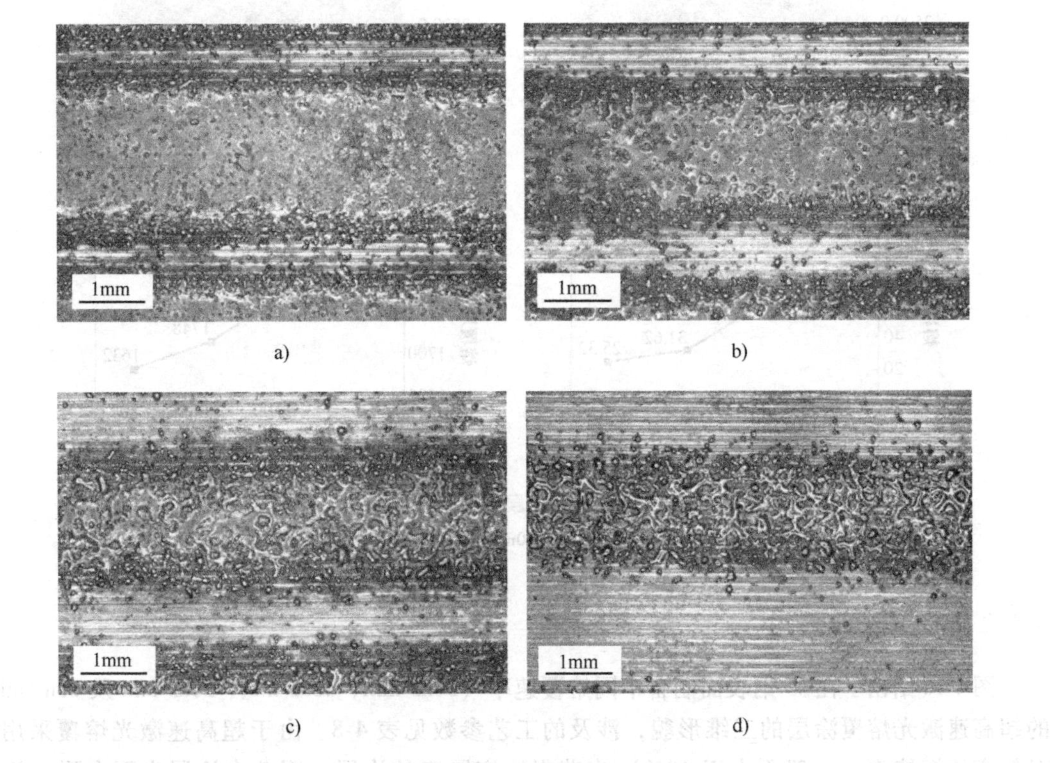

图4-14 不同熔覆速率下超高速激光熔覆层宏观形貌

a）20m/min b）40m/min c）60m/min d）80m/min

熔覆速率的变化对熔覆层表面形貌的影响如图4-15所示。从图中可以看出熔覆速率增加，熔覆层的宽度和高度减小。这主要是由于熔覆速率较低时，激光束对基体及熔覆粉末的作用时间长，加热的温度高，温度作用范围广，单位时间内进入到熔池的合金粉末多，合金粉末吸收的热量多，熔化率大，熔池的表面张力梯度增加，使得熔池的流动性增强，在宽度方向上热量通过热传导产生更多的传递，使得熔池的面积增大。此时熔覆层的宽度大，高度高，熔池深度大。随着熔覆速率的提高，落到熔池中的粉末量减少，激光束对基体材料及熔覆合金粉末的作用时间变短，合金粉末吸收的热量减少，使得熔覆层的高度降低，熔覆层宽度减小。当熔覆速率过大时，作用于 AISI304 不锈钢基体材料与铁基熔覆合金粉末上的激光束的辐照时间过短，激光输入热量过小，合金粉末因吸收到的热量过低而造成熔化率低，大量未熔化金属粉末黏结在试样表面，熔覆层表面成形性变差。

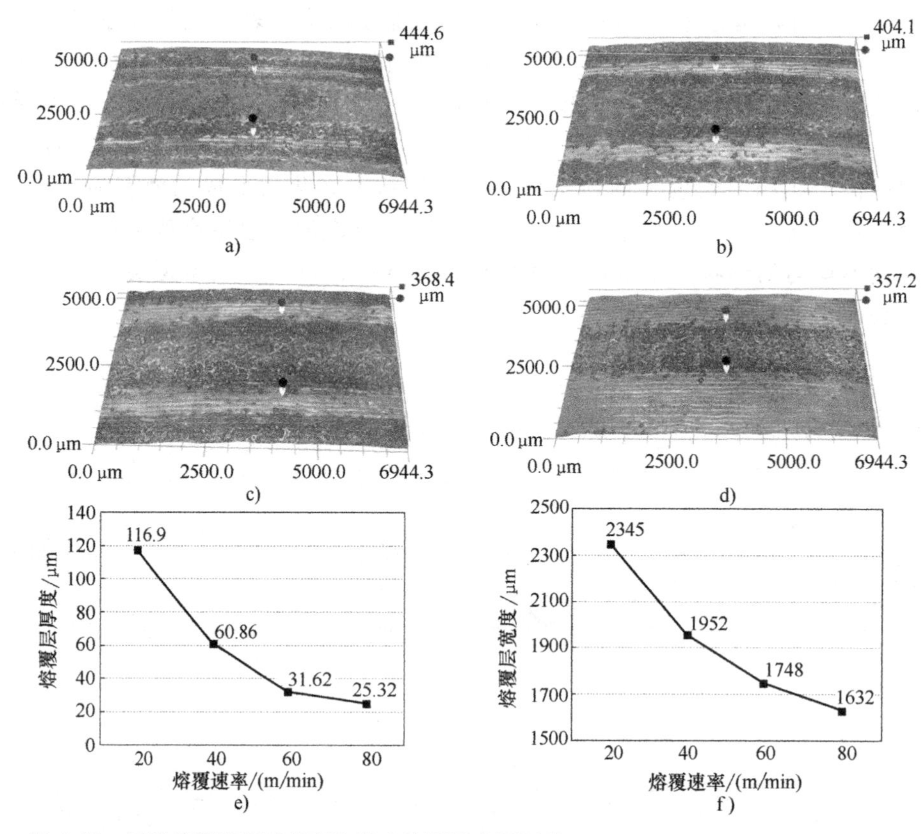

图 4-15　不同熔覆速率下超高速激光熔覆层表面形貌

a) 20m/min　b) 40m/min　c) 60m/min　d) 80m/min　e) 熔覆层厚度　f) 熔覆层宽度

4.4.2　多道搭接层

图 4-16 给出了在 45 钢表面制备不同熔覆速率（30m/min、40m/min、50m/min 及 60m/min）的超高速激光熔覆涂层的三维形貌，涉及的工艺参数见表 4-8。由于超高速激光熔覆采用相对较高的搭接率（一般不小于 60%）来获得一定厚度的涂层，因此在涂层表面会形成许多搭接线的痕迹，并且随着熔覆速率的提高这种现象更加显著。在这种情况下，后续的单道熔覆的大部分熔池会出现在前一道熔覆轨迹上面，使得涂层具有较低的稀释率并且与基体形成良好的冶金结合。由图测得熔覆速率为 30m/min、40m/min、50m/min 和 60m/min 的涂层表面粗糙度 Ra 值分别为 20.525μm、17.500μm、15.496μm 和 11.249μm。在熔覆速率相对较低的 30m/min 情况下，有许多未熔化或半熔化的粉末颗粒附着在涂层表面，随着熔覆速率的不断提高，涂层表面质量得到明显改善。就激光熔覆涂层的工业应用而言，涂层的厚度和表面

质量很大程度上决定了后续的二次加工量及材料的节约与浪费情况。而超高速激光熔覆涂层厚度较小，可控的区间较大，并且能够极大地减小二次加工量，满足多种工业应用。

表 4-8 45 钢表面超高速激光熔覆工艺参数

编号	熔覆速率/(m/min)	激光功率/W	送粉速率/(g/min)	搭接率
1	30	2200	15	70%
2	40			
3	50			
4	60			

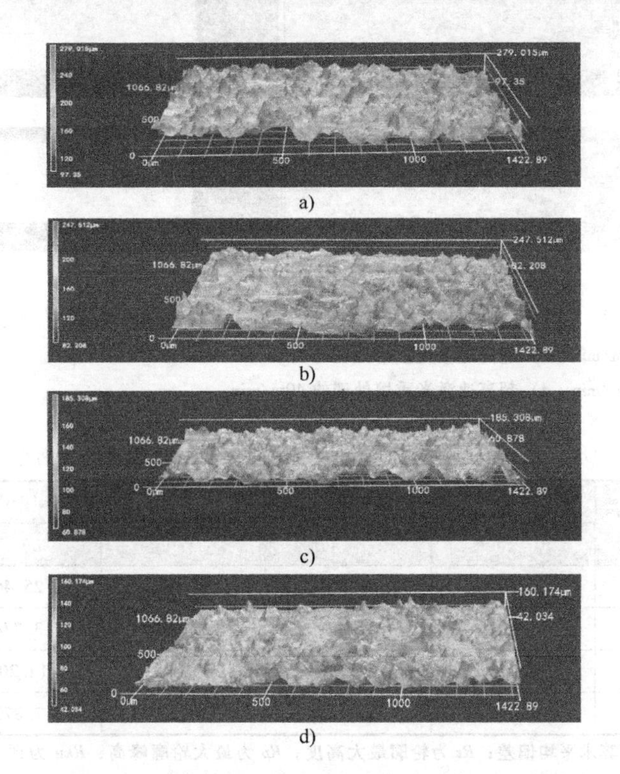

图 4-16 不同熔覆速率下 45 钢表面超高速激光熔覆涂层的三维形貌

a) 30m/min b) 40m/min c) 50m/min d) 60m/min

图 4-17 所示为两组不同熔覆速率下有无超高速激光重熔处理的表面三维形貌。图 4-17a、c 所示分别为其他工艺参数保持不变的情况下（激光功率 4000W，送粉速率 30g/min），熔覆速率为 20m/min 和 40m/min 的超高速激光熔覆层的表面实际形貌和三维形貌；图 4-17b、d 所示分别为经过超高速激光重熔后的实际形貌和三维形貌。从图 4-17 中可以看出，未重熔的试样表面搭接线比较明显，并且表面附着许多的未熔化和半熔化颗粒，表面粗糙度 *Ra* 值分别为 7.3μm 和 4.9μm。而经过重熔后的表面比较平整，表面搭接线基本消失，且存在少量的残留，表面粗糙度 *Ra* 值分别为 4.2μm 和 2.6μm。对其表面形貌状况进行对角线测量，测量结果见表 4-9。经过表面重熔后的涂层表面凹坑和突起的差距也得到明显改善，表面激光重熔极大地改善了超高速激光熔覆层的表面质量。

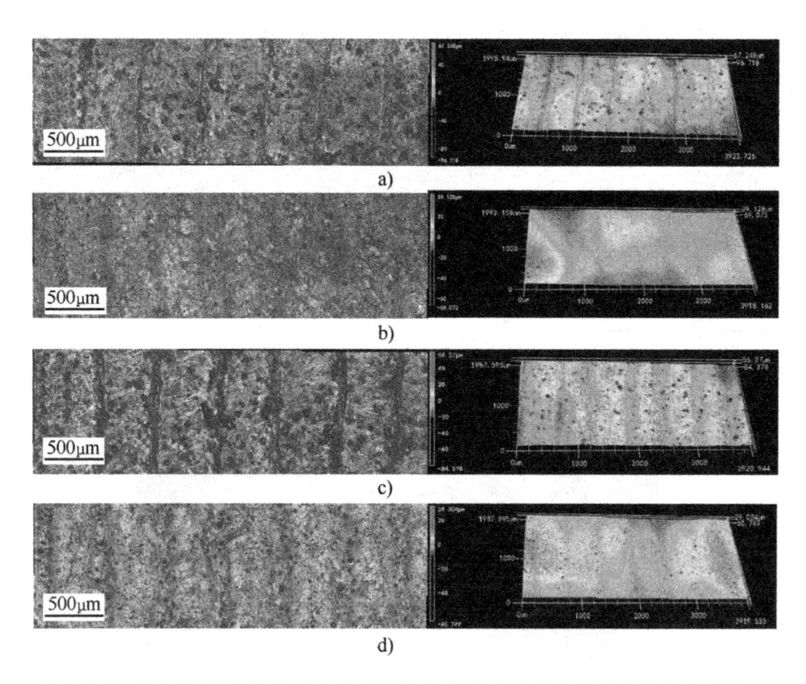

图 4-17　不同熔覆速率下的有无超高速激光重熔处理的表面三维形貌

a）20m/min　b）超高速激光重熔处理的 20m/min

c）40m/min　d）超高速激光重熔处理的 40m/min

表 4-9　有无超高速激光重熔处理的超高速激光熔覆层表面形貌

熔覆速率/(m/min)	表面粗糙度				
	Ra/μm	*Rz*/μm	*Rp*/μm	*Rku*/μm	*Rv*/μm
20	7.209	56.451	30.992	25.46	3.213
20（重熔）	3.407	27.479	16.682	3.778	10.797
40	4.976	64.296	50.088	14.208	10.982
40（重熔）	2.205	27.443	19.57	7.873	10.188

注：*Ra* 为评定轮廓的算术平均偏差；*Rz* 为轮廓最大高度；*Rp* 为最大轮廓峰高；*Rku* 为评定轮廓的陡度；*Rv* 为最大轮廓谷深。

4.5　单层熔覆层微观结构

4.5.1　微观结构

图 4-18 所示为在表 4-8 的工艺参数条件下，熔覆速率从 30m/min 到 60m/min 的超高速激光熔覆层垂直于沉积方向的截面金相显微组织图。从图中可以看出熔覆层中形成了特殊的“多米诺骨牌”形的多层重叠结构，由于其特殊的搭接结构，熔覆层的表面更加均匀平整。随着熔覆速率的增加，熔覆层的截面厚度不断减小，同时均伴有明显的搭接线，这是由于更高的速率导致单轨的厚度变得更薄，从而引起单层厚度减小。由于超高速激光熔覆引入基体的热量有限，产生的热影响区较小，使得涂层与基体结合线比较平滑，呈现良好的冶金结合

特征。在高倍显微图中可以看到熔覆层的组织致密，无孔洞和裂纹等缺陷的存在。由于超高速激光熔覆加工速度快，冷却凝固时过冷度大，形核率较高，从而晶粒之间相互接触频繁，减少了粗大枝晶的形成，使得涂层的晶粒比较细小且分布均匀。

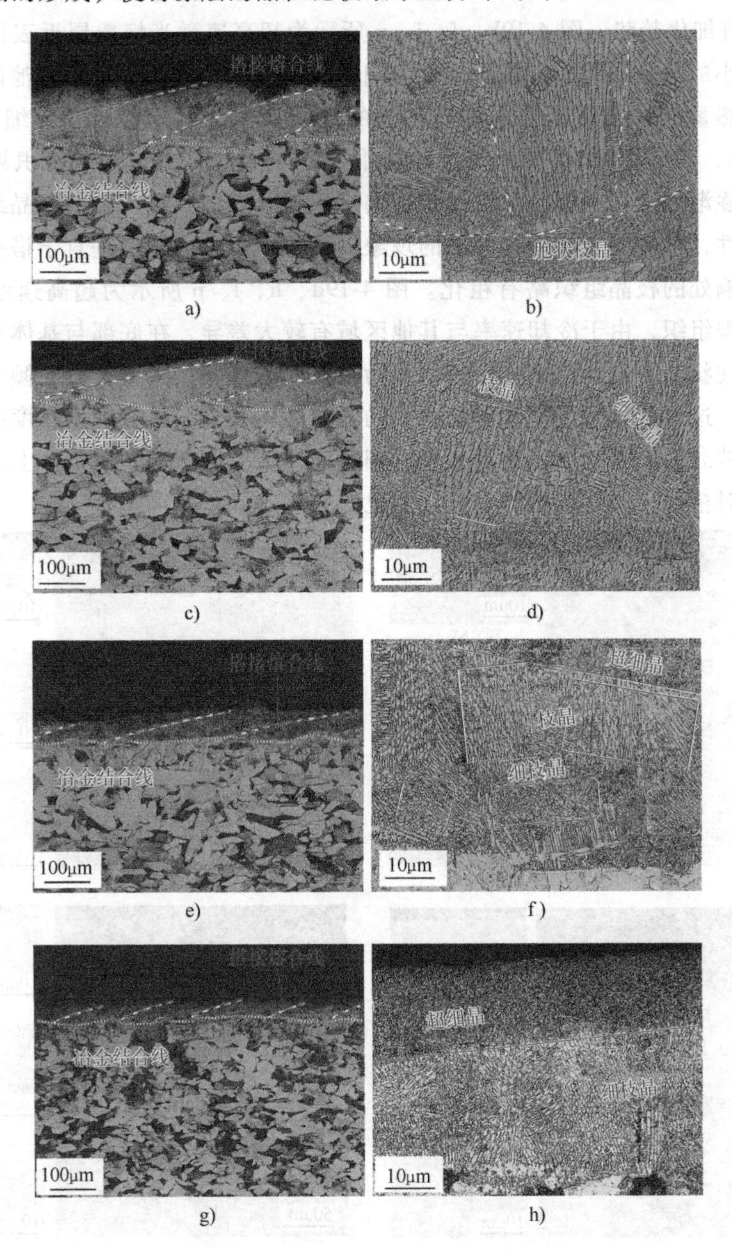

图 4-18 不同熔覆速率下超高速激光熔覆层截面金相显微组织图

a）30m/min b）a图熔覆区域的放大图 c）40m/min d）c图熔覆区域的放大图 e）50m/min f）e图熔覆区域的放大图 g）60m/min h）g图熔覆区域的放大图

由于超高速激光熔覆涂层为多道搭接结构，且熔池尺寸很小，因此总体上涂层的微观组织非常均匀。针对涂层表面、中部多层搭接区及底部与基体界面结合区这三个重点区域进行微观组织特征分析。图 4-19 所示为熔覆速率从 30m/min 到 60m/min 的截面显微组织图。总体来看，超高速激光熔覆涂层底部与基体结合区组织形态为平面晶和少量较粗大枝晶（树状晶），涂层中部和涂层表面主要由细小枝晶组成。随着熔覆速率的提高，平面晶的占比减小，枝晶尺寸有细化趋势。图 4-19b、f、j、n 所示为超高速激光熔覆层近表面微观组织，其主要由均匀细小的等轴晶组成，枝晶生长方向一致，致密性较高。由于熔池的上部与大气环境直接接触，热量散失相对较快，具有更高的冷却速度，因此形成非常细小的枝晶组织。图 4-19c、g、k、o 所示为超高速激光熔覆层中部微观组织，由于热量的积累，散热逐渐减慢且凝固速度逐渐增大，中部晶粒沿散热方向形成生长方向明显一致的枝晶组织，具有连续外延生长的特性，存在明显的搭接分层的现象，枝晶生长方向近似垂直于搭接熔合线，在每两道搭接热影响处的枝晶组织略有粗化。图 4-19d、h、l、p 所示为超高速激光熔覆层与基体结合区域微观组织，由于冷却速率与其他区域有较大差异，在底部与基体界面结合区以少量的平面晶和柱状晶为主，近结合面处组织为较粗大的枝晶，其生长方向倾向垂直于底部与基体的结合面，这与热量通过垂直于结合面的方向散失有关。随着沉积速度的增加，四种熔覆层的截面中枝晶的尺寸减小、数量减少，细小的等轴晶逐渐增多。整体上超高速激光熔覆涂层的组织相对精细，并且枝晶的生长方向也比较均匀。

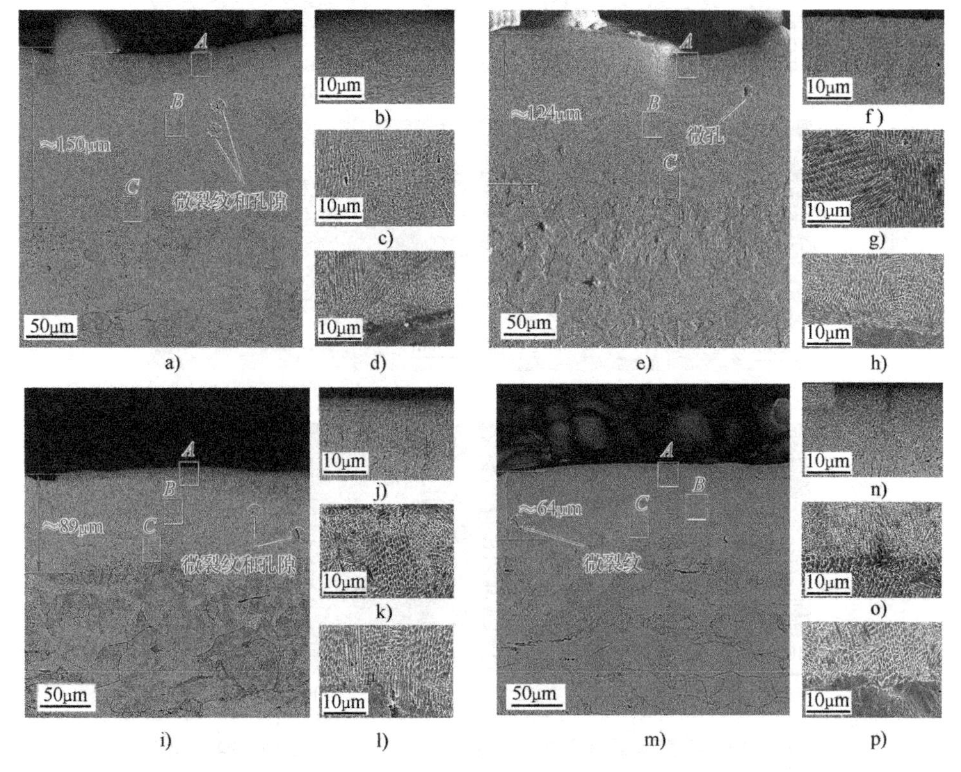

图 4-19　不同熔覆速率下超高速激光熔覆层截面不同区域的显微组织图

a）30m/min　b）a 图熔覆层近表面微观组织　c）a 图熔覆层中部微观组织　d）a 图熔覆层与基体结合区域微观组织　e）40m/min　f）e 图熔覆层近表面微观组织　g）e 图熔覆层中部微观组织　h）e 图熔覆层与基体结合区域微观组织　i）50m/min　j）i 图熔覆层近表面微观组织　k）i 图熔覆层中部微观组织　l）i 图熔覆层与基体结合区域微观组织　m）60m/min　n）m 图熔覆层近表面微观组织　o）m 图熔覆层中部微观组织　p）m 图熔覆层与基体结合区域微观组织

4.5.2　元素分布和相组成

图 4-20 所示为不同熔覆速率下超高速激光熔覆层枝晶间和枝晶内部的元素含量差异。从图中可以看出不同熔覆速率下超高速激光熔覆涂层中元素含量分布差异较小，说明熔覆层成分整体分布比较均匀，有效减少了成分偏析，有利于提高其综合力学性能，这主要得益于合金粉末在空中熔融后再进入熔池。值得注意的是，铬（Cr）在枝晶边界处的固溶性比其他元素要高得多，导致在枝晶边界处富集的 Cr 元素多于在枝晶内部富集的 Cr 元素，这与常规熔覆合金粉末的熔覆层现象一致。

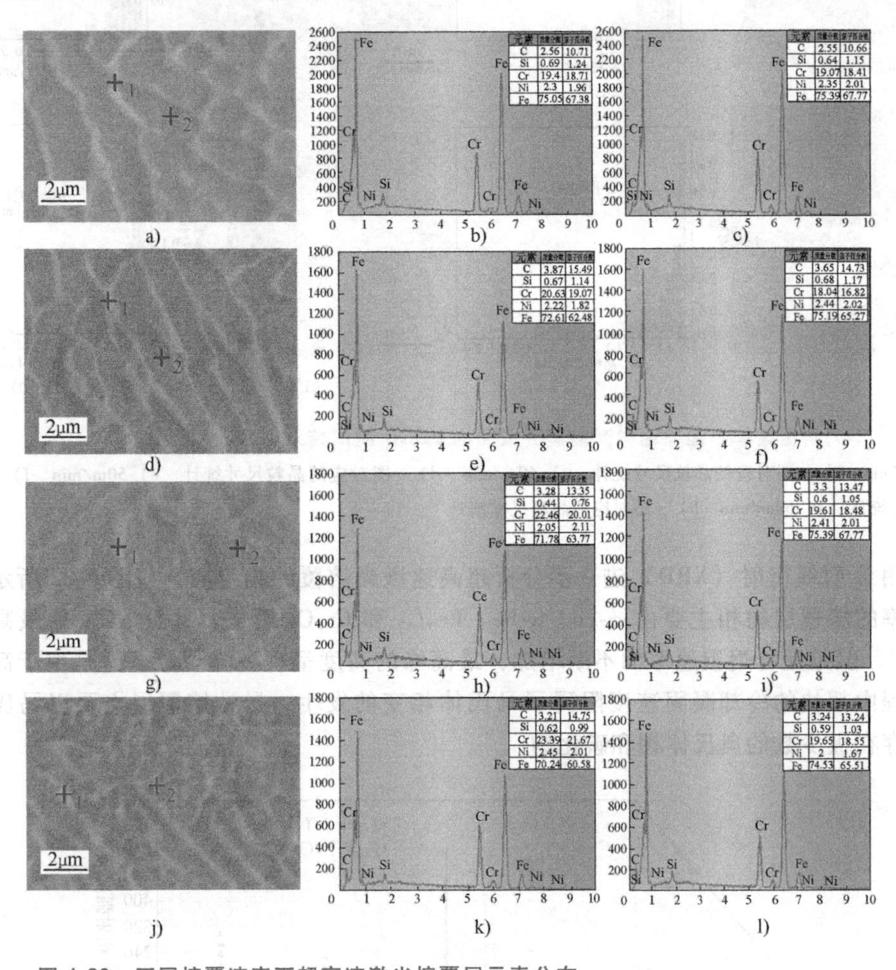

图 4-20　不同熔覆速率下超高速激光熔覆层元素分布

a）30m/min　b）a 图中 1 点处　c）a 图中 2 点处　d）40m/min　e）d 图中 1 点处　f）d 图中 2 点处　g）50m/min　h）g 图中 1 点处　i）g 图中 2 点处　j）60m/min　k）j 图中 1 点处　l）j 图中 2 点处

图 4-21 所示为不同熔覆速率下熔覆层截面的电子背散射衍射（EBSD）结果。图 4-21a、c、e、g 清晰地呈现出许多彩色片状或块状的晶粒，不同颜色的条带显示出不同的晶体取向，这意味着片状或块状物以一定的角度形成。可以看出随着熔覆速率的不断增加，块状或者片状的晶粒尺寸不断减小，表明其等轴化趋势逐渐明显。超高速激光熔覆作为一种新兴的表面

增材制造技术，可以制备晶粒尺寸在10μm以内的涂层。从图4-21a、c、e、g中可以明显看出不同熔覆速率的熔覆层绝大部分晶粒尺寸维持在4μm左右，并且平均晶粒尺寸均小于1μm，逐渐向纳米化发展。

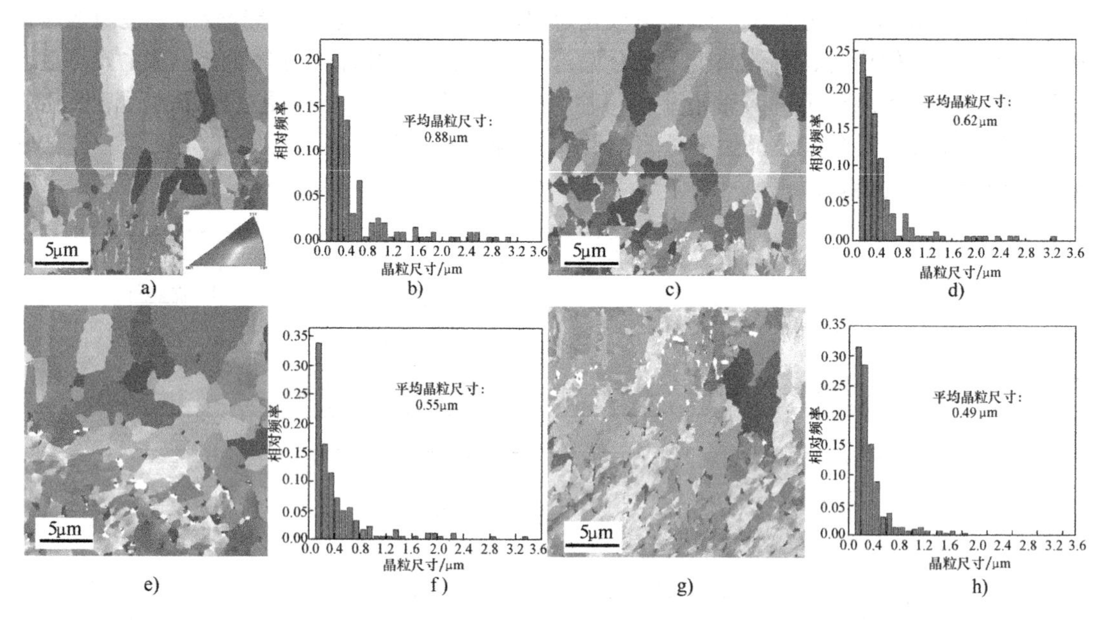

图4-21　不同熔覆速率下超高速激光熔覆层截面的EBSD测试结果

a）30m/min　b）a图对应的晶粒尺寸统计　c）40m/min　d）c图对应的晶粒尺寸统计　e）50m/min　f）e图对应的晶粒尺寸统计　g）60m/min　h）g图对应的晶粒尺寸统计

采用X射线衍射（XRD）进一步分析超高速激光熔覆的相组成，如图4-22所示。不同熔覆速率的熔覆层物相主要由α-Fe、γ-Fe、Fe_7C_3和Cr_7C_3组成，并且α-Fe的最高峰均位于44.6°。但是随着熔覆速率的不断增加，最高峰的高度呈现下降现象，这是由于高速激光熔覆过程中超快的冷却凝固速度阻碍了马氏体相变的发生，导致熔覆层主要以马氏体相为主，也存在极少数的奥氏体相和碳化物。

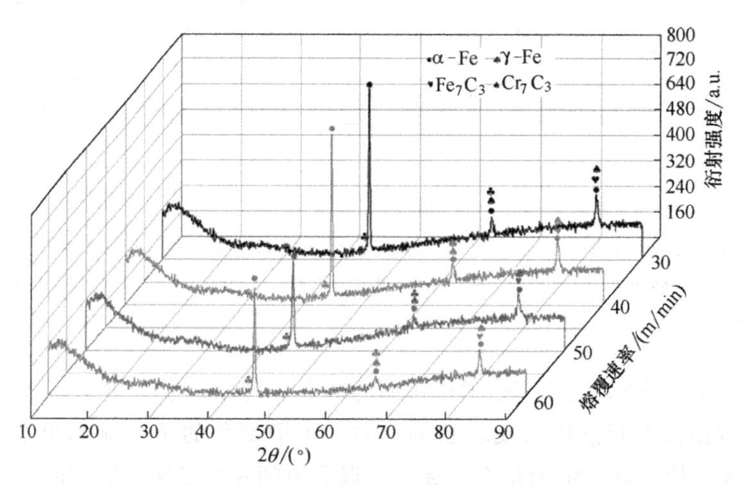

图4-22　不同熔覆速率下熔覆层截面的XRD结果

4.6 性 能

4.6.1 显微硬度

图 4-23 给出了在不同熔覆速率下 45 钢表面熔覆层沿深度方向的显微硬度分布，涉及的工艺参数见表 4-8。熔覆层均含有马氏体相和硬质碳化钨，导致熔覆层的显微硬度均高于基体。超高速激光熔覆层的显微硬度分布相对比较平稳。此外，熔覆层在相对较高的 50m/min 和 60m/min 熔覆速率下，其平均显微硬度值在 550~630HV0.2 之间，这比在 30m/min 和 40m/min 熔覆速率的情况下要高一些。在一般的表面涂层制造方法（如电子束熔化）中，随着加工速度的提高，更均匀和细小的组织使显微硬度值有明显的提高。同样地，在超高速激光熔覆中，进一步提升熔覆速率也能提高涂层的显微硬度。

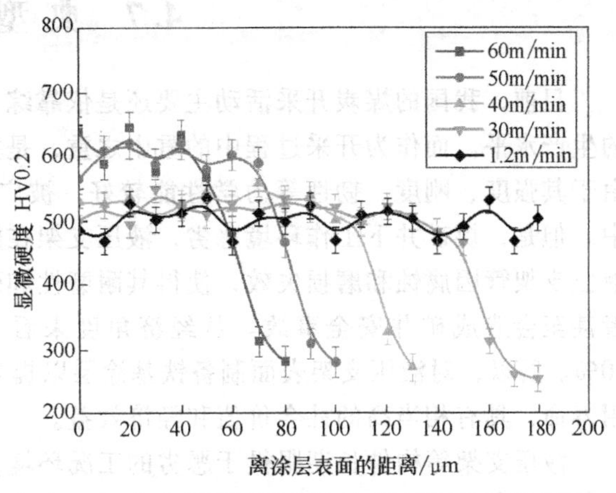

图 4-23 不同熔覆速率下 45 钢表面超高速激光熔覆涂层显微硬度分布

4.6.2 摩擦磨损性能

图 4-24 所示为在表 4-8 的工艺参数条件下，四种不同熔覆速率的超高速激光熔覆层与常规激光熔覆层的耐磨性能的对比实验结果。结果表明，干摩擦条件下，涂层的摩擦系数随熔覆速率的提高呈下降趋势。与超高速激光熔覆涂层的摩擦系数（约为 0.3~0.4）相比，常规激光熔覆涂层的平均摩擦系数略高（约为 0.5~0.6）。但值得注意的是，以 50m/min 和 60m/min 激光熔覆速率制备的涂层的摩擦系数几乎相等。因此，可以看出在其他工艺参数不变的情况下，当熔覆速率达到或超过一定值时，铁基涂层的耐磨性将达到一个阈值。

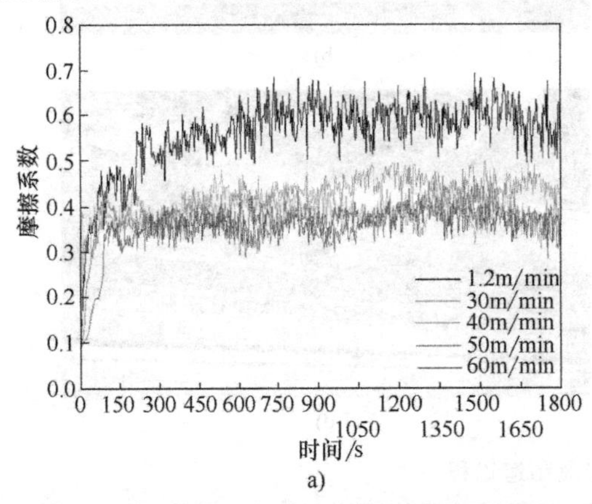

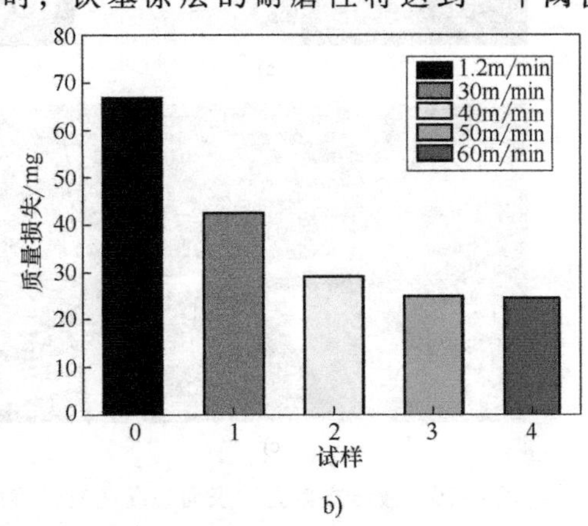

图 4-24 不同熔覆速率的超高速激光熔覆层与常规激光熔覆层的耐磨性能

a）摩擦系数随时间变化曲线 b）磨损量

图 4-24b 所示为不同沉积速度下涂层的平均磨损损失。以 60m/min 的熔覆速率制备的超高速激光熔覆涂层磨损量约为 25 mg，磨损量比传统激光熔覆涂层减少 62%左右，表明超高速激光熔覆涂层的减摩性能优于传统激光熔覆涂层。Li 等人表明，由于晶粒细化机制，通过在高频微振动辅助下制备的激光熔覆涂层的耐磨性得到了明显的提高。这说明激光熔覆工艺参数对组织和磨损性能有很大的影响。

4.7 典型案例

目前，我国的煤炭开采活动主要还是依靠综合机械化采煤，这种方式较好地提升了整体的生产水平。而作为开采过程中的重中之重，是井下的安全支撑问题。其中，煤矿液压支架由于其强度、刚度、韧性等力学性能较好，被广泛应用于煤矿端头及断层区域等支持工作中。但是，煤矿井下工作环境恶劣，液压支架在酸性介质或盐性环境下长期工作，就会导致液压支架管因腐蚀和磨损失效，使得其耐磨性和耐腐性等性能无法满足工作需要，失效严重者甚至会造成矿井安全事故。从经济角度来看，液压支架的投资额约占生产总投资额的 50%。所以，对液压支架表面制备铁基涂层以提高其表面强度、硬度、耐磨等性能，延长使用寿命，具有相当高的社会价值和经济效益。

液压支架等构件长期服役于恶劣的工况环境，表面受到环境的腐蚀破坏，导致整个轴类构件的报废失效，造成了材料的极大浪费，生产成本也相应增加。传统的电镀铬技术因其严重的污染性被逐渐淘汰，而为了降低工艺成本，降低生产污染消耗，作为绿色制造技术的超高速激光熔覆技术近年来得到广泛关注。而采用该技术制备的耐蚀涂层与基体为冶金结合，既能保证结合强度，又能达到耐蚀性能要求。使用超高速激光熔覆技术在液压支架立柱表面进行修复，修复过程如图 4-25 所示。主要过程：第一步，机加工去除掉腐蚀的部分直至表

a) b) c) d)

图 4-25 液压支架立柱表面超高速激光熔覆修复制造过程

a）失效的液压支架立柱 b）初步机加工去除表面皮 c）超高速激光熔覆修复加工 d）精磨加工至成品尺寸

面光滑；第二步，在光滑表面进行超高速激光熔覆技术处理，直至涂覆涂层后比原立柱直径略粗；第三步，机加工至原尺寸，完成液压支架立柱的表面修复。经修复后的液压支架立柱表面涂层与基体形成冶金结合，并使其恢复至工件原尺寸。经盐雾试验后，认定修复后的液压支架立柱表面完全符合要求，且再次服役时间比全新液压支架立柱更长。

【扩展阅读】

弗劳恩霍夫激光技术研究所

超高速激光熔覆技术为增材制造做了一些创新并提供了一些可能性，特别是在创新零件的制造方面。这是因为传统的制造方法（如铸造或锻造），可以与超高速激光熔覆技术相结合来制造更多高性能的大型部件。传统制造技术通常以减材为特征，锻造或铸造毛坯必须大量返工：最高达90%的原始材料被机加工去除。这增加了制造成本且消耗了更多资源。而超高速激光熔覆能够最大限度地减少材料的二次加工，例如用传统的方法制造法兰或密封座必须经过几个小时的加工，但是如果使用超高速激光熔覆技术生产相同的部件，即在现有部件基础上对其他部件特征进行增材制造，则时间可缩短至几分钟。

正因为有如此广阔的前景，超高速激光熔覆技术已经逐渐被行业所接受，但目前仍处在推广应用阶段，制备过程中的基础性研究尚不充分，在成形精度和缺陷控制方面仍有许多工作需要完成。德国弗劳恩霍夫激光技术研究所及其合作单位正在研发适用于超高速激光熔覆的新型熔覆头及其相应的测控系统，如图4-26所示。成套的系统可精准测量和控制熔覆时粉体的数量和流速、汇聚粉斑的位置和直径，将收集到的数据进行整合，建立起粉体的三维分布模型。继而开展空间粉体与激光交互作用的研究，获取粉体分布与熔覆效率的关系，从而指导熔覆头的优化设计，以获取更小的粉斑直径及合适的粉体与激光作用时间，提升超高速激光熔覆层的几何精度和产品质量。

a)

b)

图4-26　弗劳恩霍夫激光技术研究所和研究团队

a）研究所　b）研究团队

此外，弗劳恩霍夫激光技术研究所还开发出粉体在线监控系统——Powder Jet Monitor，并已在实验室进行测试。该系统可对熔覆过程中的粉体进行断面扫描，获取二维平面上粉体的密度分布，通过三维重构对粉体空间分布进行建模分析，实现对于熔覆过程的监控。在系统技术领域，开发了强大、经济和高度灵活的超高速激光熔覆技术的硬件和软件模块。核心模块是组件和涂层的光学几何检测模块，用于自适应路径规划的 CAM 模块和用于过程监控的模块。CAM 模块可对与目标状态的几何偏差做出智能反应。使用该模块可以制备无缺陷的涂层，保证该涂层满足或超过静态力学性能的要求。超高速激光熔覆技术具有应对各种工业领域挑战的潜力，无论是在海上还是汽车还是航空航天领域，该技术在质量、时间和成本方面都能够充分满足要求。

此外，超高速激光熔覆技术特别适用于汽车行业，其首次将冶金结合的涂层制备到制动盘上。与传统方法生产的涂层相比，该涂层不会剥落。并且传统熔覆工艺制备的涂层可能有孔和裂纹，然而使用超高速激光熔覆工艺制备的涂层却很紧密，可以更有效地保护部件，防止由于摩擦面的表面损坏而导致的损坏，延长部件使用寿命。

【参考文献】

[1] 吴琼，徐小雨．电镀企业场地污染特征及修复对策［J］．资源节约与环保，2019，4：123.

[2] THOMAS S，ANDRES G，KONRAD W，et al. Investigation on ultra-high-speed laser material deposition as alternative for hard chrome plating and thermal spraying［J］. Journal of Laser Application，2016，28（2）：022501.

[3] 高东强，王蕊，陈威，等. 激光熔覆改善材料性能的研究进展［J］. 热加工工艺，2017，46（12）：14-18.

[4] 雷鹏达，付洪波，易定容，等. 激光诱导击穿光谱表征熔覆层缺陷程度［J］. 中国激光，2020，47（04）：285-293.

[5] 曾泽恩. 织构对超音速火焰喷涂涂层结合强度的影响［D］. 湘潭：湘潭大学，2017.

[6] MASOUD S，MERSAGH D S，MOEINI F S. Deposition of Ni-tungsten carbide nanocomposite coating by TIG welding：characterization and control of microstructure and wear/corrosion responses［J］. Ceramics International，2018，44（18）：22816-22829.

[7] WANG Q，LUO S，WANG S，et al. Wear' erosion and corrosion resistance of HVOF-sprayed WC and Cr_3C_2 based coatings for electrolytic hard chrome replacement［J］. International Journal of Refractory Metals & Hard Materials，2019，81：242-252.

[8] YU J，ROMBOUTS M，MAES G，et al. Material properties of Ti6Al4V parts produced by laser metal deposition［J］. Physics Procedia，2012，39：416-424.

[9] 王豫跃，牛强，杨冠军，等. 超高速激光熔覆技术绿色制造耐蚀抗磨涂层［J］. 材料研究与应用，2019，13（03）：165-172.

[10] 贾云杰. 超高速激光熔覆铁基合金数值模拟研究［D］. 天津：天津职业技术师范大学，2020.

[11] ABBAS G，WEST D R F. Laser surface cladding of stellite and stellite-SiC composite deposits for enhanced hardness and wear［J］. Wear，1991，143（2）：353-363.

[12] 朱蓓蒂，曾晓雁. 激光工艺参数对熔覆层宏观质量的影响［J］. 金属热处理，1993（7）：23-28.

[13] LI C，WANG Y，WANG S，et al. Laser surface remelting of plasma-sprayed nanostructured Al_2O_3-13wt% TiO_2 coatings on magnesium alloy［J］. Journal of Alloys and Compounds，2010，503（1）：127-132.

[14] LI C，ZHANG Q，WANG F，et al. Microstructure and wear behaviors of WC-Ni coatings fabricated by laser cladding under high frequency micro-vibration［J］. Applied Surface Science，2019，485：513-519.

第5章

激光焊接技术

【导读】 **激光焊接技术起源**

早在公元前1600年—公元前1046年的商朝，人们便使用铸焊技术制造了铁刃铜钺。到公元前476年—公元前221年，曾侯乙墓出土的青铜建鼓底座就是采用分段钎焊技术制成的。明朝宋应星所著《天工开物》中记载：中国古代将铜和铁一起入炉加热，经锻打制造刀、斧，将黄泥或筛细的陈久壁土撒在接口上，分段锻焊大型船锚，这便是中国早期的锻焊技术。国外焊接技术可以追溯至公元前1000年，在古埃及和地中海地区，人们通过搭接的方法制造金盒及铁质工具。到公元476年—公元1453年，叙利亚大马士革采用锻焊方法打造兵器。但是，国内外古代焊接技术长期停留在铸焊、锻焊和钎焊的水平上，使用的热源都是炉火，该热源温度低、能量不集中，无法用于大截面、长焊缝工件的焊接，只能用于制作装饰品、简单的工具和武器。近代真正意义上焊接技术的发展主要有两个重要的时间阶段——19世纪70年代的第二次工业革命和20世纪50年代的第三次工业革命。

第二次工业革命带来的电力发展和应用，促进了电弧焊、电阻焊等焊接工艺的出现。这一阶段奠定了焊接技术发展的第一块基石。1881年的巴黎“首次世界电器展”上，法国Cabot实验室的学生——俄罗斯的Nikolai Benardos，在碳极与工件间引弧，填充金属棒使其熔化，首次展示了电弧焊的方法。瑞典的Oscar Kjellberg使用电弧焊修理船上的蒸汽锅炉时发现，焊接金属中存在气孔和裂纹，焊缝不能隔绝空气和液体。为了解决这一问题，他发明了涂层焊条，推动手工电弧焊进入了实用阶段。随后，美国的诺布尔里用电弧电压控制焊条送给速度，制成自动电弧焊机，从而拉开了焊接机械化、自动化的序幕。在电弧焊的基础上，能产生更集中、更炙热能源的等离子焊接也被发明出来。

20世纪50年代的第三次工业革命，在能源、微电子技术、航天技术等领域取得的重大突破，推动了焊接技术的发展，各个国家接连开发出不少新颖的焊接方法。在20世纪70年代之后，高功率连续波形激光器的开发，标志着真正意义上的激光焊接技术的诞生。随着激光焊接技术的普及应用和激光器的商品化生产，大功率激光器的发展和新型复合焊接方式的研发与运用，使激光焊接转化效率低的缺点也得以改善。相信在不久的将来，激光焊接将逐步代替传统焊接工艺（如电弧焊和电阻焊），成为工业焊接的主要方式。

5.1 技术概述

5.1.1 原理

激光焊接是将高功率密度的激光束直接照射到材料表面，在极短的时间内通过材料表面吸收激光能量使辐照位置熔化形成焊接熔池，在随后的冷却凝固过程中形成冶金结合的焊接接头的一种连接方法，其原理如图 5-1 所示。

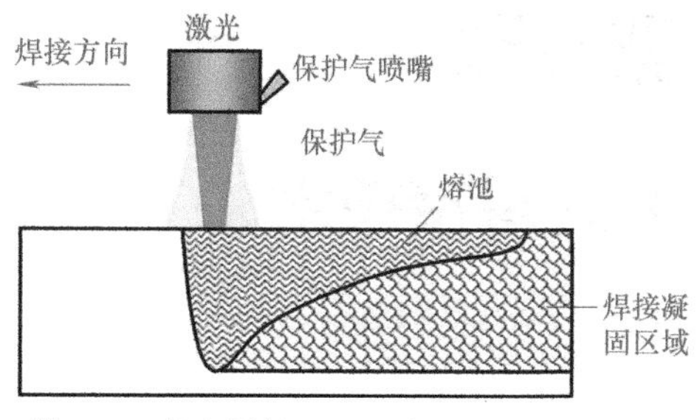

图 5-1 激光焊接原理示意图

激光焊接有两种基本模式，即热导焊和深熔焊。激光热导焊类似于非熔化极惰性气体保护电弧焊（TIG 焊），材料表面吸收激光能量，通过热传导的方式向内部传递；激光深熔焊与电子束焊接相似，高功率密度激光引起材料局部蒸发，蒸气压力作用使熔池表面下陷形成小孔，激光束通过“小孔”深入熔池内部。这两种基本模式的示意图如图 5-2 所示。

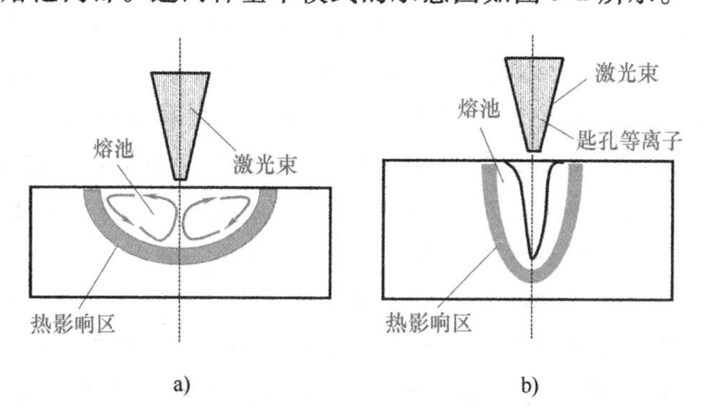

图 5-2 激光焊接两种基本模式
a）热导焊 b）深熔焊

5.1.2 特点

与常规的焊接方式相比，激光焊接具有以下优势。

（1）能量密度高 激光束焦点附近的能量密度极高，可以达到 10^5W/cm^2，甚至更高，且穿透能力强，形成的焊缝具有较大的深宽比，因此激光焊接具有焊接速度快、热影响区小和热变形小的特点。

（2）非接触式焊接 激光头不需要接触焊件，可以焊接不便接近的部位，其中光纤激光焊接机可以通过光纤进行远距离传输且几乎没有衰减。在机械手的辅助下，光纤激光焊接机可以对大型复杂焊件进行自动化焊接。

（3）用途广 通过改变激光器的各种输出参数，就可以使激光焊接设备适应不同用途。对于光纤激光，改变离焦量即可实现焊接和热处理两种加工手段；在相同的焊接参数条件下，激光应用于厚板可以实现焊接，应用于薄板则可实现切割。因此，通过分光系统，可以将一台激光器输出的光源分成多路，改变相关参数后实现多种用途。

（4）可以焊接各种不易焊接的材料 应用激光焊接可以实现对于异种金属的焊接、金属与非金属的焊接和非金属之间的焊接等。

随着国内的产业升级，企业的自动化程度逐渐提高，国内部分企业已可以独立生产小型甚至大型激光器，其稳定性也逐渐提高，逐步得到市场的认可，并打破国外的技术垄断。可以预见，我国激光焊接的应用必然越来越广泛。

激光焊接也有其不足之处，主要是设备投资成本高，在需要大流量昂贵的氦气作为保护气体的情况下，其运行费用也较高。激光束能够获得极小的光斑是激光焊接的优点，但同时也带来了接头安装和对中困难的问题。

5.2　激光焊接系统

激光焊接系统主要由激光器、光束传输和聚焦系统、运动系统、过程与质量的监控系统、光学元件的冷却和保护装置、保护气体输送系统、控制和检测系统、工件上下料装置和安全装置等外围设备组成。

5.2.1　激光器

激光焊接要求激光器应具有较高的额定输出功率、较宽的功率调节范围，以及功率缓升缓降的能力，工作稳定、可靠，能长期工作运行，同时要求激光的横模最好为低阶模或基模。激光器的工作方式主要有脉冲式和连续式两种，另有一种 QCW 准连续式，各工作方式均有不同的使用场合。脉冲式激光器功率较小，主要应用于厚度小于 1mm 的薄金属焊接，如 3C 产品、电子元器件、锂电池等。连续激光器大部分是高功率焊接机，利用匙孔效应来焊接厚度大于 1mm 的金属材料，多用于机械、汽车等领域；而小功率的连续激光器多用于塑料焊接。虽然激光器的种类繁多，但目前适用于焊接工业化的激光器主要为 CO_2 和 YAG 激光器。

5.2.2　光束传输与聚焦系统

在生产中，根据加工任务、工件大小和工艺流程，激光器和加工工件是相互分开布置的，距离范围包括从精细加工时的不足 1m 到大板加工时的 10m 以上。为了使一台激光器能够用于更大的工作台或服务于多个加工工位，光的传输距离有时可达 30~50m。

光学系统主要用于激光光源到加工机头的光束传输。激光传输有激光反射和透射两种方式，通过使用光学镜片来实现。CO_2 激光传输一般直接将反射镜插入光束的传输路径中改变方向，光束在空气介质中传输，在此过程中，光束功率保持不变。YAG 激光多采用透镜，在传输之前，需要在光路中插入凹透镜进行扩束处理，使光束发散，提高后续聚焦透镜的焦距，增大工作距离，以便于激光加工。几何光学原理中的反射与聚焦原则上也适用于激光束，如图 5-3 所示，采用合适材料制作的反射镜可以将原来直线传播的激光束转向任何方向。

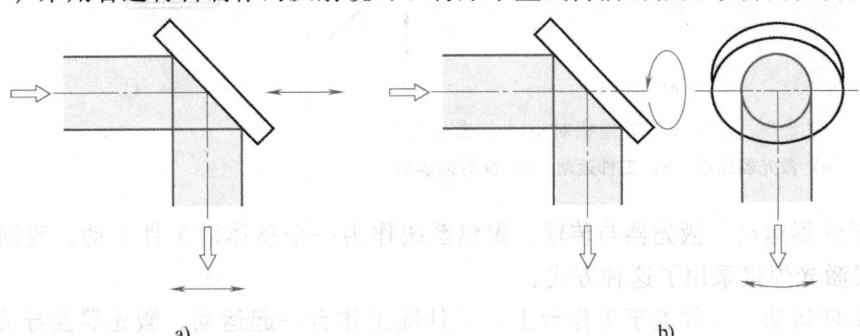

图 5-3　采用反射镜改变光束的传播方向示意图
a）光束平行移动　b）光束转动

在大量应用的情况下，经常遇到光束的发散角太大而不能接受的问题，如远距离传输时，在这种情况下使用扩束望远镜被证明是行之有效的。以两个透镜望远镜为例，扩束原理如图5-4所示。当激光功率超过1000W时，则宜采用反射镜系统。

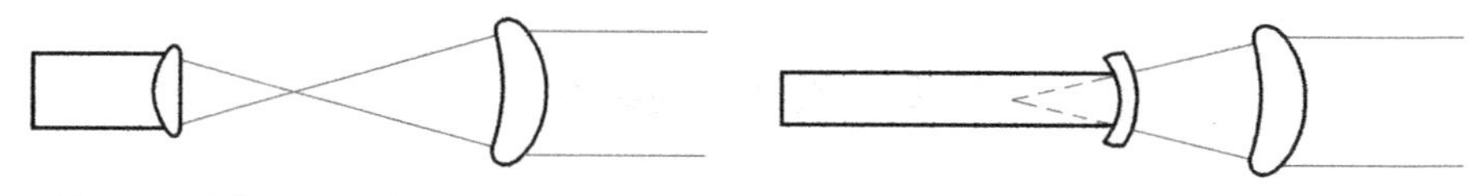

图5-4 扩束原理示意图

激光器输出的激光必须借助聚焦系统以获得所需的光斑大小和功率密度才能用于焊接。聚焦通常有透射式聚焦和反射式聚焦两种方式，其原理如图5-5所示。YAG激光通常采用透射式聚焦。而对于CO_2激光，当激光功率不很高时（通常在2500W以下），采用透射式聚焦；激光功率在几千瓦以上时，则采用反射式聚焦。大功率CO_2和YAG激光加工时，用于制造透镜的材料主要有硒化锌（ZnSe）和砷化镓（GaAs）两种半导体，而反射镜常采用无氧铜制造，采用金刚石精密车床加工，表面精度可以达到CO_2激光波长的1/50。

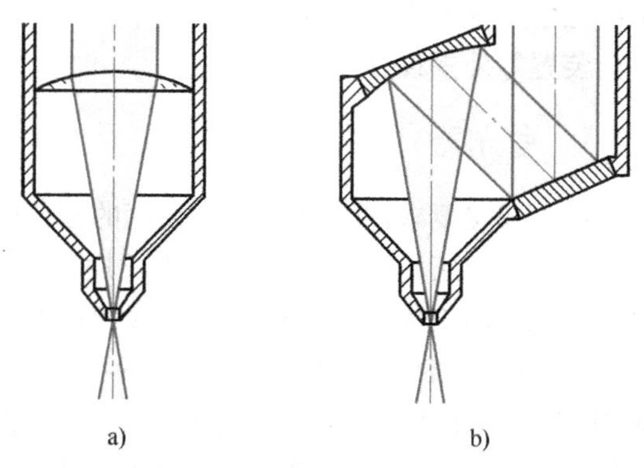

图5-5 聚焦系统示意图

a）透射式聚焦 b）反射式聚焦

5.2.3 运动系统

按激光器与工件相对运动的实现方式，运动系统可以分为以下三种基本形式，如图5-6所示。

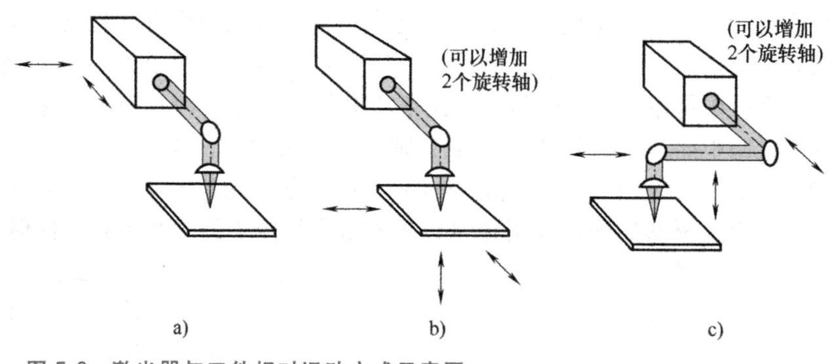

图5-6 激光器与工件相对运动方式示意图

a）激光器运动 b）工件运动 c）反射镜运动

（1）激光器运动 激光器与传输、聚焦系统作为一个整体沿工件运动。我国宝钢1420冷轧生产线激光焊接采用了这种方式。

（2）工件运动 工件置于工作台上，工件随工作台一起运动，激光器及导光系统固定不动。在工件不大时，使用这种方式较为方便，如齿轮焊接。

（3）反射镜运动 激光器和工件都固定不动，通过飞行光学系统或光导纤维的运动实现光束的运动。由于运动部件的惯性小，故可以达到很高的速度和加速度。这种方式对激光器的光束质量要求很高，通常应用于大范围的加工。我国一汽轿车股份有限公司新一代大红旗轿车覆盖件的激光三维切割采用了这种方式。

针对不同的目的和要求，有时需要将两种基本运动方式结合起来。图 5-7 所示为一种复合运动方式的五轴联动激光加工系统示意图，这种五轴系统具有很高的精度，但是价格昂贵。

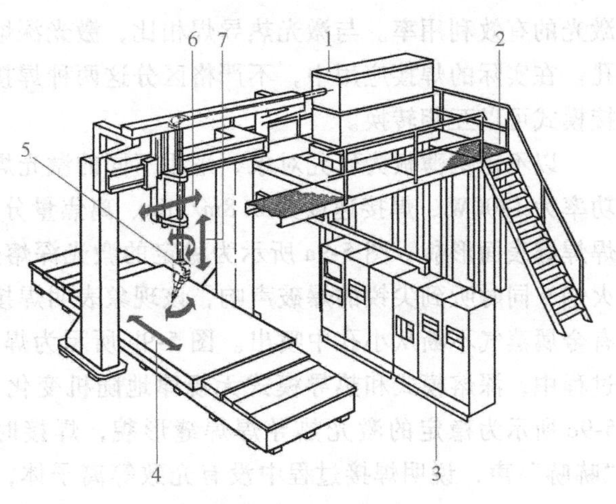

图 5-7 五轴联动激光加工系统示意图

1—激光器 2—检查用扶梯 3—电源和控制系统 4—x 轴 5—可沿两个轴旋转的工作头 6—y 轴 7—z 轴

机器人的加工精度虽然不及激光加工机床，但由于其体积小，更加方便灵活，且价格低廉，得到越来越广泛的应用。图 5-8 所示为 YAG 激光器通过光导纤维与六轴机器人组成的柔性加工系统实物图。

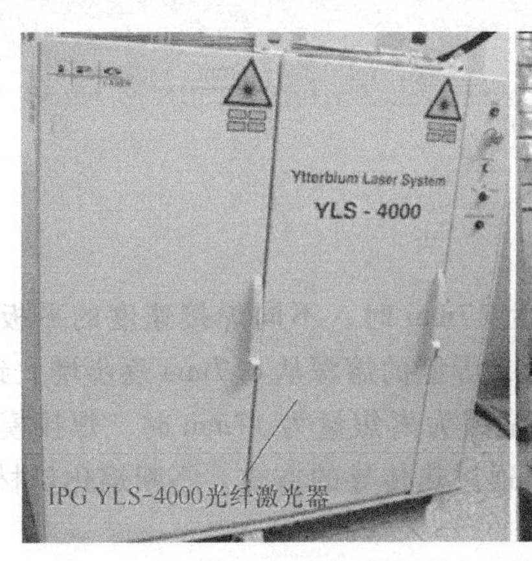

图 5-8 光纤传输激光加工机器人系统

5.3 工艺方法研究

5.3.1 激光热导焊和深熔焊

激光热导焊的激光功率密度一般小于 10^5 W/cm^2，焊接过程中的热量通过热传递的方式在材料内部传递，吸收到足够热量的材料区域就会熔化凝固形成新的熔池，而深熔焊模式的激光功率密度通常高于 10^6 W/cm^2。激光热导焊的热输入小，焊接速度快，且热源集中作用在焊接材料表面，因此形成的焊缝熔池较浅，热影响区比较窄；而激光深熔焊的热输入较大，当高能量密度的激光束作用在材料表面时，会导致材料局部熔化后再蒸发，形成的焊缝熔池深，甚至会产生匙孔。激光束通过匙孔深入熔池内部，减小激光能量的损失，从而提高激光的有效利用率。与激光热导焊相比，激光深熔焊熔深大、熔宽小、变形小、容易产生气孔。在实际的焊接应用中，不严格区分这两种焊接机制，即在特定的焊接条件下，这两种焊接模式可以互相转换。

以不锈钢薄板为研究对象，采用不同的激光焊接参数进行激光焊接。图 5-9 给出了激光功率为 1800W、焊接速度为 0.8m/min、离焦量分别为 6mm、12mm、17mm 时的平板激光堆焊焊缝表面形貌。图 5-9a 所示为稳定的激光深熔焊焊缝形貌，焊接时可观察到均匀的蓝色火焰，同时听到尖锐的爆破声响，该现象表明焊接过程中自始至终有激光等离子体产生，并有金属蒸气不断从小孔中喷出。图 5-9b 所示为焊接模式不稳定的激光焊接过程，整个焊接过程中，深熔模式和热导模式无规律地随机变化，焊缝熔深和熔宽也在大小两级跳变。图 5-9c 所示为稳定的激光热导焊焊缝形貌，焊接时可以观察到橘红色的火焰，伴随轻微的“哧哧”声，说明焊接过程中没有光致等离子体，熔深和熔宽均很小，焊缝全长成形均匀。由此可见，离焦量是影响激光焊接模式的关键因素。

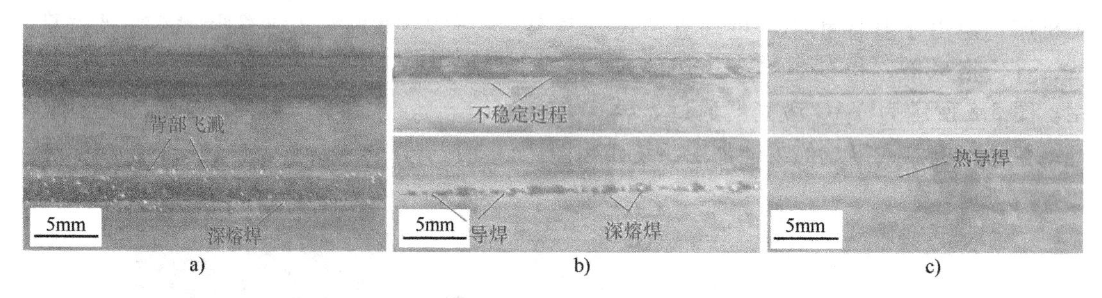

图 5-9　不同离焦量的平板激光堆焊焊缝表面形貌

a）6mm　b）12mm　c）17mm

图 5-10 所示为激光功率为 1800W、离焦量为 17mm 时，不同焊接速度的平板激光热导堆焊截面形貌。可以看出，随着焊接速度的降低，焊缝的熔深从 0.7mm 逐步增大到 1.5mm。当焊接速度为 0.4m/min 时，焊缝已经熔透，这是因为离焦量为 17mm 时，焊接模式为热导焊，降低焊接速度增加了焊接热输入，液态熔池通过热传导的方式，不断熔化母材，提高了焊缝的熔深和熔宽。

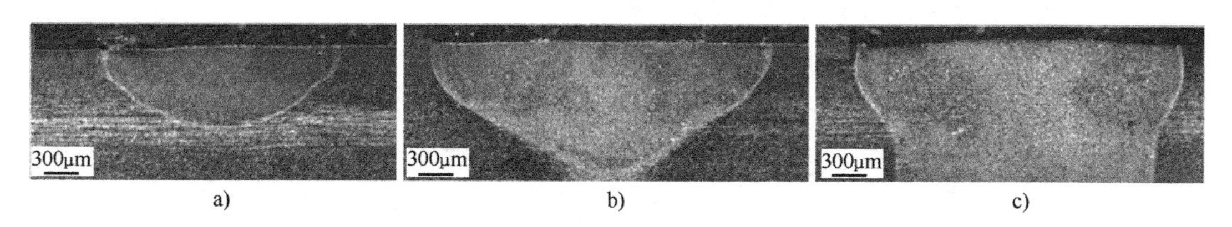

图 5-10　不同焊接速度的平板激光热导堆焊截面形貌

a）0.8m/min　b）0.6m/min　c）0.4m/min

以低碳钢为研究对象，使用激光深熔焊的焊接模式，并通过控制激光的出光时间减小熔池中热输入。图 5-11 所示为不同出光时间下，激光深熔焊形成小孔的三维形貌特征。可以看出，当激光的出光时间在 1~4ms 时，小孔并未开始闭合，小孔口边缘存在少量熔化的金属；而当出光时间超过 7ms 时，熔池中的小孔出现明显回填现象。由此可见，出光时间是影响激光深熔焊过程中小孔形貌的重要因素。

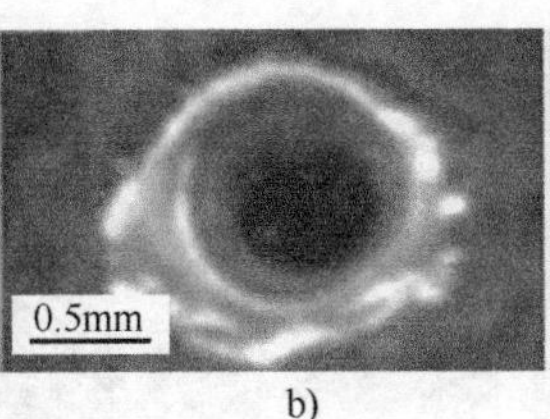

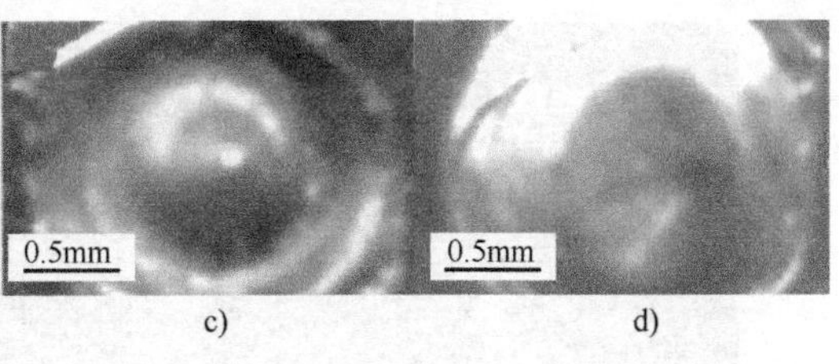

a)　　b)　　c)　　d)

图 5-11　不同出光时间下激光深熔焊形成小孔的三维形貌

a）$t=1\mathrm{ms}$　b）$t=4\mathrm{ms}$　c）$t=7\mathrm{ms}$　d）$t=10\mathrm{ms}$

5.3.2　激光填丝焊技术

一般情况下，常用的激光自熔焊接技术不需要另外填充焊接材料，可以完全靠焊接基材的自身熔化形成接头。但由于激光光斑的直径小，热源能量非常集中，所以激光自熔焊接技术对焊接工件在焊前装配的要求相当严格，几乎要做到零间隙，焊接接头强度也很低。尤其是在进行远程焊缝的焊接时，对被加工材料的剪裁工艺更加苛刻。因此，为了弥补激光自熔焊接技术的不足，在众多科研工作者的共同努力下，发展出了激光填丝焊技术。激光填丝焊，是在激光焊接基础上，通过不断地补充合适的焊丝，使其与焊接基材形成冶金结合，从而达到改善焊缝组织成分、抑制焊接缺陷和降低焊前装配精度等目的。激光填丝焊接技术具有焊接变形小，热影响区窄，可以通过选择焊丝材料来控制焊缝冶金成分等优点。根据送丝方向的不同，可将激光填丝焊分为前置送丝和后置送丝，如图 5-12 所示。激光填丝焊过程的稳定性和形成焊缝质量的好坏与焊丝的熔入机制有关。熔入机制主要受焊丝和激光之间的相对位置的影响，通过调整送丝方向、送丝速度和送丝角度可以控制激光填丝焊过程的稳定性和焊接接头的质量。

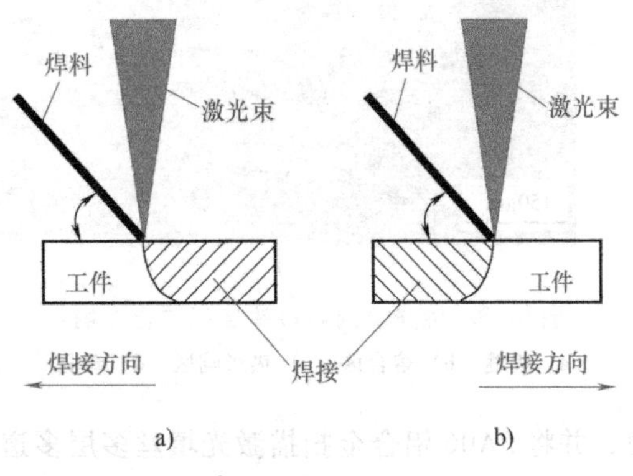

图 5-12　激光填丝焊方式

a）前置送丝　b）后置送丝

以 5A06 铝合金为研究对象，采用激光填丝焊接工艺，对其焊接件不同位置对应的微观组织进行观测与分析，如图 5-13 所示。激光填丝焊焊缝以枝晶为主（见图 5-13a），焊缝靠近熔合线部位可观察到指向焊缝中心生长的柱状晶（见图 5-13b），热影响区组织和母材组织的形貌差异不大，热影响区仍保持了轧制的带状组织（见图 5-13c），晶粒较母材长大并不明显。母材和热影响区同时存在三种第二相：①浅灰色的块状（Fe，Mn）Al_6（见图 5-13c、d）；②粗大的黑色骨骼状的 Mg_2Si；③均匀细小的 Mg_5Al_8，其中 Mg_5Al_8 相沿晶界分布，同时在晶内弥散分布，而热影响区晶界上的 Mg_5Al_8 相要比母材少很多，说明在焊接过程中，Mg_5Al_8 相受焊接热的作用固溶进了基体，这种第二相的分布差异会造成热影响区与母材性能的差异。在接头焊缝区，组织中的第二相主要为 Mg_5Al_8 相，其弥散分布于基体上；焊缝组织中没有（Fe，Mn）Al_6 和 Mg_2Si 相。

使用模拟与实验结合的方式，预测 5A06 铝合金扫描激光填丝多层多道焊接件的残余应

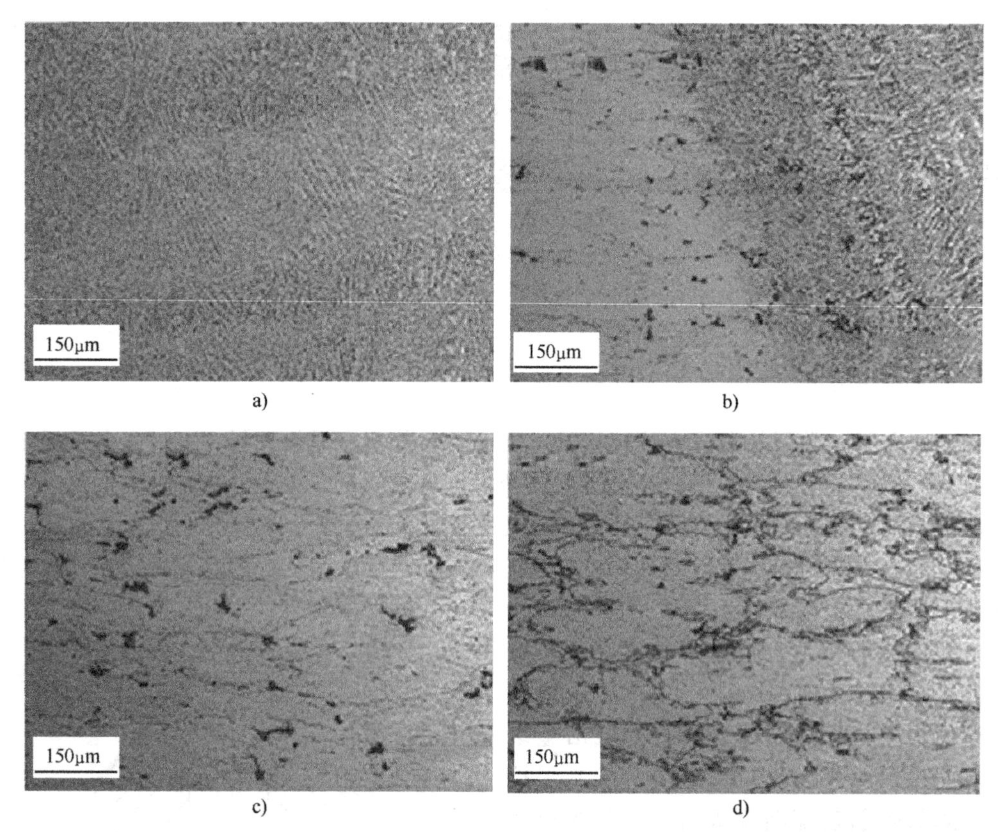

图 5-13 激光填丝焊接头各区的显微组织

a）焊缝 b）熔合区 c）热影响区 d）母材

力，并将 5A06 铝合金扫描激光填丝多层多道焊横向残余应力与纵向残余应力的模拟值与实测值进行对比，结果如图 5-14、图 5-15 所示。

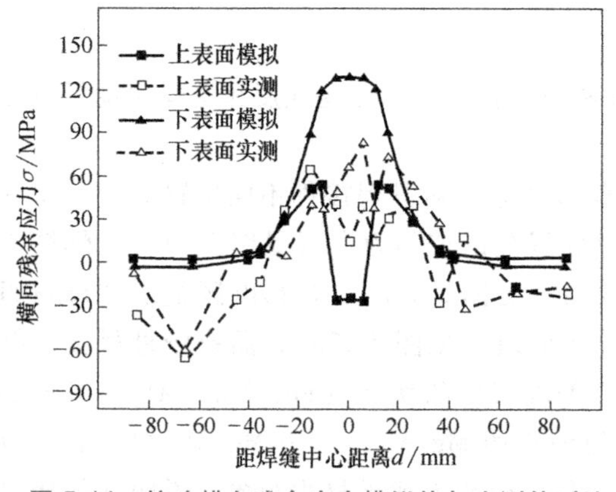

图 5-14 接头横向残余应力模拟值与实测值对比

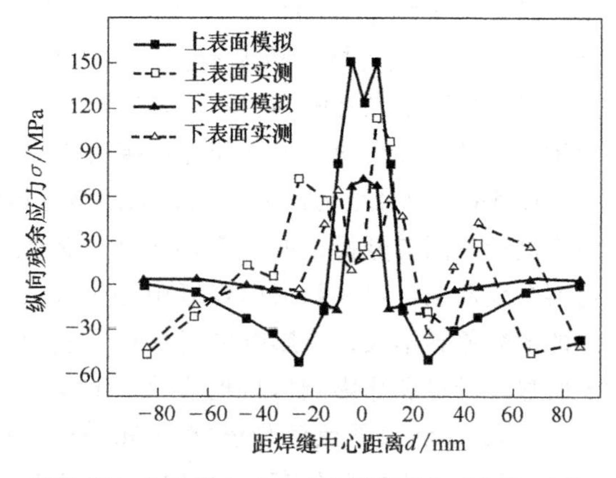

图 5-15 接头纵向残余应力模拟值与实测值对比

由图 5-14 可知，上表面的各个位置上的横向残余应力实测值与模拟值相近，而下表面的横向残余应力峰值出现在焊缝中部位置，约为 90MPa，远低于模拟的横向残余应力值。这主要是由于加工焊接接头会释放部分残余应力，导致应力值小于模拟值。

纵向残余应力的对比如图 5-15 所示，在实测结果中，上表面的纵向残余应力峰值比下表面高，为 110MPa，出现的位置同样位于焊缝中部。对比侧面位置的残余应力可知，不同高度上纵向残余应力的分布趋势基本类似，峰值在焊缝区，最大值约为 48MPa。

5.3.3 激光钎焊

激光钎焊是采用激光束作为钎焊加热热源的一种钎焊方法。激光束具有高光束质量、高单色性、高强度的特点，它能聚焦为几十 μm 大小的光斑，从而实现很高的能量密度，因此使用激光能实现对小面积的高速加热并保证对附近的母材性能不产生明显的影响。为保证钎焊过程的稳定性，通常都使用连续激光器进行钎焊。激光钎焊的这种加热特性适用于采用钎焊连接加热敏感的微电子器件、薄板及含易挥发金属的材料。

常用的钎焊用激光器大致有 CO_2 激光器、Nd：YAG 激光器和半导体激光器三种。CO_2 激光器是目前技术最成熟的激光器之一，具有输出功率大（可达万瓦量级），维护成本低等优点；缺点是设备体积庞大，整备价格高，金属材料对 10.6μm 波长激光的吸收率较低。Nd：YAG 固体激光器技术逐渐成熟，最大输出功率达几 kW，激光波长为 1.06μm，是 CO_2 激光的 1/10，金属材料对固体激光的吸收率较高，并可以通过光纤传输实现柔性加工；缺点是受到晶体生长的限制，固体激光器的输出功率还达不到 CO_2 激光器的水平，维护成本较高，同时电光转换效率较低。半导体激光器是近些年发展起来的新型激光器，随着半导体技术的逐渐成熟，大功率的半导体激光器逐渐进入工业加工领域，它的优点是电光转换效率高，波长范围宽（从紫外到红外），金属对半导体激光的吸收率更高，激光系统寿命长，免维护，通过阵列的连接能达到千瓦级的输出功率；缺点是光束质量较差，必须通过复杂的光束整形系统才能使用，从而限制了半导体激光器的应用。

对铝/钢异种金属搭接接头进行激光填丝熔钎焊试验，并分析送丝速度对焊缝成形质量的影响，如图 5-16、图 5-17 所示。

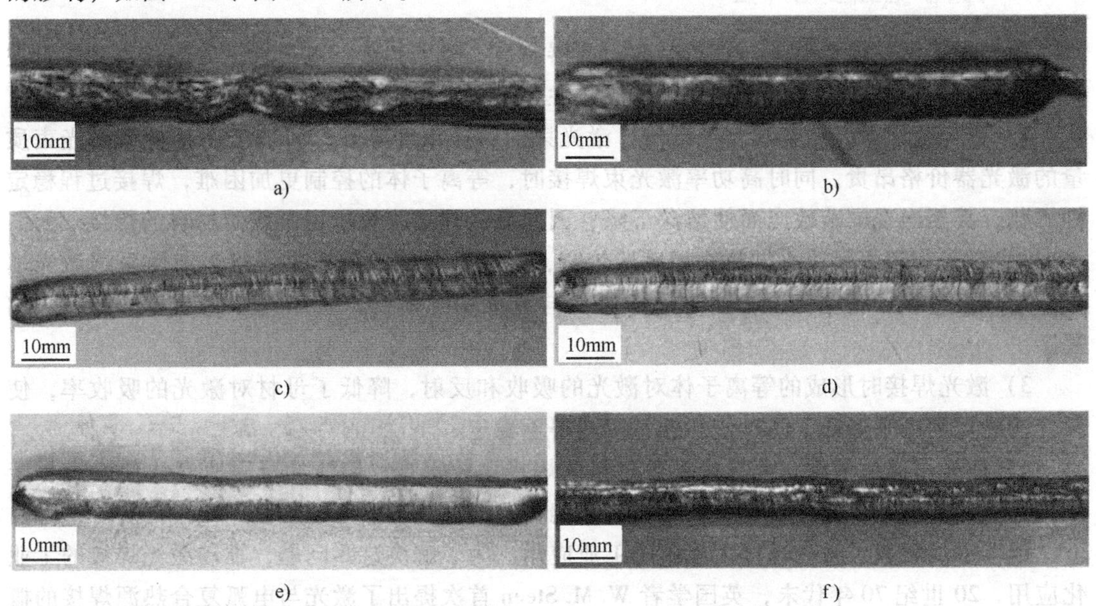

图 5-16 不同送丝速度下焊缝宏观形貌

a) 3.0m/min b) 3.5m/min c) 4.0m/min d) 4.5m/min e) 5.0m/min f) 5.5m/min

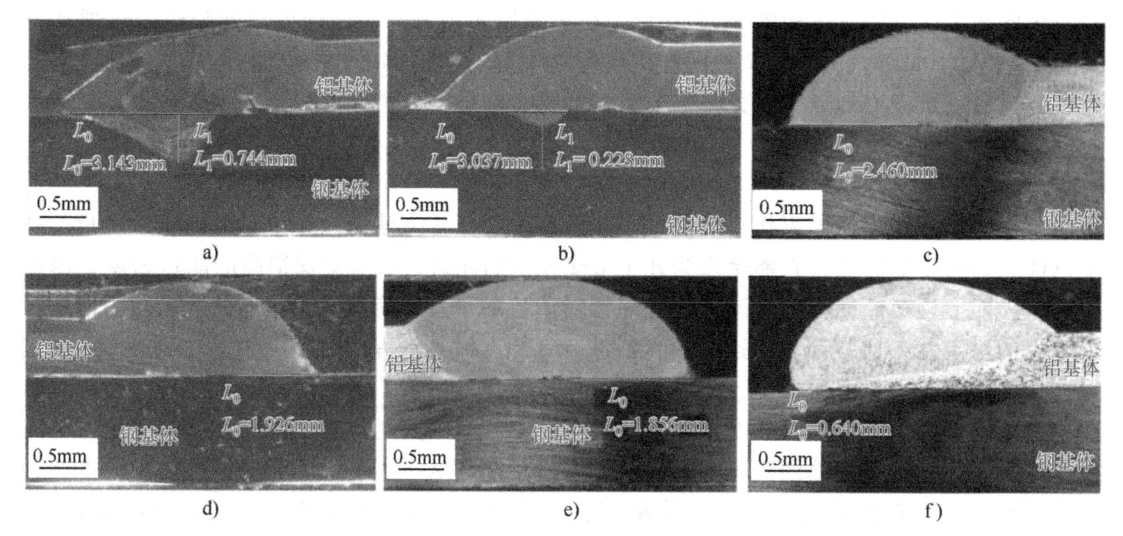

图 5-17 不同送丝速度下焊缝截面形貌

a) 3.0m/min b) 3.5m/min c) 4.0m/min d) 4.5m/min e) 5.0m/min f) 5.5m/min

当送丝速度为 3.0m/min 时，填充焊丝较少，大部分激光能量聚集在母材上，焊缝有明显裂纹产生；当送丝速度为 3.5m/min 时，钢侧母材均熔化形成熔池；当送丝速度大于 4.0m/min 时，母材上热输入相对减小，焊缝成形得到明显改善，熔池在钢板表面的润湿铺展情况良好，焊缝表面光滑，从而形成稳定的熔钎焊接头；随着送丝速度的进一步增大，大部分的激光能量会被填充焊丝吸收，工件单位长度的热输入减小，熔池在钢侧铺展性降低，焊缝连接宽度减小，余高增大，有效降低了裂纹产生的概率。

5.3.4 激光-电弧复合焊接

激光焊接已在航空航天、汽车制造、武器制造、船舶制造、电子轻工等领域得到了日益广泛的应用。但是激光焊接也存在一些局限性，主要表现在以下方面。

1）受光束质量、激光功率的限制，激光束的穿透深度有限，而加工用高功率高光束质量的激光器价格昂贵，同时高功率激光束焊接时，等离子体的控制更加困难，焊接过程稳定性恶化，甚至出现屏蔽效应而使熔深下降，因此激光焊接一般应用于较薄材料的焊接。

2）激光束的直径很小，热作用区域较窄，对工件装配间隙要求严格。即使采用激光填丝多层焊接也难以完全克服，同时由于焊丝与光束相互作用，使焊接工艺参数的调整更加复杂。

3）激光焊接时形成的等离子体对激光的吸收和反射，降低了母材对激光的吸收率，使激光的能量利用率降低，同时使焊接过程变得不稳定。

4）激光对高反射率、高导热系数材料的焊接比较困难，熔池的凝固速度快使其容易产生气孔、冷裂纹，合金元素和杂质元素容易偏析，出现热裂纹等缺陷。

以上不足限制了激光焊接大规模的工业应用。为了解决这些问题，推动激光焊接的工业化应用，20 世纪 70 年代末，英国学者 W. M. Steen 首次提出了激光与电弧复合热源焊接的概念，并进行了实验研究。这项焊接技术集合了激光焊接和电弧焊两个独立热源的优势：激光能量密度高，方向性好，而电弧热-电转化效率较高、设备低廉、技术发展成熟。二者结合能衍生出许多优点，如能量密度高，有效利用率高及电弧稳定性较好等。由此，可以通过有效利用电弧的热量和较小的激光功率获得较大的熔深，同时还能大大降低焊接前的装配精度，激光-电弧复合焊是一种由激光焊和电弧焊组合成的新型高效的复合焊接技术。由于这种焊接技术集合了两种焊接方式的优点，因此，该焊接技术在现代工业生产中非常具有应用前景。

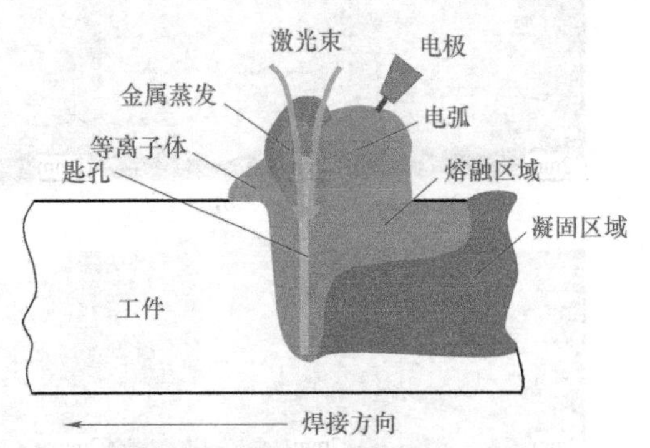

图 5-18　激光-电弧复合焊原理图

图 5-18 所示为激光-电弧复合焊原理图，气体或固体激光与常规电弧复合成一集合热源，同时作用在待焊工件的同一区域。当复合热源作用于材料表面时，材料表面能够吸收来自热源的部分能量，热量通过热传递的方式传递到材料的其他区域，引起材料部分区域的温度上升。当由热源所引起的温度高于材料汽化所需要的临界温度时，固体材料会产生金属蒸气，蒸气在受热的状态下会加速运动，在材料表面产生一种反冲压力，使得金属表面下凹形成匙孔，这是激光-电弧复合焊重要的效应之一。

激光-电弧复合焊主要有两种应用方式：一种是沿着焊接方向，激光与电弧呈前后直线排布，间距较大，利用电弧对焊缝的预热和后热作用来提高材料对激光能量的吸收率，改善焊缝接头性能；另一种是激光与电弧同时作用在某一区域，两者之间存在相互作用和能量耦合，即通常所说的激光-电弧复合热源焊接。几种较为常见的激光-电弧复合焊包括激光-TIG复合焊、激光-MIG/MAG复合焊、激光-等离子弧复合焊。激光-TIG 复合焊是最早出现的一种形式，无方向性，焊接速度能够达到单激光焊接的两倍以上，而且过程比较稳定，会相应地减少气孔、咬边等缺陷。激光-MIG/MAG 复合焊由于拥有填丝这一优点，其焊接的适应性大大增强。激光-等离子弧复合焊接技术具有方向性好、刚性好、电弧引燃性优良等优点。由于等离子焊枪的结构关系，在使用旁轴复合焊接时，焊枪与激光位置关系调节余地很小，但仍然具有能增加焊缝熔深、提高焊接速度和减小咬边等优势。激光双电弧复合焊是由激光同时搭载两个 MIG 焊设备所组成的一种焊接技术，这种复合焊不限制焊接方向，在空间上调整比较方便，利于实现自动化焊接。

采用 10mm 厚 N800CF 低碳贝氏体钢为试验材料，分别研究激光-电弧复合焊接过程中，激光功率、焊接速度、送丝速度对焊接质量的影响。不同工艺参数下的焊缝截面形貌如图 5-19 所示，可以发现各组接头均呈现上宽下窄的典型“高脚杯”状形貌，接头焊缝、热影响区、母材分布比较明显，焊缝两侧柱状晶呈“人”字形，向焊缝中间分布。随着激光功率的增加，焊缝熔深逐渐增大，熔宽呈逐渐降低的趋势。激光功率为 4000W 时，熔化能量低，焊缝未熔透；当激光功率达到 4300W 时，线能量为 920.6J/mm 时，焊缝成形均匀；但当功率继续增加，熔化金属增多，背部开始出现焊瘤。因此为了避免焊瘤和未焊透现象，激光功率设置为 4000~4300W。

图 5-19a、e、f、g 所示分别为不同激光焊接参数下焊缝截面形貌。可以发现，其他参数不变时，送丝速度增大，熔深逐渐变小，焊缝形貌逐渐从酒杯状变成倒三角形，激光区也明显变小。当送丝速度较小时，再加上激光电弧的交互作用弱，熔化能量小，出现未焊透现象。随着送丝速度的增加，电弧作用区面积逐渐增大，激光电弧作用增强，当送丝速度在

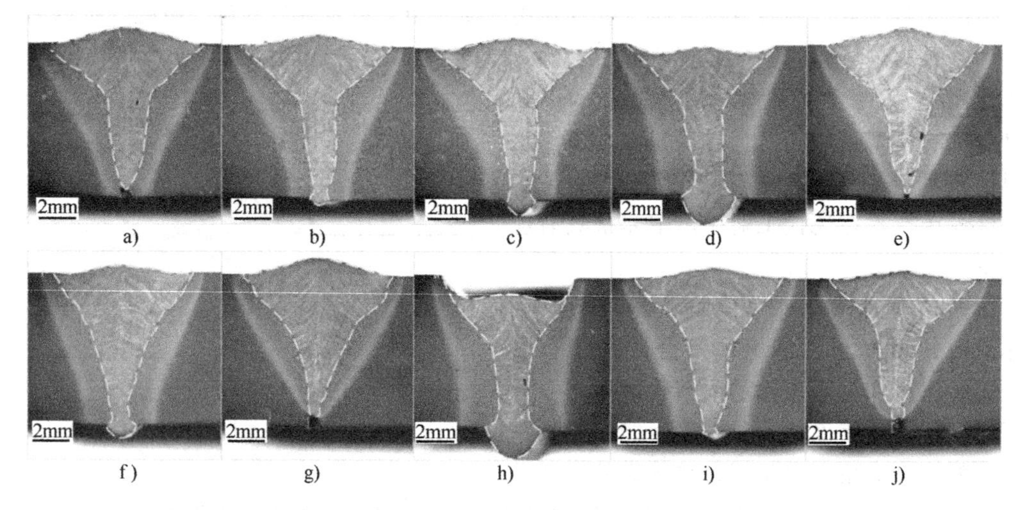

图 5-19 不同焊接工艺下焊缝的截面形貌

a）激光功率 4000W、送丝速度 13m/min、焊接速度 16mm/s b）激光功率 4200W、送丝速度 13m/min、焊接速度 16mm/s c）激光功率 4300W、送丝速度 13m/min、焊接速度 16mm/s d）激光功率 4500W、送丝速度 13m/min、焊接速度 16mm/s e）激光功率 4000W、送丝速度 12.5m/min、焊接速度 16mm/s f）激光功率 4000W、送丝速度 13.5m/min、焊接速度 16mm/s g）激光功率 4000W、送丝速度 14m/min、焊接速度 16mm/s h）激光功率 4000W、焊接速度 14mm/s、送丝速度 13m/min i）激光功率 4000W、焊接速度 15mm/s、送丝速度 13m/min j）激光功率 4000W、焊接速度 18mm/s、送丝速度 13m/min

13.5m/min 时，达到焊透状态；但是当送丝速度为 14m/min 时，又出现比较严重的未熔透现象。因此送丝速度应控制在 13~13.5m/min，在满足热输入条件的情况下，激光、电弧才能有较好的耦合作用，获得足够熔深的焊缝。

对比图 5-19a、h、i、j 所示的截面形貌，分析焊接速度对焊缝成形的影响规律，可以发现，焊接速度对焊缝成形的影响比较明显。焊接速度为 14mm/s 时，焊缝背部出现严重塌陷，此时热输入较大，熔融金属多，导致背部表面张力不能承受熔池金属的重力，形成焊瘤；随着焊接速度不断增加，热输入不断减小，电弧焊缝热影响区变宽，激光热影响区变窄；当把焊接速度提高到 15mm/s 时，激光、电弧耦合作用较好，可获得较好的焊缝；当焊接速度继续增加，背部逐渐出现不同程度的未焊透、气孔等缺陷，这是由于热输入小、焊速快导致熔池不能充分流动，搅拌作用弱，熔池中气体不易逸出造成的。

5.4 金属材料的激光焊接

5.4.1 材料的激光焊接性

激光焊接的特点之一就是材料的适应性广，常规焊接方法焊接的材料或具有冶金相容性的材料都可以采用激光束进行焊接。激光焊接属于熔化焊范畴，其焊缝类似于常规焊接方法的接头。由于激光深熔焊的热输入是电弧焊的 1/10~1/3，因此凝固过程很快。特别是在焊缝下部，因其很窄且散热状况较好，有很高的冷却速度，故焊缝内部将产生细化的等轴晶，其晶粒尺寸为电弧焊接的 1/3 左右。从纵剖面来看，由于熔池中熔化的金属从前部向后部流动的周期变化，使焊缝形成非常细小的层状组织，这些因素与焊缝的净化效应作用，都有利于提高焊缝的力学性能。

激光焊接接头具有常规焊接方法所不能比拟的性能，这就是良好的抗热裂能力和抗冷裂能力。热裂纹敏感性的评定标准有两个：①正在凝固的焊缝金属所允许的临界变形速率 V_{cr}；②金属处于液固两相共存的“脆性温度区”（1200~1400℃）中单位冷却速度下的临界变形速率 α_{cr}。结果表明，CO_2 激光焊与 TIG 焊相比，焊接低合金高强钢时，有较大的 V_{cr} 和较低的 α_{cr}，所以焊接时的热裂纹敏感性很低。激光焊虽然有极高的焊接速度，但其热裂纹敏感性却低于 TIG 焊。这是因为激光焊焊缝组织的晶粒较细，可以有效防止热裂纹的产生。

冷裂纹的评定标准是 24h 在试样中心不产生裂纹所加载的最大载荷，即临界应力 σ_{cr}。对于低合金高强钢，激光焊的 σ_{cr} 大于 TIG 焊，即激光焊的抗冷裂纹能力大于 TIG 焊。焊接低碳钢时，两种焊接方法的 σ_{cr} 几乎相同，焊接碳含量较高的中碳钢时，激光焊与 TIG 焊相比，有较大的冷裂纹敏感性。这是由于激光焊接时，在奥氏体向铁素体转变温度区间（500~600℃），激光焊的冷却速度比 TIG 焊大一个数量级，不同的冷却速度影响了奥氏体的转变，进而影响了裂纹敏感性。

对于常用的合金结构钢（如 12Cr2Ni4A），在进行 TIG 焊时，其焊缝和热影响区组织为马氏体加贝氏体组织，而激光焊时为低碳马氏体，两者的显微硬度相当，但后者的晶粒却细得多。高焊接速度和较小的热输入，导致激光焊接合金结构钢时可获得综合性能特别是抗冷裂性能良好的低碳细晶马氏体，接头具有较好的抗冷裂能力。

对于碳含量较高的碳素结构钢，情况恰恰相反，激光焊的冷却速度快，产生硬度高、碳含量高的片状或板条状马氏体，导致其冷裂纹敏感性较大。

值得注意的是，激光焊虽有较陡的温度梯度，但焊缝中最大残余拉应力仍然要比 TIG 焊小，而且激光焊接参数的变化几乎不影响最大残余应力的幅值。这是由于激光焊加热区域较小，拉伸塑性变形区小，其最大残余压应力比 TIG 焊可减少 40%~70%，这对于薄板焊接具有重要意义。用激光焊接薄板，焊接变形可大大减少，其残余变形和应力很小，故激光焊接成为一种精密的焊接方法。

以上叙述的是同种材料的激光焊的焊接性，这与传统焊接方法的焊接性类似。而对于不同材料间的激光焊只有在一些特定的材料组合间才可能进行，具体见表 5-1。

表 5-1 不同金属材料间采用激光焊接的焊接性

	W	Ta	Mo	Cr	Co	Ti	Be	Fe	Pt	Ni	Pd	Cu	Au	Ag	Mg	Al	Zn	Cd	Pb	Sn
W																				
Ta	A																			
Mo	A	A																		
Cr	A	P	A																	
Co	F	P	F	G																
Ti	F	A	A	G	F															
Be	P	P	P	P	F	P														

（续）

	W	Ta	Mo	Cr	Co	Ti	Be	Fe	Pt	Ni	Pd	Cu	Au	Ag	Mg	Al	Zn	Cd	Pb	Sn
Fe	F	F	G	A	A	F	F													
Pt	G	F	G	G	A	F	P	G												
Ni	F	G	F	G	A	F	F	G	A											
Pd	F	G	G	G	A	F	F	G	A	A										
Cu	P	P	P	P	F	F	F	F	A	A	A									
Au	—	—	P	F	P	F	F	F	A	A	A	A								
Ag	P	P	P	P	P	F	P	P	F	P	A	F	A							
Mg	P	—	P	P	P	P	P	P	P	P	P	F	F	F						
Al	P	P	P	P	F	F	P	F	P	F	P	F	F	F	F					
Zn	P	—	P	P	F	P	P	F	P	F	F	G	F	G	P	F				
Cd	—	—	—	P	P	P	—	P	F	F	F	P	F	G	A	P	P			
Pb	P	—	P	P	P	P	—	P	P	P	P	P	P	P	P	P	P	P		
Sn	P	P	P	P	P	P	P	P	F	P	F	P	F	F	P	P	P	P	F	

注：A：优；G：良；F：一般；P：差。

5.4.2 奥氏体不锈钢激光焊接

对于奥氏体不锈钢的激光焊接，只要所选择的焊接参数适当，也可以得到与母材力学性能相当的接头。传统的激光焊接工艺常会降低奥氏体不锈钢的力学性能，材料内部微观组织发生不利的改变，易导致显微偏析、二次相析出、孔隙出现、硬化开裂、热影响区晶粒增大，以及合金元素蒸发导致材料的损失等。光纤激光系统非常稳定、光束质量极高，采用光纤激光焊接工艺来焊接奥氏体不锈钢材料，能有效地焊透厚板并且防止焊接件变形。激光焊接参数，如激光功率 P、焊接速度 v、离焦量 Δf、激光光束的光斑直径 D 及保护气体，对焊接件的质量和寿命都有直接地影响。

图 5-20 所示为最优焊接参数下的光纤、CO_2 和 Nd：YAG 不锈钢焊接件横截面金相组织形貌。焊接件的横截面可分成三个区，即焊缝区（LWZ）、热影响区（HAZ）和母材

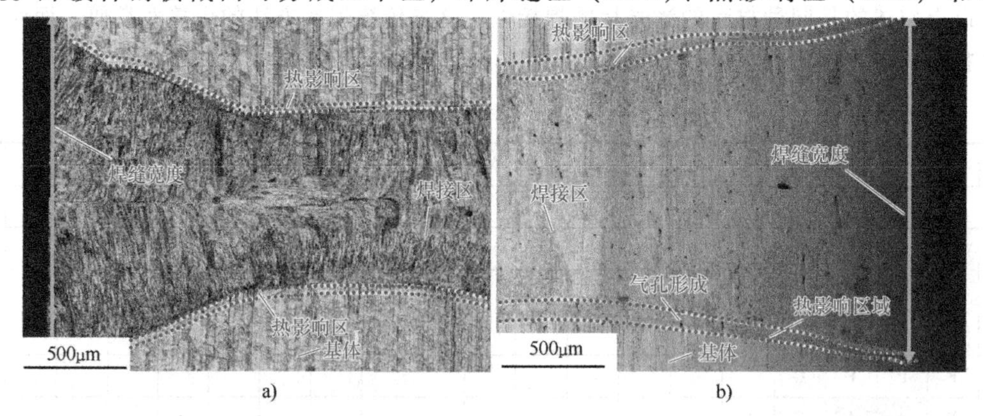

图 5-20 不锈钢焊接件横截面金相组织

a）光纤激光焊接 b）CO_2 激光焊接

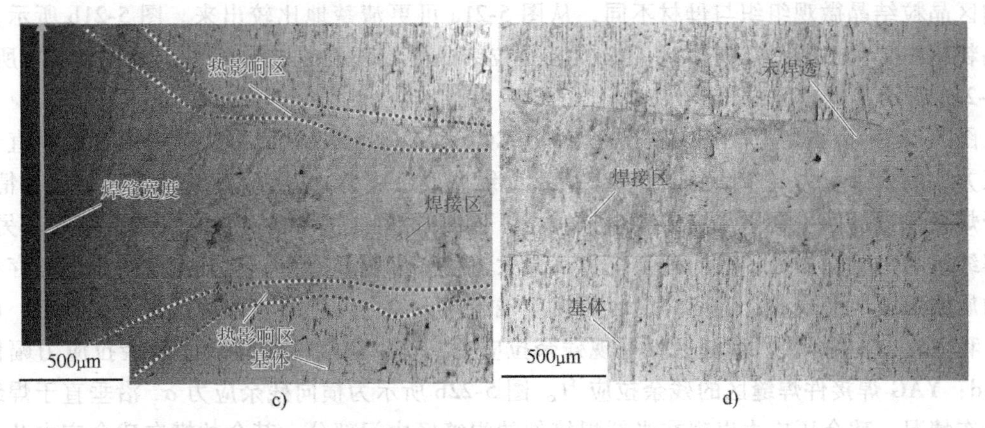

c) d)

图 5-20 不锈钢焊接件横截面金相组织（续）

c）Nd：YAG 激光焊接 d）CO_2 激光焊接

(BM)，由于光纤激光焊接时的能量密度很高并且是低热输出，所以光纤不锈钢焊接件焊缝区和热影响区的宽度很小。如图 5-20a～c 所示，可以发现光纤不锈钢焊接件焊缝区和热影响区的宽度最小。值得注意的是，图 5-20c 所示 Nd：YAG 不锈钢焊接件横截面的金相组织中出现了孔隙，图 5-20d 所示 CO_2 不锈钢焊接件由于激光功率较低而未焊透。

图 5-21 所示为最优光纤激光焊接参数下获得的不锈钢焊接件的金相组织，可以看到热

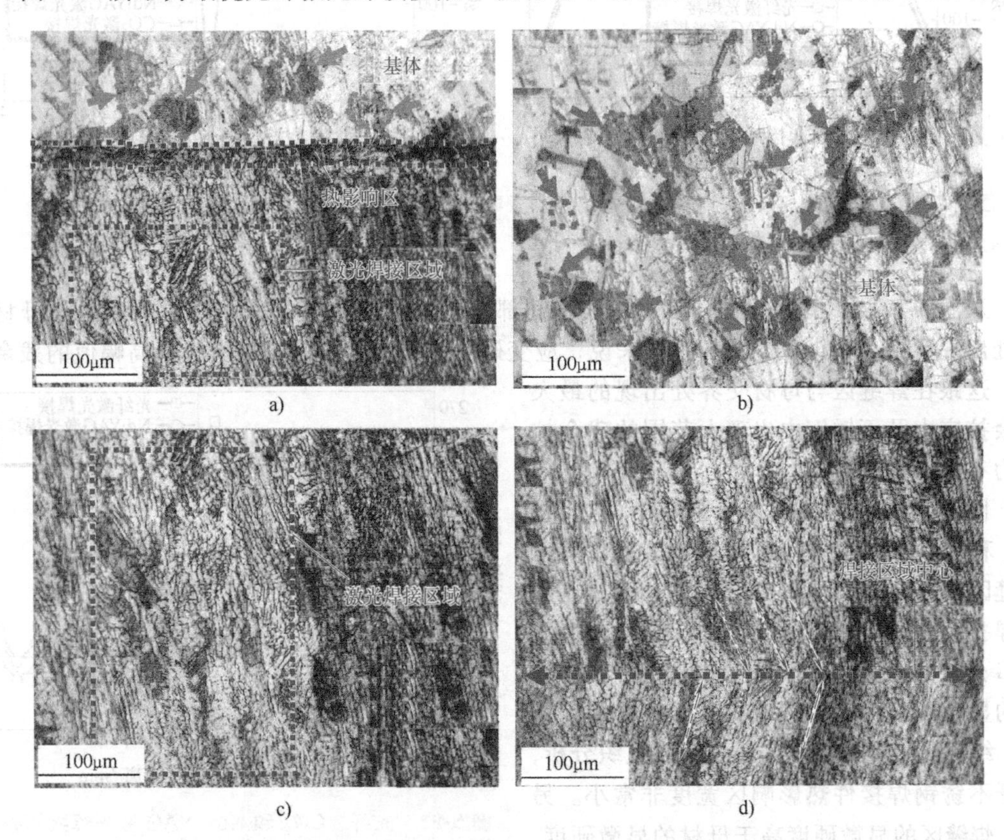

a) b) c) d)

图 5-21 光纤激光焊接不锈钢焊接件金相组织

a）热影响区 b）母材 c）焊缝区 d）焊缝区中间部分

影响区晶粒结晶微观组织与母材不同，从图 5-21a 可更清楚地比较出来。图 5-21b 所示为母材晶粒组织，呈多边形几何形状。焊缝区晶粒结晶后出现的是枝晶组织，如图 5-21c 所示。图 5-21d 所示为焊缝区中间部分，呈“鱼骨”状。

图 5-22 所示为最优焊接参数下的光纤、CO_2 和 Nd：YAG 激光焊接不锈钢表面垂直于焊缝区方向的残余应力分布图。图 5-22a 所示为纵向残余应力 σ_x 沿垂直于焊缝区的分布情况，光纤焊接件焊缝区主要呈现纵向残余拉应力，但在焊缝区中间部分发现残余压应力。另外，在焊缝区与母材交界处，纵向残余应力从最大正值开始明显骤降，这可能是由于该处存在不同的屈服强度所造成的；远离焊缝区的纵向残余应力趋向压应力状态达到自平衡状态。而在 CO_2 和 Nd：YAG 焊接件焊缝区仅呈现残余拉应力，CO_2 焊接件焊缝区的残余拉应力幅值高于 Nd：YAG 焊接件焊缝区的残余拉应力。图 5-22b 所示为横向残余应力 σ_y 沿垂直于焊缝区的分布情况，残余压应力出现在光纤焊接件的焊缝区中间部分，其余的横向残余应力几乎为拉应力，CO_2 和 Nd：YAG 焊接件的焊缝区全部呈现残余拉应力状态。

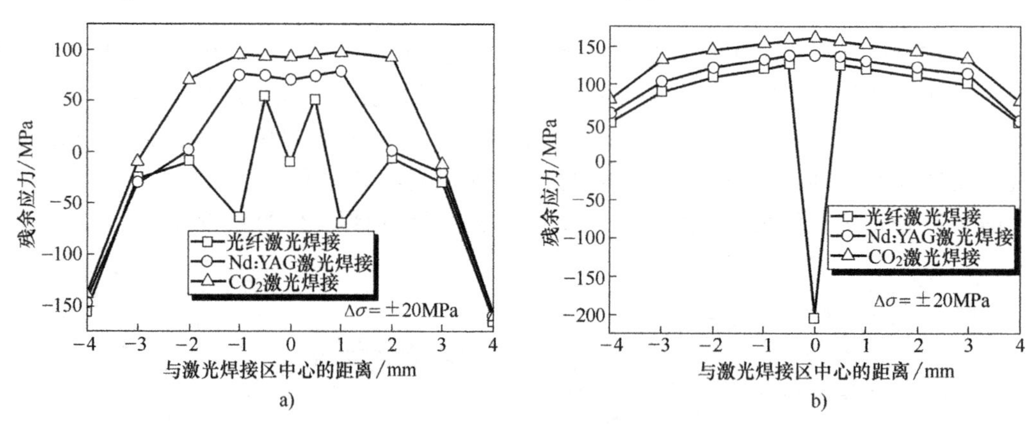

图 5-22　光纤、CO_2 和 Nd：YAG 激光焊接不锈钢表面垂直于焊缝区方向的残余应力分布图

a）纵向残余应力 σ_x　b）横向残余应力 σ_y

从图 5-22a、b 可以看出，在焊缝区中间部分出现了残余压应力，而在焊缝区与母材交界处出现了最大残余拉应力。一般来说，应变硬化率作为主要因素用来解释高幅值的残余应力，这跟在焊缝区与母材交界处出现的最大残余拉应力及不锈钢中出现大范围的残余拉应力有着密切联系。

图 5-23 所示为最优焊接参数下的光纤、CO_2 和 Nd：YAG 激光焊接不锈钢表面垂直于焊缝区方向的显微硬度分布图。可以看出，光纤焊接件的平均显微硬度高于 CO_2 和 Nd：YAG 焊接件。以光纤不锈钢焊接件为例，焊缝区的显微硬度最高，热影响区的显微硬度最低。结合前面焊接件横截面的金相组织分析，光纤不锈钢焊接件热影响区宽度非常小。另外，焊缝区的显微硬度高于母材的显微硬度，这是由于冷却速率较快，焊缝区的合金元素还

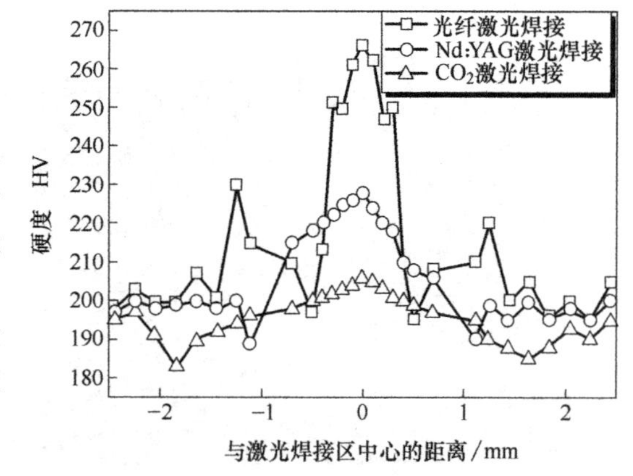

图 5-23　光纤、CO_2 和 Nd：YAG 激光焊接不锈钢表面垂直于焊缝区方向的显微硬度分布图

没来得及形成二次相就已经高度溶解，从而在激光焊接过程结束后出现固溶强化现象。

图 5-24 所示为光纤焊接不锈钢母材和焊缝区显微硬度的压痕尺寸图，图 5-24a 中压痕的对角线比图 5-24b 中的对角线长，因此，图 5-24a 所示压痕的面积大于图 5-24b 所示的面积，所以显微硬度小于图 5-24b 所示的显微硬度。

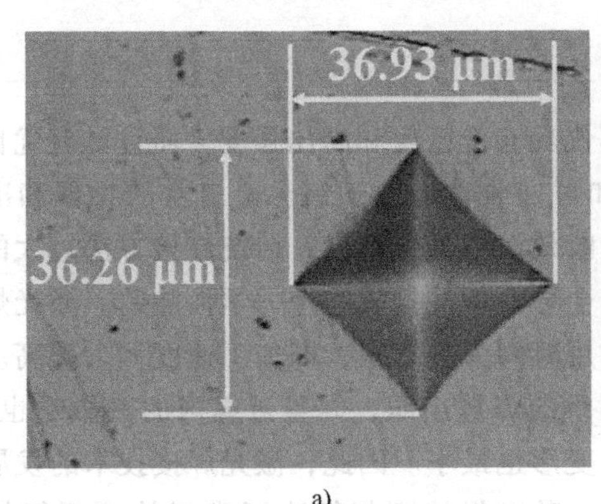

a)

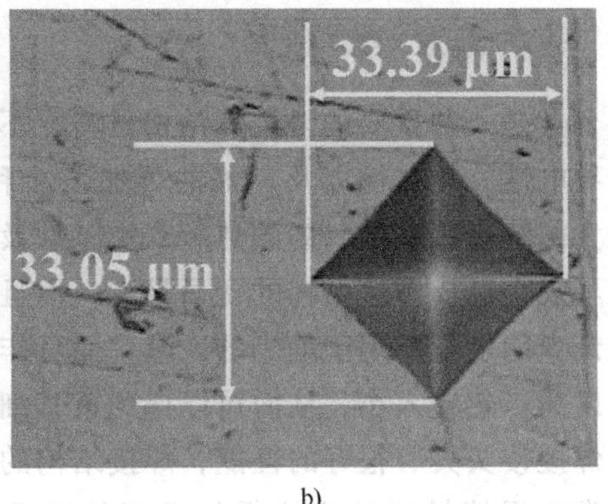

b)

图 5-24 光纤焊接不锈钢母材和焊缝区显微硬度的压痕尺寸图

a）母材 b）焊缝区

根据国家标准《金属材料 拉伸试验 第 1 部分：室温试验方法》（GB/T 228.1—2021），对母材和上述三种不锈钢焊接件进行拉伸试验。表 5-2 列出的是母材和三种不锈钢焊接件的拉伸性能参数，可见光纤不锈钢焊接件的屈服强度和拉伸强度高于母材、CO_2 和 Nd：YAG 不锈钢焊接件。

表 5-2 母材和三种不锈钢焊接件的拉伸性能参数

试样	屈服强度/MPa	极限抗拉强度/MPa	延伸率(%)
母材	293.44	814.16	19.01
光纤激光焊接	343.62	856.18	20.85
Nd:YAG 激光焊接	249.62	710.12	16.50
CO_2激光焊接	108.76	559.46	13.04

图 5-25 所示为母材和上述三种不锈钢焊接件的真应力-应变曲线，可以看出拉伸曲线没有明显的物理屈服平台现象。材料韧性大小可从真应力-应变曲线中得到，即从塑性变形开始到断裂结束时曲线与横轴所围成的面积，也称为静力韧性。从图 5-25 中比较得出，光纤激光焊接件真应力-应变曲线与横轴围成的面积最大，而 CO_2 激光焊接件围成的面积最小，因此，光纤焊接件的韧性最优，CO_2 焊接件的韧性最差。

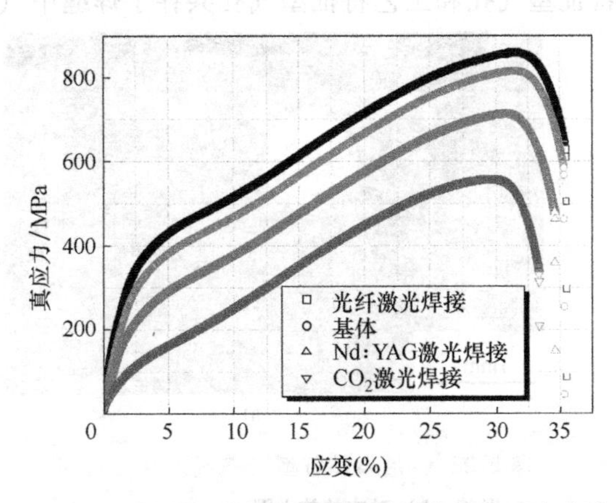

图 5-25 母材和三种不锈钢焊接件的真应力-应变曲线

一般来说，焊接件的拉伸性能依赖于自

身的化学成分和微观组织。晶粒的拉长决定了母材的拉伸强度，然而在焊缝区母材原有的晶粒被溶解重新结晶，故焊缝区的晶粒尺寸对焊接件的拉伸性能也尤为重要。当然残余应力也影响着焊接件的拉伸性能。由前面残余应力试验结果分析可知，光纤不锈钢焊接件的残余拉应力较低，并且焊缝区中间部分出现了残余压应力，因此光纤不锈钢焊接件的拉伸性能较好。

5.4.3 铝合金激光焊接

铝合金是一种重要的轻金属结构材料，不仅具有低密度和高比强度，而且具有优良的耐蚀性、导电性、导热性以及良好的可加工性和可回收性。由于铝合金自身的物理和冶金特性，如大的热膨胀系数、高的热裂纹敏感性及时效沉淀强化特性，传统焊接方法过大的焊接热输入不仅会造成焊接结构的变形量大，而且会导致焊接接头冶金力学性能差。激光焊接可以使用最少的能量作用于最小的区域，而且作用时间大大缩短，即加工速度大大提高。由于焊接速度高，热输入小，从而可以得到极其细小的焊缝组织，并且近缝区的热影响也最小，保证了焊接接头具有很好的性能，焊接结构的变形也最小。因此，激光焊接技术的发展为铝合金这类难焊接材料的连接提供了新的机遇。激光焊接不仅解决了常规技术不能解决的7000系列铝合金的焊接问题，获得高强度和良好的成形性能，而且对于常规技术可以焊接的铝合金，激光焊接则改善了接头性能，大大降低了结构变形。

但是激光焊接铝合金也存在一些难点。铝合金激光焊接的难点首先在于铝合金对激光束极高的表面初始反射率，CO_2 激光波长为 10.6μm，激光束中能量是由 $E=hc/\lambda\approx0.1\text{eV}$ 的光子携带的，光子的能量极低，导致激光束易受外界因素的偏析。而固态情况下铝合金内部自由电子的密度很高，易与光束中光子作用而将能量反射掉，这就使得铝合金成为对激光反射率最高的金属之一，其对 CO_2 激光束的表面初始反射率可达 96%，即吸收率仅为 4%。金属的反射率随波长的变短而降低，对 YAG 激光束（波长为 1.06μm）反射率接近 80%。因此，必须采取适当的表面预处理措施改善表面状态或增加热源预热来增进吸收，以利于铝合金的激光焊接。这些激光焊接铝合金的工艺难题，使得焊接过程中不可避免地出现一些缺陷。气孔是铝合金激光焊接的主要缺陷，铝合金激光焊接存在两类气孔，即氢气孔和工艺气孔。通过对焊缝中残留气孔的观察，根据其特征和成形特点可将铝合金焊缝中的气孔大致分为“冶金特征型”气孔（见图 5-26）和“工艺特征型”气孔（见图 5-27）。通常情况下，冶金特征型气孔和工艺特征型气孔共存于焊缝中（见图 5-28），冶金特征型气孔多存在于焊缝肩

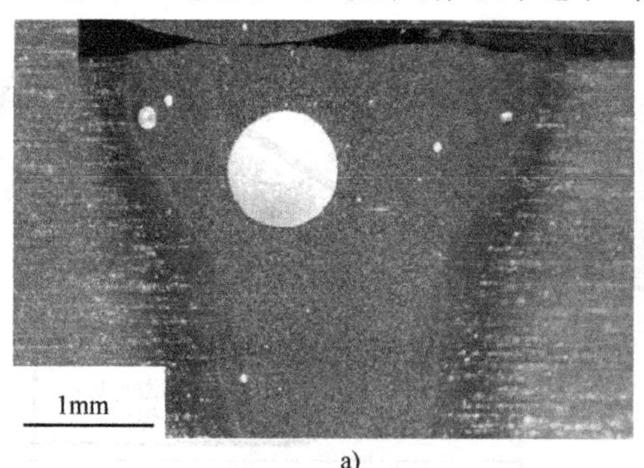

a)

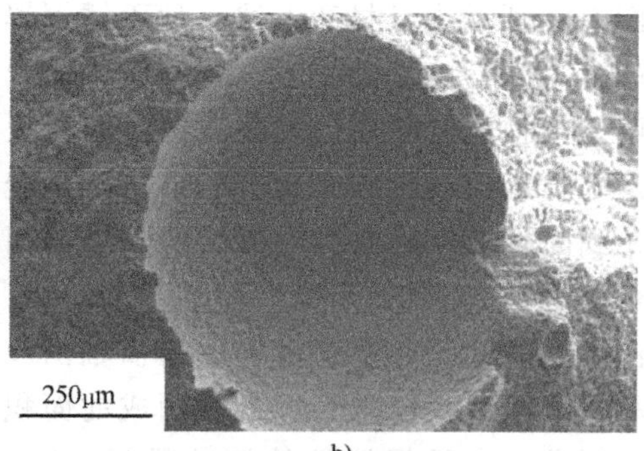

b)

图 5-26 “冶金特征型”气孔

a）形貌 b）对应的放大图

部、腰部和根部，尺寸较大的冶金特征型气孔或氢气孔则通常滞留在焊缝中部，工艺特征型气孔主要存在于焊缝根部和中部靠近中心的位置。

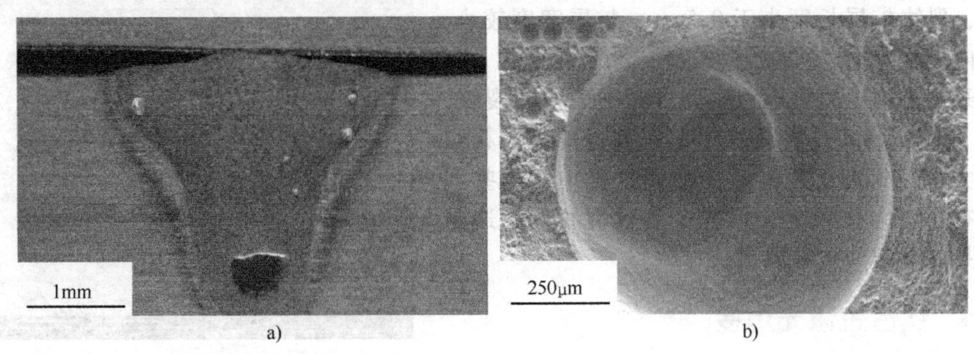

图 5-27 “工艺特征型”气孔

a）形貌 b）对应的放大图

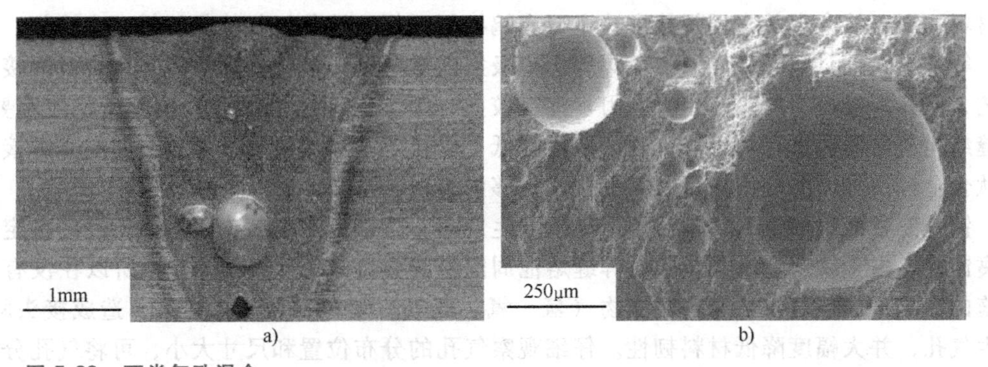

图 5-28 两类气孔混合

a）形貌 b）对应的放大图

焊接热裂纹也是铝合金激光焊接中的常见缺陷。铝合金属于典型的共晶型合金，CO_2 和 Nd：YAG 激光焊接时，焊缝和近缝区都有可能产生裂纹。在凝固过程中，在晶界处会产生 Mg-Si、Al-Mg-Si 等低熔点共晶相，该共晶相在局部收缩过程中会因难以承受热应力作用而开裂。使用 ER5183 焊丝进行填充焊时，在焊缝及熔合线的位置会出现结晶裂纹，如图 5-29 所

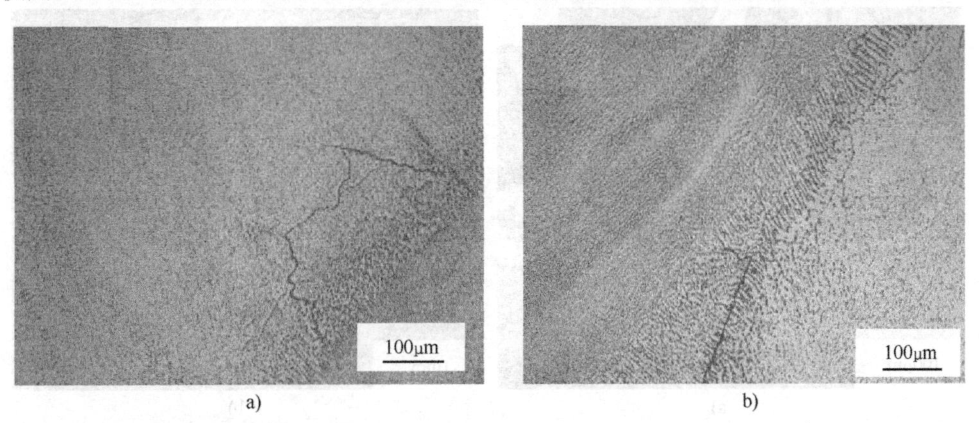

图 5-29 焊缝裂纹

a）焊缝区热裂纹 b）熔合区热裂纹

示，沿熔合方向分布，导致在熔合区枝晶部位起裂，并沿着晶界向焊缝区扩展，到达等轴晶区域时种植，裂纹扩展长度小于0.5mm，扩展宽度较小，以横向裂纹为主，纵向裂纹较少。

采用扫描电镜可以观察到焊缝中的横向裂纹，如图5-30所示，且在裂纹中存在大量的第二相粒子，大多为低熔点共晶。在凝固过程中，这些共晶相在拉应力作用下，形成了有效裂纹源，这是裂纹扩展开裂的根本原因。

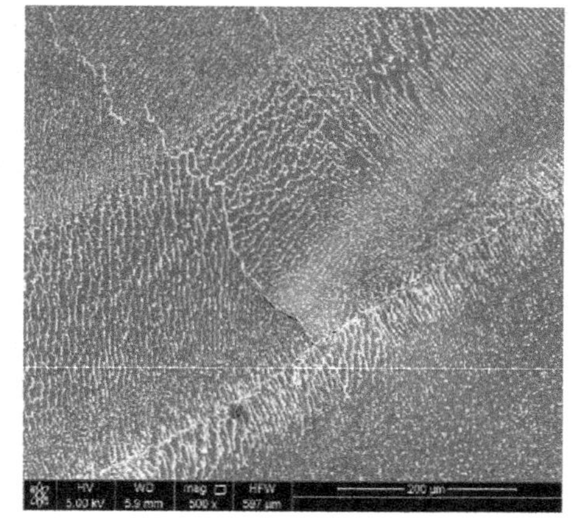

图5-30 焊缝中的横向裂纹

5.4.4 钛合金激光焊接

钛合金的比强度、比刚度高，抗腐蚀性能、高温力学性能、抗疲劳和蠕变性能都很好，具有优良的综合性能，是一种重要的航空航天结构材料。用于钛合金的常用焊接方法主要有钨极氩弧焊、熔化极气体保护焊、摩擦焊、电阻焊、等离子弧焊、电子束焊及扩散焊等。钨极氩弧焊和熔化极气体保护焊是钛合金焊接常用工艺，但其焊接接头的晶粒粗大，力学性能较差，为了保证氩弧焊接头性能满足使用要求，焊缝组织通常需要进行焊后热处理，从而降低了焊接效率。而发展日臻成熟的激光焊接技术在钛合金焊接方面的应用在近几年受到了足够的重视。

钛是一种活泼的金属，常温下易与氧发生反应，生成致密的氧化膜而保持高的稳定性和耐腐蚀性。由于钛合金激光焊接时焊缝熔池周围材料温度远远高于600℃，所以在没有保护措施的情况下，空气中的有害污染物（氢、氧、氮等）就极易侵入焊接区，造成接头脆化，产生气孔，并大幅度降低材料韧性。仔细观察气孔的分布位置和尺寸大小，可将气孔分为两类，即Ⅰ型气孔和Ⅱ型气孔。Ⅰ型气孔的特征为形状不规则，可以明显看到气孔聚合现象，气孔聚合后形成串联气孔或链状气孔，而且Ⅰ型气孔均分布在焊缝的中下部，该处焊缝组织形貌为等轴晶，而上部为柱状晶，该类气孔直径一般较大，超过0.08mm，大部分可以通过X射线拍片观察到。Ⅱ型气孔的特征为形状近似于球形，气孔直径约0.005~0.04mm，只有借助于显微镜才能观察到，该类气孔分布范围较广，在焊缝截面上部及下部均可以发现。从图5-31a中可以看出，对于熔深波动较大的位置，焊缝中存在沟槽，被沟槽壁吸附的气孔很

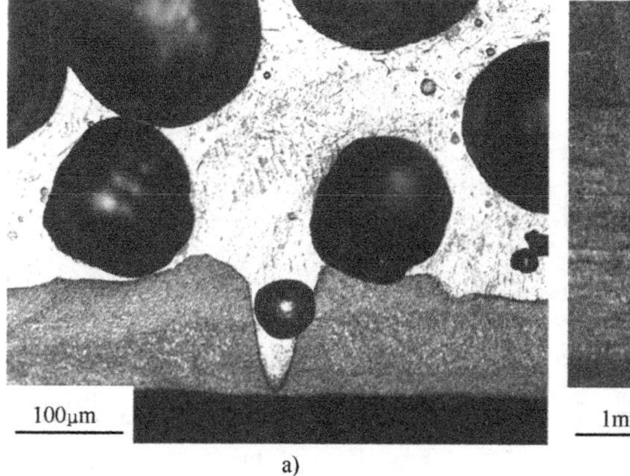
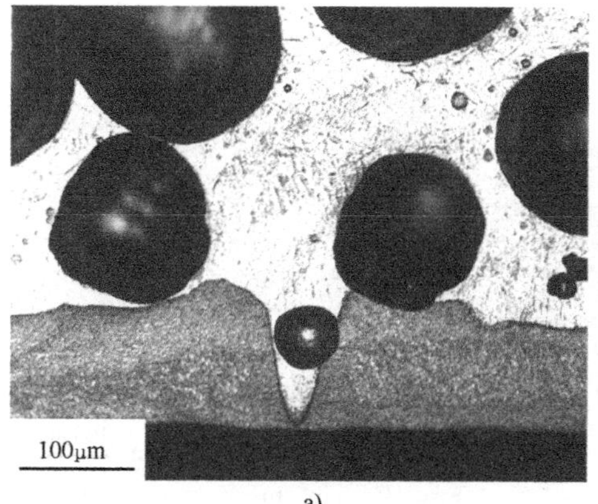

a)

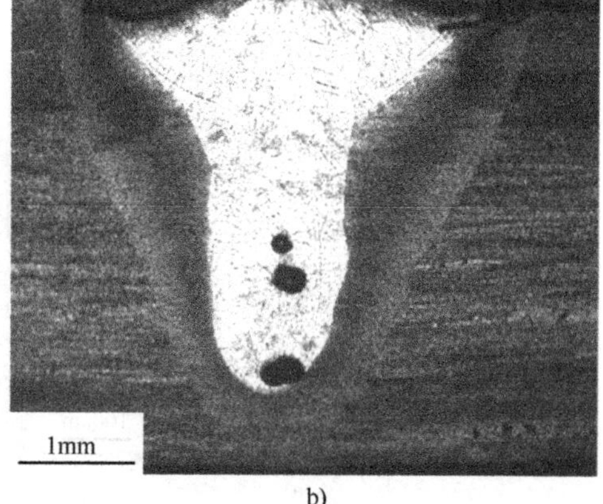

b)

图5-31 钛合金激光焊接中的气孔分布

a）中下部气孔分布 b）横截面气孔分布

难逸出，陷在熔池内。图 5-31b 所示熔深突变形成的凹坑处也聚集了Ⅰ型气孔。

图 5-32 所示为Ⅱ型气孔。从图中可以看出，焊缝组织是由马氏体 α′和针状 α 相组成，气孔出现在原晶界处。此外，在焊缝的高倍组织中还可以观察到黑色的质点，由于在 TC1 钛合金中，β 相稳定元素很少，不可能在高速冷却的激光焊接过程中残留下来，因此，只可能是氧化物杂质。Ⅱ型气孔的形成机理是熔池在熔化状态时吸收了空气中的氢气，氢在凝固过程中由于溶解度突然下降，氢析出后来不及逸出而残留在焊缝内部形成气孔。

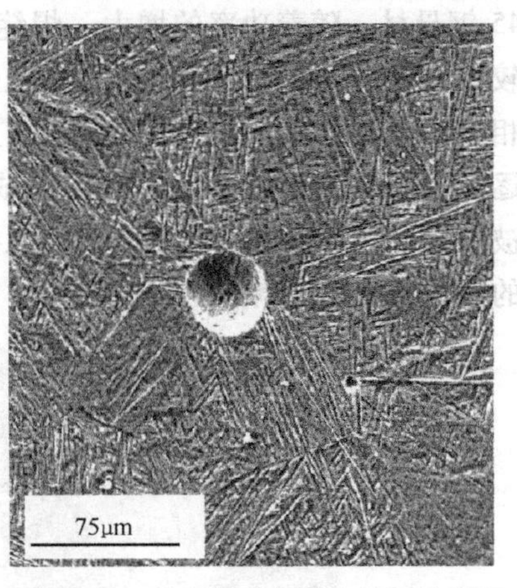

图 5-32 Ⅱ型气孔扫描电镜下的特征形貌

5.4.5 异种钢激光焊接

随着现代工业的发展和科学技术的进步，工程实际对焊接构件的性能提出了更高、更苛刻的要求。通过将不同性能的金属材料连接在一起形成异种金属接头，可以充分发挥不同材料的性能优势，又可以降低结构的制造成本，实现构件的结构功能一体化。本节以异种钢（40Cr 和 45 钢）为研究对象，研究异种材料的焊接特性。由于异种钢各项物性存在差异，熔池组分差异更加不可控。与传统的焊接技术相比，激光焊接可有效避免熔池内由于优先溶解与物理、化学性能差异引起的金相组织不均匀，并且由于激光焊接的能量密度高，焊接过程的热作用时间短，可以有效抑制或减少金属间化合物的形核与长大。激光焊接以其特有的技术和经济优势，在异种材料的连接中有着十分广阔的应用前景。本节主要研究不同工艺参数对异种钢焊接质量的影响。

1. 激光功率对焊缝宏观形貌的影响

激光功率是影响焊缝质量的最主要因素，不同激光功率（3000W、3300W 和 3600W）所对应的异种钢焊接件的宏观形貌如图 5-33 所示。由图可以看出，随着激光功率增大，焊缝边缘出现一定程度的飞溅现象：激光功率为 3000W 时，焊缝表面不够平整且部分位置出现凹陷现象；激光功率增大到 3300W 时，焊缝边缘出现飞溅现象，但焊缝中心光滑平整，没有凹陷和宏观裂纹、未出现咬边现象；随着功率进一步增大到 3600W，焊缝中心表面依旧平整光滑，没有明显缺陷。

图 5-34 所示为不同激光功率下的焊缝截面金相图。从图中可以看出，焊缝截面形状呈 T 字形，深宽比较大，激光束在熔化穿透上方的 40Cr 母材后又进一步穿透下方的

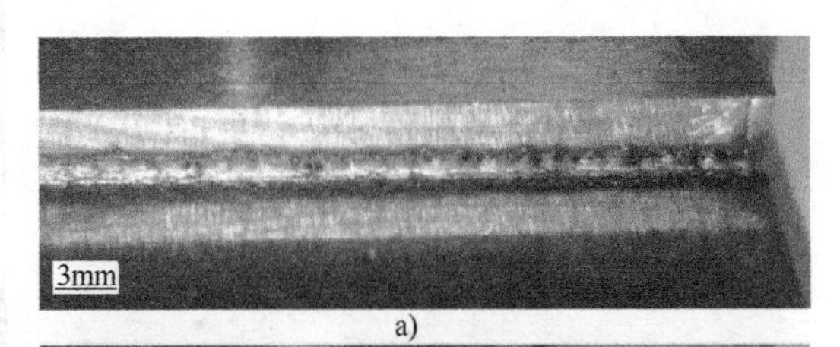

a)

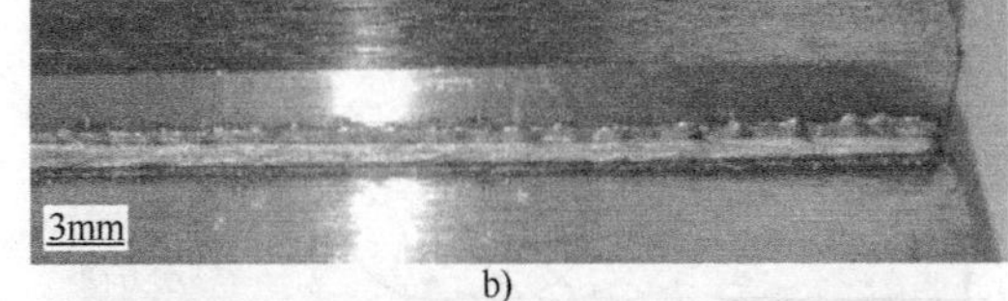

b)

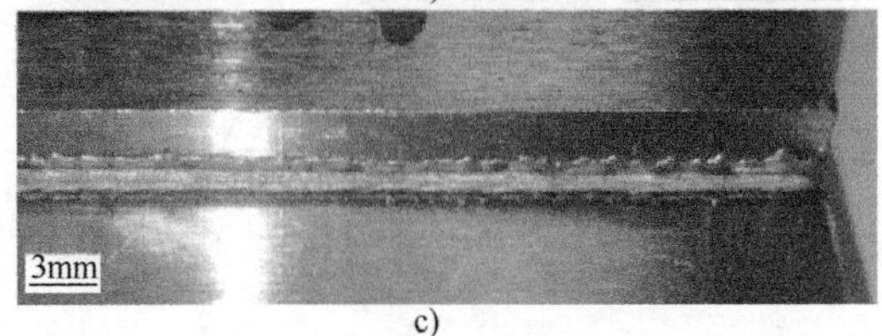

c)

图 5-33 激光功率对焊缝宏观形貌的影响
a）3000W b）3300W c）3600W

45 钢母材。随着功率的增大，焊缝深度也在逐步增大，且增幅较为明显，而焊缝宽度增幅较小，这是因为激光功率作为激光焊接中的主要参数与焊接材料表面单位面积能量输入直接相关。逐步增大的单位面积能量输入使得激光束在熔化穿过上方 40Cr 母材后，保留的能量逐步增大，在下方 45 钢母材上形成的熔池深度逐渐增大。此外，由于激光功率的增大带来被焊接材料表面单位面积能量输入的提高，金属熔化汽化的程度逐步增大，焊缝浅层和深层的巨大温差引起剧烈的飞溅现象。

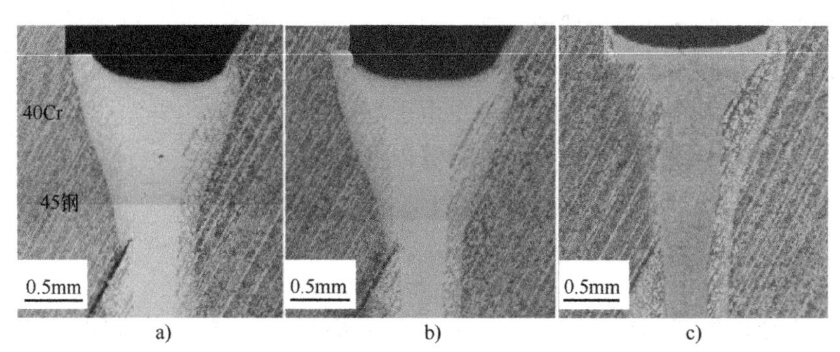

图 5-34　不同激光功率下的焊缝截面金相图

a）3000W　b）3300W　c）3600W

2. 激光光斑摇摆幅度对焊缝宏观形貌的影响

将激光功率设置为 3600W，激光焊接速度为 100mm/s，激光光斑偏移程度为 0.2mm，激光光斑摇摆幅度分别为激光光斑摇摆直径 0mm（不摇摆）、0.4mm、0.8mm，摇摆频率设定为 500Hz，光束移动路径如图 5-35 所示。图 5-36 所示为不同激光光斑摇摆幅度下焊缝的表面形貌。可以看出，随着激光光斑摇摆幅度的增大，变相加快了激光焊接速度，同一个位

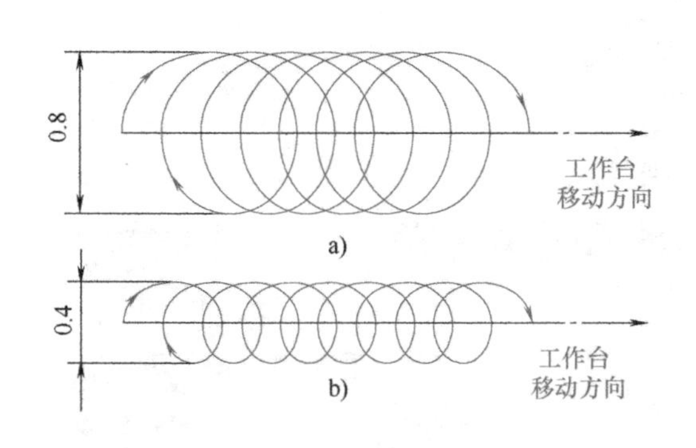

图 5-35　激光光斑摇摆下的光束移动路径

a）摇摆直径为 0.8mm　b）摇摆直径为 0.4mm

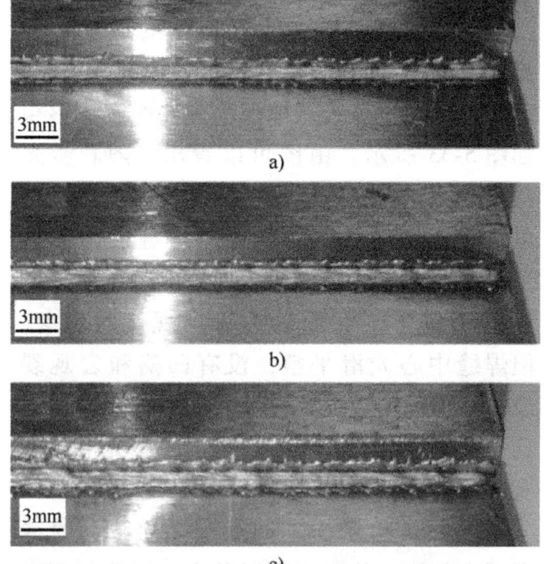

图 5-36　不同激光光斑摇摆幅度下焊缝的表面形貌

a）0mm　b）0.4mm　c）0.8mm

置被激光重复扫描的次数也增多。焊接速度的增大使得被焊接材料表面单位面积能量输入减少，同时同一个位置被多次重复扫描相当于多次重复加热，这种现象相当于在焊缝熔池内进行搅拌，可以将熔池中的气体从熔池深处带到表面，降低焊缝中的气孔率，减少焊接缺陷，理论上可以起到增大焊缝宽度并提高焊接质量的作用。

在激光光斑摇摆直径为 0.4mm 时（作为参考，光斑直径为 0.25mm），摇摆幅度较小，焊缝表面相比未摇摆的更为光滑和平整，没有凹陷和宏观裂纹缺陷，同时飞溅程度也大幅减轻，焊缝整体较为美观。当激光摇摆直径增大到 0.8mm 时，焊缝表面有轻度的起伏现象，但飞溅现象比较严重。因此，在激光光斑摇摆幅度较小的情况下，小幅度高频率的摇摆变相降低了单位面积的能量输入，增大了焊缝宽度，减小了焊缝气孔率，理论上可以提高焊缝质量。但如果激光光斑摇摆幅度过大，相当于焊接速度大幅加快，熔池内反复的剧烈温度变化反而将熔化的金属甩出熔池，出现飞溅现象。

图 5-37 所示为不同激光光斑摇摆幅度下的焊缝截面形貌，可以看出，随着激光光斑摇摆幅度的增大，熔池形状逐渐从 T 字形转变成倒三角形，熔池深处最末端逐渐变得更尖锐，推测是由于变相增大的焊接速度影响，焊接速度加快造成输入能量减少，进而使得熔池末端向外传递的热量减少，因此末端熔池宽度小，表现为较尖锐。较大的激光光斑摇摆幅度确实增大了焊缝的宽度，但焊缝表面塌陷较为严重，如图 5-37c 所示，推测是由于激光光斑大幅度摇摆带来的搅拌作用及熔池内反复变化的温度差，熔池形成剧烈飞溅以致熔池内液体金属损失较多，凝固后焊缝表面自然向下塌陷，可能造成潜在的焊缝应力集中问题，对焊缝强度造成负面影响。

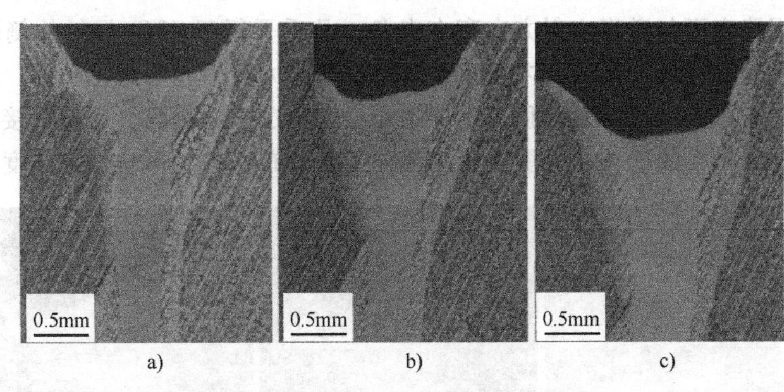

图 5-37　不同激光光斑摇摆幅度下的焊缝截面形貌

a）0mm　b）0.4mm　c）0.8mm

3. 焊接速度对焊缝宏观形貌的影响

焊接速度对焊接质量影响程度较重，在本组对照试验中，分别选取焊接速度 100mm/s、110mm/s、120mm/s，其余参数均一致（激光功率为 3600W、激光光斑不摇摆、光斑偏移距离为 0.2mm）。

图 5-38 所示为不同激光焊接速度下焊缝的宏观形貌。由图可以看出，当焊接速度为 100mm/s 时，焊缝出现明显的飞溅现象；当焊接速度提高到 110mm/s 时，飞溅现象减轻，焊缝相对也更为平整；当焊接速度进一步提高到 120mm/s 时，焊缝宽度减小，没有飞溅现象，焊缝也相对平整光滑。在焊接速度增大时，热输入量减少，熔池内温差没有低速下焊接时的温差大，因此飞溅程度减轻。

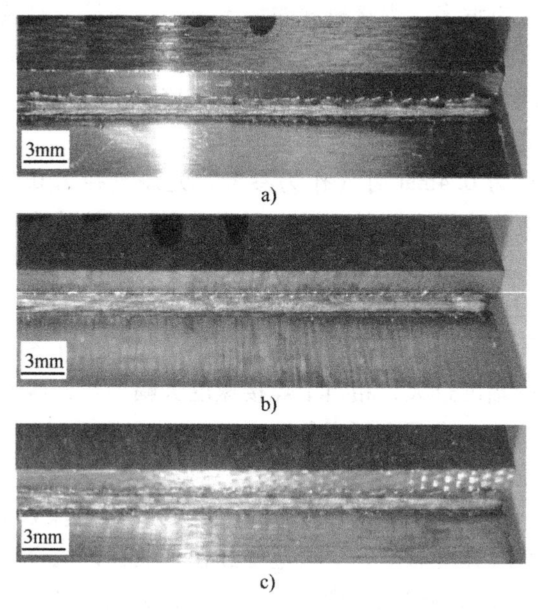

图 5-38　不同激光焊接速度下焊缝的宏观形貌

a）100mm/s　b）110mm/s　c）120mm/s

图 5-39 所示为不同激光焊接速度下焊缝截面形貌。在焊接速度为 100mm/s 时，焊缝截面形状为正常的 T 字形，焊缝表面与激光入射方向垂直；当焊接速度提高到 110mm/s 甚至 120mm/s 后，焊缝表面与激光入射方向存在夹角，几乎平行于 40Cr 母材的侧面。初步分析是由于激光焊接速度过快，在熔池内熔化金属的表面张力在引起熔池流动前，熔池已经开始凝固，这种情况会造成焊缝有效面积减小。此外，熔池过快的凝固会影响焊接过程中异种钢金属液体的熔合和元素的迁移，可能会出现部分元素分布不均，影响焊缝强度。

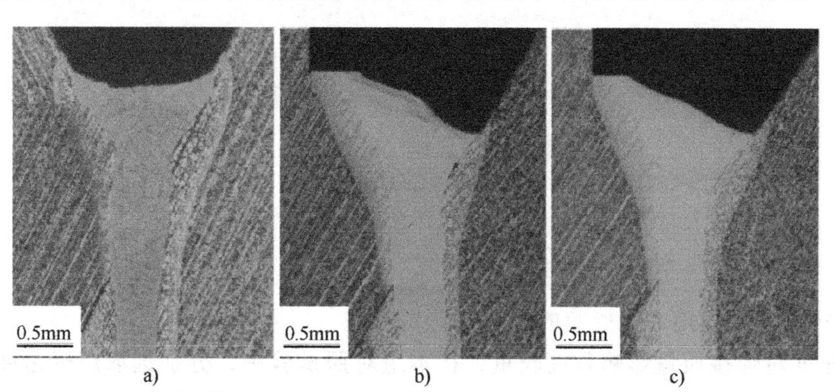

图 5-39　不同激光焊接速度下焊缝截面形貌

a）100mm/s　b）110mm/s　c）120mm/s

5.5 典型案例

在汽车内部诸多零部件中，皮带轮组件是非常重要的一环，其主要作用是传递动力，配合皮带将曲轴输出的动力传递给其他系统。汽车皮带轮组件如图 5-40 所示，其由皮带轮轮盘和轴套组成。通常，皮带轮和发动机轴的连接主要依靠键连接，并用螺栓紧固。而这种连接方式在设备长时间工作后可能会导致皮带轮的松动，皮带打滑从而产生异响。如果在正常工作时皮带松动，会造成发动机进气时间和排气时间延迟，导致发动机产生抖动，出现动力不足的现象，此时汽油燃烧不充分，油耗异常增加，严重的情况下甚至会划伤发动机内壁，对发动机造成不可逆损伤。

图 5-40 汽车皮带轮组件
a) 成品 b) 轴套 c) 皮带轮轮盘

因此，对汽车皮带轮组件的焊接涉及 40Cr 和 45 钢的异种钢激光焊接。本案例主要研究对象为汽车皮带轮组件的轴套和皮带轮轮盘，其中轴套的材质为 40Cr，皮带轮轮盘的材质为 45 钢。因此，在本试验中主要使用 40Cr 和 45 钢作为焊接材料，其化学成分见表 5-3。

表 5-3 40Cr 和 45 钢化学成分

材料	质量分数(%)								
	C	Si	Mn	Cr	Ni	P	S	Cu	Mo
40Cr	0. 37~0. 44	0. 17~0. 37	0. 5~0. 8	0. 8~1. 1	<0. 3	<0. 035	<0. 035	<0. 03	<0. 1
45 钢	0. 42~0. 5	0. 17~0. 37	0. 5~0. 8	<0. 25	<0. 25	<0. 035	<0. 035	<0. 25	—

本试验为探究合适的激光焊接参数，试样 1、2、3 使用的激光功率分别为 3000W、3300W、3600W，激光焊接速度为 100mm/s；同时，在试样 3 的工艺参数基础上，改变激光光斑摇摆幅度，设定试样 3 的光斑摇摆直径为 0mm（不摇摆）、试样 4 的光斑摇摆直径为 0. 4mm、试样 5 的光斑摇摆直径为 0. 8mm，摇摆频率被设定为 50Hz；然后，在研究光斑偏移的影响时，以试样 3 为标准样，光斑偏移距离为 0. 2mm，改变其光斑偏移角度，设定试样 6 光斑偏移距离为 0. 1mm，试样 7 光斑偏移距离为 0. 3mm。在探究焊接速度的影响时，以试样 3 为标准样，焊接速度 100mm/s，设定试样 8 焊接速度为 110mm/s，试样 9 焊接速度为 120mm/s。其余参数均一致，分别为激光功率 3600W，激光光斑不摇摆，光斑偏移距离 0. 2mm。得到使 40Cr 和 45 钢的角焊缝获得最优的抗拉强度和剪切强度对应的工艺参数，减少焊缝缺陷。为此在试验中需要制备两种试样（见图 5-41），分别测定试样的轴向抗拉强度和径向剪切强度。

在测定抗拉强度的试验中，断裂的试样如图 5-42a 所示，均为焊缝中部断裂，断口未出现颈缩现象，断口示意图如图 5-42b 所示，其中红线为断裂位置，从 45 钢和 40Cr 接触面靠近焊缝热影响区的位置延伸至焊缝表面中部；而在测定剪切强度的试验中，断裂的试样如图 5-42c 所示，断口示意图如图 5-42d 所示，断口分成两部分（图 5-42d 所示 *A* 和 *B* 两条线），一段为从焊缝中部断裂（线 *A*），另一段则是沿着 40Cr 一侧热影响区断开，延伸至焊缝浅层

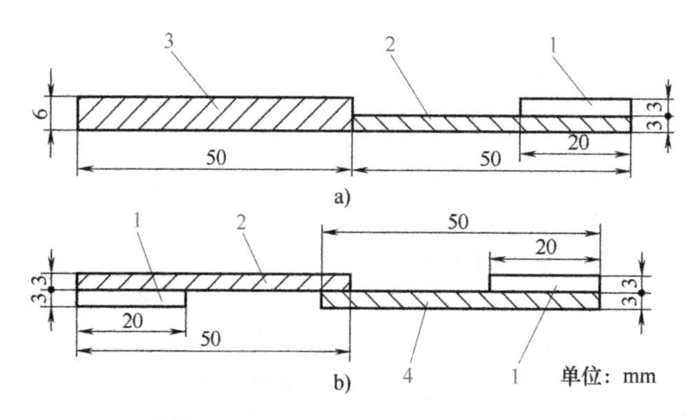

图 5-41 试样示意图

a）用于测定轴向抗拉强度 b）用于测定径向剪切强度

1—垫块 2—3mm 厚 40Cr 母材 3—6mm 厚 45 钢母材

4—3mm 厚 45 钢母材

并黏连（线 *B*）。不同参数组合对应的试样（1~9）的抗拉力断裂位置和抗拉强度数据见表 5-4，抗剪力断裂位置和剪切强度数据见表 5-5。可以得到激光角焊工艺焊接的断裂位置及其抗拉强度、剪切强度，从而对比性能得到焊接皮带轮最优的工艺参数。

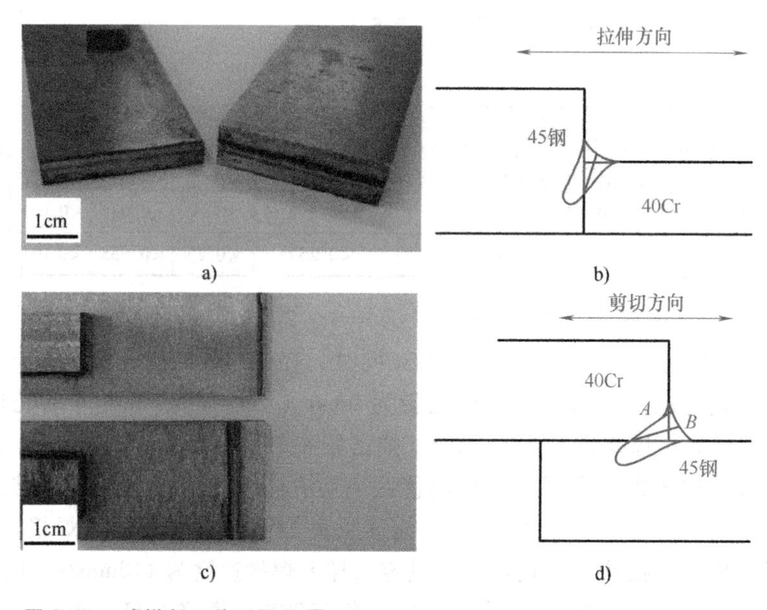

图 5-42 试样断口外形及位置

a）拉伸试样 b）拉伸试样断口位置 c）剪切试样 d）剪切试样断口位置

表 5-4 试样抗拉力断裂位置和抗拉强度

试样编号	断裂位置	抗拉强度/MPa
1	焊缝中部	291.46
2	焊缝中部	366.25
3	焊缝中部	431.88
4	焊缝中部	394.29

（续）

试样编号	断裂位置	抗拉强度/MPa
5	焊缝中部	296.79
6	焊缝中部	401.54
7	焊缝中部	390.63
8	焊缝中部	375.00
9	焊缝中部	346.53

表 5-5 试样抗剪力断裂位置和剪切强度

试样编号	断裂位置	剪切强度/MPa
1	焊缝中部和 Cr40 的热影响区	443.50
2	焊缝中部和 Cr40 的热影响区	628.64
3	焊缝中部和 Cr40 的热影响区	704.78
4	焊缝中部和 Cr40 的热影响区	545.60
5	焊缝中部和 Cr40 的热影响区	308.50
6	焊缝中部和 Cr40 的热影响区	578.33
7	焊缝中部和 Cr40 的热影响区	612.40
8	焊缝中部和 Cr40 的热影响区	641.82
9	焊缝中部和 Cr40 的热影响区	589.00

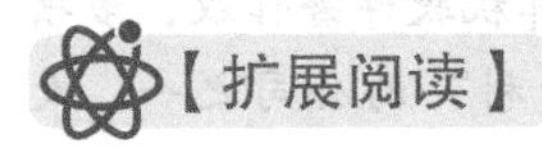

【扩展阅读】

国内激光行业领导者——大族激光

作为世界知名的激光加工设备生产厂商，大族激光（见图 5-43）已成为深圳市高新技术企业、深圳市重点软件企业、广东省装备制造业重点企业、国家级创新型试点企业、国家科技成果推广示范基地重点推广示范企业、国家规划布局内重点软件企业，主要科研项目被认定为国家级火炬计划项目。2001 年 9 月，大族激光顺利完成股份制改造，深圳市大族激

图 5-43 大族激光基地

光科技股份有限公司成立。大族激光曾荣获“国家科学技术进步奖”“国际信誉品牌”“全国质量标杆”等奖项，以及工信部全国制造业“单项冠军产品”等殊荣。大族激光依托激光技术，经过20年的发展，已成为亚洲第一、世界第二的激光加工装备制造企业，其中激光焊接装备产销量世界第一。激光焊接作为大族激光的主营业务之一，已为遍布全球的上万家工业级用户提供了一整套激光焊接和自动化解决方案，为激光焊接技术在工业制造领域的普及做出了巨大贡献。

大族激光在激光焊接领域不断加大研发投入，并不断创新，自主研发激光器核心部件，可应用于五金焊接、珠宝点焊、模具补焊、塑料焊接、锡焊等多重领域，多种机型配套工业机器人实现全自动焊接。激光及自动化系统集成多项产品实现工业应用，国内首创全新智能激光拼焊生产线。公司系统集成方案应用于奥迪、奔驰、宝马三大汽车品牌，焊接设备和生产线顺利交付应用于上汽、一汽、东风等国内车企。20kW 深熔焊接 20mm 不锈钢项目巩固了金属厚板焊接优势，打破了国外技术垄断。大族激光设备自动化配套比例、智能化水平、市场认可度均得到提高，各项核心技术稳步提升，自动化切管机、FMS 柔性生产线、机器人三维激光切割（焊接）系统、全自动拼焊系统等实现批量销售，市场占有率不断提高，国际地位稳步上升。

近年来，大族激光的研发投入占比不断提升；在 2014 年，研发投入仅为 3.74 亿元，占总营收 6.71%；而到了 2019 年，这一数字已经达到 10.5 亿元，占 2019 年全年营收的 11%；在 2020 年，大族激光在研发方面共投入 12.87 亿元。在研发投入呈上升趋势的同时，研发人员数量也增长至 4825 人，占总员工数量的 34.04%。

大族激光研发实力雄厚，具有多项国际发明专利和国内专利、计算机软件著作权，多项核心技术处于国际领先水平，是世界上仅有的几家拥有“紫外激光专利”的公司之一。大族激光旗下的精密焊接事业部是世界顶尖的激光焊接及自动化解决方案供应商，其设有智能点胶阀体研发实验室、激光焊接应用开发实验室等，研发成果丰硕。

【参考文献】

[1] 张永康，崔承云，肖荣诗，等. 先进激光制造技术 [M]. 镇江：江苏大学出版社，2011.

[2] 金诚，梅述文，胡佩佩，等. 1.5mm 不锈钢薄板纵缝激光热导焊工艺研究 [J]. 热加工工艺，2017，46（19）：205-207.

[3] 赵乐，曹政，邹江林，等. 高功率光纤激光深熔焊接小孔的形貌特征 [J]. 中国激光，2020，47（11）：72-77.

[4] 余阳春. 激光填丝焊的焊丝熔入行为及工艺研究 [D]. 武汉：华中科技大学，2010.

[5] 谢余发生，黄坚，王伟，等. 5083 铝合金厚板超窄间隙激光填丝焊成形缺陷研究 [J]. 中国激光，2017，44（03）：106-112.

[6] 吴冬冬. 哈氏合金薄板激光填丝焊接基础工艺实验研究 [D]. 大连：大连理工大学，2017.

[7] 黄霜，杨晓益，陈辉，等. 5A06 铝合金扫描激光填丝焊接头变形及应力分析 [J]. 焊接学报，2020，41（02）：87-92.

[8] 张永操. 钛合金 T 形结构激光-电弧复合焊接工艺研究 [D]. 大连：大连理工大学，2016.

[9] 王治宇. 激光-MIG 电弧复合焊接基础研究及应用 [D]. 武汉：华中科技大学，2006.

[10] 梁盈，蔡创，陈辉，等. 低碳贝氏体钢激光-电弧复合焊接工艺及组织性能研究 [J]. 热加工工艺，

2022，51（03）：48-59.
[11] 张磊．不锈钢焊接件激光冲击波强化抗气蚀工艺及机理研究［D］．镇江：江苏大学，2013.
[12] 杨璟．铝合金激光深熔焊接过程行为与缺陷控制研究［D］．北京：北京工业大学，2011.
[13] 张智慧．7A52铝合金厚板窄间隙激光填丝焊接特性及组织性能调控研究［D］．哈尔滨：哈尔滨工业大学，2018.
[14] 杜汉斌．钛合金激光焊接及其熔池流动场数值模拟［D］．武汉：华中科技大学，2004.

第6章

激光复合制造技术

【导读】 **激光复合制造技术起源**

自1960年第一台激光器被发明以来，经过物理学家对激光特性和激光束与物质相互作用机理的研究，激光制造技术的应用领域不断明确和具体化。激光制造技术由于具有高柔性、高质量、对环境友好、可灵活选择等优点，是目前先进制造技术的典型代表，被誉为“未来的万能加工工具”。随着大功率激光器件及配套制造系统的不断发展，激光制造技术已形成了激光焊接、激光切割、激光熔覆、激光合金化、激光淬火、激光微纳制造、激光增材制造等十几种应用工艺，广泛应用于航空航天、机械制造、石化、船舶、冶金、电子和信息等领域，在减量化、轻量化、再制造、节能环保等方面发挥着越来越重要的作用。

单一的激光制造技术由于具有高热输入的特征，存在微观缺陷、宏观变形、能耗大等问题，不能完全满足先进制造技术发展的要求，进而发展出多种技术复合的先进制造技术。“复合”一词广泛用于制造技术领域，国际生产工程科学院（CIRP）将“复合制造”（Hybrid Manufacturing，HM）定义为“一种基于若干种工艺/工具/能量源同步工作、过程机理与相互作用可控且对工艺/零件性能有显著影响的技术”。激光复合制造技术是指激光与至少一种其他能场/工艺相互作用参与同一加工过程，并改变材料性能，产生比单种能场（质量、效率、成本等）更优的加工效果（“1+1>2”），利用激光和其他能量场的优势，可克服单一激光的弱点，从而实现单一工艺无法实现的材料加工过程或实现比单一工艺更高效率、更好质量、更优性能的产品制造。

激光复合技术最早可追溯到20世纪70年代。1978年，Steen将激光焊接与电弧相复合，其研究发现电弧对激光束有能量增强作用，从而拉开了激光复合技术研究的序幕。随后的几十年，科研及工程领域中相继涌现出一大批激光复合制造技术。直到现在，激光复合制造技术一直是国内外激光技术研究的重点，激光复合焊接、激光复合切割/打孔、激光复合表面改性、激光复合成形等激光复合制造技术在各应用领域都有其独特的优势。

6.1 技术概述

激光复合制造技术是材料增材制造与再制造领域新兴的先进技术之一，利用激光和其他能量场的优势，可克服单一激光的弱点，是激光技术的进一步发展和重要补充，已成为激光制造技术的重要发展方向之一。激光复合制造技术既可用于关键零部件表面性能（如耐磨、耐蚀、耐高温氧化）的提升，又可用于金属材料的高效率、高质量、低成本的增材制造与再制造，已广泛应用于能源、化工、船舶、航空航天等高端装备关键部件的制造与改性。

6.1.1 原理

一般地，激光复合制造技术指以增材制造为主体工艺，在零件制造过程中采用一种或多种辅助工艺与增材制造工艺耦合协同工作，使得工艺/零件性能改进的先进制造技术。复合制造虽然也涉及若干种工艺/能量源，但并不能严格达到“同步工作”，更多的是组成循环交替工艺“协同工作”。以基于机加工的复合增材制造技术为例，通常是在完成若干层制造后，再进行机加工，循环交替进行直至完成零件制造。

6.1.2 分类

根据激光在复合制造技术中扮演角色的不同，激光复合制造技术大致可分为激光为主和激光为辅两大类。激光为主的复合制造技术包括电弧辅助激光焊接、水射流导引激光切割/打孔、感应加热辅助激光焊接/熔覆、电磁场辅助激光焊接/熔覆、电流辅助激光焊接、超声振动辅助激光焊接/熔覆和化学辅助激光加工等；激光为辅的复合制造技术包括激光辅助电弧焊、激光辅助化学加工/微加工、激光辅助切割、激光辅助摩擦搅拌焊、激光辅助冷喷涂、激光辅助车削和激光辅助弯曲成形等。这些激光复合制造技术涉及多种能量场（如电场、磁场、动能场、热场等）和多种工艺（如焊接、切割、打孔、熔覆、喷涂、车削和弯曲等）。

下面对研究和应用较为广泛的三种激光复合制造技术，即激光熔覆-超声复合强化、激光熔覆-电场/磁场复合强化、激光熔覆-冲击复合强化进行详细的介绍。

6.2 激光熔覆-超声复合制造

6.2.1 原理及特点

超声振动辅助激光熔覆是目前研究较多的一种激光复合表面改性技术。一般认为超声是一种频率高于20kHz的声波，而功率超声即为一种大功率的超声波，在军事、医学、工业等领域已有许多方面的应用。当超声在熔融金属介质中传播时，能够细化晶粒、提高熔池内部流体的流动速度、增强熔池搅拌效果及增加熔池热输入。在超声产生的声能作用下，有学者将超声能场以不同的形式引入激光金属成形技术中，超声在熔融金属中有如下作用机制。

（1）空化效应　液体能承受很大的压应力，但能承受的拉应力却很小。当液体受拉时，容易被撕裂形成气囊。因此，当超声在液体中传播时，由于强烈的高频振动，液体介质不断地受压和受拉。在超声的负压相时，液体被撕裂，形成压力很低的空化泡；在超声的正压相时，空化泡迅速闭合，产生巨大的水击现象，同时伴有瞬间的高温高压现象。这种空化泡在液体介质中产生、溃陷或消失的现象，称为空化作用。

（2）声流效应　超声在熔融金属的传播过程中，声波与熔融金属之间的黏性力产生交互作用，从声源处开始产生的超声会在传播途径中形成一定的声压梯度，声压梯度的产生会在超声的传播方向上产生驱动力，进而促进黏性介质朝着一定的方向流动，进而使得熔体产生稳定的流动现象，称为Eckart声流现象。该现象促进熔池对流传热，不仅可以均匀化熔融金属的温度场，而且会对熔融金属产生微观的搅拌作用。一方面，搅拌熔池会加速溶质元素的扩散，促进元素的均匀分布；另一方面，在二次枝晶根部紧缩处，合金平衡熔点相对较低，声流的搅拌会造成熔体温度的波动与能量的起伏，促使枝晶根部区域的合金重新熔化，从而促使其熔断，产生更多的形核点。

（3）谐振效应　超声波是机械能量的一种传播形式，可使介质作激烈的强迫机械振动。由于熔融金属本身具有一个固有频率，当周期性的超声振动作用于熔体时，如果超声振动的频率与熔体体系的固有频率相等或者成比例时，则超声波会激励晶体产生谐振，从而影响金属熔体凝固过程的能量传递与晶体生长。首先，在固液区域，超声振动引起的谐振效应会使处于谐振状态晶体的振幅逐渐变大，从动力学角度来看，这些初生晶粒在熔体中的振荡加剧将会使表面原子重新进入液相，粒子表面收缩振幅增加，其总的能量增大，界面自由能级发生变化，导致相变驱动力减小，晶体的长大速度减缓，实现最终的晶粒细化。其次，结晶体谐振效应将改变原有的枝晶结构，打断二次枝晶臂，加速一次枝晶的生长，从而使晶粒的细化效果更为明显。最后，谐振晶体振幅的增大促进晶粒之间液态金属的对流与溶质的扩散，这有利于凝固前沿的均匀传热与凝固组织的均匀细化。

（4）热效应　超声的热效应来自于介质吸收声能后转化而产生的热和超声空化产生的热。一方面，超声波在熔体中传播是熔体内各质点发生弹性波动传递机械能的过程，但是由于熔体的黏性及摩擦阻力，超声的部分能量会被转化为热能，使得熔体的温度升高；另一方面，发生超声空化时空化泡溃灭的瞬间会向周围的熔体产生高温，两者的共同作用使得熔体产生过热现象。

6.2.2　条件和设备

超声振动系统主要包含超声发生器、超声波换能器、复合型变幅杆、法兰、继电器及变压器等。超声辅助激光制造系统主要由超声波动装置、6000W 半导体光纤耦合激光器、双筒送粉装置、控制系统和冷却系统构成。系统装置如图 6-1 所示，所用激光器是德国 Laserline

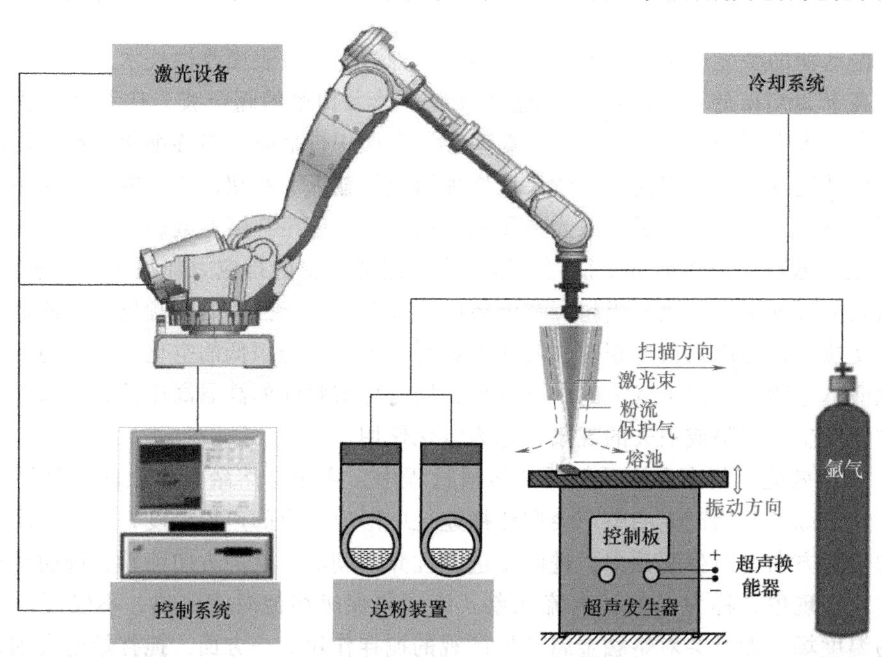

图 6-1　超声辅助激光制造实验平台示意图

公司生产的大功率半导体光纤耦合激光器，其光斑直径可变范围为2.2~5mm，最高输出功率为6000W，能够在控制系统上调整激光功率、扫描速度及扫描路径。送粉系统将实验所需的粉末通过送粉管输送至激光头，实现同轴送粉的同时保证了单位时间内送粉速率的稳定性，调整粉斑与光斑位于同一位置后经激光能量的输入同时作用于基板表面。通过超声振动台控制面板设置超声波发生器的输出功率，可输出不同振幅的超声波，进而耦合光作用于基板。实验中的送粉气与保护气均为氩气。

6.2.3 典型材料的激光熔覆-超声复合制造

在实验中选用的基体材料为锻造态的IN718镍基高温合金，基体材料的宏观尺寸为80mm×60mm×6mm，施加超声的试板需在试板中心处加工出沉孔，以便于将试板和变幅杆输出端面通过螺栓固定。在实验前对基板用砂轮机进行抛光打磨处理，去除掉材料表面的氧化皮、油渍和其他杂质，避免对实验结果产生影响。实验熔覆粉末材料为镍基高温合金IN939，粉末粒度为50~150目。在实验过程中，为了避免因粉末受潮而对实验产生影响，已在实验之前将粉末置于烘箱中烘干，除去水汽。

在较优激光工艺参数（激光功率为900W、扫描速度为7mm/s、送粉速率为8g/min）下对激光熔覆过程施加60%功率比的超声振动，进而观察超声能场对IN939合金微观组织的影响。通过光学显微镜对有无超声作用的熔覆层各个区域的显微组织进行对比分析，如图6-2

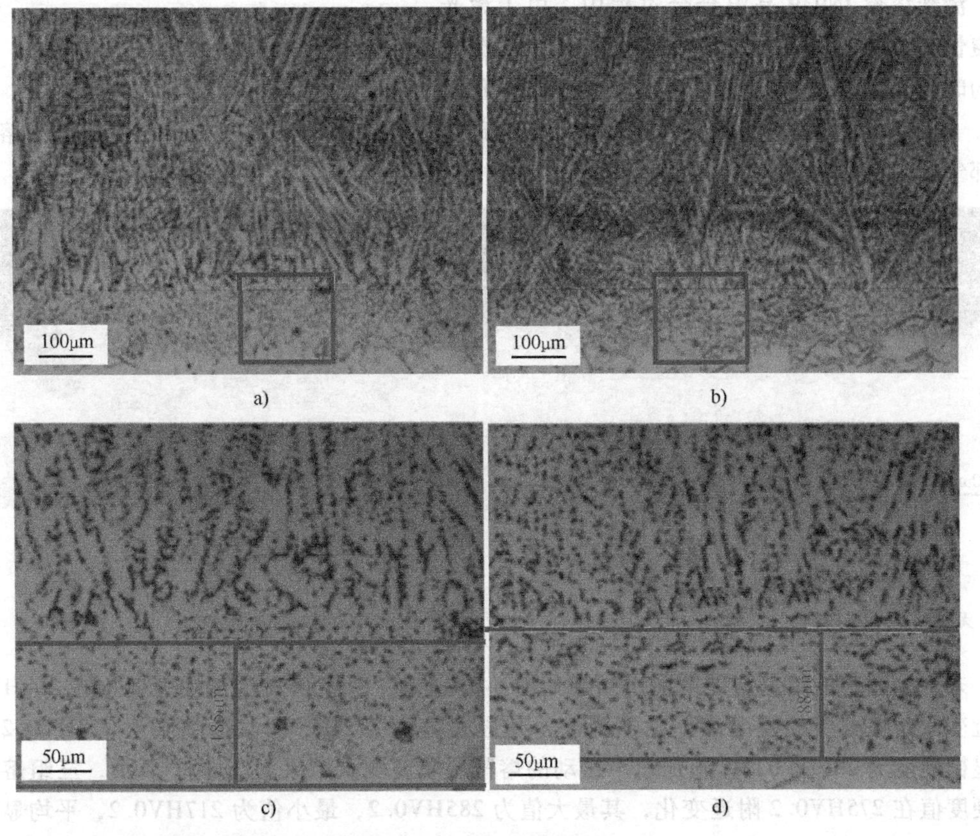

图6-2 激光熔覆IN939合金熔覆层界面结合区微观组织

a）无超声 b）无超声界面结合区 c）有超声 d）有超声界面结合区

所示，发现界面结合区附近的微观组织发生了较为明显的变化。一方面，由于在熔合线附近处的微观组织位于固液界面附近，在固液界面处因较高的温度传导而产生基体与熔覆层进行元素稀释的区域，从图 6-2 中可以看到元素稀释区域宽度在施加超声振动后，由未施加超声的 185.31μm 减小到施加超声的 168.88μm。另一方面，界面结合处的枝晶形貌也发生了明显的变化，未施加超声时，熔池底部以粗大的一次枝晶生长形貌为主，且析出相的尺寸较大，以不连续的链状形貌分布于奥氏体基体中；在施加超声后，可以明显看出，熔池底部的一次枝晶生长形貌发生了很大的变化，枝晶破碎，枝晶尺寸明显减小，黑色析出物质主要以点状形貌析出，且分布更加弥散。

有无超声辅助 IN939 熔覆层一次枝晶间距测量结果如图 6-3 所示，明显观察到无超声振动下界面结合处一次枝晶间距为 6.74～11.59μm，而超声作用下该处的一次枝晶间距变为 2.85～6.09μm，降低了约 53.38%，施加超声振动在增加熔池内部最高温度的同时，还会增加熔池的冷却速率，使得高温停留时间变短，进而抑制晶粒粗化。由此可知超声的作用对 IN939 合金的性能将会产生显著的细晶强化效果。

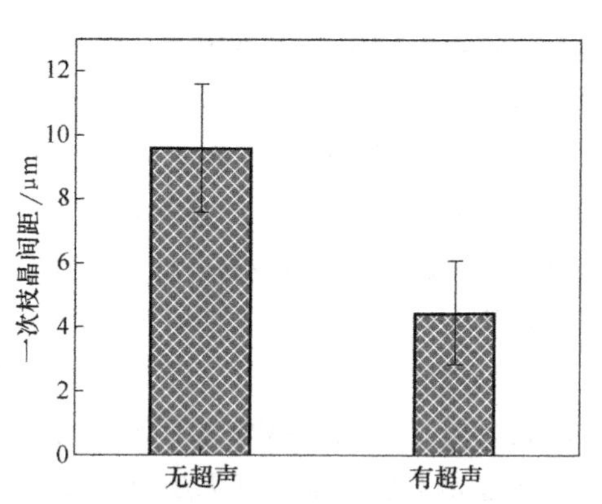

图 6-3　有无超声辅助 IN939 熔覆层一次枝晶间距测量结果图

激光熔覆 IN939 高温合金过程中，由于激光熔覆快热快冷的特点，熔池中产生的气体没有充分的时间上浮逸出，导致在熔覆层中形成气孔缺陷，如图 6-4、图 6-5 所示。对比熔覆层中内部有气孔缺陷的区域，施加超声振动后熔覆层内部气孔的数量明显减少，且气孔的尺寸也明显小于没有施加超声振动的情况。

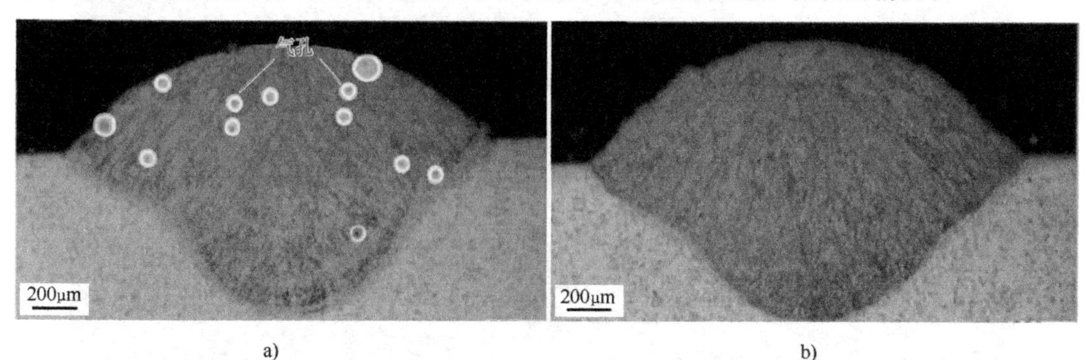

图 6-4　IN939 熔覆层横截面
a）无超声　b）有超声

未施加超声的熔覆层硬度测试结果如图 6-6a 所示，三组熔覆层的硬度值均在 260HV0.2 附近变化，熔覆层的硬度值差别不明显，其最大值为 272HV0.2，最小值为 218HV0.2，平均显微硬度为 249HV0.2。施加超声振动的熔覆层硬度测试结果如图 6-6b 所示，三组熔覆层的硬度值在 275HV0.2 附近变化，其最大值为 285HV0.2，最小值为 217HV0.2，平均显微硬度为 266HV0.2，由此可知超声作用下熔覆层显微硬度提升约 6.5%。硬度的提升主要是由于超声振动对微观组织形貌产生了较大的影响，破碎枝晶，细化晶粒，组织更加致密且无缺

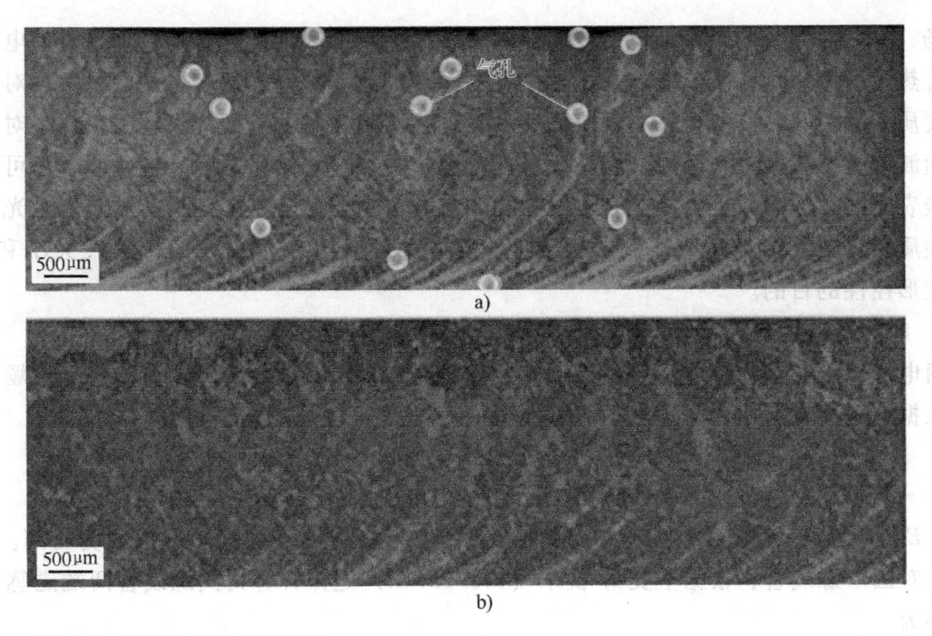

图 6-5　IN939 熔覆层纵截面
a）无超声　b）有超声

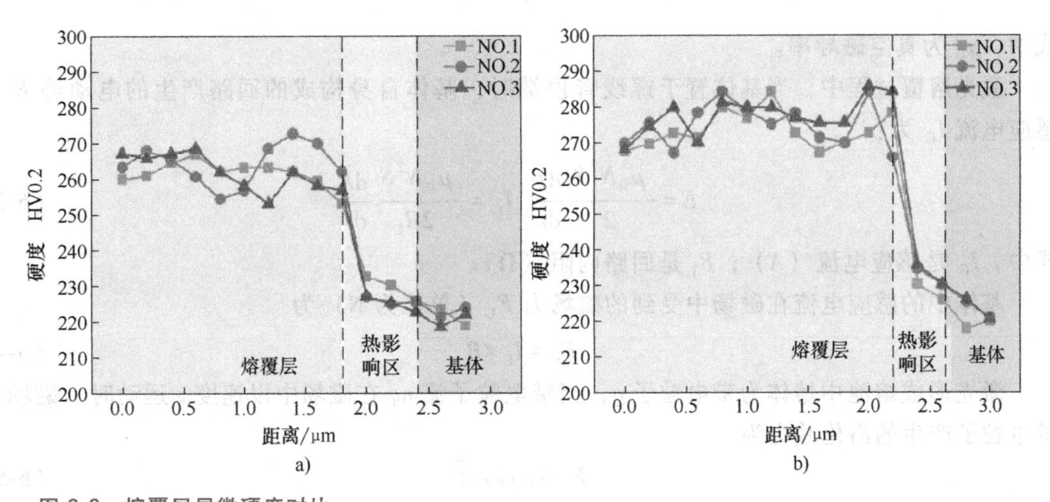

图 6-6　熔覆层显微硬度对比
a）无超声　b）有超声

陷的形成，同时超声作用抑制了 Nb、Al、Ti 等元素的偏析，进而使得基体相中固溶更多的强化元素。可以得出，超声对激光熔覆 IN939 熔覆层的显微硬度有一定的提升效果，且超声作用下的熔覆层显微硬度分布也更为均匀。

6.3　激光熔覆-电磁场复合制造

6.3.1　原理及特点

与电磁场辅助激光复合焊接技术类似，电磁场辅助激光熔覆是在激光熔覆过程中施加单一电场、单一磁场或同时施加电磁复合场的一种激光复合表面改性技术。由于外加电磁场对熔池传热传质的影响，金属液体及熔池中硬质颗粒的运动状态会改变，从而可实现对凝固组织、硬质相颗粒分布、气孔分布及表面波纹的调控。姚建华团队研究了电磁复合场对激光熔凝表面波纹、熔覆层气孔及激光熔注硬质颗粒分布的影响。结果显示，电磁复合场可抑制激光熔凝表面波纹的形成，电磁复合场的大小和方向对激光熔覆层中的气孔分布及激光熔注层中的硬质相颗粒分布产生显著影响。因此，可通过调节电磁复合场的特性（大小和方向）达到控形控性的目的。

1. 电磁场激发及其作用机理

通电的导线能够在其周围产生磁场，磁场会对周围的带电导体或永久磁体有磁场力的作用。根据电磁感应定律，感应电动势 E 与磁感应强度 B 之间的关系为

$$E=-NS\frac{\mathrm{d}B}{\mathrm{d}t} \tag{6-1}$$

式中，E 为感应电动势（V）；N 为线圈的匝数；S 为线圈的截面积（m^2）；t 为时间。

针对圆形螺线管，根据毕奥-萨伐尔（Biot-Savart）定律计算得到螺线管两端磁感应强度的大小为

$$B=\frac{1}{2}\mu_0 NI \tag{6-2}$$

式中，μ_0 为真空磁导率。

激光熔覆过程中，当基体置于螺线管顶端时，基体自身构成的回路产生的电动势 E 与感应电流 I_G 为：

$$E=-\frac{\mu_0 N^2 S}{2}\frac{\mathrm{d}I}{\mathrm{d}t},\ I_G=-\frac{\mu_0 N^2 S}{2R_1}\frac{\mathrm{d}I}{\mathrm{d}t} \tag{6-3}$$

式中，I_G 是感应电流（A）；R_1 是回路内阻（Ω）。

基体中的感应电流在磁场中受到的磁场力 F_G（单位为 N）为

$$\vec{F}_G=\vec{I}_G\times\vec{B} \tag{6-4}$$

激光形成熔池中熔体为带电粒子 q，当带电粒子流 nq 在磁场中以速度 v 运动时，磁场对带电粒子产生的洛伦兹力为

$$\vec{F}_Z=nq\vec{v}\times\vec{B} \tag{6-5}$$

由上述计算可知，磁场对激光产生熔池的作用本质为磁场力的作用。在激光形成的熔池中存在两种外力：其一为磁场在基体中诱导产生的感应电流 I_G 在磁场中受到的磁场力 F_G；其二为熔体中带电粒子 q 在磁场中运动而受到的洛伦兹力 F_Z。图 6-7a 所示为励磁电流 I 呈周期变化时，产生的磁感应强度 B 及在基体中诱导的感应电流 I_G 的周期变化。

在一个变化周期内，感应电流 I_G 大小的变化趋势与方向均与磁感应强度 B 不同步。因此有必要将熔池中熔体受到磁场力分为以下几种情况，如图 6-7b 所示，取熔池的截面作为研究对象。

1）磁场方向垂直熔池底部向上时，熔池中的自然对流右半部分受到洛伦兹力 F_Z，当感应电流 I_G 的方向为自左向右时，感应电流受到的磁场力 F_G 与 F_Z 相同，此时外力对熔池的熔体作用力（F_G 与 F_Z 的合力）最大，熔池对流方向不断变化，对流强烈。

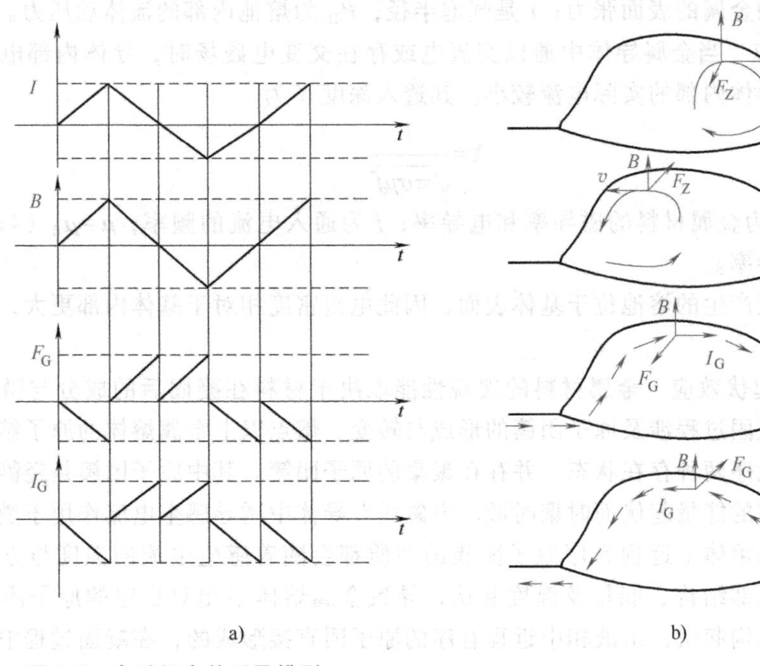

图 6-7 电磁场中关系及模型

a）感应电流与励磁电流关系 b）熔池中磁场力模型

2）磁场方向垂直熔池底部向上时，熔池中的自然对流右半部分受到洛伦兹力 F_Z，当感应电流 I_G 的方向为自右向左时，感应电流受到的磁场力 F_G 与 F_Z 相反，此时外力对熔池的熔体作用力（F_G 与 F_Z 的合力）最小，熔池对流薄弱。

同样地，熔池左半部分受力也符合上述两种情况，但是与右半部分的受力刚好相反。当磁场方向相反时，则可依次推之。当产生的磁场为交变磁场，磁感应强度与磁场方向随时间周期性变化，那么磁场力与洛伦兹力的合力便会在熔池中产生剧烈变化，从而影响熔池的熔体对流运动，产生非接触式的机械搅拌效应。

2. 电磁场对金属熔体的效应

磁场作用下激光熔覆层组织结构及成分会发生变化，由此导致涂层的性能变化，涉及磁场及磁场力在金属熔体中产生的以下一系列效应。

（1）机械搅拌效应　磁场在激光熔池中产生磁场力，磁场力作为外力强迫对流产生机械搅拌作用，从而引起熔池中熔体的对流方向改变，对流更加剧烈。其一，剧烈的对流可以促进熔池内部的传热、传质，不同流速之间的流体还会产生剪切力从而破碎枝晶，起到晶粒细化作用。其二，根据流体压力的伯努利原理可知，熔池中的熔体在磁场力作用下方向与流速改变，甚至形成更多曲率半径小的漩涡，熔池内部的流体动压力 P_D 增加。流体动压力的增加，一方面在熔池内部形成较强的冲刷力可以细化枝晶，将破碎的枝晶带到熔池中各个部位；另一方面，流体动压力的增加，促使熔池中气泡萌生时外部压力 P_s 增加，减少熔池内部气孔率，见式（6-6）。

$$P_s = P_\delta + H_y + \frac{2\delta}{r} + P_D \tag{6-6}$$

式中，P_s 为气泡萌生外部压力；P_δ 为激光熔池上方的气体压力；H_y 为激光熔池的高度；δ

为气体界面上熔融金属的表面张力；r 是气泡半径；P_D 为熔池内部的流体动压力。

（2）趋肤效应　当金属导体中通以交流电或存在交变电磁场时，导体内部电流集中在导体的表层，而导体内部的实际电流较小。其透入深度 X 为

$$X=\frac{1}{\sqrt{\pi\sigma\mu f}} \tag{6-7}$$

式中，μ、σ 分别为金属材料的磁导率和电导率；f 为通入电流的频率；$\mu=\mu_0$（$4\pi\times10^{-7}$）$\times\mu_r$，μ_r 为相对磁导率。

激光熔覆过程产生的熔池位于基体表面，因此电流密度相对于基体内部更大，交变磁场的作用更强。

（3）原子团起伏效应　金属材料的宏观性能取决于材料在凝固后的成分与微观组织形态，而微观组织凝固过程涉及原子团簇的形成与转变。熔点以上金属熔体的原子结构主要为近程有序、远程无序两种存在状态，并存在聚集的原子团簇。其中原子团簇是经静电效应而聚合，随金属熔体的能量起伏而时聚时散。电磁场在导体中诱导感生电流作用于激光热辐射形成的熔池，金属熔体中近程有序原子团簇的性质都会随着感生电流的强度与方向发生改变，这就加剧了内部结构、能量及温度起伏，导致金属熔体中相对稳定的原子团簇数量增加。晶核是通过结构起伏，由液相中近程有序的原子团直接形成的，在凝固过程中，这些原子团会形成大量稳定的晶胚，增大了形核数量，促使熔池中均质形核，使晶粒在一定程度上细化、均匀化，从而提高涂层性能。

（4）焦耳热效应　交变磁场在金属的内部感生电流，电流流过导体，电能转变成热能，即焦耳热效应。若 j 为磁场感生电流的密度，基材的电导率为 ζ，则基材中产生的焦耳热 Q_j 为

$$Q_j=\frac{j^2}{\zeta} \tag{6-8}$$

对于激光热辐射形成的熔池，由于同材质金属熔体的电导率 ζ 比凝固态时小数倍，所以感应电流均集中在凝固态金属组织，因而凝固态组织内产生的热效应大于相邻的液态金属，焦耳热效应会集中在凝固态枝晶生长的尖端产生热量，延长了熔池熔体存在时间，甚至可以促使固相枝晶重熔，更有利于枝晶尖端球化生长，造成熔池组织晶粒粗化。

3. 电磁场对熔池金属凝固过程影响

施加电磁场辅助激光熔覆，以非接触的方式在激光形成的熔池中产生磁场力，对熔池的金属凝固形核与生长过程产生影响。有以下两种影响机制。

（1）晶粒细化——电磁场对形核机制与晶体生长过程的影响　根据经典的形核理论，金属凝固过程中晶核的形成主要取决于金属熔体的驱动力（体积自由能）与形核功之间的平衡。在非均质基体中的形核功可以由式（6-9）获得

$$\Delta G=\frac{16\pi}{3}\cdot\left(\frac{\sigma^3}{\Delta G_m^2}\right)\cdot f(\theta)=\frac{1}{3}\Delta G_i\text{，}\Delta G_m=\frac{\Delta H_m}{T_m}\cdot\Delta T \tag{6-9}$$

式中，σ 为形核界面能；ΔG_m 为单位体积的固液相 Gibbs 自由能差；ΔH_m 为单位体积的熔化潜热；T_m 为单一组分的熔点；ΔT 为熔体的过冷度；$f(\theta)$ 为多相成核时的催化效能因子；ΔG_i 为形核时界面能的增量。

由式（6-9）可知，激光熔覆熔池在形核时，体积自由能的减少只抵消界面自由能的三分之二，其余三分之一的界面自由能需要通过熔体的能量起伏来抵消。首先，采用电磁场辅

助激光熔覆形成的熔池凝固时，电磁场影响熔池中熔体的能量起伏能够为熔池中晶体的形核提供额外的能量。因此，采用施加电磁场辅助激光熔覆能够显著地提高熔池的形核率，如图6-8所示，这有利于涂层凝固组织的晶粒细化。其次，电磁场辅助激光熔覆工艺过程中，电磁场以非接触的形式在熔池中产生大小与方向周期变化的磁场力，磁场力的周期性变化将会加速熔池中熔体的振动与对流，促使熔池中新的形核快速分散在熔池的各个位置，如图6-8c所示。最后，磁场力会破碎比较单薄的一次枝晶与二次枝晶，并通过对流推至固液界面前沿，如图6-8d所示。一方面破碎的枝晶自身作为非均质形核的核心进行形核；另一方面破碎的枝晶在固液界面前沿高温的作用下吸收热量重新熔化，增大了固液界面前沿的过冷度 ΔT，从而减少固液界面前沿的形核功 ΔG，更有利于固液界面前沿熔体形核结晶，促使晶粒细化。

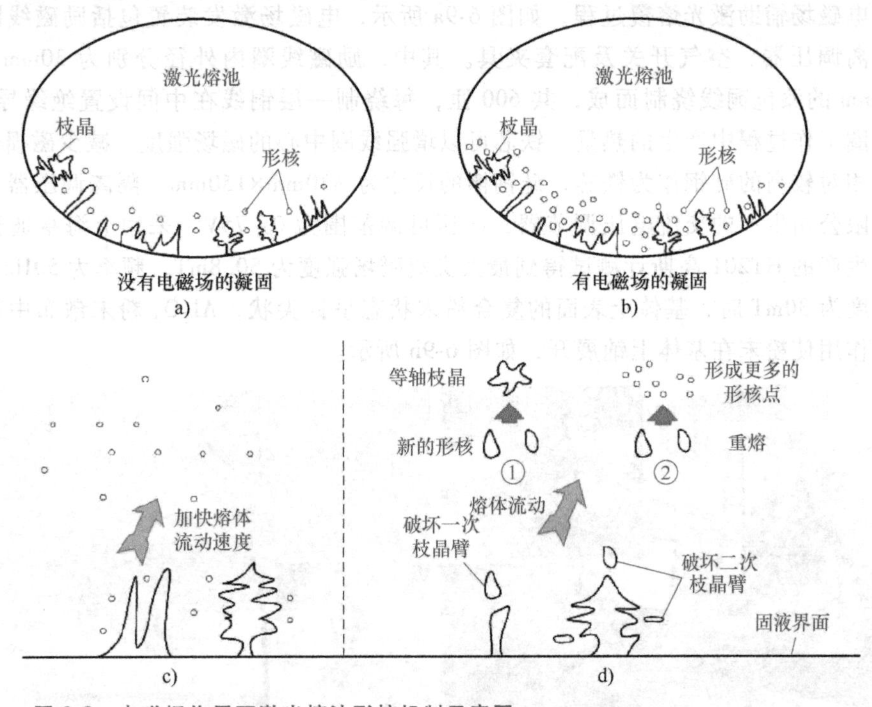

图6-8　电磁场作用下激光熔池形核机制示意图

（2）减少偏析——电磁场对组织成分分布的影响　电磁场在激光熔池凝固前以磁场力的方式强制熔池熔体对流，通过干扰凝固过程中枝晶周围形成的正常溶质边界层，影响熔池溶质的分布。凝固过程中，由于对流引起熔体中溶质的重新分布，会引起固态中溶质浓度的变化。考虑到固相中元素的扩散作用，当液相中溶质均匀混合时，根据Scheil方程，有

$$C_s = k_0 C_0\left(1-\frac{f_s}{1+\alpha k_0}\right),\ \alpha=\frac{D_s\tau}{S^2} \tag{6-10}$$

式中，C_s 为溶质浓度；C_0 为合金原始平均浓度；k_0 为溶质元素分配系数；D_s 为溶质元素的扩散系数；τ 为局部的凝固时间；S 为半枝晶间距。

可知，枝晶的偏析程度主要受到溶质元素分配系数、扩散系数影响、局部凝固时间和枝晶间距的影响。对于电磁场辅助激光熔覆形成熔池中的金属凝固过程，特定强度的交变磁场作用加速了熔池内部的传热，从而缩短了熔池局部凝固时间，枝晶间熔池来不及析出已经凝固；此外，熔池中的溶质在磁场力引起的强迫对流下重新均匀分布，促进熔体去

填补凝固收缩时产生的空隙，降低了凝固组织的偏析度，有利于提高涂层组织性能及减少涂层开裂。

6.3.2 条件和设备

激光熔覆实验采用输出功率为2000W的IPG公司生产的YLS-2000-TR型光纤激光器，最小光斑直径为0.4mm，激光波长为1070nm。采用自行设计的自动螺旋侧向送粉装置进行同步送粉激光熔覆（输送粉末流量为0~25g/min），激光熔覆系统及其工艺过程如图6-9a所示，主要包括激光器、送粉系统、移动平台、工控机和惰性气体。实验过程中采用氩气作为保护气体，流量为15L/min。

采用电磁场辅助激光熔覆过程，如图6-9a所示，电磁场激发装置包括励磁线圈、硅钢铁芯、隔离调压器、空气开关及配套夹具。其中，励磁线圈内外径分别为30mm、75mm，由直径2mm的漆包铜线绕制而成，共600匝，每绕制一层铜线在中间设置绝缘导热材料，以疏散线圈工作过程中产生的热量。铁芯可以增强线圈中心的磁场强度，减少磁损耗，采用了磁导率相对较高的硅钢作为铁芯，硅钢棒的尺寸为ϕ30mm×150mm。隔离调压器为乐清美方电器有限公司生产的交流电压调节器，电压可调范围为0~75V。采用上海亨通光电科技有限公司生产的HT201高斯计测试得到最大交流磁场强度为50.8mT，频率为50Hz。当交变磁感应强度为30mT时，基体上表面的复合粉末状态呈针尖状，Al_2O_3粉末散布中间，电磁力的振荡作用使粉末在基体上铺展开，如图6-9b所示。

图6-9 电磁场辅助激光熔覆实验

a）激光熔覆实验过程 b）30mT磁场中的粉末状态

根据电磁学理论，建立单励磁线圈磁场分布及磁场强度的ANSYS仿真模型，如图6-10所示。单励磁线圈通电流时，两端处激发的磁场磁感线在线圈外部密度最大（见图6-10a），该处的磁感应强度在线圈外部也是最大（见图6-10b）。理论上，激光熔覆过程中的激光熔池应该处于激发磁场的磁感应强度最大处，其作用效果最显著。基于上述考虑及现有的激光熔覆设备，励磁线圈的布置方式共有以下三种。

（1）基体上方　由于上方具有激光输出头、侧向送粉头及保护气输送头，上方布置线圈的空间被限制，极易发生干涉；此外，粉末束在交变磁场的作用下极易被打乱，导致到达光斑内的粉末发散、减少，影响熔覆层的成形。因此，布置在基体上方并不合理。

(2) 基体侧面（包括前、后、左、右四个面） 布置在侧面会增加熔池与磁感应强度最大处的距离，从而削弱电磁场对熔池的作用，并且受限于上方装置的空间，布置方案的实施相对困难。

(3) 基体下方 如图 6-10a 所示，布置在基体下方不会受限于上方其他装置空间，根据夹具的合理设计可以更方便地固定励磁线圈及节约制造成本；并且可以使基体表面尽可能接近磁感应强度最大处，因此在基体表面熔池获得相同磁感应强度大小可以设置更小的电压，有利于提高实验安全性。

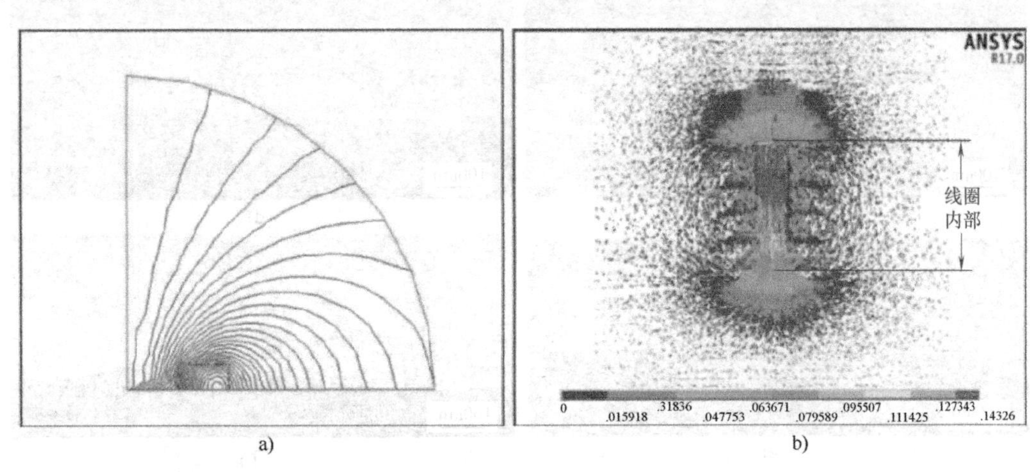

图 6-10 单励磁线圈磁场分布及磁场强度的 ANSYS 仿真

a）1/4 线圈的磁感线分布 b）线圈周围的磁感应强度分布

6.3.3 典型材料的激光熔覆-电磁场复合制造

激光熔覆的工艺参数：激光功率为 1600W、扫描速度为 400mm/min、搭接率为 20%（约为 0.6mm）、光斑直径为 3mm、送粉速率为 85%（约为 9.2g/min）、Fe901 粉末配比为 10%（Al_2O_3 的质量分数）。

图 6-11 所示为 Fe901 涂层与施加不同磁感应强度电磁场下 Al_2O_3/Fe901 复合涂层的底部结合区显微组织。由图可知，所有涂层与基体的结合界面处均存在一条明亮的平面晶带，未见气孔、裂纹等影响结合力的缺陷，这表明激光熔覆制备的涂层均与基体呈现良好的冶金结合，涂层抗剥落性能较好。由图 6-11a 可知，Fe901 涂层靠近结合界面的组织特征以柱状枝晶和杂乱的枝晶为主，由于基体的温度较低，该区域熔池的热量主要通过基体热传导排出，因此柱状枝晶的生长表现出较为明显的方向性，垂直于结合界面沿着与热流方向相反的方向生长。Al_2O_3 陶瓷颗粒的加入显著影响了 Fe901 涂层的结晶生长过程，如图 6-11b 所示，未施加电磁场制备的 Al_2O_3/Fe901 复合涂层靠近结合区的柱状枝晶组织几乎消失，只存在少量的柱状晶，复合涂层组织特征以等轴枝晶为主。Al_2O_3 陶瓷颗粒的加入促使枝晶凝固的固液界面前沿产生更大的过冷，同时增加了复合涂层熔池的形核率，因此枝晶和柱状枝晶的生长受到限制。如图 6-11c~f 所示，随着引入电磁场的磁感应强度增加，结合界面的平面晶带未受影响，然而靠近结合界面的柱状晶组织随磁感应强度增加而显著减少、细化，并且可以观察到柱状晶在不同的磁感应强度下均脱离了明亮平面晶带，证实了施加电磁场带来的机械

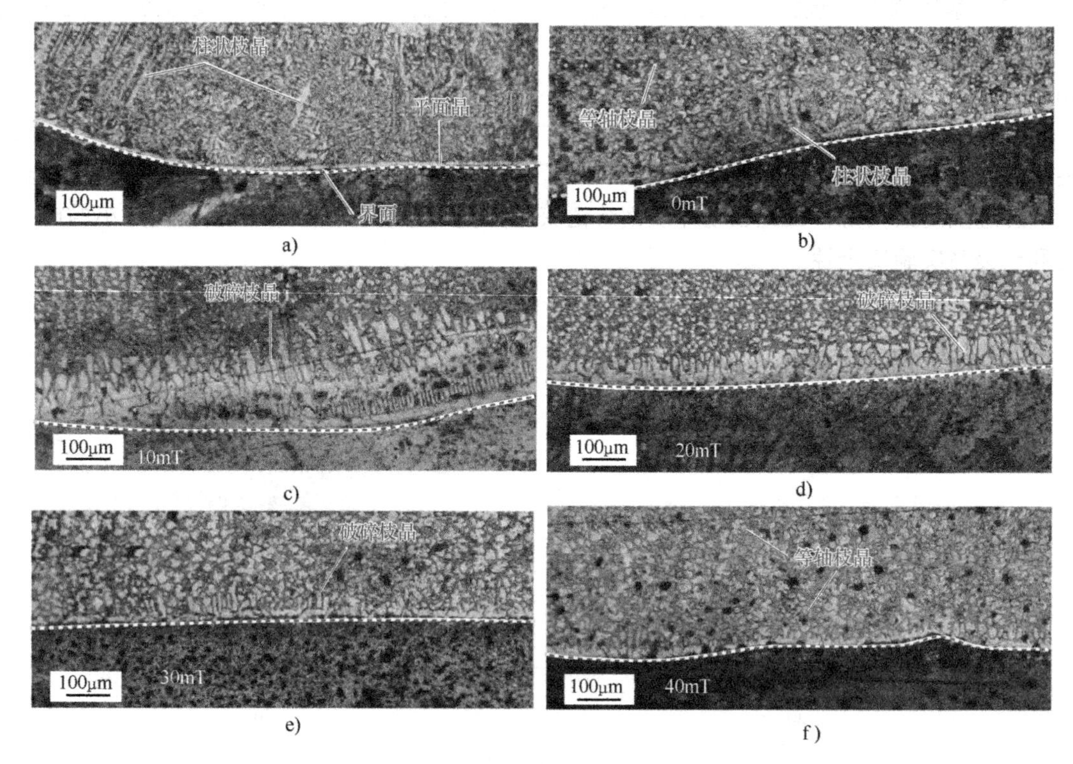

图 6-11　Fe901 涂层与施加不同磁感应强度电磁场下 Al_2O_3/Fe901 复合涂层的底部结合区显微组织

a）Fe901 涂层　b）Al_2O_3/Fe901 复合涂层（0mT）　c）Al_2O_3/Fe901 复合涂层（10mT）　d）Al_2O_3/Fe901 复合涂层（20mT）　e）Al_2O_3/Fe901 复合涂层（30mT）　f）Al_2O_3/Fe901 复合涂层（40mT）

搅拌效应可以打碎熔池中的枝晶，起到晶粒细化的作用。

图 6-12a 所示为 Fe901 涂层、未施加电磁场制备的复合涂层（Al_2O_3 的质量分数为 10%）、施加电磁场（20mT）制备的复合涂层沿着深度方向的显微硬度分布。图 6-12b 所示为不同磁感应强度下制备的复合涂层平均显微硬度值。采用随机取点的方式，在熔覆涂层中选取 20 个点测试其显微硬度，取其平均值作为该涂层的平均显微硬度。图 6-12a 可知，三种涂层从表面至基体的硬度均呈梯度分布，并且 Fe901 涂层与未施加电磁场制备的复合涂层（Al_2O_3 的质量分数为 10%）显微硬度均波动较大，涂层顶部区域和稀释过渡区域的显微硬度低于中部区域。然而，施加电磁场（20mT）制备复合涂层的显微硬度整体波动较小、更均匀。施加电磁场辅助激光熔覆制备的复合涂层组织更加均匀，同时电磁场细化了涂层中上部的等轴晶组织和涂层结合界面处的柱状晶组织，因此硬度值的波动相对更小。在电磁场产生的交变电磁力作用下，熔池内部诱发的机械搅拌效应可以很好地促进熔池内部的对流与传质，结合晶粒细化效应进一步促进了涂层凝固组织均匀化。其次，涂层的显微硬度显著高于基体，这表明激光熔覆制备的涂层提高了基体表面的显微硬度。

图 6-13 所示为 Fe901 涂层、不同磁感应强度下激光熔覆制备的复合涂层在相同摩擦磨损参数下的摩擦系数曲线。由图可知，Fe901 涂层与不同磁感应强度下激光熔覆制备的复合涂层摩擦系数曲线均具有磨合和稳定磨损两个阶段，符合常规摩擦磨损规律。在摩擦磨损开始的第一阶段，摩擦副在施加载荷的作用下压入涂层不断地切削涂层表面，从而形成较大的

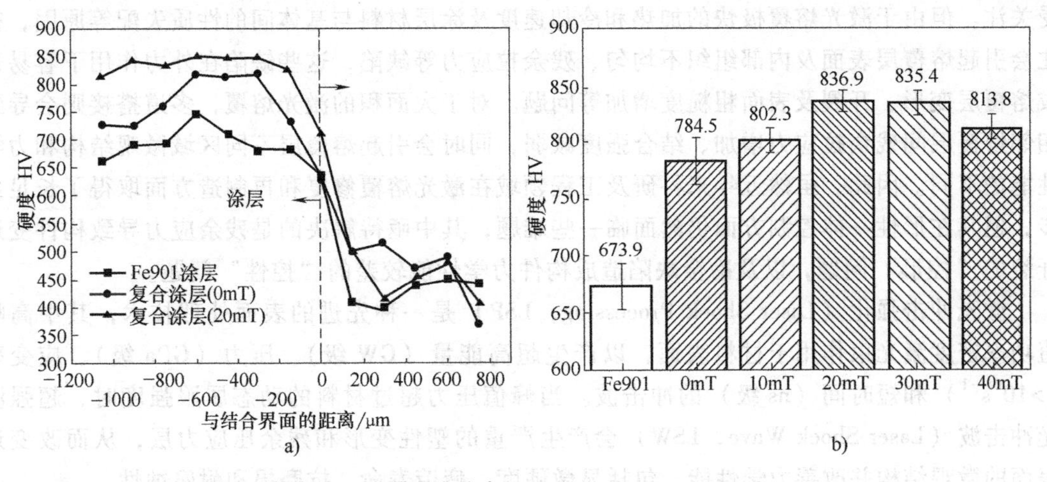

图 6-12 Al_2O_3/Fe901 复合涂层显微硬度分布

a）沿深度方向显微硬度 b）不同磁感应强度下制备的复合涂层平均显微硬度

切向阻力导致两种涂层的摩擦系数均急剧上升。随着摩擦磨损过程的进行，摩擦副与涂层表面达到平衡进入稳定摩擦磨损阶段。Fe901 涂层的摩擦系数曲线波动相较于复合涂层的波动更大，结合显微组织分析可知，在 Fe901 涂层的表面存在着各种不同形状的枝晶，枝晶的各向异性导致了 Fe901 涂层的摩擦磨损曲线相较于复合涂层的波动更大。摩擦磨损过程前 500s，所有涂层均进入稳定磨损阶段，而施加电磁场为 20mT 时制备的复合涂层进入稳定摩擦阶段最慢，并且在摩擦系数上升前，摩擦系数极小，持续了近 300s。推测其原因为电磁场作用下更多的 Al_2O_3 颗粒被对流熔体携带至复合涂层中下部，表面相对细小的圆形晶粒与等轴晶分布均匀，可以很好地抵抗陶瓷球摩擦副的压入并维持一段时间，直至暴露出 Al_2O_3 陶瓷颗粒。在涂层的稳定磨损阶段，500~800s 阶段复合涂层的摩擦系数趋于一致，800s 以后逐渐形成差异，此时电磁场产生的晶粒细化效应及 Al_2O_3 陶瓷颗粒造成的“钉扎效应”逐渐体现出更好的减摩效果。

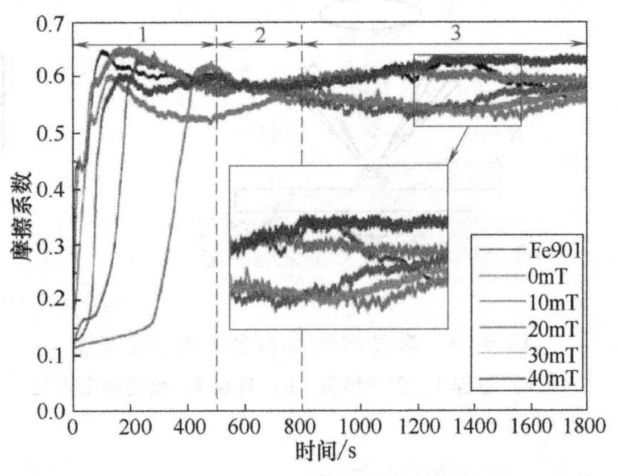

图 6-13 电磁辅助激光熔覆 Al_2O_3/Fe901 复合涂层的摩擦系数曲线

6.4 激光熔覆-冲击复合制造

6.4.1 原理及特点

激光熔覆（Laser Cladding，LC）作为一种先进的再制造技术，对磨损材料的表面改善至关重要，因其能量密度高、沉积效率高、可与基体冶金结合、稀释度低、热影响区小而备受关注。但由于激光熔覆极快的加热和冷却速度及涂层材料与基体间的性质失配等原因，往往会引起熔覆层表面及内部组织不均匀、残余拉应力等缺陷，这些缺陷在外力作用下容易造成熔覆层变形、开裂及表面粗糙度增加等问题。对于大面积的激光熔覆，多道搭接则会导致相邻熔覆层间残余拉应力增加、结合强度减弱，同时会引起熔覆层不同区域微观结构和力学性能的不同。因此，虽然近年来科研及工程领域在激光熔覆修复和再制造方面取得了长足进步，但其在形性一体控制方面仍然面临一些难题，其中亟待解决的是残余应力导致构件变形开裂的“控形”问题，以及冶金缺陷造成构件力学性能较差的“控性”问题。

激光冲击强化（Laser Shock Processing，LSP）是一种先进的表面处理技术，其中高峰值功率密度激光束作用于材料表面，以产生超高能量（GW 级）、压力（GPa 级）、应变率（$>10^6 s^{-1}$）和短时间（ns 级）的冲击波。当峰值压力超过材料的动态屈服强度时，超强激光冲击波（Laser Shock Wave，LSW）会产生严重的塑性变形和残余压应力层，从而改变近表面的微观结构并改善力学性能，包括显微硬度、疲劳寿命、抗磨损和耐腐蚀性。

激光熔覆-冲击复合制造示意图如图 6-14 所示，首先通过激光熔覆工艺制备一定厚度的熔覆层，再对熔覆层表面进行激光冲击强化处理。

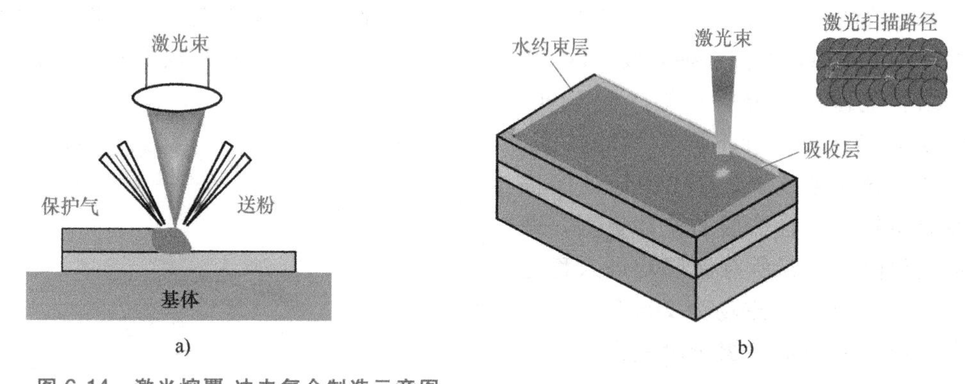

图 6-14　激光熔覆-冲击复合制造示意图
a）过程 1：激光熔覆　b）过程 2：激光冲击强化

6.4.2　条件和设备

1. 基于 KR C4 型机器人集成的激光制造系统

（1）机器人及控制器　根据加工头重量及工作所需要的行程，机器人选用库卡（KUKA）KR C4 型（见图 6-15），其自重为 235kg，负载能力为 16kg，有 6 个运动轴，重复定位精度<±0.05mm，最大工作范围为 1611mm，具体性能参数见表 6-1。

（2）激光器　采用激光作为热源进行熔覆修复是叶片修复的基础，实验选用德国 Laserline 的 10kW 半导体激光器（见图 6-16），外形尺寸为 1065mm×850mm×1845mm，重量约为 800kg。其光电转换率高，激光波长为 1080±20nm，光斑质量为 6mm · mrad。

（3）激光熔覆头　采用德国 Precitec 生产制造的 YW52 熔覆头（见图 6-17）。该激光加工头灵活实用，配套不同光纤及功能扩展模块，可实现多种激光加工工艺。

（4）供粉系统　采用煜宸自行设计的 RC-PGF-D-2 型双筒送粉器（见图 6-18），通过载气式送粉结构，可以实现长距离的粉末输送，可实现激光加工的同步送粉，满足激光熔覆工艺要求。

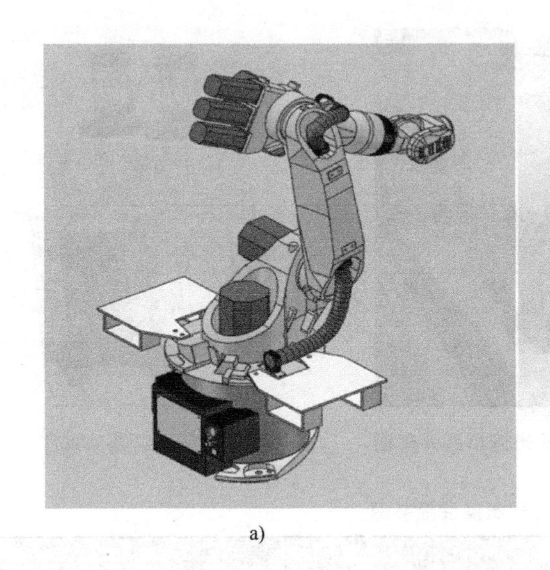

a)

b)

图 6-15 a) KR C4 型机器人 b) 控制器

表 6-1 KR C4 型机器人性能参数

性能参数及配置	数值或说明
处理器	库卡(工业)计算机
操作系统	微软 Windows XP
编程及控制	KUKASMARTPAD
设计生产标准	DIN EN 292、DIN EN 418、DIN EN 614-1、DIN EN 775、DIN EN 954、DIN EN 50081-2、DIN EN 50082-2、DIN EN 60204-1
保护等级	IP54
工作环境温度	0~45℃(若加冷却器,则温度范围为 0~55℃)
控制轴数	6~8
自重	178kg
输入电源	3×400V~3×415V,49~61Hz
负载功率	4kW
保护熔断器	32A,3 个(慢熔型)
与外围设备通信接口	Ether Net、CAN BUS (Interbus、Profibus 作为可选项)
至机器人电缆总成	7m(可加长到 15m,或 25m、35m、50m)
噪音等级	67dB(根据 DIN 45635-1)

机器人配套的编程控制器型号为 SMARTPAD，其性能参数见表 6-2。

激光熔覆成套设备是光、机、电一体化的集成系统（见图 6-19），系统采用先进的半导体/光纤/碟片进口激光器，配套专用冷水机组、除尘系统、光路保护系统、控制系统、智能化送粉系统等，组成多轴联动柔性加工系统，具有加工效率高、稳定性好、操作安全、外形美观、布局合理等优点，可满足金属工件激光表面改性工艺需求，广泛应用于电力、能源、交通、冶金、机械制造、矿山、石化、钢铁等领域。

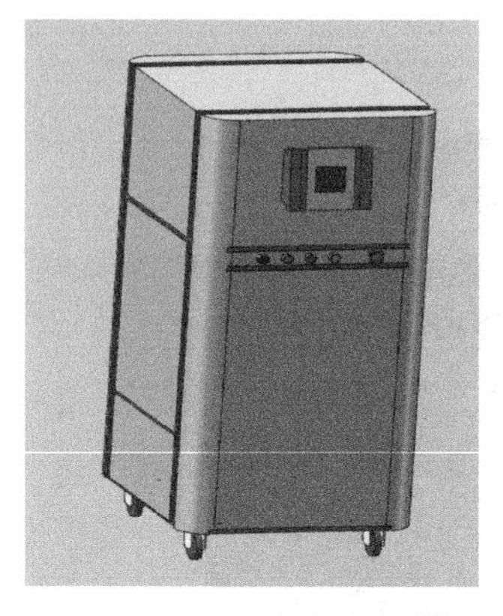

图 6-16　半导体激光器

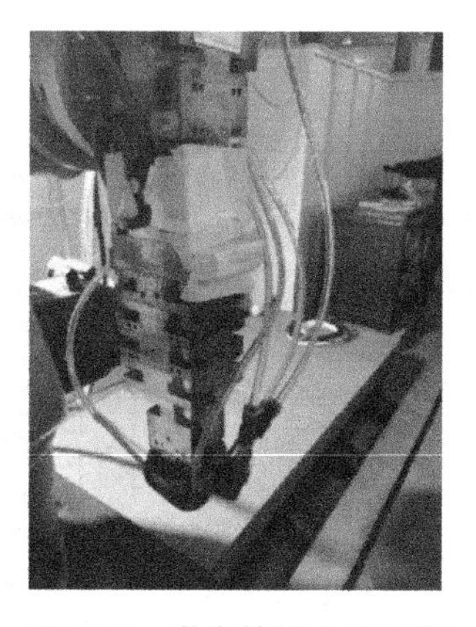

图 6-17　激光熔覆头外形图

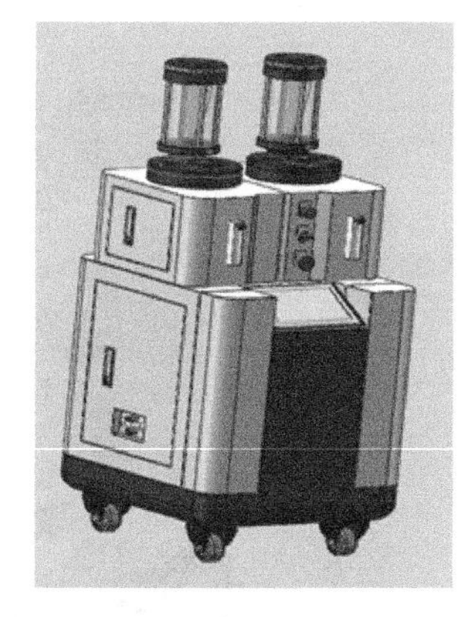

图 6-18　送粉器外形图

表 6-2　编程控制器性能参数

性能参数及配置	数值或说明
尺寸(长×高×厚)	330mm×260mm×35mm
保护等级	IP54
显示屏	640×480,256 色 LCD 彩显,VGA 模式
鼠标	6D 空间鼠标,使示教动作容易操作
工作模式	4 种工作模式切换旋钮,方便操作与安全
使能开关	3 位人体学使能开关
菜单	中/英/德/法多种语言菜单切换容易
控制电缆	10m 控制电缆
按钮	开始/停止/紧急停止按钮

a)　　b)

图 6-19　大型激光熔覆成套设备

a）加工平台　b）机械手

2. 基于 KR C2 型机器人集成的激光冲击加工系统

主要技术参数如下：①圆形/方形光斑能量密度分布不均匀性≤10%；②聚焦镜焦距为 1.5m，焦点位置调节范围为 0~0.3m；③二维旋转结构可调角度范围为 C 轴-100°~100°、B

轴-60°~60°；④定位精度≤60″、重复定位精度≤30″；⑤激光处理头工作距离可调节范围为0.3~1.5m。

（1）工件操作机器人主要性能参数 库卡工业机器人是标准六轴工业机器人本体，其几何参数如图6-20所示，性能参数见表6-3。合理的机械结构和紧凑化设计，6个自由度的AC伺服马达，绝对位置编码器，带有抱闸的所有轴，以及特定的负载和运动惯量的设计，使得速度和运动特性达到最优化，臂部的附加负载对额定负载没有运动限制。主要特点：采用模块化的机械结构设计，任何部分都可迅速更换，高精度电子零点标定；可调机械手臂，有更大的活动空间和柔韧性。

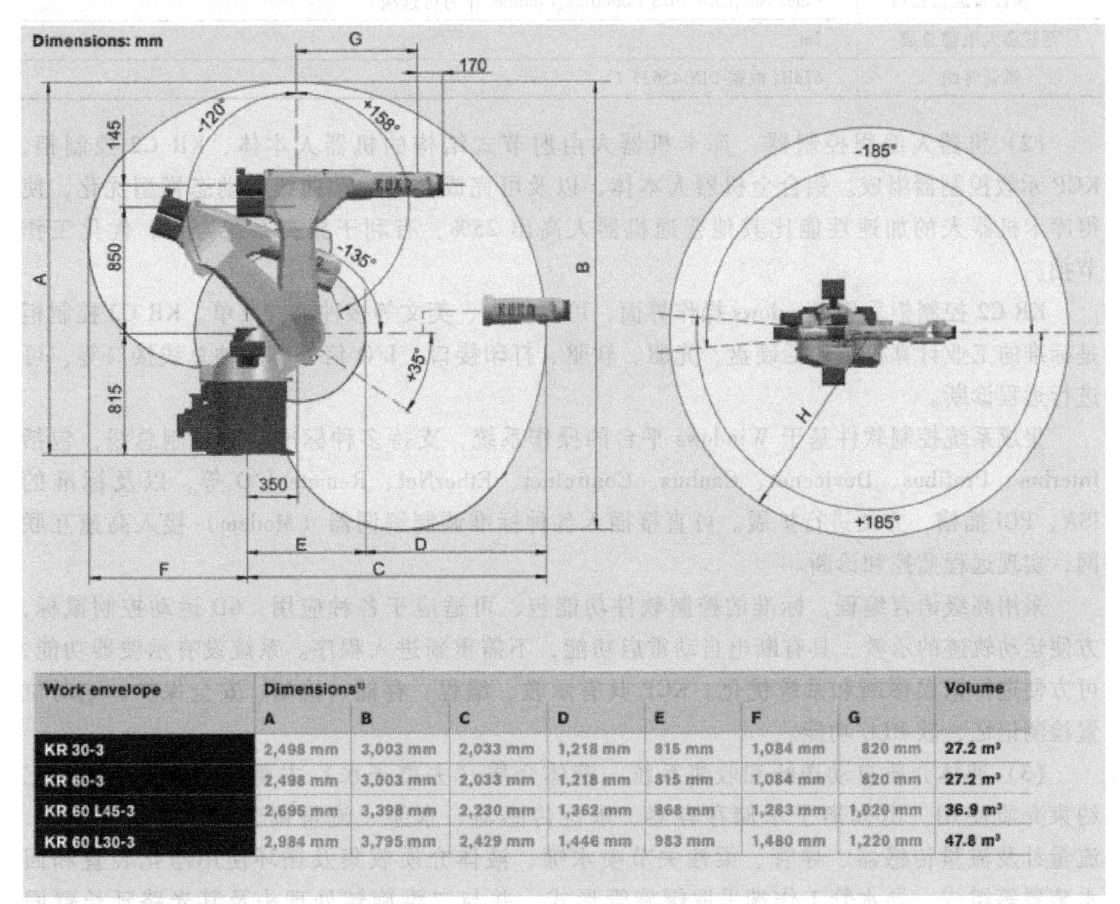

Work envelope	Dimensions[1]							Volume
	A	B	C	D	E	F	G	
KR 30-3	2,498 mm	3,003 mm	2,033 mm	1,218 mm	815 mm	1,084 mm	820 mm	27.2 m³
KR 60-3	2,498 mm	3,003 mm	2,033 mm	1,218 mm	815 mm	1,084 mm	820 mm	27.2 m³
KR 60 L45-3	2,695 mm	3,398 mm	2,230 mm	1,362 mm	868 mm	1,283 mm	1,020 mm	36.9 m³
KR 60 L30-3	2,984 mm	3,795 mm	2,429 mm	1,446 mm	983 mm	1,480 mm	1,220 mm	47.8 m³

图6-20 库卡工业机器人几何参数示意图

表6-3 库卡工业机器人性能参数

性能参数及配置	数值或说明
处理器	库卡（工业）计算机
操作系统	微软 Windows XP
编程及控制	库卡 KCP
设计生产标准	DIN EN 292、DIN EN 418、DIN EN 614-1、DIN EN 775、DIN EN 954、DIN EN 50081-2、DIN EN 50082-2、DIN EN 60204-1
保护等级	IP54

（续）

性能参数及配置	数值或说明
工作环境温度	0~45℃（若加冷却器，则温度范围为0~55℃）
控制轴数	6~8
自重	178kg
输入电源	3×400V-10%~3×415V+10%，49~61Hz
负载功率	4kW
保护熔断器	32A，3个（慢熔型）
与外围设备通信接口	Ether Net、CAN BUS（Interbus、Profibus 作为可选项）
至机器人电缆总成	7m
噪音等级	67dB（根据 DIN 45635-1）

（2）机器人编程控制器　库卡机器人由肘节式结构的机器人本体、KR C2 控制柜、KCP 示教控制器组成。铝合金机器人本体，以及可完成高速运动曲线的动态模型优化，使得库卡机器人的加速性能比其他普通机器人高出 25%，有利于提高系统寿命，优化工作节拍。

KR C2 控制柜采用 Windows 操作界面，可提供中、英文等多种语言菜单。KR C2 控制柜是标准的工业计算机，包括硬盘、光驱、软驱、打印接口、I/O 信号、多种总线接口等，可进行远程诊断。

集成系统控制软件基于 Windows 平台的操作系统，支持多种标准工业控制总线，包括 Interbus、Profibus、Devicenet、Canbus、Controlnet、EtherNet、Remote I/O 等，以及标准的 ISA、PCI 插槽，方便进行扩展。可直接插入各种标准调制解调器（Modem）接入高速互联网，实现远程监控和诊断。

采用高级语言编程，标准的控制软件功能包，可适应于各种应用，6D 运动控制鼠标，方便运动轨迹的示教。具有断电自动重启功能，不需重新进入程序。系统设有示波器功能，可方便进行错误诊断和系统优化。KCP 具有示教、编程、存储、检测、安全保护、绝对位置检测记忆、软 PLC 功能。

（3）液体介质自动送给和收集系统　液体介质（去离子水）主要作为激光冲击加工约束介质使用。由去离子水储存容器、水位传感器、水泵、流量调节阀、双路电控阀、流量计及流量传感器、导管、柔性关节喷水嘴、液体介质收集及循环使用净化装置和回水装置等组成。导水管工作端采取螺旋管形式，并与二维旋转处理头及其光路延长臂固定为一体。

主要性能及技术指标：可以双路输出；实现去离子水（液体约束介质）自动开启、关闭；可以自动选择单路输出或双路同步输出；流量可调节。

喷水嘴可与二维数控旋转机构同步运动，自动调节喷水方向和位置，液体介质经过配置的净化装置可以循环使用并自动回流至储存容器。在流量不足或去离子水接近耗尽时，具备报警功能。

根据上述研究搭建的基于机器人的集成激光冲击加工系统如图 6-21 所示，整个系统包括重复频率纳秒激光器、机械手夹持的工件操作平台、约束层自动循环泵送系统、智能激光器水冷系统、计算机集成控制操作软件及激光冲击加工过程监控系统。

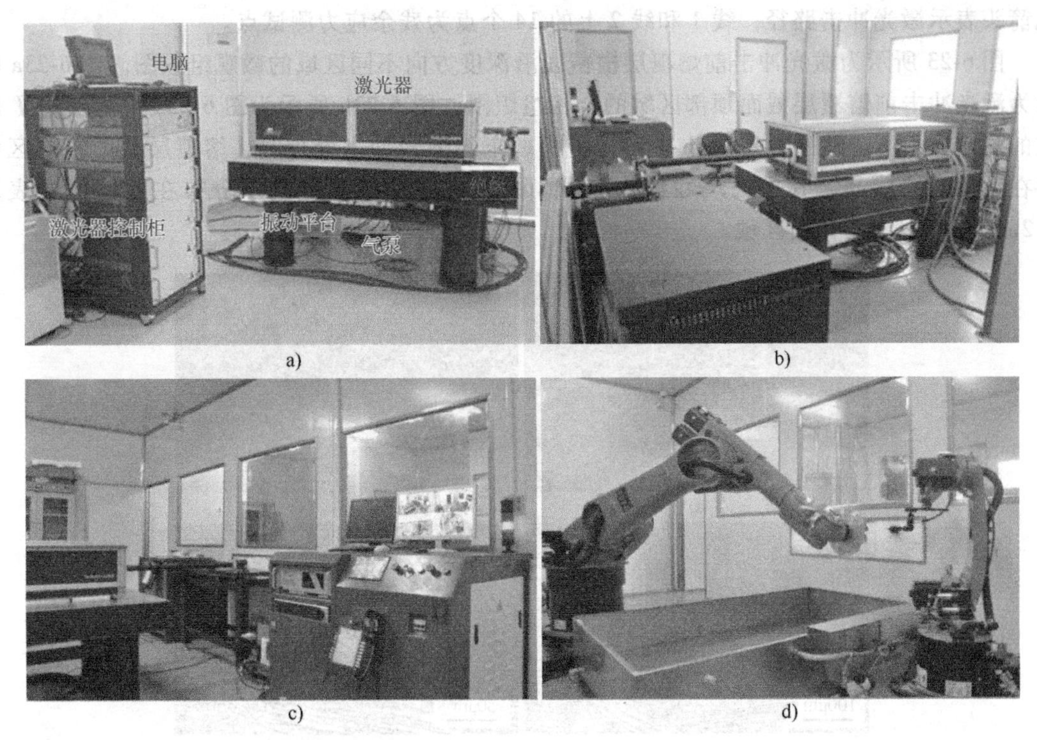

图 6-21 基于机器人的集成激光冲击加工系统

a）激光器及其控制器 b）光路传输及其控制 c）激光集成操作系统 d）机器人操作平台

6.4.3 典型材料的激光熔覆-冲击复合制造

采用大面积激光冲击强化对 AISI316L 不锈钢激光熔覆层进行表面改性处理。激光熔覆试验参数：激光输出功率为 1800W、光斑直径为 3mm、光斑搭接率为 22.5 %、光斑扫描速率为 4mm/s、送粉速率为 5L/min、保护气体速率为 5L/min。所用激光冲击强化参数：激光脉宽为 10ns、激光能量为 9J、光斑直径为 3mm、光斑搭接率为 50%，并选用厚度 1mm 的流水作为透明约束层。此外，为防止熔覆层表面被高温等离子体烧蚀，需在熔覆层表面覆盖一层厚度为 100μm 的铝箔作为能量吸收层，在激光冲击过程中，激光束与熔覆层表面始终保持垂直，并且相邻光斑之间横向与纵向搭接率均为 50%，从而确保整个激光冲击区域不存在盲区，如图 6-22 所示。图 6-22b 所示为熔覆层顶部激光冲击区域的局部放大图，其中红

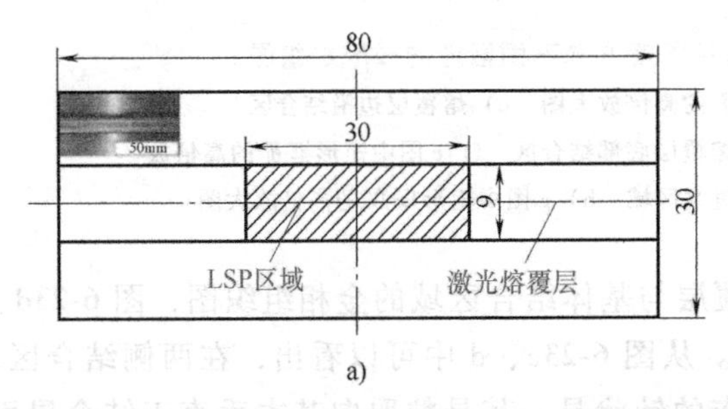

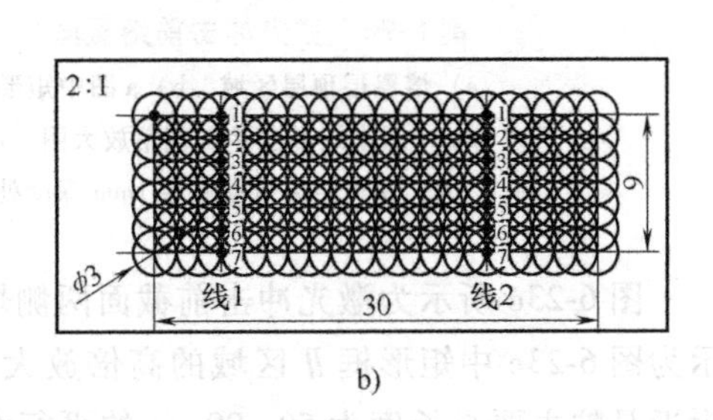

图 6-22 激光冲击强化对 AISI316L 不锈钢激光熔覆层进行表面改性处理

a）熔覆层激光冲击区域的尺寸示意图 b）熔覆层顶部激光冲击区域的局部放大图

色箭头表示激光冲击路径，线 1 和线 2 上的 14 个点为残余应力测试点。

图 6-23 所示为激光冲击前熔覆层横截面沿深度方向不同区域的微观组织图。图 6-23a 所示为激光冲击前熔覆层截面顶部区域的金相组织图，图 6-23b 所示为图 6-23a 中矩形框 *I* 区域的高倍放大图。从图 6-23a、b 中可以看出，未经激光冲击处理时，熔覆层截面顶层区域存在大量的柱状晶，其平均尺寸约为 8～12μm。这些柱状晶粒基本分布在距熔覆层表层 0.2mm 深度以内的截面区域。

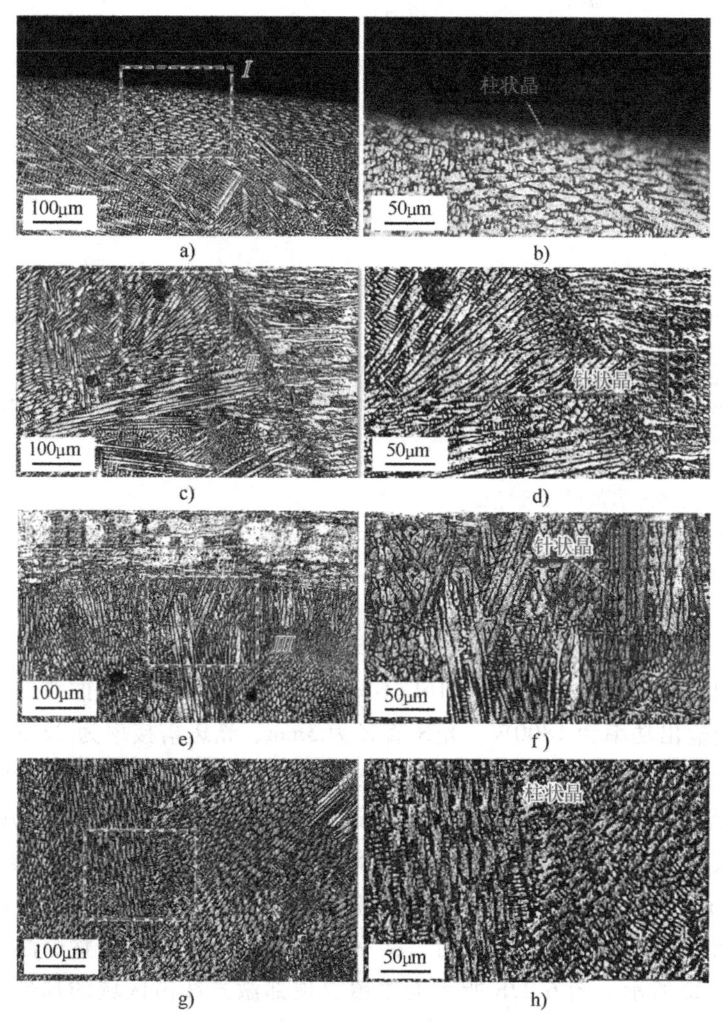

图 6-23　激光冲击前熔覆层横截面沿深度方向不同区域的微观组织图

a）熔覆层顶层区域　b）a 图中矩形框 *I* 的高倍放大图　c）熔覆层边沿结合区　d）c 图中矩形框 *Ⅱ* 的高倍放大图　e）熔覆层底部结合区　f）e 图中矩形框 *Ⅲ* 的高倍放大图　g）距熔覆层表层 1mm 深度处的过渡区域　h）g 图中矩形框 *Ⅳ* 的高倍放大图

图 6-23c 所示为激光冲击前截面两侧熔覆层与基体结合区域的金相组织图，图 6-23d 所示为图 6-23c 中矩形框 *Ⅱ* 区域的高倍放大图。从图 6-23c、d 中可以看出，在两侧结合区域附近晶粒主要是长度为 50～90μm 的平行分布的针状晶，其晶粒取向基本垂直于结合界面，且相邻两晶粒之间的间距约为 3～5μm。图 6-23e 所示为激光冲击前截面熔覆层底部与基体

结合区域的金相组织图，熔覆层底部与基材结合区域的晶粒取向与图 6-23c 中类似（基本垂直于结合界面）。图 6-23f 中高倍放大图表明，在底部结合区域熔覆层晶粒主要是长度约为 30μm 平行分布的针状晶，且相邻两晶粒之间的间距约为 5μm。图 6-23g 所示为距熔覆层表层 1mm 深度处的过渡区域的金相组织图，图 6-23h 所示为图 6-23g 中矩形框Ⅳ区域的高倍放大图。从图 6-23g、h 中可以看出过渡区域的微观组织主要为尺寸在 5～20μm 范围内的短小柱状晶，且相邻两晶粒之间的间距约为 5μm。此外，从图 6-23c～e 可以看出，未经激光冲击强化时熔覆层中存在大量的微缩孔缺陷，且晶粒组织之间存在较大的间隙。

大面积激光冲击后熔覆层横截面沿深度方向不同区域的组织如图 6-24 所示。图 6-24a 所

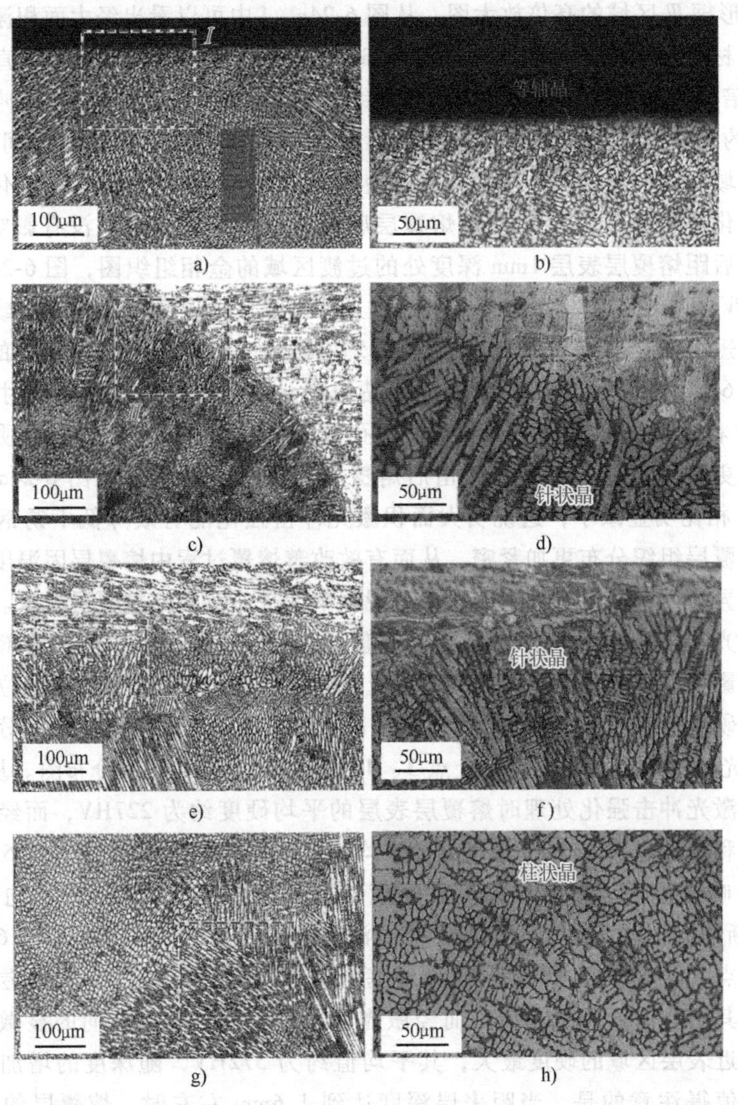

图 6-24 激光冲击后熔覆层横截面沿深度方向不同区域的微观组织图

a）熔覆层顶层区域 b）a 图中矩形框 Ⅰ 的高倍放大图 c）熔覆层边沿结合区 d）c 图中矩形框 Ⅱ 的高倍放大图 e）熔覆层底部结合区 f）e 图中矩形框 Ⅲ 的高倍放大图 g）距熔覆层表层 1mm 深度处的过渡区域 h）g 图中矩形框 Ⅳ 的高倍放大图

示为顶部区域的金相组织图，图 6-24b 所示为图 6-24a 中矩形框 *I* 区域的高倍放大图。从图 6-24a、b 中可以看出经激光冲击后熔覆层顶部区域出现大量细小的等轴晶，其平均尺寸约为 5μm。这些等轴晶粒主要分布于熔覆层上表面以下 0.4mm 深度内。图 6-24c 所示为两侧熔覆层与基体结合区域的金相组织图，图 6-24d 所示为图 6-24c 中矩形框 *II* 区域的高倍放大图。与图 6-23d 所示相比，该区域针状晶的尺寸由冲击前的 50~90μm 变为 30μm 左右，晶粒取向仍垂直于结合界面，且相邻两晶粒之间的间距变化不大，仍为 3~5μm。值得注意的是，经大面积激光冲击后大部分大尺寸针状枝晶被打碎，细化为 2~3μm 的细胞状晶粒，如图 6-24d 所示。图 6-24e 所示为熔覆层底部与基体结合区域的金相组织图，图 6-24f 所示为图 6-24e 中矩形框 *III* 区域的高倍放大图。从图 6-24e、f 中可以看出经大面积激光冲击后，熔覆层底部与基材结合区域的晶粒取向与图 6-23e 中相比无任何变化（基本垂直于结合界面）。图 6-24f 中高倍放大图表明，激光冲击后底部结合区域熔覆层晶粒尺寸与未冲击时基本相同（主要是长度约为 30μm 的左右平行分布的针状晶，且相邻两晶粒之间的间距约为 3μm）。与两侧结合区域不同的是激光冲击强化并未使底部结合区域的针状晶得到细化，这说明大面积激光冲击强化对深度超过 1.5mm 的熔覆层底部结合区的微观组织没有影响。图 6-24g 所示为激光冲击后距熔覆层表层 1mm 深度处的过渡区域的金相组织图，图 6-24h 所示为图 6-24g 中矩形框 *IV* 区域的高倍放大图。与未经激光冲击强化处理时相似，该区域微观组织主要为大量的形状短小的柱状晶，其尺寸范围在 5~20μm，且相邻两晶粒之间的间距约为 1~3μm。但与图 6-24b 中所示顶层区域的等轴晶相比，过渡区域的柱状晶尺寸相对粗大。此外，与图 6-23 相比，图 6-24 中各部分的微缩孔数目明显降低，且晶粒间隙明显减小，缩孔周围组织排列更为紧密。并且激光冲击后熔覆层顶层晶粒间隙（见图 6-24a）与未冲击时（见图 6-23a）相比明显减小，这说明大面积激光冲击强化能有效降低不锈钢熔覆层中的孔隙率，使得熔覆层组织分布更加紧密，从而有效改善熔覆过程中熔覆层因温度分布不均、熔覆材料成分差异等问题而导致的微缩孔等微观缺陷，进一步提高熔覆层质量。

大面积激光冲击强化对 AISI316L 不锈钢激光熔覆层表层及其不同深度部位的显微硬度分布具有显著影响。在激光冲击前后熔覆层上表面沿图 6-22b 中线 1 所示的位置均匀选择 60 个点并测试其硬度值。图 6-25a 所示为激光冲击前后熔覆层表层的显微硬度分布情况。图 6-25b 所示为激光冲击前后熔覆层线 1 上点 3、4 处沿深度方向的硬度分布图。从图 6-25a 中可以看出，未经激光冲击强化处理时熔覆层表层的平均硬度约为 227HV，而经激光冲击处理后熔覆层表层和表层以下 0.7mm 深度处的平均显微硬度分别为 372HV 和 305HV。此外，在激光冲击的影响深度内，熔覆层的显微硬度从两侧结合区域（227HV）向熔覆中心区域（372HV）逐渐增大。线 1 的点 3 与点 4 处沿深度方向的显微硬度分布如图 6-25b 所示，可以看出点 3 与点 4 两处深度方向的显微硬度基本相同。未经激光冲击时熔覆层深度方向的硬度分布均匀，其平均值约为 227HV。而经激光冲击处理后其深度方向的显微硬度呈阶梯状分布，熔覆层近表层区域的硬度最大，其平均值约为 372HV，随深度的增加熔覆层的硬度值逐渐减小。值得注意的是，当距表层深度达到 1.6mm 左右时，熔覆层的显微硬度降至 227HV 左右，这表明激光冲击对 316L 不锈钢激光熔覆层显微硬度的影响深度约为 1.6mm。

大面积激光冲击前后熔覆层沟槽区域沿线 1 向下的横截面显微硬度分布图如图 6-26 所示，其中图 6-26a 所示为未冲击时横截面显微硬度分布图，图 6-26b 所示为激光冲击后横截面显微硬度分布图。从图 6-26a 中可以看出，未经激光冲击处理时熔覆层截面的显微硬度分

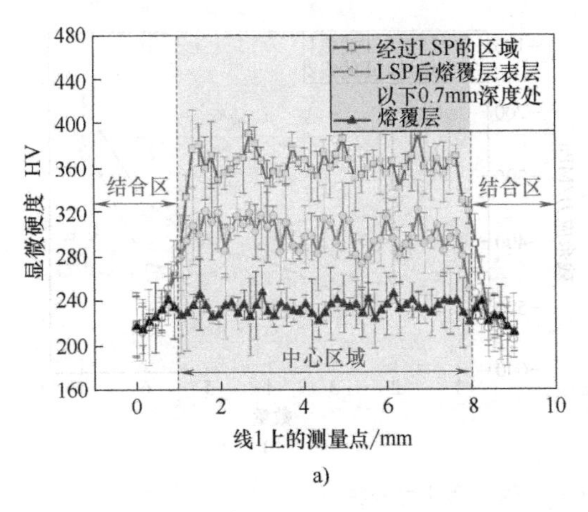

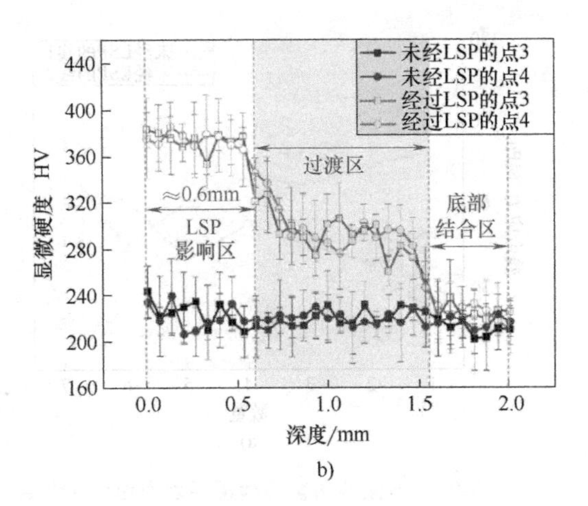

a) b)

图 6-25 硬度分布

a）激光冲击前后熔覆层表层沿线 1 方向的显微硬度分布及激光冲击后熔覆层表层以下 0.7mm 深度处沿线 1 方向的硬度分布 b）激光冲击前后熔覆层线 1 上点 3 和点 4 处沿深度方向的硬度分布

布均匀，其硬度基本保持在 221~232HV。经激光冲击后熔覆层沿线 1 向下的横截面显微硬度分布情况产生了很大变化，由均匀分布变为阶梯状分布，如图 6-26b 所示。在熔覆层近表层（约 0.6mm 深度内）硬度平均值从 227HV 增加到 370HV 左右，在 0.6mm 到 1.6mm 深度区域内硬度平均值从 227HV 左右增加到 298HV 左右。因此经激光冲击强化后上述两区域内的显微硬度分别提高了 62.9%和 31.3%。

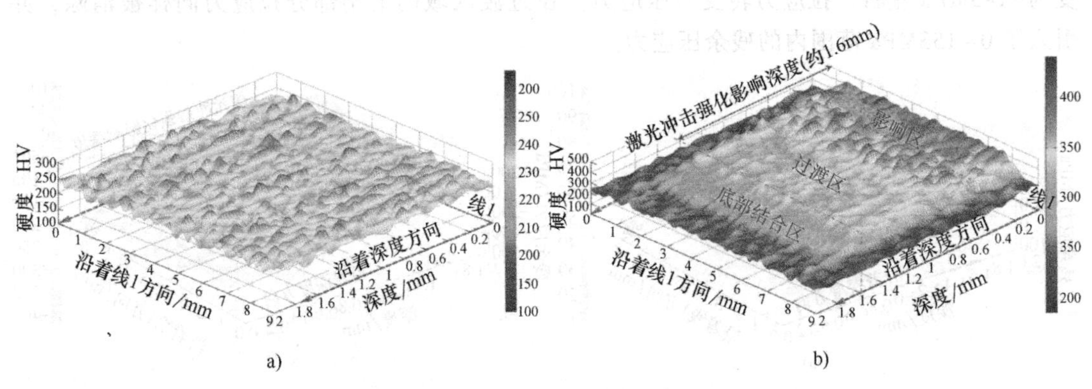

a) b)

图 6-26 激光冲击前后熔覆层沟槽区域沿线 1 向下的横截面显微硬度分布图

a）未经激光冲击的熔覆层 b）激光冲击后的熔覆层

图 6-27 所示为激光冲击前后熔覆层表面沿线 1 和线 2 方向的残余应力分布情况，其中图 6-27a 所示为未经激光冲击时的残余应力，图 6-27b 所示为经大面积激光冲击强化后的表层残余应力分布。从图 6-27a 中可以看出，未经激光冲击时熔覆层表面沿线 1 和线 2 方向的残余应力值在熔覆层中心区域及两侧的结合区域均保持在 38~81MPa，其拉应力平均值约为 56MPa。而如图 6-27b 所示，经大面积激光冲击强化后熔覆层表层沿线 1 和线 2 方向的残余应力值变为负值，且在熔覆层两侧结合区其残余应力平均值约为-225MPa，而在熔覆层中心区域残余应力均值约为-424MPa。这表明经大面积激光冲击后，熔覆层表面的残余拉应力转变为残余压应力。此外，激光冲击在熔覆层中心区域引入的残余压应力较大，而在两侧结合

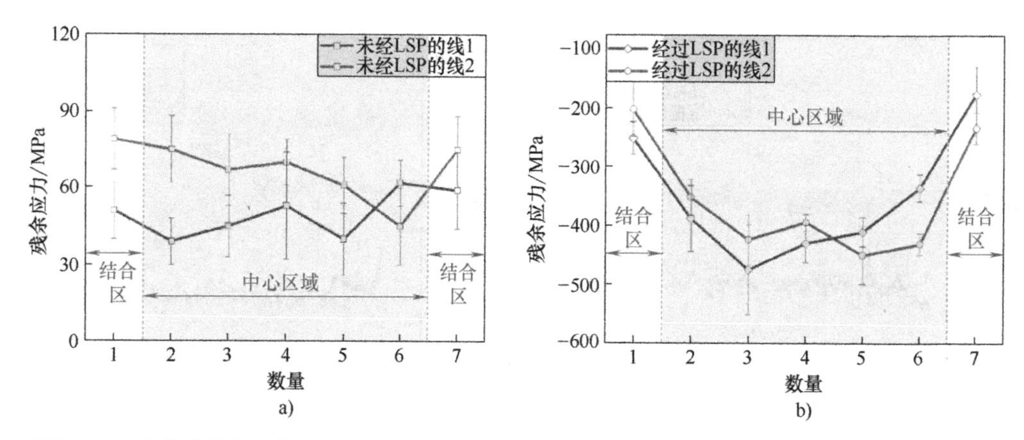

图 6-27 激光冲击前后熔覆层表面沿线 1 与线 2 方向的残余应力分布

a）冲击前熔覆层 b）冲击后熔覆层

区域的残余压应力则相对较低。

大面积激光冲击前后熔覆层沟槽区域沿线 1 向下的横截面残余应力分布如图 6-28 所示。从图 6-28a 中可以看出，未经激光冲击时熔覆层横截面存在均匀分布的残余拉应力，其应力值基本保持在 38~81MPa。相比之下，如图 6-28b 所示，经激光冲击后熔覆层沿线 1 向下的横截面残余应力分布情况产生了很大变化，由表层向下依次分为三个部分——影响区、过渡区、底部结合区。在熔覆层近表层区域经大面积激光冲击后残余应力平均值从 56MPa 左右变为-183MPa 左右，拉应力转变为压应力。在过渡区域的上半部分拉应力同样被消除，并引入了 0~153MPa 范围内的残余压应力。

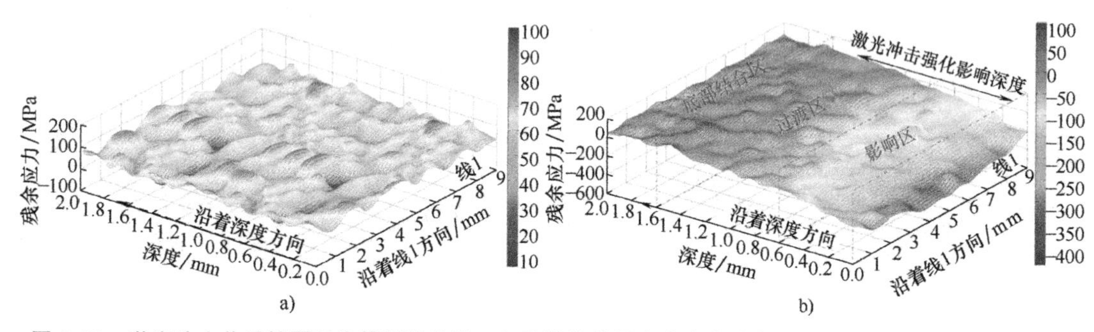

图 6-28 激光冲击前后熔覆层沟槽区域沿线 1 向下的横截面残余应力分布

a）未经激光冲击的熔覆层 b）激光冲击后的熔覆层

总结图 6-26b 及图 6-28b 可以发现，经大面积激光冲击强化处理后，熔覆层近表层的显微硬度及残余应力波动较小，其分布更加均匀，该结果表明当激光光斑搭接率为 50%时，大面积激光冲击强化可在 AISI316L 不锈钢熔覆层近表层一定深度内获得均匀的显微硬度场及残余压应力场分布。

6.5 典型案例

随着航空制造技术的不断发展，飞机垂尾梁的结构设计逐步向整体化、复杂化发展；同时，为满足飞机承受载荷力及结构设计的要求，垂尾梁的生产制造广泛使用高强度钢、钛合金等高成本、难加工的航空合金材料。因此，生产制造垂尾梁的材料成本昂贵，加工工艺复杂，生产周期较长。另外，为保证飞机飞行过程中的稳定性和可操纵性，垂尾梁在服役过程中承受着巨大交变载荷的作用，材料内部容易出现裂纹等服役损伤。因此，针对垂尾梁在机加工过程中产生的误加工损伤及因服役而产生的服役损伤进行快速修复，实现垂尾梁高质量、高效率、低成本的再制造具有重要的经济价值。

本章采用交互磁场辅助的方法对某型飞机垂尾梁误加工损伤进行了研究，如图6-29所示。通过与修复基体性能比较，对修复试样的室温静载拉伸性能进行了考察。

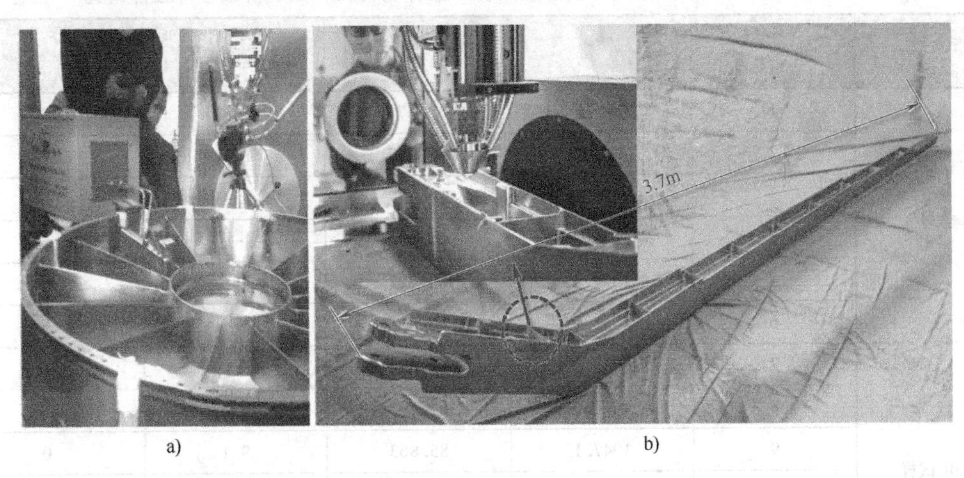

图6-29 进气机匣和3.7m飞机垂尾主梁修复件

a）进气机匣修复 b）3.7m飞机垂尾主梁修复件

由于垂尾梁装配中常以铆接的方式进行连接，在综合考虑垂尾梁服役过程受力特点及铆钉孔对力学性能影响的前提下，对不同沉积修复试样及同批锻件基材进行室温静载拉伸试验，拉伸试样尺寸形貌如图6-30所示。其中，锻件基材拉伸试样如图6-30a、c所示，修复试样拉伸试样如图6-30b、d所示，面修复区占厚度方向的50%。同时，为模拟铆钉孔对拉伸性能的影响，在拉伸试样标距中心位置预制直径为6mm的通孔，如图6-30c、d所示，以检测修复试样的综合室温静载拉伸性能。

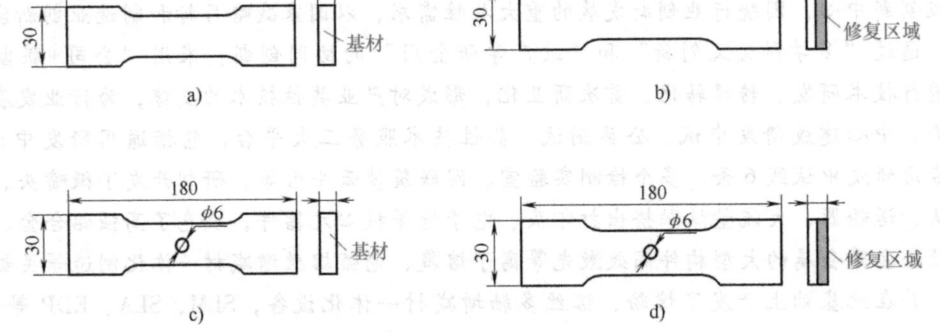

图6-30 拉伸试样尺寸及形式

a）基材 b）50%面修复 c）基材和孔 d）50%面修复和孔

磁场辅助激光沉积修复试样与锻件基材试样室温静载拉伸性能对比见表6-4。从表6-4中可知，无论拉伸试样标距中心是否预制孔，修复试样的平均综合室温静载拉伸强度均高于工业锻件国家标准规定的下限值；室温下拉伸试样标距中心无预制孔修复试样平均抗拉强度约为1048.1MPa，与基材相比，无预制孔拉伸试样平均抗拉强度高约6%左右，但是其塑性略低于基材；同时，在修复试样中心预制孔的情况下，修复试样平均室温静载抗拉强度高于基材约3%左右。这说明无论修复试样是否预制孔，其综合抗拉强度均高于修复件基材，可以满足垂尾梁服役要求。

表6-4　交互磁场辅助激光沉积修复试样与锻件基材试样室温静载拉伸性能对比

类型	标号	抗拉强度 R_m/MPa	最大载荷/kN	断后伸长率 A(%)	预置孔尺寸/mm
基材	1	983.6	80.574	16.7	0
	2	987.9	80.057	15.2	0
	3	995.1	80.327	15.3	0
	4	1067.4	60.672	—	6
	5	1059.5	60.727	—	6
	6	1066.0	60.804	—	6
LDR试样	7	1078.8	87.080	9.2	0
	8	1018.3	81.465	7.6	0
	9	1047.1	85.863	9.1	0
	10	1071.6	63.128	—	6
	11	1118.1	63.995	—	6
	12	1085.6	61.052	—	6

注：国家标准《钛及钛合金板材》(GB/T 3621—2007) 中规定的抗拉强度范围为930~1130MPa，断后伸长率范围为8%~10%。

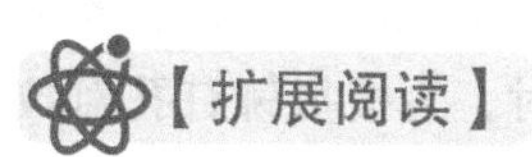

【扩展阅读】

国家增材制造创新中心

国家增材制造创新中心（见图6-31）是工信部落实中国制造强国战略工程首批布局的国家级创新中心，围绕行业创新发展的重大共性需求，以国家战略目标和制造业创新发展为导向，通过“多学科交叉创新”和“政产学研金用”的协同创新，采用“公司+联盟”模式，进行技术研发、转移转化、首次商业化，形成对产业共性技术的支撑，为行业发展提供竞争力。中心建成研发中试、公共测试、共性技术服务三大平台，包括通用研发中试线1条、专用研发中试线6条、多个检测实验室、网联筑梦云平台等。研制开发了微喷头、激光熔覆头、送粉器、大流量熔融挤出打印头、电子枪等核心元器件，攻克了高强铝合金、高强钢、钛合金等金属的大型构件高效激光等离子熔覆、电弧熔丝增减材一体化制造等关键工艺技术，并在此基础上开发了熔粉、熔丝多轴增减材一体化设备，SLM、SLA、EDP等设备，为航天一院、航天三院、江山重工等单位提供增材制造技术支持。

国家增材制造创新中心是国家落实《中国制造2025》而布局规划建设的增材领域唯一

图 6-31 国家增材制造创新中心

国家级创新中心，瞄准重要材料、核心元器件、重大装备、关键工艺、核心软件等前沿共性技术，开展技术程度在 4~7 级之间的技术研究，为行业发展提供共性技术，通过技术创新、技术攻关、技术服务与转移，服务于“制造强国”战略。西安增材制造国家研究院有限公司是国家增材制造创新中心的依托公司和承载主体，由西安交通大学、北京航空航天大学、西北工业大学、清华大学和华中科技大学 5 所大学发起，由增材制造装备、材料、软件生产及研发等领域的 13 家重点企业共同组建。团队以卢秉恒院士、王华明院士为带头人，高层次人才为技术负责人，以高级工程师、硕士、博士、专业技术人员为技术骨干，实力雄厚，专业突出，已获得“陕西省三秦学者创新团队”荣誉称号。

由西安增材制造国家研究院有限公司自主研发的“五轴增减材复合加工中心”成功入选 2021 年度首台（套）重大技术装备产品，如图 6-32 所示。首台（套）重大技术装备是指经过创新，其品种、规格或技术参数实现重大突破，拥有自主知识产权的装备产品、核心部件、控制系统、关键基础材料和软件系统等，代表着装备制造业发展水平。由增材院自主研发的 LMDH 系列五轴增减材复合加工中心，集激光增材制造与车铣加工于一体，可实现增材成形与减材加工的自由切换，通过增材过程实现零件的近净成形，并通过切削加工保证加工精度和表面质量，满足增减材复合制造及修复再制造的需求。设备采用摇篮式五轴结构，可实现复杂结构无支撑成形；在整体气氛环境保护系统条件下，满足钛合金等易氧化材料零件的复合制造需求；搭载刀具气体冷却功能，避免了零件表面切削液污染，提高刀具寿命和零件表面质量。该设备可实现复杂型面及具有内孔、内腔、内流道零件的高效制造，能够为航空航天、汽车、模具等领域提供增减材一体化解决方案。

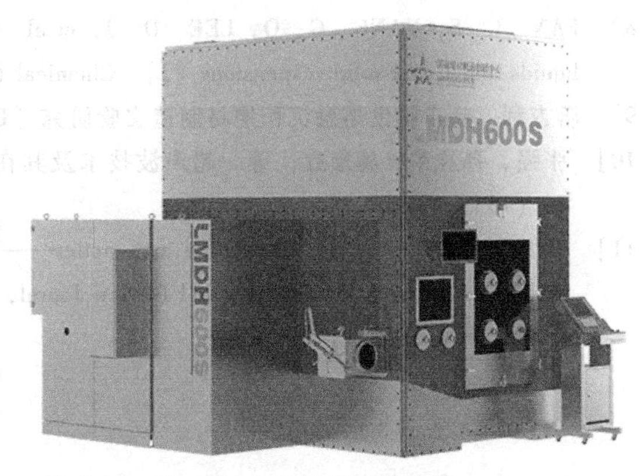

图 6-32 激光增减材复合制造装备

国家增材制造创新中心、西安交通大学卢秉恒院士团队利用电弧熔丝增减材一体化制造技术，制造完成了世界上首件 10m 级超大型高强铝合金重型运载火箭连接环样件，如图 6-33 所示，在整体制造的工艺稳定性、精度控制及变形与应力调控等方面均实现重大技术突破。10m 级超大型铝合金环件是连接重型运载火箭贮箱的筒段、前后底与火箭的箱间段之间的关键结构件。该样件重约 1t，创新性地采用多丝协同工艺装备，制造工艺大为简化、成本大幅降低，制造周期缩短至 1 个月。目前，采用增减材一体化制造技术成功完成超大型环件制造属国际首例。随着我国航空航天事业不断发展，工程实际对运载火箭、空间站等大型化、整体化制造提出了更高需求。为抢占世界增材制造科技战略高点，满足我国航天事业发展需要，卢秉恒院士团队潜心研发，克服了多路打印的运动控制、大尺寸结构件打印的变形与应力调控等难题，成功实现了大型航天铝合金回转体构件整体增减材制造成形、组织性能精确调控等关键技术的突破，为我国航天型号工程的快速研制提供了技术支撑，也让我国深空探测装备硬件能力得到大幅提升。

图 6-33　10m 级超大型高强铝合金环件

【参考文献】

[1] 左铁钏. 21 世纪的先进制造技术：激光技术与工程 [M]. 北京：科学出版社，2007.

[2] 肖荣诗，陈铠，陈涛. 激光制造技术的现状及发展趋势 [J]. 电加工与模具，2009，z1：18-22.

[3] 辛晨光. 激光制造技术的应用与展望 [J]. 现代制造工程，2012，9：130-134.

[4] LAUWERS B，KLOCKE F，KLINK A，et al. Hybrid processes in manufacturing [J]. CIRP Annals，2014，63 (2)：561-583.

[5] STEEN W M. Arc augmented laser processing of materials [J]. Journal of Applied Physics，1980，51 (11)：5636-5641.

[6] 李宏棋. 激光增材制造技术及其应用 [J]. 科教导刊，2019，35：47-86.

[7] 申井义，林晨，姚永强，等. 超声振动对激光熔覆涂层组织与性能的影响 [J]. 表面技术，2019，48 (12)：226-232.

[8] FAN L S，YANG G Q，LEE D J，et al. Some aspects of high-pressure phenomena of bubbles in liquids and liquid-solid suspensions [J]. Chemical Engineering Science，1999，54 (21)：4681-4709.

[9] 蒋吉利. 超声辅助熔融沉积增材制造实验研究 [D]. 长春：吉林大学，2019.

[10] 张强，孙昱东，施宏虹，等. 超声波技术及其在应用技术领域的机理研究 [J]. 广东化工，2013，40 (13)：90-91.

[11] HUMPHREY V F. Ultrasound and matter——Physical interactions [J]. Progress in Biophysics and Molecular Biology：An International Review Joural，2007，93 (1/3)：195-211.

第7章

激光微细复合加工技术

【导读】 激光微细复合加工技术起源

激光加工作为一种现代精密加工方法，是利用连续或脉冲的聚焦高能激光束直接作用于被加工物体，使物质局部瞬间熔化甚至汽化，从而达到加工物体的目的。激光加工是一种非接触式的加工方法，工件上无机械力的作用，这样就减弱了机械力对工件表面的破坏作用。激光加工技术由于自身的特点，正在精密和微细加工中得到越来越广泛的应用。

随着现代工业和科学技术的发展，产品和零件更趋向微型化和精密化。在20世纪后半叶发展起来的集成电路芯片、微纳电子、精密光学仪器、高密度信息存储技术等，对微细机械零部件的制造提出了极高的要求，传统加工方法已不能满足现状，从而推动了激光微细加工技术成为目前高新技术发展的前沿之一。

最近几年许多国家已将激光微细加工技术列为攻关项目，成为未来高新技术前期研究的热点。在微细加工中，对于微小元件、印刷电路板集成电路、微电子元件和微小生物传感器等的制作，激光微细加工是唯一不可替代的技术。例如，日本采用激光技术，制造出三维“纳米牛”，这说明在微纳量级的三维激光微成形机制上已经取得了巨大的进展；德国利用激光切割出56μm的不锈钢微型弹簧；北京工业大学激光工程研究院应用准分子激光，通过掩模方法，加工出10齿/50μm和108齿/500μm的微型齿轮。当前，激光制造技术研究及其应用在国际上的竞争十分激烈，光学微加工技术和具有超精细加工能力的光源的研究与开发，已经成为争夺全球制造产业市场的主流。

激光是通过瞬时升高工件温度来去除材料的，在光束辐照区域，材料温度急剧上升达到汽化温度后，在高压蒸气作用下，一部分熔融材料喷出，而残余的熔融材料发生冷凝形成再铸层；另外，在加工区周围，材料表层的显微结构发生变化，形成热影响区。对一些硬度高、脆性大的材料，利用激光加工容易产生裂纹、表面粗糙度较高等缺陷。激光加工产生的再铸层、裂纹及热影响区的出现，会降低零件的寿命，影响零件的安全可靠性。因此激光加工作为一种先进的精密加工技术，需要通过与其他加工技术复合，来弥补自身的不足，从而拓宽其应用前景。

激光复合加工是利用激光辐照作为去除材料的主要能量源，同时通过其他方法的复合作用，以多种形式的综合能量实现对材料的加工。由于复合加工技术可以扬长避短、优势互补，因此取得了很好的技术和经济效益。随着精密、超精密及微细加工技术的发展，复合加工受到越来越多研究人员的关注，将激光与其他加工方式进行复合研究、开发和应用正逐渐成为激光加工领域的重要方向。

7.1 技术概述

激光加工按其加工尺寸大小可分为宏观加工、微细加工和光刻三类，其对应的加工尺寸分别>1mm、1μm~1mm 和<1μm（见表 7-1）。激光微细加工今后的发展，主要取决于是否能用激光制备或改造一些适用于新技术的实用材料，以及激光能否在大规模的微细加工中应用。

表 7-1 激光加工的分类

尺寸	名称	应用领域
>1mm	宏观加工	切割、焊接、打孔、表面处理等
1μm~1mm	微细加工	精密标记、表面微造型、表面毛化、微电子、MEMS、生物医学、光通信等
<1μm	光刻	大规模集成电路光刻

激光微细加工是一种无接触加工的制造技术。激光微细加工透过空气、惰性气体和透明体对工件实现无接触加工，并且高能量激光束的能量及其移动速度均可调节，因此可以实现多种加工的目的；它可以加工多种金属、非金属，特别是可以加工高硬度、高脆性及高熔点的材料。

激光微细加工是一种工艺先进的技术。激光加工过程中无“刀具”磨损，无“切削力”作用于工件；激光加工过程中，激光束能量密度高，加工速度快，并且是局部加工，对非激光照射部位没有影响或影响极小。因此，其热影响区小，工件热变形小，后续加工量小，并可通过透明介质对密闭容器内的工件进行各种加工。

激光微细加工是一种智能化制造技术。由于激光输出的可控制性，因此制造过程能通过软件实行自动化流程的智能控制。带有实时检测、反馈处理的加工系统可根据生产性质的需要，实行加工台的定位控制，还可通过激光的光纤传输进行加工头的机械手定位控制，从而实现高效的自动化、智能化激光制造。由于激光束易于导向、聚集实现作各方向变换，极易与数控系统配合，对复杂工件进行加工，因此它是一种极为灵活的加工方法。

7.1.1 原理

飞秒激光脉冲作用于物质形成烧蚀是一个综合而复杂的过程，涉及能量的吸收、等离子体的形成、相态的转变、物质的移除等。由于飞秒激光的脉冲宽度很短，而非线性吸收则会随着激光强度的增强而急剧增加，所以在一定的激光强度下会发生多光子激发，电子在吸收光子之后从基态跃迁到激发态，各能级的电子重新分布，很快达到准平衡态，电子能量服从费米-狄拉克分布。在 10^{-15}~10^{-12}s 时，电子通过发射声子使其温度降低，由于与其他声子模式发生的相互作用，声子衰减。在热过程的最后阶段，声子在整个布里渊区按照玻色-爱因斯坦分布重新分布，因此激光激发引起的能量分布可以用温度来表征。通常认为在激光能量沉积后的几个 ps 时间内，能量分布已接近热平衡态。而对于一个足够短的激光脉冲，能量的空间分布则由光吸收决定。因此强吸收材料中可以产生大的温度梯度此时输运系数和材料光学特性的影响较小，在 10^{-11}s 左右出现热扩散，当沉积的能量足够多时，材料的温度达到熔点时，材料由固态向液态转变。

当超短脉冲激光与物质作用时，如果激光区域的能量非常强，透明物质的跃迁电子可以通过多光子吸收效应直接电离，如图 7-1 所示为这种效应的示意图。跃迁电子通过连续的吸收激光脉冲中的 m 个光子获得足够的能量从它的价带上直接跃迁到自由状态或其他价带上。

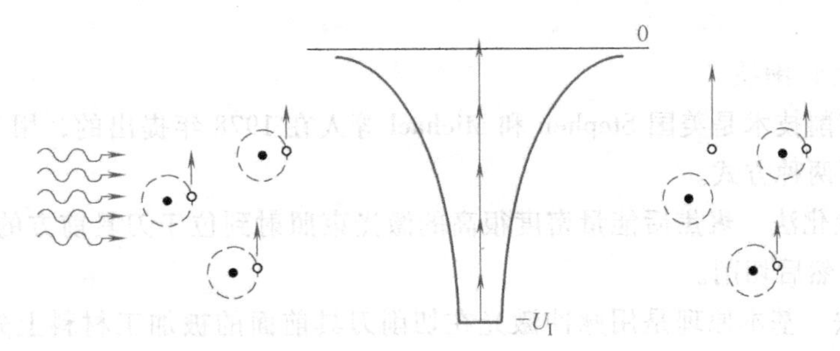

图 7-1　多光子效应原理图

$$mh\nu \geqslant U_{\mathrm{I}} \tag{7-1}$$

式中，$h\nu$ 为光子的能量；U_{I} 为电离能量或能带差。

这种现象称为多光子电离现象。由于它是一个 m 级过程，发生区域特别的小，只有在能量非常强的地方才考虑这种现象。因此对于长脉宽，即崩溃能量比较低的情况下，多光子电离现象可以忽略。对于超短脉冲来说，多光子电离现象将起到很重要的作用，因为它决定了崩溃极限规律。

飞秒激光在极短的时间和极小的空间内与物质相互作用，由于几乎没有能量扩散等影响，向作用区域内集中注入的能量获得有效的高度积蓄，大大提高了激光能量的利用效率。作用区域内的温度在瞬间急剧上升，并将远远超过材料的熔化和汽化温度值，使得物质发生高度电离，最终处于前所未有的高温、高压和高密度的等离子体状态。此时材料内部原有的束缚力已不足以遏制高密度离子、电子气的迅速膨胀，最终使得作用区域内的材料以等离子体向外喷发的形式被去除。由于等离子体的喷发几乎带走了原有的全部热量，作用区域内的温度骤然下降，大致恢复到激光作用前的温度状态。在这一过程中严格避免了热熔化的存在，实现了相对意义上的“冷”加工，大大减弱了传统激光加工中热效应带来的诸多负面影响。因此，飞秒激光加工金属材料时，与长脉冲不同，烧蚀区域周围没有像火山口一样的堆起和大面积的熔融区，内壁光滑、形状规整，加工质量好。图 7-2 所示为不同脉宽（纳秒、皮秒和飞秒）激光加工对比图：图 7-2a 所示为纳秒激光所得到的材料表面形貌，光斑边缘隆起较高，可以清楚看到隆起周围的热影响区；图 7-2b 所示为皮秒激光照射的材料，

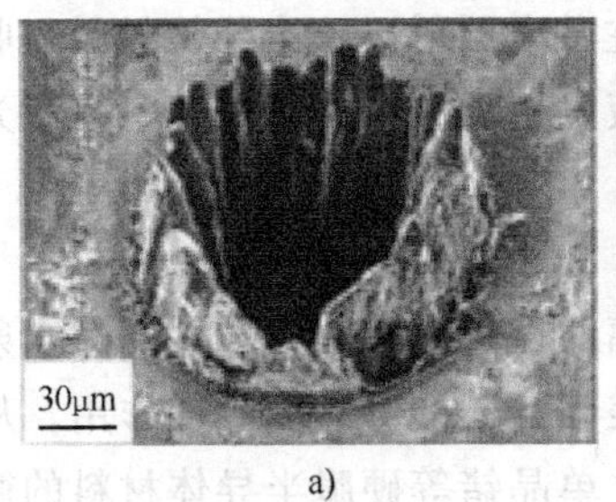

a)

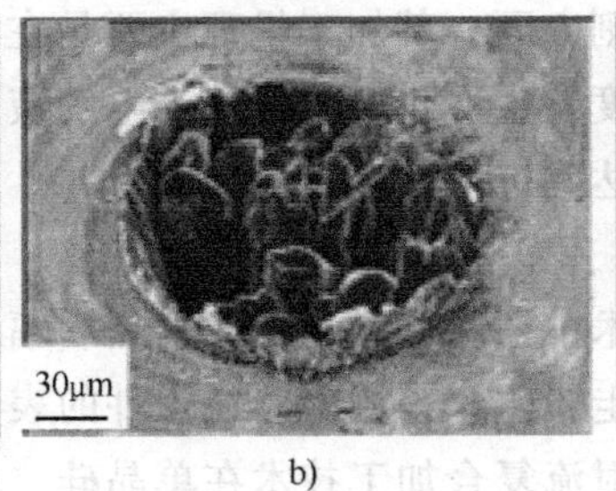

b)

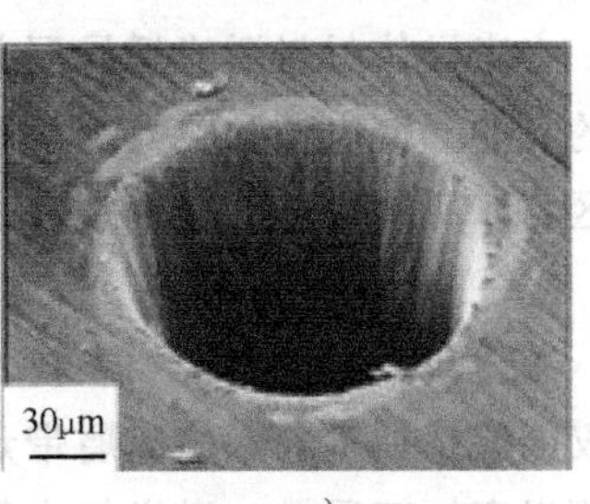

c)

图 7-2　波长为 780nm、不同脉宽的脉冲激光在钢板上烧蚀的孔

a）纳秒激光　b）皮秒激光　c）飞秒激光

边缘粗糙，洞口周围有明显的隆起，较远处有水波纹一样的形状分布；图 7-2c 所示为飞秒激光照射材料所得到的圆孔，边缘清晰、熔融区小，整体形状比较好。

7.1.2 分类

1. 激光辅助切削技术

激光辅助切削技术是美国 Stephen 和 Michael 等人在 1978 年提出的，用于金属的切削加工，主要有以下两种方式。

（1）加热软化法　聚焦后能量密度很高的激光束照射到位于刀具前方的被切削材料上，使之受热软化，然后切削。

（2）打孔法　基本原理是用脉冲激光在切削刀具前面的被加工材料上先打出一系列的小孔，然后沿打出的孔将被加工材料切除。激光打出的小孔相当于将被加工材料先剥离了一部分，而切削刀具则完成剩余部分的切除工作。这时工件的切削表面是不连续的，因而可减小切削力。

2. 激光与电火花复合加工技术

激光与电火花复合加工技术首先是利用激光在工件上加工出贯穿的预制孔，使其具备电火花加工所需的良好排屑条件，然后再进行电火花精加工，以实现高效率、大深径比的深孔加工。日本的桥川制作所开发的激光与电火花复合微细精密加工系统，可以进行一些超硬材料的大深径比的加工。在进行 $\phi 100\mu m$ 深径比超过 10 倍的精密微细孔的加工中，对比试验结果表明，激光电火花加工是效率最高的复合加工方法。目前该系统尚处于工艺探索阶段，但已可预见激光与电火花复合精密微细加工系统在实现高效、精密微细、大深径比的深孔加工方面展示的前景十分广阔。

3. 激光诱导湿刻加工技术

激光刻蚀加工和湿法刻蚀（化学、电化学刻蚀）的复合技术通常用于难加工材料的加工。自 20 多年前，Von Gufeld 利用激光诱导浓 KOH 溶液对 Si 晶体和 Al_2O_3/TiC 陶瓷进行化学刻蚀以来，激光诱导湿刻（Laser Assisted Wet Etching，LAWE），将激光与传统的化学、电化学刻蚀相结合，具有刻蚀速率快、刻蚀温度低、刻蚀深度大等优点，得到较为广泛的研究和应用。该技术是利用激光的热化学效应对金属材料进行刻蚀，即在激光照射区，金属表面的钝化膜吸收光子能量，达到或接近熔点而被软化，软化的钝化膜在化学和物理作用下被溶解或剥离，软化与溶解两种过程不断交替重复进行，最终获得所需要的微结构。

在半导体材料激光诱导湿刻方面，其加工机理主要是在激光照射区，半导体材料吸收激光的光能，使电子和空穴的浓度发生变化，促使其与电解液发生反应，使刻蚀速率在激光照射区与非照射区有明显区别，达到进行选择性刻蚀的目的。

4. 激光与水射流复合加工技术

激光与水射流复合加工技术中，脉冲激光束经聚焦后辐照在材料表面，与此同时水射流不仅能够把加工去除的碎屑带走，防止碎屑附着在工件的表面，还能够起到冷却作用，从而显著提高加工质量。激光与水射流复合加工技术在单晶硅、单晶锗等硬脆半导体材料的微加工中有重要的应用前景。

以锗为例，利用机械方法对其进行微加工，容易产生微裂纹；利用传统激光加工，则容

易产生热损伤，影响加工质量与使用性能；而采用超短脉冲激光，又存在储加工效率低的问题。在这种情况下，若能通过激光来软化材料，再利用高压水射流冲击作用去除软化后的材料，就可有效避免微裂纹产生，同时依靠高压射流强制冷却作用，可有效抑制热损伤，实现高效、精密、近无热损伤加工。

上述四种激光复合加工方法都具有各自的特点。比如，激光辅助切削技术具有如下优点：①可以处理形状复杂的工件表面，并能控制处理区域的深度和形状；②可控制输入能量，处理后工件变形小；③能量密度高，加工时间短等。激光电火花复合加工的加工速率较高。激光诱导湿刻具有刻蚀效率高、刻蚀速率易控、刻蚀深度大等优点。激光与水射流复合针对半导体材料的加工则有显著优势。

7.2　激光与电化学的微细复合加工

激光加工技术和电化学加工技术都可以用于精密、微细制造领域，且都属于非接触加工，加工过程中不存在切削力及应力变形，两者之间有复合的理论依据。两种加工技术又各有优势，激光加工是将光束聚焦作用于材料表面，利用高功率密度的激光束实现加工；电化学加工则是通过外加电源，将金属阳极、工具电极与溶液构成回路，以电化学反应的方式实现加工。激光与电化学复合加工技术是由电化学和激光两种能量共同作用以实现工件成形的一种新型复合加工技术。激光与电化学复合技术主要包括复合沉积和复合刻蚀两种加工方式。

激光电化学复合沉积技术是利用激光的光效应或热效应以诱导或增强离子化学沉积的技术。按照有无外加电源，可以将激光电化学复合沉积技术分为激光诱导电化学沉积技术与激光强化电化学沉积技术。激光诱导电化学沉积技术是在无外加电源的情况下，利用激光的光解、热解、光电反应使基底材料活化以引发阴极发生金属沉积反应；而激光强化电化学沉积技术是通过激光热力效应加速化学反应，以促进阴极沉积，改善沉积层的精度与特性。

激光电化学复合刻蚀技术有效地结合了激光高聚焦能量与电化学阳极溶解反应。激光的高能量密度不仅可以去除电化学反应过程中形成的金属钝化膜，保证电化学反应的进行，且激光的热化学作用有助于提高电化学反应的速率；激光束作为复合加工的能量源，必要时也参与被加工材料的去除，从而提高加工效率；另外，激光的高分辨率能够抑制阳极溶解中的杂散腐蚀现象，提高定域性。反之，电化学反应可以溶解去除激光加工中存在的熔凝层、溅射残渣、毛刺等缺陷；而电解液的循环冷却冲刷作用能够降低热影响。目前，激光电化学复合刻蚀技术主要有：激光诱导电化学刻蚀技术、准分子激光电化学刻蚀技术、激光辅助喷射液束电解加工、激光掩模-电化学复合刻蚀技术及喷射液束电解-激光复合加工技术。

7.2.1　原理和特点

激光加工与电化学加工不仅有结合的理论基础，且两者能够取长补短、优势互补，取得良好的加工效果。激光电化学复合刻蚀加工利用阳极溶解腐蚀原理去除工件材料，它既有激光的热力冲击作用，又有电化学的腐蚀溶解作用，而且两种作用又相互影响，彼此促进。该技术有效解决了单纯激光加工与单纯电化学加工的技术缺陷问题，满足了微尺度复杂零件的加工要求，实现了微零件对加工影响区域、刻蚀质量、尺寸精度等的要求，为材料的微细制造开辟了一条崭新的技术途径。

1. 激光电化学复合刻蚀的加工过程

分析脉冲激光电化学复合刻蚀过程有助于更细致、深入地了解复合刻蚀机理，分析刻蚀过程中的影响因素对于提高复合刻蚀精度、表面质量及刻蚀效率有重要的作用，具体复合刻蚀过程如图 7-3 所示。由图可知，当工件置于电解液中并接通外加脉冲电源后，组成电化学回路，导电玻璃与工件之间会产生匀强电场，同时在阳极偏压的影响下，工件表面会产生一层致密的钝性氧化膜，阻碍材料的阳极溶解蚀除，如图 7-3a 所示。当高频脉冲激光束聚焦于工件表面时，在激光辐照区域，钝化膜吸收激光光子能量而被软化；同时激光与溶液中工件作用时还会产生高温高压等离子体及空泡，等离子体向外膨胀形成等离子体冲击力、空泡溃灭时会产生高速射流力；在脉冲激光热、力效应共同作用下，工件表面的钝化膜被溶解或剥离，如图 7-3b 所示。新露出没有钝化膜保护的基体材料在电场的作用下被溶解蚀除，同时激光的热力作用也在刻蚀材料，如图 7-3c 所示，而激光非辐照区域，由于钝化膜的保护材料不会被溶解蚀除。如图 7-3d 所示，在激光脉冲间隙期，工件表面再次形成钝化膜。当脉冲激光再次辐照时，钝化膜再次受到破坏，电化学反应继续进行，如图 7-3e 所示，工件材料不断发生溶解腐蚀，在激光直刻与阳极溶解蚀除共同作用下，材料去除量不断增加。图 7-3b～e 所示第一～四步过程循环往复进行，最终实现材料的去除，如图 7-3f 所示。

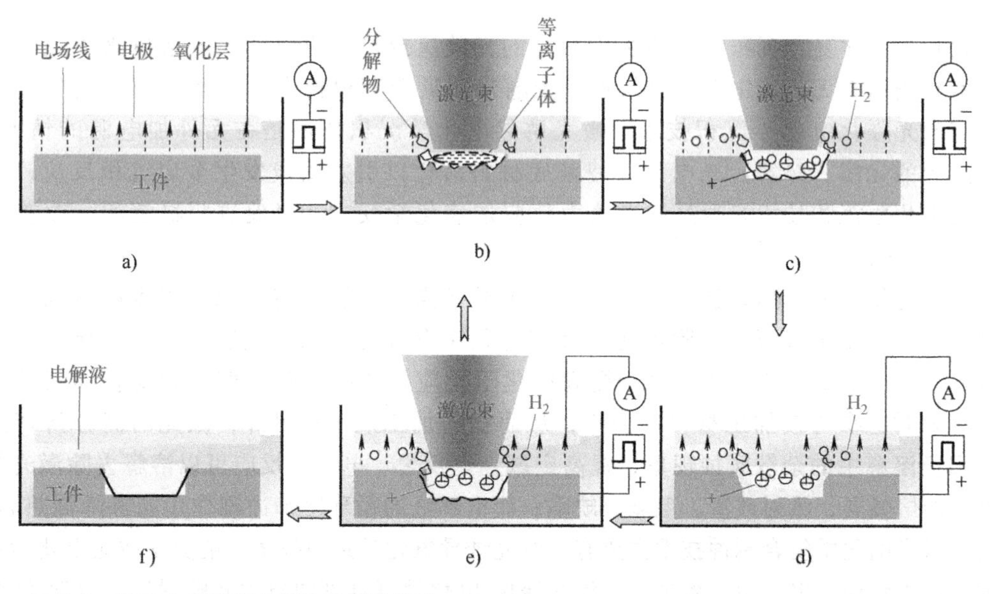

图 7-3　激光电化学复合刻蚀过程示意图

a）加工准备　b）第一步　c）第二步　d）第三步　e）第四步　f）加工完成

通过以上对复合刻蚀加工过程的分析，可以看出激光辐照产生的热力效应对材料的去除及电化学反应有重要的影响。研究复合刻蚀过程中激光与工件相互作用的热力效应、激光热力效应，对电化学反应的作用及两者的耦合作用对于后期工艺参数的选择及优化都有重要的意义。

2. 激光热效应促进电化学反应机理

激光电化学复合刻蚀加工结合了激光加工与电化学加工两种技术。加工过程中存在三种刻蚀能量的作用：高能聚焦脉冲激光束的直接刻蚀作用、电化学阳极溶解腐蚀作用及脉冲激光与电化学的耦合刻蚀作用。

脉冲激光作用于溶液中工件表面后，其高能量密度及高频率造成热量的不断累积，使材料表面及辐照区溶液的温度急剧升高。由此产生的热效应会影响工件表面钝化层的状态、电解液的特性及电化学反应常数，进而影响电化学蚀除速率。

具体机理：激光照射区域，工件表面的钝化膜吸收能量而被软化；在力学和电化学作用下，软化的钝化膜被溶解剥离，离子可以较容易地进入电解液，加速了电化学阳极溶解反应。

激光聚焦作用于固/液界面时，电解液吸收光能使其温度升高，距离固/液界面越近的电解液温度越高，则会在溶液中形成温度梯度，增强溶液之间的对流；此外，电解液快速加热过程中还会产生爆发沸腾现象，溶液的爆发沸腾也会产生强烈的微对流，加速溶液中反应离子的传质速度，使反应速度加快；同时，离子传质速率的加快还会抑制浓差极化，提高电化学溶解速率。

电解液温度的升高，使水化作用减小，溶液中离子的运动速率提高；此外也会造成电解液的黏度降低，使得离子运动过程中的阻力变小，迁移速率增大；而离子迁移速率的增大使得电解液传递电量的速率变快，导电性能增强，即电解液的电阻减小，即在相同脉冲电压下，通过工件阳极的电流变大，进而促进电化学反应的进行。

在电化学刻蚀过程中，温度的升高还会影响电化学反应速率常数，根据阿伦尼乌斯（Arrhenius）公式可以得到电化学反应速率常数与温度的关系为

$$\ln K=-\frac{E_{\mathrm{R}}}{RT}+\ln A \tag{7-2}$$

式中，K 为阳极反应速度；E_{R} 为反应活化能；R 为气体常数；T 为开氏温度；A 为频率因子。

由式（7-2）可知，温度越高，反应速率常数越大，电化学溶解速率越快。

3. 激光力效应促进电化学反应机理

高频脉冲激光穿过溶液作用于材料表面时会产生等离子体冲击力、声脉冲冲击力及射流冲击力。在这几种冲击力的集中作用下，材料表面发生微观弹性变形，引发应力腐蚀（力学化学腐蚀），加速材料的电化学溶解。图 7-4 所示为单纯电化学刻蚀与复合刻蚀的电场线分布图。其中，激光参数：能量为 0.3mJ，脉冲宽度为 100ns，频率为 2kHz；脉冲电源参数：峰值电压为 2.5V，脉冲宽度为 200ns，频率为 2MHz。

由图 7-4 可知，复合刻蚀加工区存在应力变形，加工区电场线分布密集，电场强度增大。激光力效应对电化学反应的影响，本质是对金属化学位的影响，进而引起体系的电极电势、平衡电极电势及自腐蚀电位的变化。

由金属热力学与电化学原理可知，金属的化学位 μ 及电因素作用下的电化学位 $\tilde{\mu}$ 可表示为

$$\mu=\mu_0+RT\ln a \tag{7-3}$$

$$\tilde{\mu}=\mu_0+RT\ln a+ZF\varphi \tag{7-4}$$

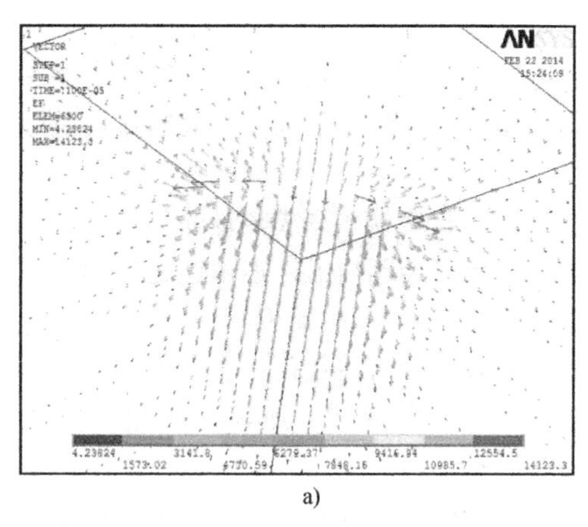
a)

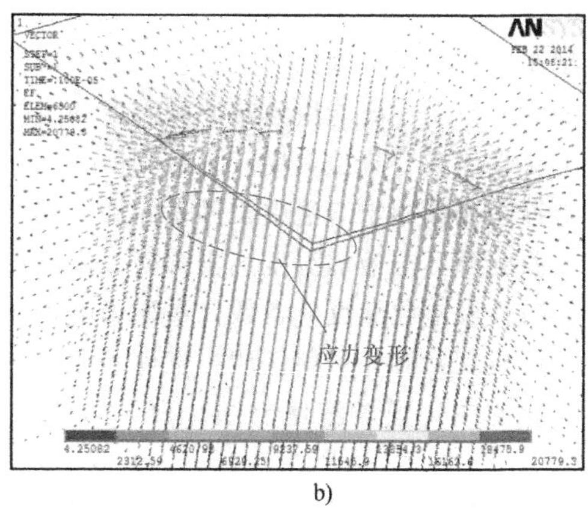

b)

图 7-4　不同条件下模型的电场线分布对比图
a）无激光力效应作用　b）有激光力效应作用

式中，μ_0 为标准状态下的化学位；R 为气体常数；T 为绝对温度；F 为法拉第常数；Z 为离子的化合阶；a 为金属的热力学活度；φ 为体系的内电位。

金属在外加力的作用下发生变形，金属内部因变形而产生内部压力，研究表明，金属的化学位的变化量 $\Delta\mu$ 与内部剩余压力 ΔP 之间呈线性关系，有

$$\Delta\mu \approx V_0 \Delta P \tag{7-5}$$

式中，V_0 为金属变形前的摩尔体积。

因此，当一个电化学体系同时有电因素和力因素作用时，则该系统的化学位 $\tilde{\tilde{\mu}}$ 为

$$\tilde{\tilde{\mu}} = \mu_0 + RT\ln a + ZF\varphi + \Delta PV \tag{7-6}$$

由式（7-6）可知，在力学因素作用下，金属的化学位增大，即金属的活性增大，越易发生应力溶解腐蚀，为腐蚀提供了能量条件。

而金属电化学体系的平衡电极电势 $\Delta\varphi_0$ 由于力学因素的作用而降低，平衡电极电势的变化量由式（7-7）确定

$$\Delta\varphi_0 = -\frac{V\Delta P}{ZF} \tag{7-7}$$

由金属的弹性变形而引起的电化学体系的电极电势的变化值 $\Delta\varphi$ 为

$$\Delta\varphi = \overline{\varphi} - \varphi = -\frac{V\Delta P}{ZF} \tag{7-8}$$

由式（7-7）、式（7-8）可知，金属在弹性负载作用下，其平衡电极电势和电极电势向负方向偏移，即金属被氧化的趋势或自溶解腐蚀的趋势变大；此外，体系电极电势变负，使得力效应下形成的腐蚀微电池的电动势变大，腐蚀电流增大，从而促进了金属的溶解腐蚀。

而金属的自腐蚀电位的变化量 $\Delta\varphi_c$ 与 $\Delta\varphi$ 间也会发生变化，存在关系

$$\Delta\varphi_c = \frac{b_k}{b_k + b_a}\Delta\varphi \tag{7-9}$$

即

$$\Delta\varphi_{c}=-\frac{b_{k}}{b_{k}+b_{a}}\frac{\Delta PV}{ZF} \tag{7-10}$$

式中，$b_{a}=\frac{2.3RT}{\alpha_{a}nF}$；$b_{k}=\frac{2.3RT}{\alpha_{k}nF}$。

由式（7-10）可知，在外力作用下，金属自腐蚀电位的变化与外加应力成正比关系。可见，随着激光冲击力的增大，自腐蚀电位降低，更容易发生应力腐蚀。

在弹性负载作用下，结合式（7-10），阳极工件的净电流密度可以表示为

$$I=i^{0}e^{\frac{ZF\Delta\varphi}{RT}}e^{\frac{V\Delta P}{RT}} \tag{7-11}$$

由式（7-11）可知，阳极溶解电流密度不仅与电化学体系的电极电位 $\Delta\varphi$ 有关，还与作用于体系的力学因素 $V\Delta P$ 有关。

随着阳极溶解电流的增大，单位时间内蚀除物质的量增多；反之，阳极溶解电流减小，单位时间内蚀除物质的量减小。由式（7-5）~式（7-11）可得，激光力效应使工件发生微观应力变形，改变了金属的化学位、自腐蚀电位，以及体系的电极电位、平衡电极电位，从而提高了电化学反应的速度，加速了金属的溶解。

4. 电化学反应对激光热力学作用的影响

复合刻蚀过程中，激光冲击应力促进了材料的电化学反应，加速了金属的阳极溶解；反过来，电化学的极化作用及析氢反应又会影响金属在激光冲击力作用下的应力腐蚀，进一步促进金属的溶解。

具体机理：脉冲电压作用下，工件阳极的电化学溶解促进钝化膜裂纹向前扩展，加速工件加工区域的应力变形，从而增强材料加工微区内的应力腐蚀。可见，相比于金属自腐蚀条件，外加极化可以提高金属材料的应力腐蚀敏感性。

复合加工时阳极溶解过程中阴极发生析氢反应，一部分氢原子会吸附并扩散到工件内部，降低了钝化膜的致密性及稳定性，使含氢的钝化膜更易破裂；同时，氢还降低了金属反应所需的活化能，从而增大了无钝化膜保护的金属阳极溶解速度；激光力效应作用下，氢原子进入材料晶格使得原子间的键合力下降，从而更易于腐蚀。由此可见，氢效应提高了应力腐蚀敏感性。

随着阳极溶解反应的进行，加工微区内工件不断被蚀除，形成腐蚀点，腐蚀点会引起工件局部应力集中，进一步加速激光冲击力对工件的破坏过程。

7.2.2 条件和设备

脉冲激光电化学复合刻蚀技术，通过工件材料在溶液中发生阳极溶解腐蚀的机理，利用计算机控制激光束的扫描路径，聚焦激光束决定加工区域及形貌精度，在激光直接快速去除与电化学溶解蚀除两种方式的作用下加工出复杂形貌的微结构，其加工示意图如图 7-5 所示。在外加纳秒脉冲电源、工件、电解液及透光导电的 ITO（Indium Tin Oxide，氧化铟锡）组成的电化学回路中，高频纳秒脉冲激光束快速去除工件材料及其表面形成的氧化膜，与此同时通过电化学反应完成激光照射区工件材料以离子的形式进行溶解蚀除。在两者共同作用下，提高复合刻蚀的定域性及材料去除率，改善加工精度与表面质量，获得优质高效的加工效果。

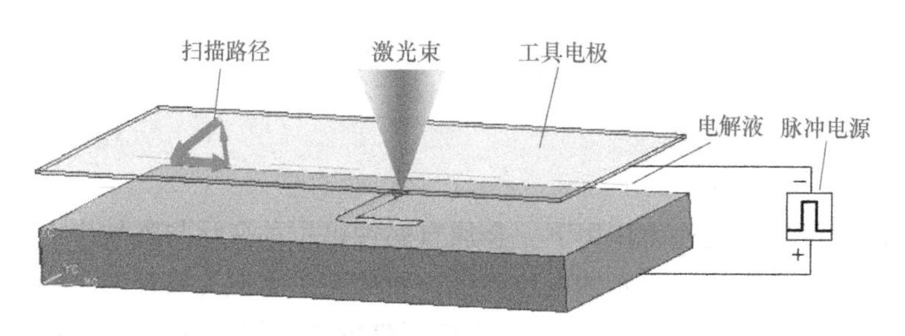

图 7-5　激光与电化学复合加工示意图

1. 激光与电化学复合加工系统

根据激光与电化学复合刻蚀的要求，构建复合加工系统，如图 7-6 所示。该系统主要包括激光辐照系统、电化学反应系统和电解液循环系统三个部分。

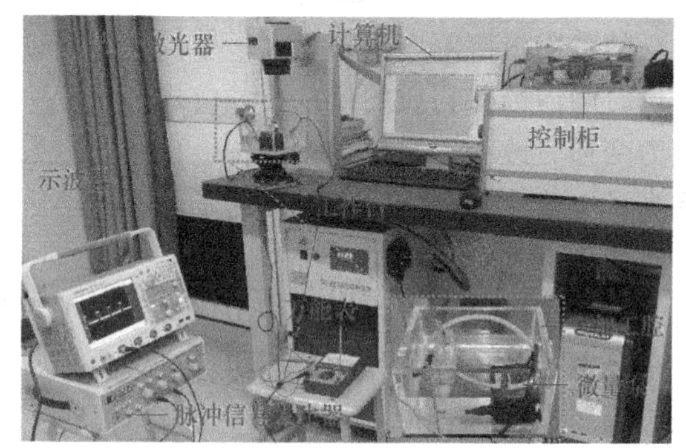

图 7-6　激光-电化学复合加工系统实物图

（1）激光辐照系统　激光辐照系统由提供脉冲激光能量的光纤激光器、调节工件高度的工作台、激光器和打标卡控制软件组成。其中，工作台通过手动调节实现离焦量的控制。脉冲光纤激光器与传统的固体、气体激光器相比，具有独特的优点：①转换率高、阈值高、增益高，这是因为光纤作为导波介质，纤芯直径小，纤内易形成高能量密度；②结构紧凑、体积小，光纤的柔韧性较好，因此光纤激光器更利于装置集成，性价比高；③稳定性高、寿命长，由于其谐振腔内无光学镜片，不需要调节维护；④输出光束单色性好、质量高、线宽窄。

复合刻蚀过程中采用的激光器为阿帕奇（IPG）公司生产的 YLP-HP 系列脉冲光纤激光器。该光纤激光器主要由主体、扫描头、控制柜及冷却装置四部分构成，具体技术参数见表 7-2。

表 7-2　YLP-HP 系列脉冲光纤激光器的具体技术参数

技术参数	输出波长/nm	脉冲宽度/ns	脉冲能量/mJ	脉冲频率/kHz	平均功率/W	峰值功率/kW
数值	1064	100	0.01～1	2～100	100	10

注：该激光器输出参数可以通过计算机软件进行控制。

激光器发出的光束经聚焦后穿过电解液，辐照在电化学阳极工件上，激光输出参数（如功率、能量、频率等）可以利用计算机通过配套的控制软件进行调节，如图 7-7 所示。控制面板会显示当前激光器的连接状态、输出状态、工作温度、额定参数及工作参数（如平均功率、最大功率、脉冲能量、脉冲频率等）。

输出光束的扫描参数则由打标控制软件精确控制，如图 7-8 所示。通过在软件上绘制扫描图形来实现工件不同形状的加工，激光器的扫描路径、扫描方向、进给速度等都可以通过该软件控制。

（2）电化学反应系统　电化学刻蚀加工试验系统由脉冲电源、电极系统、反应腔及电解液循环系统组成。

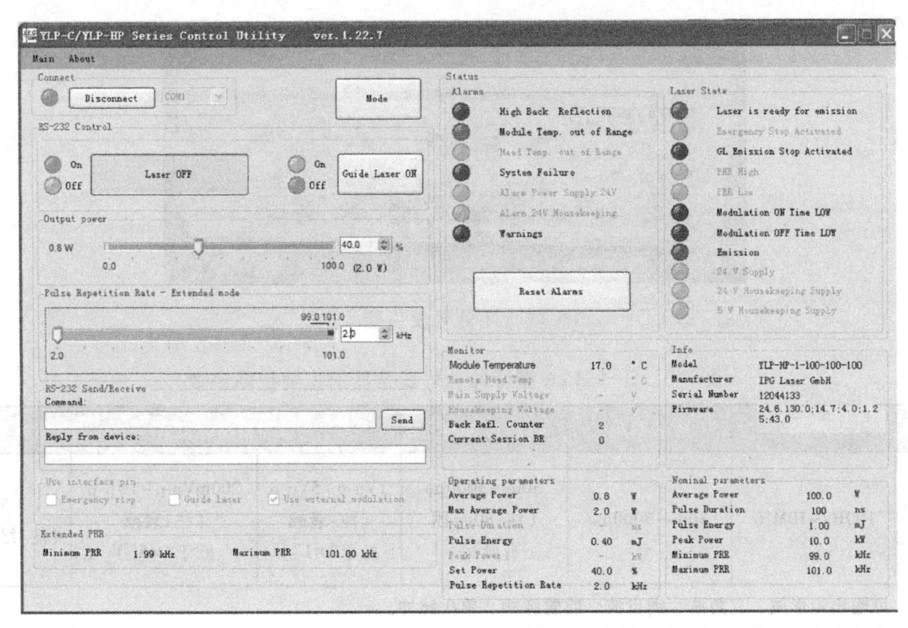

图 7-7　光纤脉冲激光器控制面板

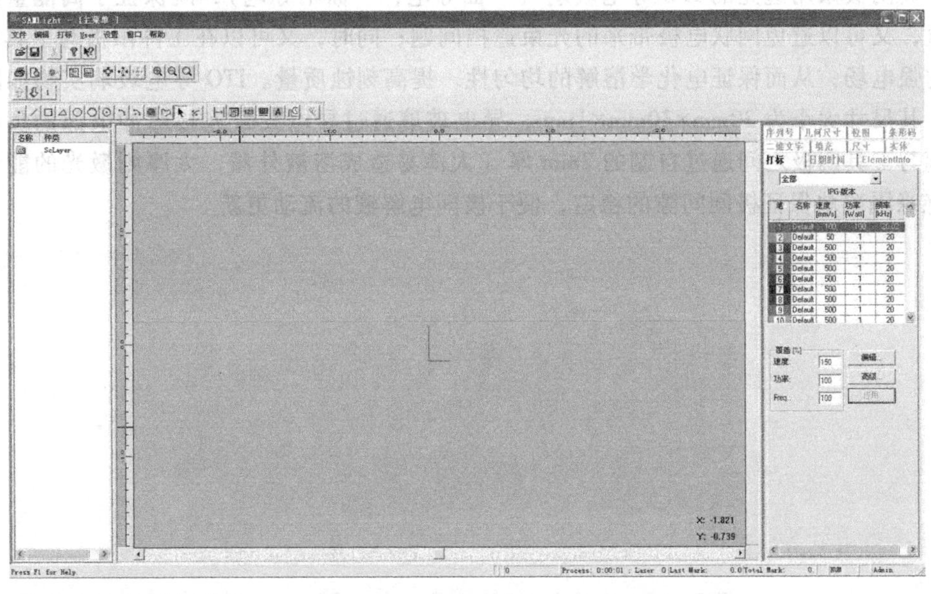

图 7-8　打标控制软件

试验过程中，采用的纳秒脉冲电源为宁波中策电子有限公司生产的 DF1511A 型脉冲信号发生器，如图 7-9 所示。该脉冲发生器具有以下特点：①操作简便、波形稳定；②通过上、下沿的调节不仅可以输出矩形脉冲信号，也可以输出三角波、锯齿波等信号；③输出波形的极性可任意选择，占空比可达 90%。其主要技术参数见表 7-3。

电极系统包括工件阳极和工具阴极。试验中，工件阳极为所要加工的金属及其合金、半导体材料，固定在电化学反应腔内的支架上，防止工件移动。工作腔是由本实验室自行设计利用有机玻璃加工而成，其化学性能稳定，耐腐蚀，尺寸大小为 166mm×136mm×90mm。

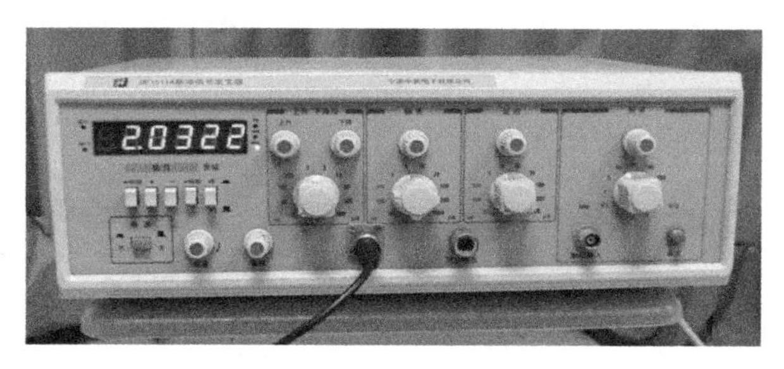

图 7-9 DF1511A 型脉冲信号发生器

表 7-3 DF1511A 型脉冲信号发生器的主要技术参数

技术参数	频率	脉冲宽度	延迟时间	脉冲输出幅度		输出阻抗
数值	100Hz～10MHz	30ns～3000μs	30ns～3000μs（注：80ns 固有延迟）	1Vp-p～5Vp-p（注：衰减处于"×1"）	200mVp-p～1Vp-p（注：衰减处于"×5"）	50Ω（注：终端匹配）

注：1. 可输出矩形波、三角波、锯齿波、前置脉冲、单次脉冲。
2. 直流偏移：-1V ～ +1V 连续可调（衰减处于"1×"）；-200mV ～ +200mV 连续可调（衰减处于"5×"）。

工具阴极采用透光的 ITO 导电玻璃（一面导电，一面不导电），既保证了高能量激光束的透过，又可以避免网状电极带来的光束遮挡问题；同时，又可以在工件阳极与工具电极间形成匀强电场，从而保证电化学溶解的均匀性，提高刻蚀质量。ITO 导电玻璃实物如图 7-10 所示，其尺寸大小为 30mm×30mm×1mm，导电玻璃通过导电胶带连接脉冲电源的负极。导电玻璃与工具阴极之间通过自制的 2mm 厚（太薄易造成溶液外溅，太厚则激光的能量损失大）绝缘隔离块保证极间间隙的稳定，便于极间电解液的流动更新。

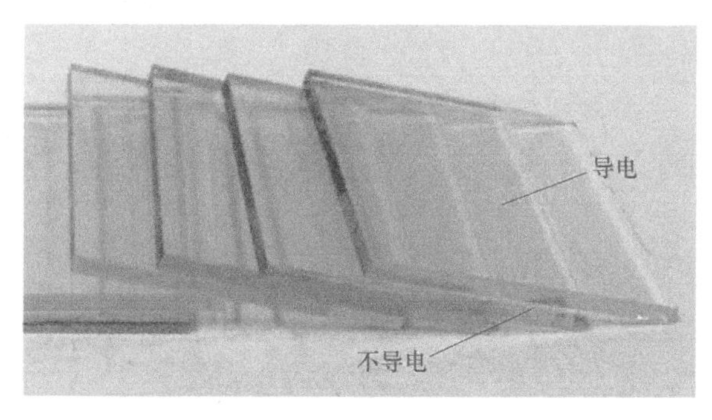

图 7-10 ITO 导电玻璃实物图

（3）电解液循环系统　电解液循环系统由过滤网、微量泵及电解液组成。过滤网安置于微量泵进口处，以防止加工过程中的反应产物及杂质影响试验效果。

通常，在电化学加工中，及时排除两极间隙中的反应产物是保证加工正常连续进行的前提。而微量泵可以为电化学加工提供循环流动的电解液，及时排除电解产物，降低极化；同时带走试验过程中多余的热量，使激光辐照区不会因为过热出现沸腾现象，保证试验的正常进行。试验中选用的微量泵为耐腐蚀的叶片泵，具有重量轻、体积小、振动小的优点，其基本参数见表 7-4。

表 7-4 叶片泵的基本参数

基本参数	额定电压/V	额定功率/W	频率/Hz	流量/(L/h)	最大扬程/m
数值	220/240	12	50	700	0.8

注：接口直径有 9mm、10mm、13mm 三种。

复合加工中，阳极反应产物及刻蚀效果与所选电解液的成分密切相关。选择电解液时应满足以下总的要求。

1）加工效率高。工件阳极上可以优先溶解金属离子，无难溶钝化膜形成。

2）精度高。工具电极不会发生沉积反应破坏阴极型面、影响电极过程；反应产物能够生成难溶性氢氧化物，易于过滤清理。

3）表面质量好。集中腐蚀能力强，杂散腐蚀能力弱，以保证获得均匀、光滑的加工表面。

4）电导率高、溶解度高、黏度低。

5）污染小、腐蚀小、无有害离子产生，如 NO_2^-、Cr^{6+}。

按照溶液的酸碱度分类，电解液主要分为中性电解液（活性：卤族元素，钝性：含氧酸元素）、酸性电解液（H_2SO_4、HCl 等）和碱性电解液（NaOH 等）三种。依据复合刻蚀的特点，常选用中性电解液。中性电解液主要有 NaCl、$NaNO_3$、$NaClO_3$ 三种。NaCl 电解液中含有氯离子，可以使工件处于活化状态，加工效率高，但腐蚀性较强，容易造成杂散腐蚀，加工精度低，因此 NaCl 溶液常用于要求效率为主的场合。$NaClO_3$ 溶液刻蚀精度较高，但使用较复杂，生产成本高，不宜广泛应用。$NaNO_3$ 溶液又称为钝性电解液，在刻蚀过程中易造成材料表面钝化，对设备的腐蚀性小，且定域腐蚀能力强，刻蚀精度高，因此，适用于精度要求高，面积小的工件。本试验选用 $NaNO_3$ 溶液作为复合加工的电解液。

2. 复合加工的检测系统

当纳秒脉冲激光和脉冲电源同时作用于阳极工件时，工件表面会发生光电反应，因此复合刻蚀过程中加工状态的检测尤为重要。为了表征复合刻蚀时的加工状态，有必要检测电压、电流及冲击波信号。检测装置主要有万用表、示波器、电流探头等。

示波器选用的是日本横河公司生产的 YOKOGAWA-DL9140 系列数字式混合信号示波器，如图 7-11 所示。该示波器带宽高达 1GHz，最大取样速率为 5G/s，能够对电源的脉冲宽度、脉冲频率、幅值电压及占空比等电参数进行精确的数字测量。配合示波器电流、电压探头可以精确测量回路中电参数的变化，示波器电流探头如图 7-12 所示。同时，该示波器能够测量高频信号，精确度高，适用于检测纳秒脉冲电化学复合刻蚀时的高频脉冲信号。试验数据通过示波器配套软件 Xviewer 处理。

3. 复合加工测试装置

在激光电化学复合刻蚀时，刻蚀效果的检测是优化工艺参数进一步改善刻蚀质量、提高刻蚀精度的重要方法。因此需要专门的仪器对试验结果进行检测。试验后期主要的检测仪器有扫描电子显微镜和超景深电子显微镜，如图 7-13、图 7-14 所示。

S-3400N 型扫描电子显微镜由日本日立公司生产，主要用于观察和检测微纳米结构的表面特征，如加工微槽的表面形貌。主要技术参数：加速电压为 0.3~30kV；分辨率为 3.0nm；放大倍数为 10~200k。

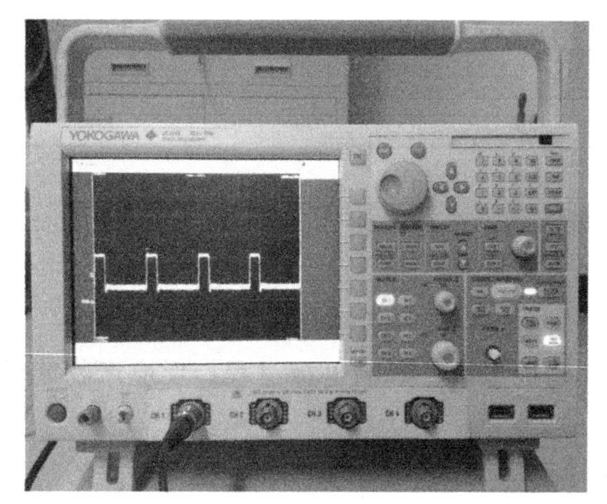

图 7-11　数字式混合信号示波器

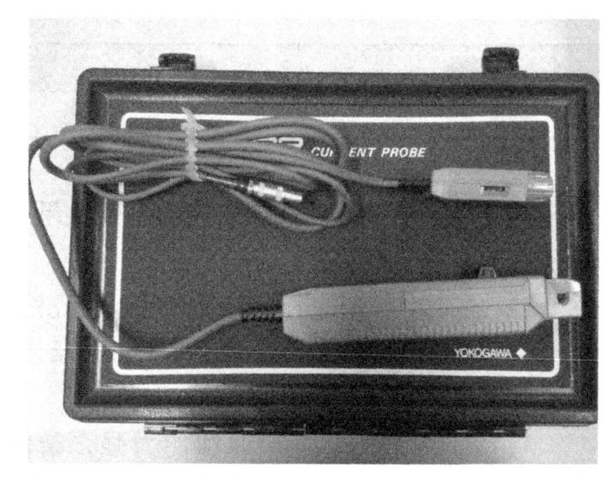

图 7-12　示波器电流探头实物图

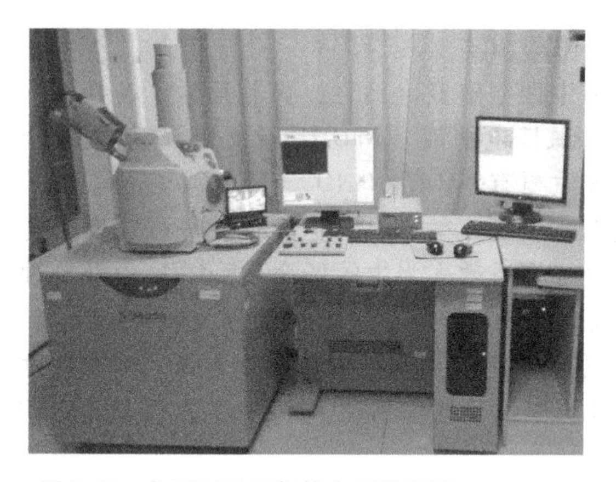

图 7-13　S-3400N 型扫描电子显微镜

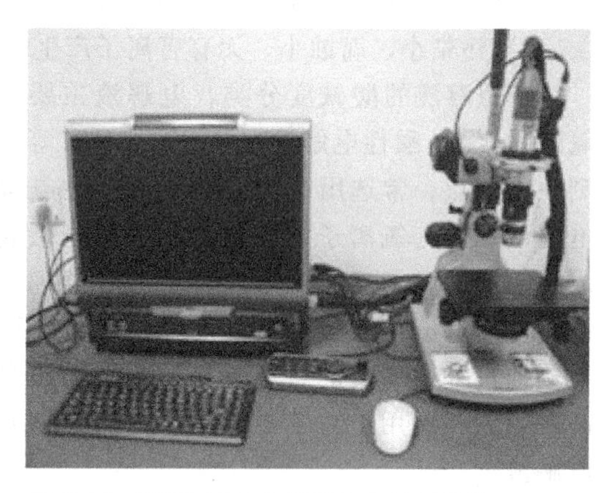

图 7-14　VHX-1000C 超景深电子显微镜

VHX-1000C 超景深电子显微镜由基恩士（KEYENCE）公司生产，可以实现实时测量处理、三维显示、深度合成等功能。其操作方便，可以对所采集的图像分析、统计并输出报告，在本试验中主要用于检测微结构的轮廓形貌，如深度、宽度等。

由于电化学反应对应着金属材料的阳极溶解腐蚀，材料本身的耐腐蚀性会影响电化学加工。为了充分探究材料的复合刻蚀机理，需要分析材料的腐蚀特性。本试验选用天津兰力科化学电子公司生产的 LK2005A 型电化学工作站测量材料的腐蚀特性，其主要技术指标见表 7-5。电化学工作站可以检测电流-时间曲线、开路电位-时间曲线、电位-电流曲线等。

表 7-5　LK2005A 型电化学工作站的主要技术指标

技术指标	扫描速度/(V/s)	电位范围/V	电势增量/V	电解时间/s	电位分辨率/mV	电流灵敏度/pA
数值	0.00005~500	−4.0~4.0	0.001~10	1~60000	0.05	≤30

注：检测时，参数设置和控制由软件操作完成。

图 7-15 所示为 LK2005A 型电化学工作站的实物图，其外端接口与计算机相连，通过软件设置试验参数（如灵敏度、初始电位、开关电位、扫描速度、等待时间等），观测、记录试验结果。

7.2.3　应用

激光电化学复合加工不但可以克服杂散腐蚀及钝化问题，而且可以很好地解决激光刻蚀中产生的热影响区、熔凝层、毛刺等缺陷问题，改善加工质量。该复合加工技术在加工大深宽比微结构领域有巨大的应用潜力，为了获得表面形貌好、加工精度高、深宽比大的微结构，需要探讨复合刻蚀的工艺参数及加工质量的影响因素。

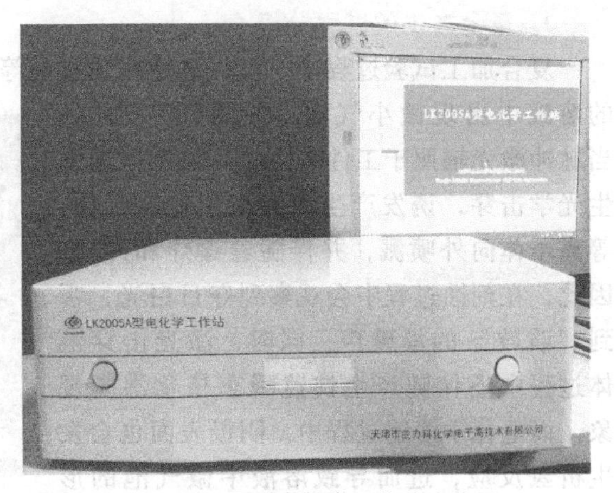

图 7-15　LK2005A 型电化学工作站实物图

7075 铝合金因高强度及良好的力学性能，在航空工业得到了广泛的应用，主要用于飞机构架、涡轮、发动机叶片等部件的制造。因此，复合加工的工件材料选用 7075 铝合金。

工件尺寸大小为 30mm×15mm×1.5mm，将工件依次用 200#、400#、600#、800#、1000#、1200#的砂纸打磨表面，然后利用丙酮溶液进行超声清洗并吹干，工件背面与导电胶带相连，并用绝缘胶带密封，然后固定在电化学反应腔内的支架上，手动调节升降台的高度，使激光束聚焦点恰好作用于工件表面。将试验选用的 $NaNO_3$ 电解液注入电化学反应腔内，使其高出工件表面 2mm，且不能没过导电玻璃（工具阴极），微量泵实现电解液的循环更新。数字示波器与外加的脉冲电源相连，以便于观测电源波形，调节脉冲信号发生器以达到所需的电参数，如频率、脉宽、占空比、峰值等。试验过程中，通过万能表检测回路中的平均反应电流，示波器电流探头检测回路中的实时电流，聚焦激光束相关参数的设置通过计算机由激光器软件实现，激光扫描参数及所需的图案则由打标控制软件实现。

激光电化学复合加工系统示意图如图 7-16 所示。加工采用脉冲光纤激光器循环扫描“L”形，同时接通脉冲电源进行电化学反应的试验方法。试验结果采用扫描电子显微镜及超景深三维显微镜观测、记录。

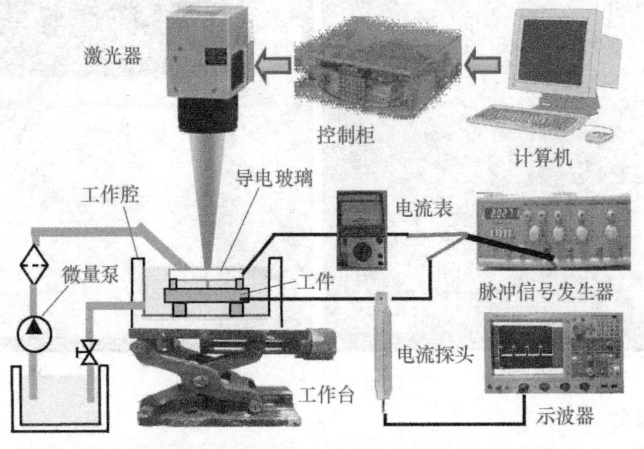

图 7-16　激光电化学复合加工系统示意图

1. 复合加工的过程分析

复合加工试验过程中，可以清楚地观察到等离子体闪光，听到爆破声，随后在加工区域的溶液中出现微小气泡，如图 7-17 所示。当脉冲激光辐照于工件表面时，加工区域发生光学击穿，诱发产生高温高压等离子体，等离子体向外喷溅，并伴随着爆炸和冲击。因此，在刻蚀过程中会观察到夺目白光，听到“吱吱”的爆破声；同时，激光击穿液体过程中还伴随产生快速瞬态核化沸腾现象。而电化学溶解过程中，阴极表面也会发生析氢反应，进而导致溶液中微气泡的形成；另外，还有一部分气泡从电解液中逸出。

图 7-17 试验现象实物图

复合加工过程中产生的气泡如果不及时驱除，会影响复合加工的效果。图 7-18a 所示为未采取任何措施处理气泡时复合加工形貌图及加工区实物图，可以看出，复合加工微槽的表面质量及形状精度较差，深度浅，且微槽周围区域也存在刻蚀现象。同时，伴随的爆破声及闪光很快消失。此外，刻蚀过程中还观察到，脉冲激光能量密度越高，光束辐照区域形成的气泡数量越多，直径越大。

根据光的反射和折射定律可知，溶液中的气泡对激光束的传播有很大影响，在气泡与激光束相互作用过程中，主要考虑气泡表面对光束的第一次反射及光束在气泡内的第一次、第二次折射。

若未及时处理加工区产生的气泡，工具阴极表面会聚集大量的气泡，如图 7-18b 所示。由图 7-19 可以看出，激光辐照到导电玻璃表面的气泡时，会发生折射和反射，大部分光线散射到溶液中，无法刻蚀工件；部分光线散射到加工区周围，造成周围材料的刻蚀；部分光线散射到微槽侧壁，造成侧壁材料的损耗。因此气泡的存在会导致激光能量的损耗，使得刻蚀深度降低，加工表面质量差。

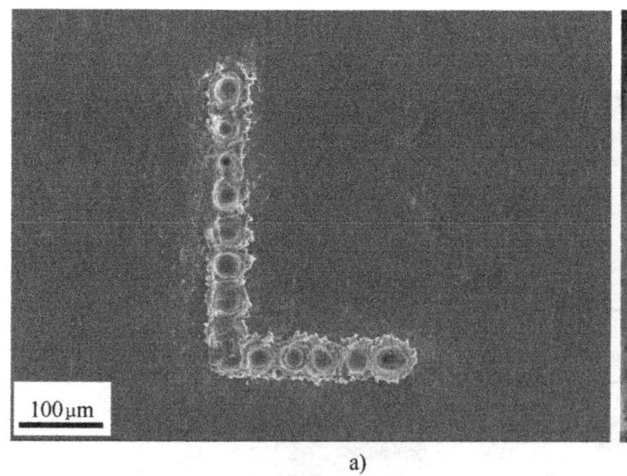

a)

b)

图 7-18 复合加工微槽

a）复合加工微槽形貌图 b）实际加工区域

试验过程中，常采用循环流动的电解液不断冲刷加工区，带走阴极表面聚集的气泡，避免激光能量的损耗。但气泡在所难免（被带走前），并且随着激光能量及频率的增大，气泡半径增大且数量增多。气泡半径越大、数量越多，与光束的接触面积越多，激光散射越多，进而使得加工区侧壁的光强增大，材料的去除量增多，造成加工区变宽，定域性降低。

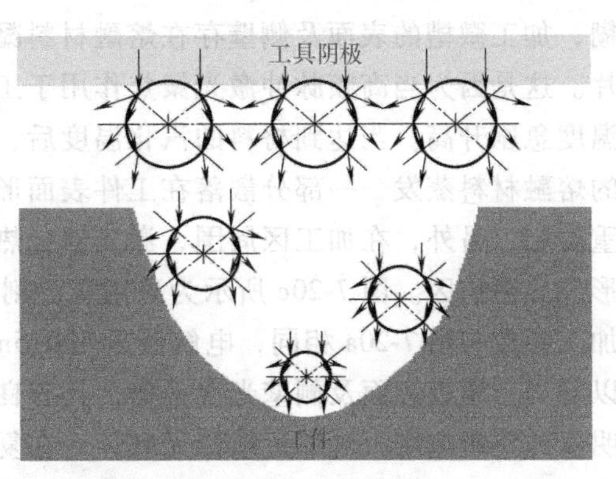

图 7-19 气泡对光的散射示意图

2. 复合加工的形貌分析

图 7-20 所示为在不同加工方法加工出的微槽表面及端面形貌图。

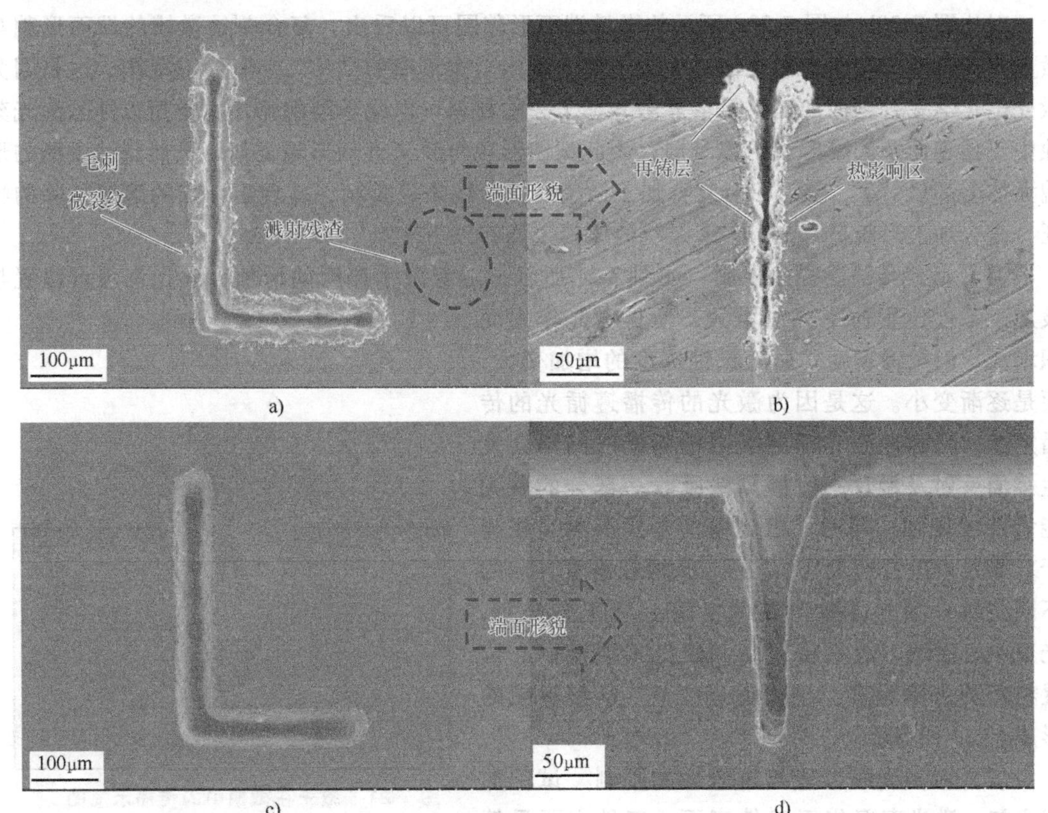

图 7-20 不同加工方法下加工出的微槽表面及端面形貌图
a）激光加工的微槽形貌 b）激光加工的微槽端面形貌 c）激光电化学复合加工的微槽形貌
d）激光电化学复合加工的微槽端面形貌

图 7-20a 所示为利用波长 1064nm、光斑直径 50μm 的脉冲光纤激光器（脉宽为 100ns，单脉冲能量为 0.4mJ，重复频率为 2kHz）在 7075 铝合金上连续扫描加工 30s（扫描速度为 50mm/s）所获得的微槽加工形貌图。图 7-20b 所示为将所加工的二维型腔，沿与微槽垂直的方向切开，用砂纸打磨切割后的试样表面，利用扫描电子显微镜拍到的微槽的端面形貌。从图 7-20a 和 b 可以看出，单独采用激光直刻时，加工表面较粗糙、轮廓不清晰、边棱模

糊，加工微槽的表面及侧壁存在熔融材料凝结形成的重铸层、喷射的熔化材料形成的表面碎片。这是因为当高频脉冲激光聚焦作用于工件表面时，光束辐照区域，工件表面吸收能量，温度急剧升高。当达到材料的汽化温度后，在高压蒸气作用下，熔融材料喷出，一部分喷出的熔融材料蒸发，一部分散落在工件表面形成残渣碎片，而残余的熔融材料则发生冷凝形成重凝层。另外，在加工区周围，激光部分热量的影响使得工件表面层的显微结构发生变化，形成热影响区。图 7-20c 所示为采用复合刻蚀方法加工的微槽表面及截面形貌图，其中激光加工参数与图 7-20a 相同，电解液采用 0.5mol/L 的 $NaNO_3$ 溶液，反应平均电流为 10mA。可以看出，微槽表面及侧壁光滑平整，具有良好的形状精度，几乎没有表面碎片及重铸层，无明显的热影响区，对邻近结构无破坏。在复合加工过程中，电解液的循环冷却、冲刷作用有助于加工区金属熔融物的排出，从而减少微槽表面的溅射物，降低周围的热影响区；同时，电化学反应可以有效溶解蚀除表面及侧壁的熔凝层，加工质量显著提高。

对比图 7-20b 与图 7-20d 所示的微槽端面形貌图可以看出，复合刻蚀微槽的端面形貌与激光直刻微槽的端面形貌类似，大体上都呈现出上宽下窄的“V”字形形貌特征，这是因为激光电化学复合刻蚀加工主要依靠激光加工去除材料，电化学溶解作用主要用以蚀除激光刻蚀中工件表面及侧壁形成的熔凝层，因此刻蚀形貌与激光直刻形貌类似。虽然刻蚀微槽的形貌大体上都呈“V”字形，但复合加工微槽的侧壁线条呈弧状，呈现出良好的溶解蚀除的特征，复合加工形貌呈“V”字形弧状的原因主要有以下三点。

（1）激光传播路径的限制　如图 7-21 所示，随着微槽深度的增加，激光束焦点位置与被加工工件位置的距离也增大，使得激光作用面积增大，但微槽宽度并非随刻蚀深度的增加变大，而是逐渐变小。这是因为激光的传播遵循光的传播定律，当脉冲激光辐照于微槽侧壁时同样会发生镜面反射及漫反射，槽侧壁吸收一部分的激光能量造成烧蚀；同时，槽侧壁的多次反射，相当于对激光束进行“聚焦”，造成微槽在垂直方向的不断烧蚀；另外，激光能量空间上呈正态分布，光束中心区域，能量密度高，使得刻蚀槽中心位置材料的去除量多，进而促进“V”字形形貌的形成。

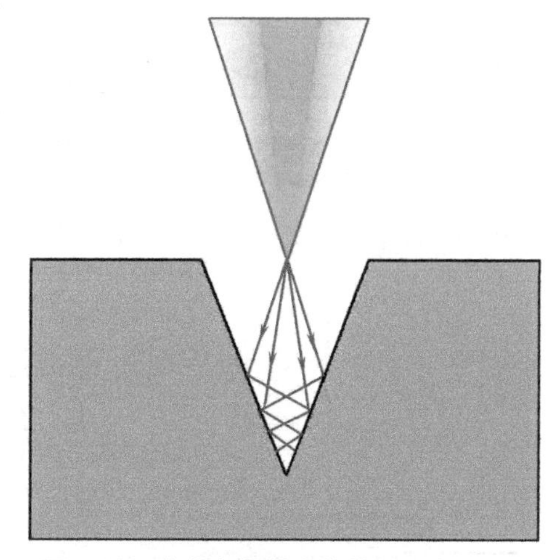
图 7-21　激光在微槽中的传播示意图

（2）激光光斑位置与时效性的限制　试验加工之初，激光束聚焦于工件表面，工件主要受等离子体冲击力与射流冲击力的作用。随着加工不断进行，刻蚀槽的深度不断增加，而焦点位置不变，此时激光作用点的离焦量变大，等离子体冲击力的加工作用显著减弱，而高速射流力主要是空泡在壁面溃灭时形成的，其加工作用几乎无变化。另外，空泡溃灭时的半径远小于初始半径，作用面积相较于等离子体冲击力而言较小，但强度与之相当，且射流冲击力的方向始终垂直指向工件，逐步促进刻蚀槽的“V”字形形貌的形成。

（3）电化学反应与应力腐蚀的作用　复合刻蚀中，电化学溶解作用作为刻蚀能量也会参与工件的去除。因为激光热力效应可以促进电化学阳极溶解，引发应力腐蚀。应力腐蚀体系的稳定电位随着外加应力的增大而减小，冲击力大的作用区域，自腐蚀的稳定电位越低，

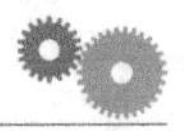

越容易形成力学化学腐蚀。在激光冲击力持续作用下，电化学溶解不断进行，从而提高了金属的蚀除效率；反之，冲击力小的区域，金属的蚀除效率低。电化学作用造成了两者加工形貌的微差异，促进刻蚀槽的“V”字形形貌的形成，使复合刻蚀形貌呈现弧状。

对比图 7-20a 与图 7-20c 还可以看出，相同激光参数下，不同加工方法所获得的微槽的宽度及深度也存在差异，复合刻蚀微槽的宽度、深度明显比激光直刻微槽的宽度、深度大。由复合刻蚀机理的分析可知，溶液的约束作用显著增强了激光的冲击力效应，且复合刻蚀中还存在电化学溶解蚀除作用，因而使得材料的去除量增多，微槽的深度及宽度增大。另外，激光直刻时，微槽表面及侧壁再铸层的存在降低了其加工宽度及深度。

3. 不同金属材料的复合加工实例

为研究激光热力效应对不同材料电化学刻蚀加工的影响和机制，选择了三种金属材料：AISI304 不锈钢、1060 铝和 7075 铝合金。控制激光束聚焦在工件表面循环扫描“L”形微槽，同时接通电化学脉冲电源进行复合刻蚀试验。对不同的材料采用相同的加工参数，观测所加工微槽的表面形貌，对比分析复合加工的机制。这三种材料的化学成分表见表 7-6。

表 7-6 材料的化学成分

材料	化学成分及其质量分数(%)								
AISI304 不锈钢	Si	Cr	Ni	Mn	C	P	S	Fe	—
	≤0.75	17~19	8~11	≤2	≤0.07	≤0.035	≤0.03	其余	—
7075 铝合金	Si	Fe	Cu	Mn	Mg	Zn	Cr	Ti	Al
	0.4	0.5	1.2~2.0	0.3	2.1~2.9	5.1~6.1	0.18~0.28	0.2	其余
1060 铝	Si	Fe	Cu	Mn	Mg	Zn	Ti	V	Al
	0.25	0.35	0.05	0.03	0.03	0.05	0.03	0.05	其余

图 7-22 所示为采用脉冲激光与电化学复合刻蚀方法所获得的 AISI304 不锈钢、1060 铝、7075 铝合金加工的整体和局部形貌。试验过程中，采用相同的复合加工工艺参数，即控制激光单脉冲能量为 0.4mJ，脉冲频率为 2kHz，扫描线速度为 50mm/s；电源的频率为 2MHz，占空比为 40%，峰值电压为 1.2V。电解液采用浓度为 0.5mol/L 的 $NaNO_3$ 溶液，加工时间为 45s。工件尺寸大小为 30mm×15mm×1.5mm，加工前后用无水乙醇超声波清洗工件表面。由图 7-22 可以看到，虽然采用了平板式的导电玻璃作为工具阴极，与工件相对平行放置，但工件表面不存在电化学加工的杂散腐蚀现象。这是因为试验选用的脉冲峰值电压为 1.2V，由材料极化曲线可以看出，不锈钢和铝合金在此电压下都处于钝化状态，工件表面会生成一层致密的钝化膜，而铝在此电压下的溶解电流密度也较小。当激光辐照在工件表面时，其热力效应可以去除光斑照射部位的钝化膜，露出的基体材料发生电化学反应被溶解蚀除。而在激光未照射区域由于钝化膜的保护几乎不发生金属材料的溶解腐蚀。图 7-22a 所示为 AISI304 不锈钢的复合加工微槽的整体和局部形貌，槽腔宽度较窄，边缘呈凹凸不平的锯齿状，且槽腔的成形精度和表面质量较差。图 7-22c 所示为 1060 铝的复合加工微槽的整体和局部形貌，“L”形微槽的直线性相对于不锈钢来说较好，但槽周围区域出现明显的热熔影响区，工件表面较为粗糙。图 7-22e 所示为 7075 铝合金的复合加工微槽的整体和局部形貌，微槽线条平直具有良好的形状精度，拐角处的角度清晰可见；槽腔宽度基本

一致，边缘清晰，侧壁较为平整光滑；微槽周缘几乎没有热影响区，微观形貌和表面质量都较好。

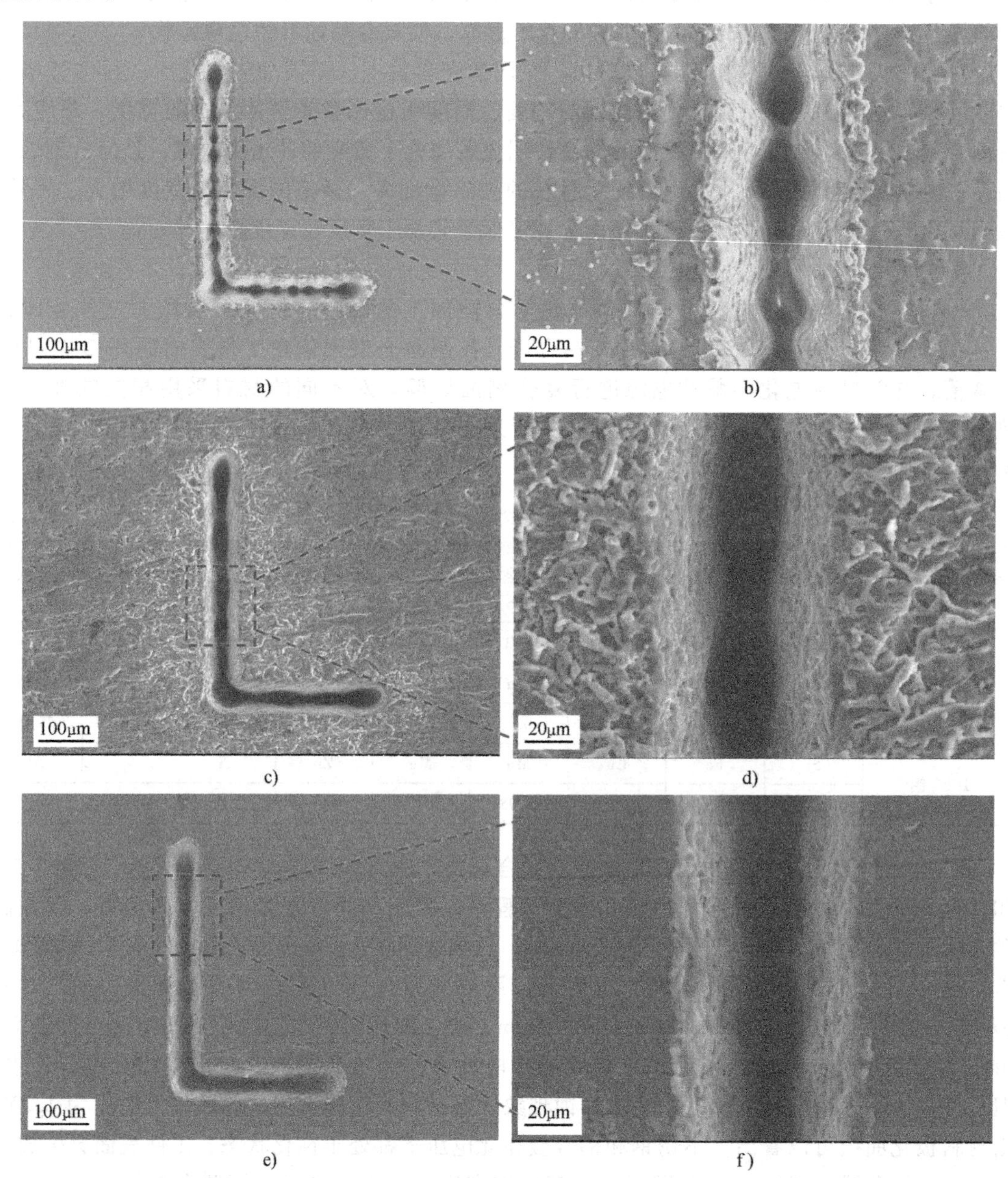

图 7-22　激光电化学复合刻蚀微槽的整体和局部形貌

a）AISI304 不锈钢的复合加工形貌　b）a 图方框区域放大图　c）1060 铝的复合加工形貌　d）c 图方框区域放大图　e）7075 铝合金的复合加工形貌　f）e 图方框区域放大图

由前述机理分析可知，激光的热、力效应主要去除光束聚焦部位的材料及钝化膜，而其余部位的工件材料则受到钝化膜的保护不发生溶解腐蚀。在激光辐照和电化学反应的不断作用下，材料的去除主要发生在激光照射区域并逐渐向深度发展。为了进一步研究不同材料复合加工微槽的形貌差异，利用 VHX-1000 超景深三维显微镜测量了刻蚀槽的槽宽、槽深，如

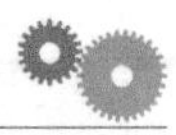

图 7-23 所示。由于试验采用脉冲激光扫描方式加工，微槽深度在光斑叠加区域与非叠加区域有所不同，所以采用测量多处不同截面求平均值的方法，结果见表 7-7。

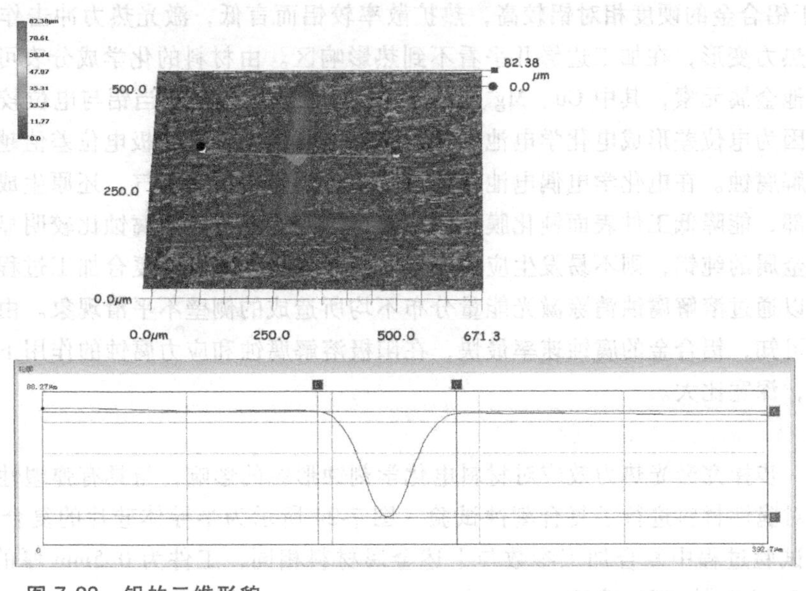

图 7-23　铝的三维形貌

表 7-7　不同材料激光电化学复合刻蚀微槽的槽宽、槽深、深宽比

材料	宽度/μm	深度/μm	深宽比
不锈钢	40.9	47.0	1.15
铝	45.5	61.2	1.34
铝合金	44.3	91.1	2.06

由表 7-7 可知，在相同工艺条件下，不同材料复合加工微槽的槽宽变化不大。铝与铝合金微槽的宽度较为接近，不锈钢复合加工微槽的槽宽相对较窄。就微槽深度而言，三者之间差距较大，铝合金微槽的刻蚀深度最深，且深宽比相对较大；而不锈钢微槽的槽宽和槽深在不同部位差异显著，加工效果的一致性较差，从而导致其深度最浅。铝合金可以加工出深宽比超过 5∶1 的微槽结构，微槽的表面形貌不仅有图 7-22c 所示的特点，且微槽的宽度也几乎没有变化。

不同金属材料在相同工艺参数加工后，试验结果呈现出不同的表面微观形貌特征及几何特征（深度、宽度），分析其原因主要有以下三点。

1）不锈钢的硬度、熔沸点明显高于铝和铝合金，且根据极化曲线分析，其耐腐蚀性好，在相同的激光能量密度和电化学脉冲电压下，激光与电化学复合去除的材料相对较少，导致所加工的槽腔较窄、槽深较浅，故深宽比小。另一方面，不锈钢的热扩散率极低，在激光扫描过程中，光束叠加区域的激光能量密度大，产生的热力效应大，工件材料的刻蚀量多，而非叠加区域刻蚀量少，电化学反应不足以消解由激光能量分布造成的刻蚀差异，以致槽腔边缘成锯齿状分布。

2）铝的硬度相对较低，在激光热力冲击作用下，激光与电化学刻蚀对材料的去除效果好，所加工的槽腔较宽。然而铝的熔点远小于不锈钢，且热扩散率较大，在相同的激光能量密度下，材料受到的热作用比较显著，在槽腔周围表面出现了明显的热熔影响区。由前述机理知，铝的腐蚀速率较慢，最终导致所加工微槽的深度比铝合金浅。

3）由于铝合金的硬度相对铝较高，热扩散率较铝而言低，激光热力冲击作用不会使其产生严重的热力变形，在加工边缘几乎看不到热影响区。由材料的化学成分表可知，铝合金中掺杂有其他金属元素，其中 Cu、Mg、Zn、Cr 元素的含量较高。当铝与电位较高的金属接触时，就会因为电位差形成电化学电池，从而引起电偶腐蚀，且电极电位差值越大，越容易发生阳极溶解腐蚀。在电化学电偶电池作用过程中，阴极会析出氢气，还原生成的氢原子扩散到金属内部，能降低工件表面钝化膜的稳定性，加工区域的应力腐蚀比较明显。而对于基本不含其他金属的纯铝，则不易发生应力腐蚀。最终使得在铝合金复合加工过程中，电化学加工作用可以通过溶解腐蚀消除激光能量分布不均所造成的侧壁不平滑现象。由前述材料极化曲线分析可知，铝合金的腐蚀速率最快，在阳极溶解腐蚀和应力腐蚀的作用下，使得微槽的深度最深，深宽比大。

4. 脆性材料的复合加工实例

为了进一步探究激光热力效应对材料电化学刻蚀形貌的影响，与具有弹塑性的金属材料相区别，又对脆性材料进行了复合刻蚀试验。图 7-24 所示为半导体硅片的复合加工整体和局部形貌，试验过程中复合加工参数与上述金属材料相同，工件为 0.5mm 厚的 N 型硅片，电解液为 0.5mol/L 的 KOH 溶液。

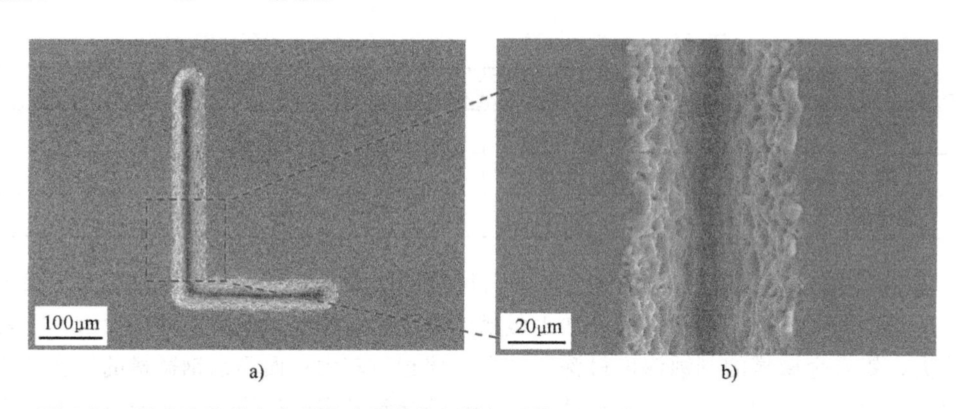

图 7-24 激光电化学复合刻蚀硅片整体和局部形貌

a）微槽形貌 b）a 图方框区域放大图

由图 7-24 可以看出，硅微槽的线条平直，槽宽基本一致，微槽周围质量较好，无热影响区，且微槽侧壁不存在光斑搭接处的波纹形貌；与铝合金微观形貌相比，硅复合加工的微槽侧壁比较粗糙，呈现出不规则的凹坑，且刻蚀深度较浅。

硅在外加电压的作用下，材料表面易形成 SiO_2 氧化膜，加工区由于激光的辐照作用使氧化膜脱落，材料在激光与电化学共同作用下被去除，非辐照区由于 SiO_2 氧化膜的保护而不发生溶解蚀除，因而加工表面质量较好。相比于试验中所用的金属材料，硅的热扩散率最高，硬度较低，由光斑搭接导致的能量分布不均对刻蚀加工的影响较小，因此微槽的线形较好。由于试验采用的硅片已抛光，对光束的反射率较大，硅片表面吸收的激光能量较小，所产生的热力冲击效应低，使得刻蚀微槽的深度小。

对于硅表面形成的不规则凹坑，一方面由于硅是脆性材料，没有延展性，相对于金属材

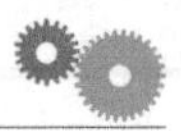

料而言韧性差，在高能量密度激光热力作用下，极短时间内材料表面累积大量的能量，加工微区内会形成较大的温度梯度，容易造成微小区域内的脆性破坏；当激光冲击力集中作用于脆性材料表面加工区域并且超过材料的破坏极限时，应力敏感部位会出现微裂纹，并发生微颗粒的崩离。另一方面，纳秒激光与硅相互作用过程中会产生应力波，促使熔融的液体材料运动并形成不规律的沉积；且电化学加工作用也不能完全消除由此造成的不规则微凹坑。

通过上述不同材料的加工试验比较，在脉冲激光电化学复合加工时，要充分考虑激光热力效应对脆性材料和塑性材料的不同作用，还要根据材料的熔点、沸点、硬度、反射率、热扩散率、耐腐蚀性等性质，综合选择和优化工艺参数。

综上所述，脉冲激光电化学复合刻蚀加工是一项致力于解决单纯激光直刻与电化学刻蚀的加工缺陷而发展起来的新技术。电解液的循环冲刷、冷却、电解作用有效解决了单独激光加工带来的重凝层、微裂纹及热影响区问题；激光的高分辨率能够去除光斑作用区的钝化膜及基体材料，改善阳极溶解的杂散腐蚀问题，提高刻蚀的定域性及加工效率。该复合技术可以实现优质高效的微器件加工，在微细加工领域将有很大的发展空间。

7.3 激光与水射流的微细复合加工

激光与水射流的微细复合加工技术是在传统激光加工技术基础上发展出来的一种较新的复合加工方法，能够有效改善硬脆性材料加工表面微裂纹及熔渣较多的缺陷，提高产品的合格率和加工质量。

7.3.1 水导激光加工技术

最早有关水束引导光的研究可以追溯到1886年瑞士科学家一篇文章里提到的在喷泉的水束中可以传导光。1993年，瑞士联邦工业大学的 Bernold Richerzhagen 博士深入研究了这种现象，将其发展成一种微细加工技术，在瑞士成立了一家应用该技术的水导引激光加工设备生产公司 SYNOVA 公司。该公司的设备采用可倍频脉冲 Nd：YAG 激光，用于精密切割厚度3mm以内的材料，包括金属、塑料、陶瓷、特征记忆合金、铬镍铁合金和半导体硅基晶片等。1997年，Bernold Richerzhagen 博士申请了水导激光加工装置的美国专利。SYNOVA 公司不断探索水束引导激光切割工艺的新用途，现已经研制出多种型号的水导激光微细加工设备，并已承接太阳能电池、精密医疗器件等精密零件的生产。

1. 水导激光加工原理

水导激光加工技术是一项以水射流引导激光束对待加工工件进行切割的复合加工技术。由于水和空气的折射率不同，当激光束以一定角度照射在水与空气交界面时，如果入射角小于全反射临界角，激光会发生全反射而不会透射出去，导致激光能量始终被限制在水束中从而使激光沿水束的方向进行传播。激光传导原理如图7-25所示，激光经过凸透镜聚焦后通过石英玻璃窗体进入到耦合水腔，通过调整聚焦透镜与小孔喷嘴之间的距离，使激光焦点刚好处于小孔喷嘴上表面中心，然后进入稳定的水射流中，利用水与空气折射率的不同，在水射流中发生全反射，类似于传统玻璃光纤的传播方式。加工时，聚焦到喷嘴位置的激光束由高压水束引导传输到工件表面。

相对于传统激光加工，水导激光加工技术具有以下优点：①由于水射流冷却，热影响区小、热残余应力小、微裂纹少；②由于冲刷作用而产生很少的由于熔融产物堆积形成的毛刺，提高了加工表面质量；③因为能量束呈圆柱状，所以不用考虑对焦且加工距离长，可在工件材料中引导激光或将激光引导至工件的下方，可切割复杂表面材料和多层材料，切缝无锥度，而传统激光呈圆锥形，切缝有锥度；④加工生成的产物大多随水束流入回收装置，对环境污染很小，而传统激光采用的辅助气体和加工产生的气体很多，对环境造成污染；⑤改善了加工区域的激光能量分布，水束截面内能量呈均匀分布而不是正态分布；⑥水射流作用区域很小，相对气体辅助激光切割，对工件作用力很小；⑦除了具有优异的切割加工性能，还具有较好的不通槽切割能力和三维加工能力；⑧传统激光加工时，加工火花会经常将保护镜片打坏，而水导激光微细加工不存在这种问题。

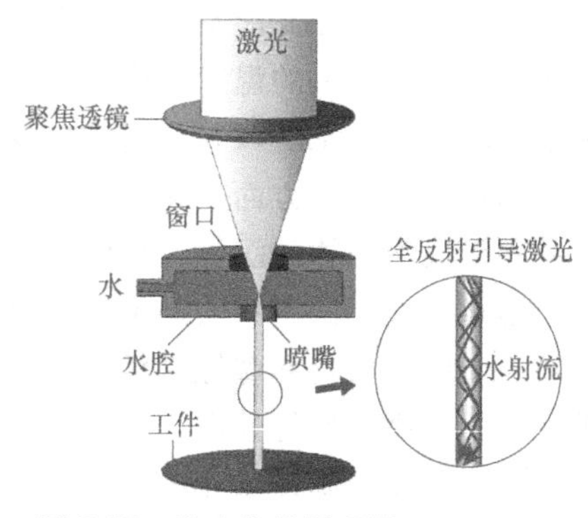

图 7-25　激光传导原理图

2. 水导激光加工设备

基于上述水导激光加工技术基本原理，构建了水导激光加工设备，设备结构如图 7-26 所示。设备主要分为耦合对准及观测系统、供水系统及三维工作台三部分。耦合对准及观测系统主要由激光器、扩束及聚焦元件、耦合单元及观测相机组成。激光由激光器发出后经过扩束单元及半透半反镜后进入聚焦系统，激光经过聚焦系统后聚焦在耦合单元内的喷嘴小孔附近。从喷嘴小孔附近反射的光则向上进入观测光路并使喷嘴小孔在观测相机的 CCD（Charge-Coupled Device，电荷耦合元件）上成像，这样在显示器上可以同时看到激光照射在喷嘴小孔附近的光斑及喷嘴小孔的位置。为了使大部分激光都能耦合进水射流内部，首先调整聚焦系统的位置使激光照射在喷嘴小孔附近的光斑直径最小；再调整激光光路中的光学元件的位置直至激光束位置与喷嘴小孔重合，这样就完成了激光与水射流的耦合。

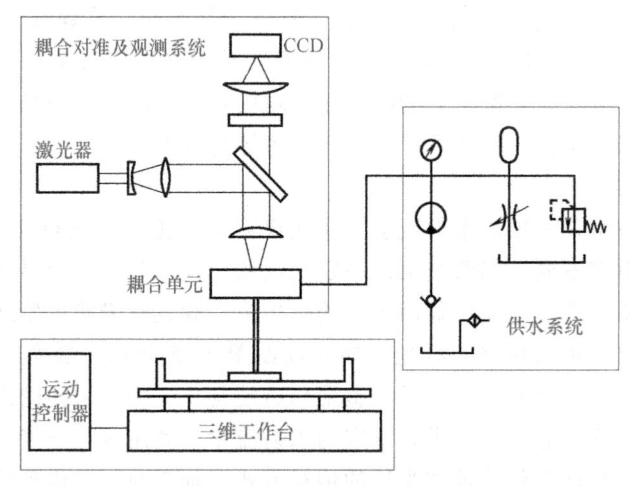

图 7-26　水导激光加工设备结构示意图

供水系统主要由供水泵、稳压器、压力表、调压阀、溢流阀组成，供水系统可以精准

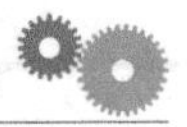

地控制进入耦合单元的高压水的压力并保证压力数值的稳定。待加工工件被固定在三维工作台上（尺寸为120mm×120mm×100mm），数字控制系统可以使三维工作台进行二维或三维的直线及圆弧插补运动，通过编制一系列运动控制方案，可以实现较为复杂的加工轨迹。

在国际上，瑞士在设备开发方面取得比较大的进展，1997年瑞士SYNOVA公司对微射流水导激光技术进行系统的开发，其用一束低压（50~500bar，1bar=105Pa）、经过过滤的水射流用来引导双频Nd：YAG产生的激光束加工工件。SYNOVA公司将水导激光切割技术应用到难加工材料激光切割和晶圆切割领域，推出了一系列设备，如LCS系列的水导激光切割系统（见图7-27）和LDS系列的激光划片系统。SYNOVE公司的水导激光技术已达工业应用标准，比如其LCS300型号设备，加工精度为±3μm，重复精度为±1μm，适用于多种难加工材料的切割、钻孔、开槽、打标等精细加工。使用该设备切割难加工材料如多晶金刚石刀具的加工速度在5mm/min以上，切口宽度小于30μm，表面粗糙度*Ra*值小于0.15μm，加工表面无热影响区。但是其价格昂贵，一台水导激光加工切割机床售价在100万瑞士法郎以上，而且很多工艺和技术对我国并不开放。

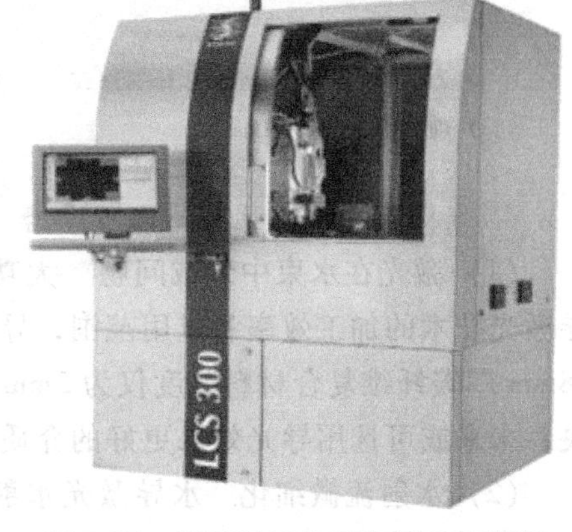

图7-27 SYNOVA公司LCS300型微水导激光加工机床

国内相关设备发展较为缓慢，我国现阶段还没有达到制造工业级水导激光设备的水平。李灵等人研究了水导激光光液耦合技术，针对现有的光液耦合问题，设计了一个激光束通过聚焦凸透镜直接进入水射流的耦合装置并通过相应的耦合对准检测系统对其进行调整。该整体耦合系统能够较好地满足加工硅片的加工需求。叶瑞芳等人针对现有的水导激光切割耦合装置制造难度大的缺点，设计了一种通过轴棱镜代替聚焦透镜的耦合装置，实现水射流与无衍射光束的耦合，从而扩大了激光与水束的耦合区域，降低了耦合装置制造难度。Li等人发明了一种检测光电耦合的方法，具体结构为在路径上放置一个透射镜，阻止水流通过并通过观测光斑图案来调节光液相对位置，从而使光液更好地耦合，该方法具有一定的实用性但实际应用时会影响加工效率。

3. 水导激光加工实例及特点

水射流导向激光技术已成功应用于许多工业领域，如用于加工半导体、不锈钢、铝、镍、黄铜、铂、砷化镓、有机发光二极管、金刚石、陶瓷和其他难加工材料。图7-28所示为采用水射流导向激光加工PCD（Polycrystalline Diamond，聚晶金刚石）/WC刀具的锐角，在该角度可以实现直边、清洁表面和高精度。水射流导向激光技术在薄晶片切割方面也很有效，尤其是对于厚度小于150μm的薄片。与传统的切割技术（如磨料锯切、金刚石划片和折断法）相比，它在砷化镓晶片划片过程中可以进行更快、无损伤的划片过程，并且可以忽略污染。据报道，125μm厚砷化镓晶片的典型切割速度为40mm/s。在薄金属加工中，该方法也显示出良好的性能。据报道，在冲击钻削中，这种技术可以在50μm厚的钢上以每小时50000个孔的速度高速钻取小圆孔。

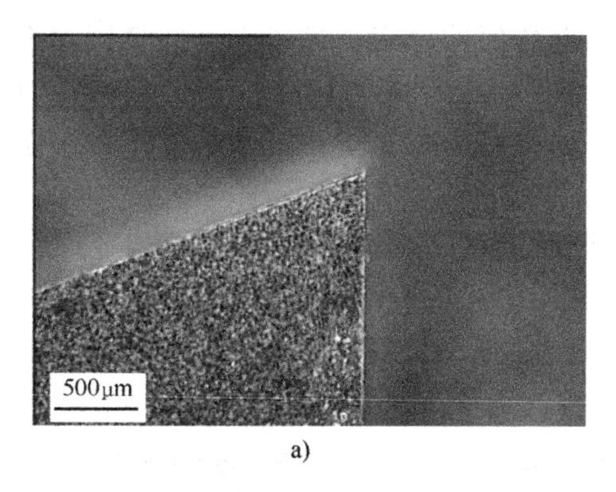

a)

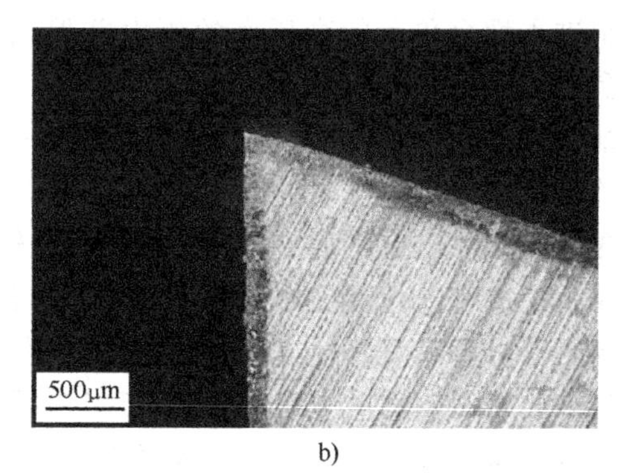

b)

图 7-28　水导激光加工 PCD/WC 刀具细节图

a）前刀面　b）后刀面

4. 水导激光技术难点及发展趋势

（1）激光在水束中衰减问题　大功率密度激光在水束中能量衰减幅度较大，限制了水导激光技术的加工效率和应用范围，导致目前使用该技术切割难加工材料速度较慢，如切割18mm 厚碳纤维复合材料速度仅为 5mm/min。目前激光在水中的衰减问题没有得到很好的解决，未来或可选用导光效果更好的介质引导激光。

（2）水射流微细化　水导激光水射流的直径影响切割宽度，从而影响切割精度，目前工艺可以使喷嘴直径达到 30μm。喷嘴直径越小，水射流直径越小，切割精度越高。但缩小喷嘴直径会影响水束稳定性、水束长度、光斑直径等一系列参数，在此方面有广阔的研究前景，凭此可提高水导激光加工精度。

（3）喷嘴孔加工　为了保证高品质的水束，要求喷嘴孔的厚度很薄，圆柱形喷嘴孔无锥度、圆度好且具有一定的刚度抵御水流冲击，喷嘴孔的圆柱表面粗糙度值很小，具有较高的制造精度和安装精度。

（4）耦合对准控制系统　激光束与水束快速精确耦合对准问题到现在为止还没有彻底解决，设计装备时需要选用高精度的伺服驱动控制机构，配合十分精确、可靠的水束光纤与聚焦激光耦合对准检测系统、工件定位检测系统，从而保证光液耦合的准确性。

（5）工艺研究　水导激光加工过程工艺控制方面存在很多问题，缺乏完整的加工工艺与评价体系，加工效率、加工精度、材料表面完整性等指标很难保证，需要进行系统的研究和总结。

7.3.2　水射流辅助激光加工技术

水射流辅助激光加工技术是将一束激光与一束水射流联合作用于工件材料表面，实现工件材料的高效近无损伤微细去除。在该技术中，首先由激光加热材料使其局部软化，然后由水射流冲蚀去除软化的材料，水射流同时起到冷却作用。激光加工和水辅助激光加工技术通过激光烧蚀使材料熔化甚至汽化，从而达到去除材料的目的。而激光-水射流复合微细加工技术的材料去除机理完全不同于激光加工和水辅助激光加工技术。在激光-水射流复合微细加工过程中，材料的去除由水射流的高速冲击作用实现，激光仅起到加热辅助的作用。

水射流辅助激光加工技术结合了激光加工和水射流加工的优势，通过激光加热，使加工在塑性去除模式下进行，减少了材料脆性断裂形成的微裂纹；同时由于材料在高温下的强度远低于室温，因而加工所需的水压显著降低；此外，在加工过程中材料始终保持固态，降低了材料去除所需的温度，减少了材料热损伤，并且由于加工所需的热能少于传统的激光烧蚀，因此可以增加激光扫描速率，提高加工效率。水射流的冷却作用也能减少材料热损伤。因此，该技术可以实现难加工硬脆材料的近无损伤微细加工。

1. 水射流辅助激光加工原理

在激光水射流复合加工中，激光束与高压射流相对位置如图 7-29 所示，激光束在前，水射流在后，二者位置紧邻但无干涉，并同步运动。激光水射流复合加工原理可从两方面分析：一方面，硬脆半导体材料强度往往随温度升高而降低，以锗为例，其剪切强度随温度升高急剧减小，如图 7-30 所示；另一方面，高压射流的冲击作用在材料上产生应力，根据冲击角度、射流压强等，可计算出最大剪切应力，如在某一温度下，材料本身的剪切强度小于射流冲击造成的最大剪切应力，则该处材料可视为失效去除。

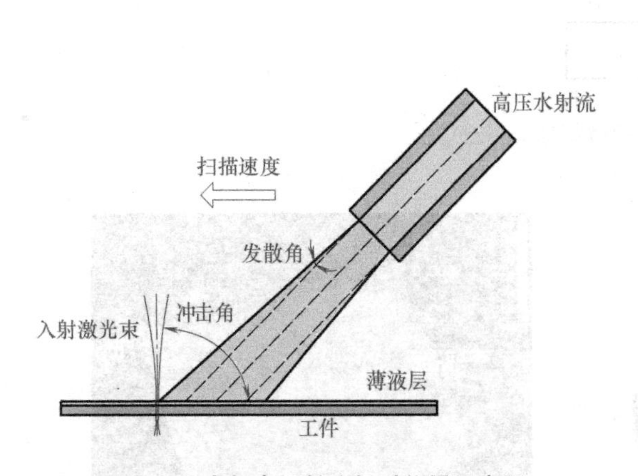

图 7-29 激光束与高压射流相对位置示意图

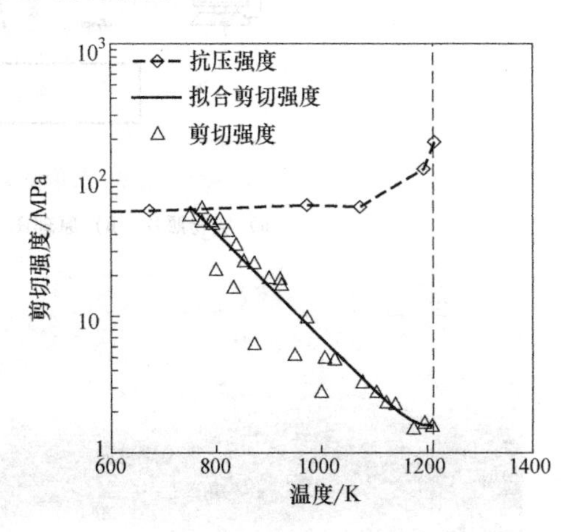

图 7-30 单晶锗随温度变化的材料强度

2. 水射流辅助激光加工设备

水射流辅助激光加工技术由一套自主设计和构建的激光-水射流复合微细加工系统实现。该系统由精密数控运动平台、气动流体增压单元、激光器与光学组件和复合切割头四个单元组成，如图 7-31 所示。

复合切割头是激光-水射流复合微细加工系统的核心单元，包括一个激光头和一个水射流喷嘴。激光头与水射流喷嘴以离轴方式布置，激光头垂直向下，水射流喷嘴倾斜。水射流喷嘴安装在一个精密三轴滑台上，通过精密三轴滑台实现水平移动、垂直移动和摆动，由此改变其与激光头间的相对位置，进而调整加工工艺参数。

3. 水射流辅助激光加工实例及特点

水射流辅助激光加工的典型应用是在半导体材料上面加工微槽，如图 7-32 所示。在相同激光参数下，激光干切未加工出所需微槽结构，且变色、飞溅区域明显；而采用激光水射流复合加工，得到了边缘清晰的“V”形槽结构，槽宽可控制在 100μm 以内，槽深可达 400μm。

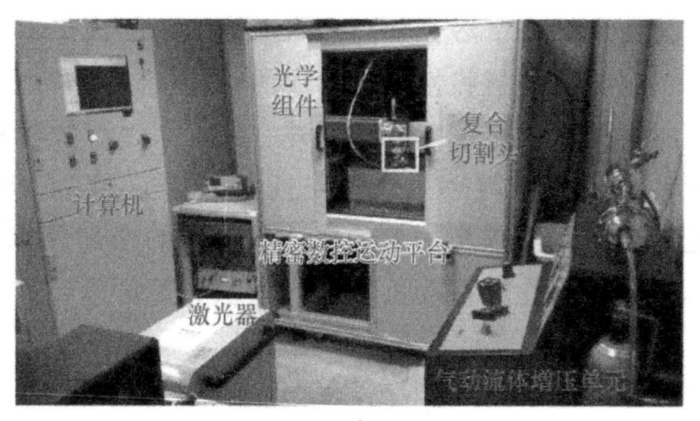

a)

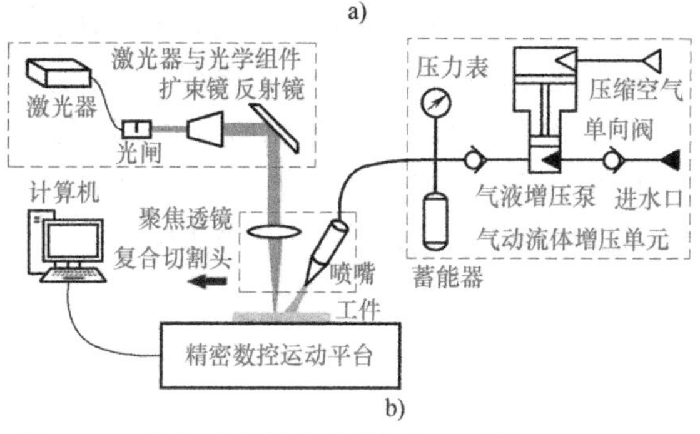

b)

图 7-31　激光-水射流复合微细加工系统

a）实物照片　b）原理图

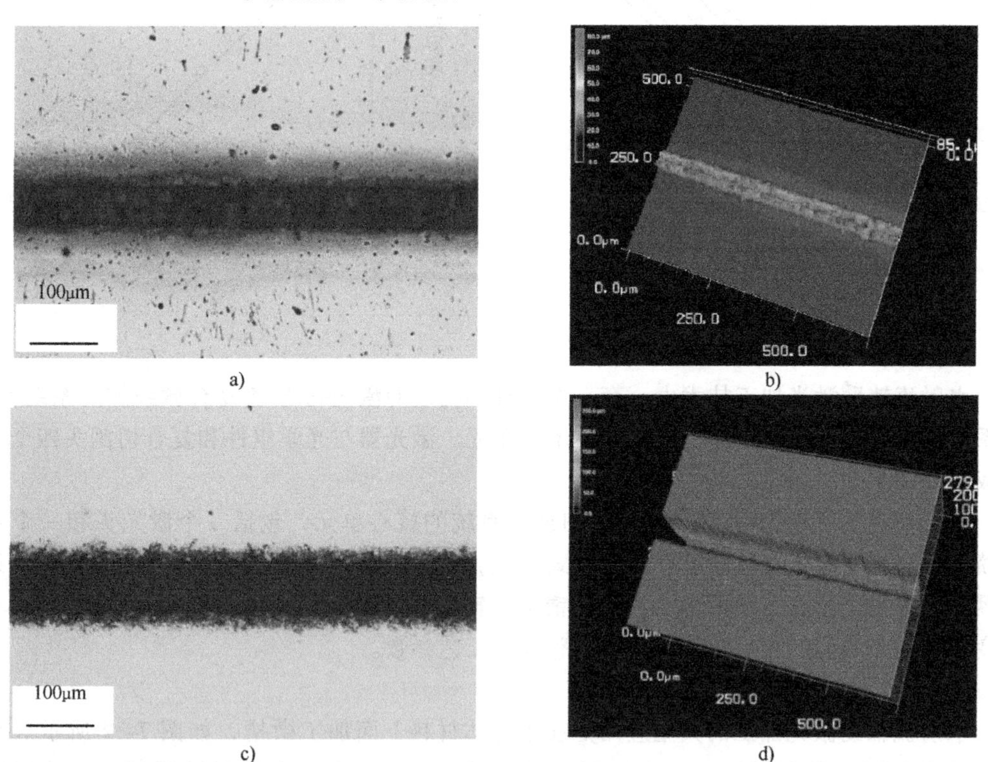

图 7-32　半导体材料上加工微槽

a）激光干切加工的实物图　b）激光干切加工的三维微观形貌　c）激光水射流复合加工的实物图　d）激光水射流复合加工的三维微观形貌

【扩展阅读】

激光辅助纳米工程实验中心
——美国内布拉斯加大学陆永枫教授团队

图 7-33 陆永枫教授

陆永枫（1963—），博士，现任美国内布拉斯加大学电气工程系Lott主席教授，中国“长江学者奖励计划”讲座教授，国际光学工程学会（Society of Photo-optical Instrumentation Engineers，SPIE）、国际光电子与激光工程学会（International Academy of Photonics & Laser Engineering，IAPLE）、美国激光学会（Laser Institute of America，LIA）会士，美国内布拉斯加州立材料与纳米科学中心顾问委员会委员，松下波士顿实验室顾问，LIA董事会成员，曾任2014年LIA主席（见图7-33）。

陆永枫教授是国际激光微/纳米制造领域的开创人之一，于2002年加入美国内布拉斯加大学林肯分校，并于当年成立了激光辅助纳米工程实验室。他所领导的科研团队以激光应用为研究方向，研究领域涵盖激光材料的合成、激光微纳加工、激光光谱及成像等。

在激光增材和减材三维微纳加工方面，陆永枫教授的实验室研究了激光辅助扫描探针光刻，激光压印可调谐光子带隙晶体，三维定向碳纳米管的激光辅助合成与集成，激光辅助沉积类金刚石碳、金刚石和碳/氮化合物薄膜，石墨烯图案与亚波长结构的激光直写，激光诱导击穿光谱，大气激光剥蚀质谱，二维材料的超快非线性光学成像，生物医学领域相干反斯托克斯拉曼光谱及成像，以及激光照射下纳米粒子的行为。他领导的研究小组从固体表面激光去除纳米颗粒（俗称激光清洗），并通过微粒中的光学共振进行纳米级图案化，也是第一批在理论上提出模型来解释在激光照射下纳米粒子在固体表面上的行为并且在纳米球中利用激光诱导光学共振实验获得亚波长纳米结构的科研团队。

陆永枫教授实验室汇集了来自各国攻读博士、博士后、短期访问、交流的优秀青年学者，通过学习和交流产出了很多创新的学术成果，还参与建设了激光与物质相互作用国家重点实验室，致力于与国内学者开展国际合作，在扩大华人学者在国际同行中的影响力方面起了重要的推动作用。

【参考文献】

[1] 谢小柱，刘继常，张屹，等. 激光辅助加工技术现状及其进展［J］. 现代制造工程，2005，2：146-148.

[2] 熬明武，张洪泉，黎波. 激光加热辅助切削及其发展［J］. 现代机械，2003，5：81-82.

[3] GUFELD V R J，HODGSON R T. Laser enhanced etching in KOH［J］. Applied Physics Letters，1982，40（4）：352-354.

[4] 周月豪，柳海鹏，熊良才. 激光诱导湿刻在微结构加工中的应用［J］. 激光与光电子进展，2004，41（10）：43-47.

[5] 刘敬明，曹凤国. 激光复合加工技术的应用及发展趋势［J］. 电加工与模具，2006，4：5-9.

[6] 孙克，赵岩．脉冲 Nd：YAG 激光诱导化学沉积金属 Ag 和 Au［J］．应用激光，2002，22（1）：15-18.
[7] 任斌，田中群．激光在电化学中的应用（I）［J］．电化学，1996，1：9-15.
[8] 李中洋．脉冲激光辐照的电化学应力刻蚀技术研究［D］．镇江：江苏大学，2013.
[9] 王建业，徐家文．电解加工原理及应用［M］．北京：国防工业出版社，2001.
[10] 张朝阳，李中洋，秦昌亮，等．脉冲激光与电化学复合的应力刻蚀加工质量研究［J］．物理学报，2013，9：204-210.
[11] 周遗品，赵永金，张延金．Arrhenius 公式与活化能［J］．石河子大学学报：自然科学版，1995，4：76-80.
[12] Э．M．古特曼．金属力学化学与腐蚀防护［M］．北京：科学出版社，1989.
[13] 印洁，张朝阳，曾永彬，等．激光电化学复合加工的温度场与电场模拟研究［J］．激光与光电子学进展，2013，50（12）：129-137.
[14] 邵荣宽．弹性变形金属的力学化学效应与腐蚀过程相关性的研究［J］．中国民航学院学报，1997，1：67-73.
[15] AKHATOV I，LINDAU O，TOPOLNIKOV A，et al. Collapse and rebound of a laser-induced cavitation bubble［J］．Physics of Fluids，2001，13（10）：2805-2819.